国家示范性高等职业院校建设规划教材
教育部高职高专水工专业教学指导委员会推荐教材

水利水电工程文件整编与管理

主　编　王勤香　罗全胜
副主编　朱鸿庆
主　审　梁建林

黄河水利出版社
·郑州·

内 容 提 要

本书是国家示范性高等职业院校建设规划教材,是教育部高职高专水工专业教学指导委员会推荐教材。本书是根据教育部国家示范性高等职业院校建设计划水利水电建筑工程重点建设专业及专业群人才培养方案要求,按照水利水电工程文件整编与管理课程标准编写完成的。本书以水利工程案例为背景,根据工程建设的参建单位,从工程文件(俗称工程资料)产生到组卷归档为线索组织教材内容。全书共有九个学习项目,主要内容为:工程文件整编与管理导论、基建文件整编、监理文件整编、施工文件整编、水利水电工程施工质量验收评定文件整编、房屋建筑工程质量验收文件整编、工程验收文件及竣工图编制、工程文件组卷与归档、水利工程文件的计算机管理。

本书是国家高职示范专业水利水电建筑工程专业建设项目的改革教材,也可供水利类相关专业教学使用,同时可作为从事资料、质检、试验、施工、安全、监理等不同岗位、不同层次的水利水电工程技术人员的参考用书。

图书在版编目(CIP)数据

水利水电工程文件整编与管理/王勤香,罗全胜主编.—郑州:黄河水利出版社,2014.8

国家示范性高等职业院校建设规划教材

ISBN 978-7-5509-0908-3

Ⅰ.①水… Ⅱ.①王…②罗… Ⅲ.①水利水电工程-文件管理 Ⅳ.①TV

中国版本图书馆 CIP 数据核字(2014)第 208084 号

组稿编辑:王路平　电话:0371-66022212　E-mail:hhslwlp@163.com

出 版 社:黄河水利出版社

地址:河南省郑州市顺河路黄委会综合楼 14 层　邮政编码:450003

发行单位:黄河水利出版社

发行部电话:0371-66026940、66020550、66028024、66022620(传真)

E-mail:hhslcbs@126.com

承印单位:河南承创印务有限公司

开本:787 mm×1 092 mm　1/16

印张:26

字数:600 千字　印数:1—3 100

版次:2014 年 8 月第 1 版　印次:2014 年 8 月第 1 次印刷

定价:52.00 元

前 言

本书是根据《教育部关于全面提高高等职业教育教学质量的若干意见》(教高〔2006〕16 号)、《教育部关于推进高等职业教育改革创新引领职业教育科学发展的若干意见》(教职成〔2011〕12 号)等文件精神,在教育部高等学校高职高专水利水电工程专业教学指导委员会指导下组织编写完成的。

本套教材以学生能力培养为主线,以工程案例为载体,融"教、学、练、做"为一体,适合开展项目化教学,体现出实用性、实践性、创新性的教材特色,是一套紧密联系工程实际、教学面向生产的高职高专教育精品规划教材。

本书围绕虚拟项目名称中县汝河治理工程及虚构的工程参建单位、人员、工期为背景进行工程文件及其相关表格填写,力求做到工程文件内容、时间编写的前后一致性、对应性及文件资料表格基本信息填写完整性、规范性,有很强的实用性和参考价值。

本书从高职教育的实际出发,各类工程文件及其表格内容的编写,力求遵循现行的国家标准、行业规范,做到课程内容与职业标准对接。每个学习项目做到理论与实践有机融合,突出学生工程文件整编与管理技能的培养。

本书由黄河水利职业技术学院主持编写工作,编写人员及编写分工如下:王勤香编写项目 1,项目 4 任务 1、任务 3,项目 7;罗全胜编写项目 2,项目 3 任务 1 ~3;代凌辉编写项目 3 任务 4 ~6 及项目任务,附件 1 ~4;杨丹丹编写项目 4 任务 2;闫国新编写项目 4 任务 4 ~5;吕桂军编写项目 4 任务 6 ~7 及项目任务;王宇编写项目 5 任务 5 ~6 及项目任务,项目 9,附件 5;徐鹏编写项目 8;开封市人防地下空间开发中心朱鸿庆编写项目 5 任务 1 ~2,项目 6;河南省水利第一工程局魏市伟编写项目 5 任务 3 ~4。本书由王勤香、罗全胜担任主编,王勤香负责全书统稿;由朱鸿庆担任副主编,黄河水利职业技术学院梁建林教授担任主审。

在本书编写过程中,参考了国内同行的教材、百度文库及相关规范标准,并得到了二滩水电开发有限责任公司、中国葛洲坝水利水电工程集团有限公司等单位大力支持,在此,谨对所有帮助者及参考文献作者深表谢意!本书资料表格中填写的单位、人员、电话及商家名称纯为教学虚构,特此说明。

由于编者水平有限,对于书中存在的不足之处,诚恳地希望读者批评指正。

编 者

2014 年 6 月

目 录

项目1 工程文件整编与管理导论

工程文件是工程建设从项目的提出、筹备、勘测、设计、施工到竣工验收过程中形成的文字、材料、图纸、图表、计算材料、声像材料等各种形式的信息总和。工程文件主要包括工程基建文件、监理文件、施工文件、竣工图和竣工验收文件等。

任务1 工程文件整编与档案管理的必要性

1 工程文件基本概念

工程是为新建、扩建或改建建筑物所进行的规划、勘察、设计、施工、竣工等各项技术工作和完成的工程实体。

工程文件是在工程建设过程中形成并收集、整理汇编形成的反映工程建设过程的文件或文件的统称，工程文件包括工程基建文件、监理文件、施工文件、竣工图和竣工验收文件。

工程档案是在工程建设活动中直接形成的具有归档保存价值的工程文件，工程档案是以文字、图表、声像等各种形式反映工程建设过程的历史记录，这些记录经整理组卷归档形成工程档案。

2 工程文件整编与管理的必要性、意义

工程建设文件与档案管理是工程建设过程中不同阶段的不同单位积累、收集、整理，形成具有归档保存价值的工程档案过程。工程建设档案文件是人类从事工程建设过程中形成的具有保存价值的历史记录，是工程建设不可缺少的依据和条件，是国家的宝贵财富。依据工程档案文件人们可以了解工程建设与发展的历史，可以直接借鉴前人的工作成果，减少重复劳动、节省时间与资金，为国家和社会创造更多的财富。

工程建设是文件和智慧的结晶。对一些重大的工程建设来说，其投入的财力、物力和人力往往是巨大的。除工程建设竣工之后的实体成果外，作为建设过程直接记录的工程档案文件也是工程建设的重要组成部分，是工程建设的技术成果。建设工程文件是工程建设事故发生后分析事故原因、认定事故责任、还原建设过程的依据，工程文件整编与管理对工程质量提高、工程建设规范管理有积极促进作用和决定作用。因此，工程建设文件与档案管理绝对不是可有可无的，而是工程建设质量控制的一个核心问题，值得引起高度重视和认真思考研究。

工程建设文件与档案管理是建设工程的有机组成部分。可以说，贯穿工程建设过程一直有两根线条，一条是技术性的，是抽象的，以文件材料为表征；另一条是操作性的，是

实体的,以工程物理结果为体现。技术性线条较操作性线条还要先产生,还要更长远;在施工阶段,技术性线条与操作性线条二者是交织在一起的,但无论如何,技术性线条是不能从建设工程中抽离出来的,更不能忽略不计。

工程建设文件与档案管理是工程建设质量的重要构成部分和直接反映。工程建设文件及档案直接反映了工程建设质量,我们应以工程建设文件及档案为依据来全面评价工程质量。工程档案质量越高,反映工程管理越规范;工程管理人员素质越高,工程质量越好。

根据《水利基本建设项目(工程)档案文件管理》规定,水利工程档案工作是水利基本建设工作的重要组成部分,必须将其纳入基本建设项目管理工作的全过程,建立相应机构或配专人做好这一工作。为了切实抓好水利基本建设项目工程档案文件管理工作,使工程档案文件管理工作正规化、标准化、制度化,充分发挥档案文件在水利工程建设、管理、运行、维护、改建、扩建等工作中的作用,就需要一批专门从事工程档案文件管理的高素质技术人才。

《水利工程建设项目档案管理规定》(水办〔2005〕480 号)第一章第三条明确指出,水利工程档案工作是水利工程建设与管理工作的重要组成部分,有关单位应加强领导,将档案工作纳入水利工程建设与管理工作中,明确相关部门、人员的岗位职责,健全制度,统筹安排档案工作经费,确保水利工程档案工作的正常开展。第二章第六条指出,各级建设管理部门应积极配合档案业务主管部门,认真履行监督、检查和指导职责,共同抓好水利工程档案工作。

工程文件及档案管理是保证工程质量与安全的重要环节,是工程施工管理程序化、规范化和制度化的具体体现。因此,做好工程文件及档案管理工作具有重要意义,其意义主要有以下几点:

(1)工程文件管理是项目管理的一项重要工作,是管理水平和工程质量的体现。

(2)按照规范的要求积累而完成的完整、真实、具体的工程文件,是工程竣工验收交付使用的必备条件,一个质量优良或合格的工程必须具有一份内容齐全、文字记载真实可靠的原始技术文件。

(3)工程文件为工程的检查、管理、使用、维护、改造、扩建提供可靠的依据。

(4)工程文件是工程竣工验收、评定工程质量优劣的必要条件。

(5)工程文件是对工程质量及安全事故处理、工程结算、决算、审计的依据。

3　工程文件特点

工程文件具有复杂性、真实性、随机性、时效性、综合性的特点,具体分析如下:

(1)复杂性。由于工程建设的周期长,建设过程中具有较强的阶段性和季节性,并且建筑材料种类繁多,施工工艺复杂多样,因此影响工程建设的因素多样,这就必然导致工程建设文件和档案文件具有一定的复杂性。

(2)真实性。建设工程文件和档案文件反映工程建设中的各类信息,因此建设工程文件和档案文件必须真实全面反映工程从立项到竣工验收整个过程的实际情况,包括发生的质量事故、安全事故和存在的隐患,这样,工程文件才具有实用价值和参考意义,否则一旦引用会起到误导作用，造成难以想象的后果。

(3)随机性。由于建筑工程文件档案产生于工程建设的整个过程之中，无论是在工程的立项审批、勘察规划设计阶段，还是在开工准备、施工、监理阶段或竣工验收等各个阶段和环节，都会产生各种工程文件。尤其是在影响建筑工程的因素发生变化时，还会随机产生一些由于具体事件而引发的特定文件和档案，因此工程文件和档案还具有一定的随机性。

(4)时效性。有时工程文件和档案一经生成，就必须及时传达到有关部门，否则如果有关单位或部门不予认可，将会产生严重的后果。因此，工程建设文件和档案具有很强的时效性。另外，随着施工工艺水平、新材料以及管理水平的不断提高，文件和档案的价值也会随着时间的推移而衰减，但文件和档案仍可以被借鉴、继承，积累经验。

(5)综合性。由于建设工程项目常常都是综合性系统工程，涉及多个专业、多个工种的协同工作才能完成。比如，环境评价、安全评价、建筑水利、市政、园林、消防、智能、电力、电信、环境工程等多种学科，并同时综合了组织协调、合同、造价、进度、质量、安全等诸多方面的工作内容。可见，建设工程文件和档案是多个专业、多项工种和多个参建单位的文件档案的集成，具有很强的综合性。

任务2　工程建设程序及项目划分

1　工程基本建设内容

工程基本建设是指固定资产的建设，是建筑、安装和购置固定资产的活动及相关的工作。水利水电工程基本建设的内容，主要包括以下三方面：

(1)建筑、安装工程，包括建筑工程和设备安装工程，是工程建设通过勘测、设计、施工等生产性活动创造的建筑实体产品。

(2)设备工器具购置，建设单位为建设项目需要向制造行业采购或自制达到固定资产标准的机电设备、工具、器具等工作。

(3)其他基建工作，一般指不属于上述两项的基建工作，如勘测、规划、设计、科学试验验证、淹没及移民赔偿、生产准备等工作。

2　工程基本建设程序

基本建设程序是基本建设项目从决策、设计、施工到竣工验收整个工作过程中各个阶段必须遵循的先后次序。水利工程建设需经规划、设计、施工等阶段及试运转和验收等过程，各工作环节须环环相扣，紧密相连，正确反映工程建设的整个过程。

2.1　水利水电工程基本建设程序的特点

(1)工程建设项目的单一性。每个水电建设项目都有特定的目的和用途，都需单独设计和单独施工。即使相同规模的同类工程项目，由于工程建设目标、工程建设地点、地形地质条件和水文、气象、泥沙条件等不同，其设计和施工也具有一定的差异。

(2)工程工期长，耗资较大。水电建设项目由于工程规模性、复杂性和艰巨性，建设周期较长。小型工程工期短则二三年,大型工程工期长则十几年,例如小浪底水利枢纽1991 年开工到 2001 年竣工,工期 11 年,长江三峡水利枢纽 1993 年开工到 2009 年竣工,工期 17 年。水电建设项目由于工期长,在施工中需要消耗大量的人力、物力和财力,在工程费用中占有较大的比例。

(3)工程建设地点固定,可连续性施工。由于水电建设项目的特殊性,建设地点须经多方案比较和选择确定,并进行规划、设计和施工等工作。

(4)工程建设涉及面广,问题复杂。水电建设项目一般为多目标综合开发利用,工程具有防洪、发电、灌溉、供水、防淤、航运等综合效益,涉及面很广,出现问题也很复杂。需科学组织和编写施工组织设计,对专项工程编写施工方案,并采用现代施工技术和科学的施工管理,优质、高速地完成预期目标。

2.2　工程基本建设程序阶段

2.2.1　建设程序

根据《水利工程建设项目管理规定》(水利部水建〔1995〕128 号),水利工程建设程序一般分为项目建议书、可行性研究、设计、施工准备(包括招标设计)、建设实施、生产准备、竣工验收、后评估等阶段。

水利水电工程基本建设程序与概预算关系简图见图 1-1。

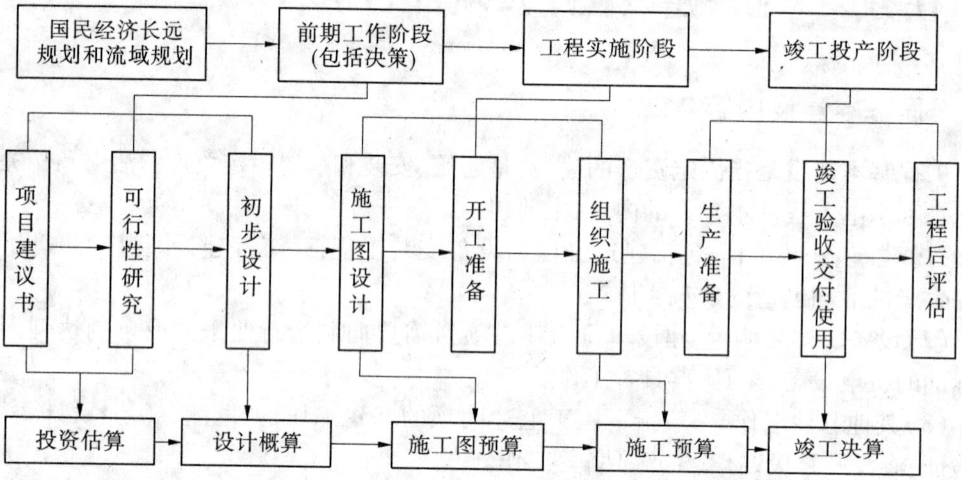

图 1-1　水利水电工程建设程序与概预算关系简图

2.2.2　工程基本建设各程序阶段

(1)项目建议书阶段。项目建议书又称立项报告。它是在流域(或区域)规划的基础上,由主管部门提出的建设项目轮廓设想,主要是从宏观上衡量分析该项目建设的必要性和可能性,即分析其建设条件是否具备,是否值得投入资金和人力。项目建议书应按国家规定权限向上级主管部门申报审批。项目建议书是进行可行性研究的依据。

(2)可行性研究阶段。通过调查、勘测、方案比较等工作,对建设项目在技术上和经济上是否可行进行科学分析和研究,提出评价意见,推荐最佳方案。可行研究是进行建设项目立项决策的依据。

(3)设计阶段。设计工作一般分两阶段进行,即初步设计和施工图设计。对于重大工程建设项目或新型、特殊工程项目采用三阶段设计,即初步设计、技术设计和施工图设计。

(4)施工准备阶段。主要内容为编制建设项目实施计划、组织招标设计及设备物资采购、施工招标投标,组织和建设必需的生产、生活临时建筑工程等,完成施工用水、用电、通信、道路和场地平整工作。

(5)建设实施阶段。项目法人提出申请开工报告,报主管部门审批。施工单位须严格履行合同,与建设单位、设计单位、监理工程师密切配合。施工过程须按设计图纸严格进行,各个环节要相互协调,科学管理,确保工程质量。

(6)生产准备阶段。生产准备是项目投产前要进行的一项重要工作,是建设阶段转入生产经营的必要条件。项目法人应按照建管结合和项目法人责任制的要求,有计划、有步骤做好各项生产准备,为竣工后投产创造条件。如生产技术和物资准备、人员培训等。

(7)竣工验收,交付使用阶段。竣工验收是工程完成建设目标的标志,是全面考核基本建设成果、检验设计和工程质量的重要步骤。竣工验收合格的项目即可从基本建设转入生产或使用。

当建设项目的建设内容全部完成,并经过单位工程验收,符合设计要求并按水利基本建设项目档案管理的有关规定,完成了档案文件的整理工作,在完成竣工报告、竣工决算等必需文件的编制后,项目法人按照有关规定,向验收主管部门提出申请,根据国家和部颁验收规程,组织验收。

竣工决算编制完成后,须由审计机关组织竣工审计,其审计报告作为竣工验收的基本文件。竣工验收主要全面考核建设成果,检查设计和施工质量,解决影响投产的问题,办理移交手续和交付使用。

(8)后评估阶段。评估内容有影响评价、经济效益评价和过程评价。前两种评价是从项目投产后运行结果来进行分析和评价。

3 工程建设项目划分

为实现对新建、续建、改建、加固和修复的工程全方位、全过程质量控制和检查评定,按照工程形成过程,考虑设计布局、施工布置等因素,将建设工程进行项目划分,工程项目划分不同,反映工程建设过程的资料内容、类别不同。下面介绍水利水电工程、房屋建筑工程项目划分。

3.1 水利水电工程建设项目划分

3.1.1 水利水电工程建设项目划分方法

1996年以前,将水利水电工程建设项目逐级划分为若干扩大单位工程(又称单项工程)、单位工程、分部工程和单元工程四级,如图1-2所示。1996年以后统一把水利水电工程建设项目划分为若干单位工程,单位工程划分为若干分部工程,分部工程划分为若干单元工程,按三级项目划分并进行质量控制。依据《水利水电工程施工质量检验与评定规程》(SL 176—2007)项目划分原则,水利水电工程项目划分为单位工程、分部工程、单元(工序)工程三级。

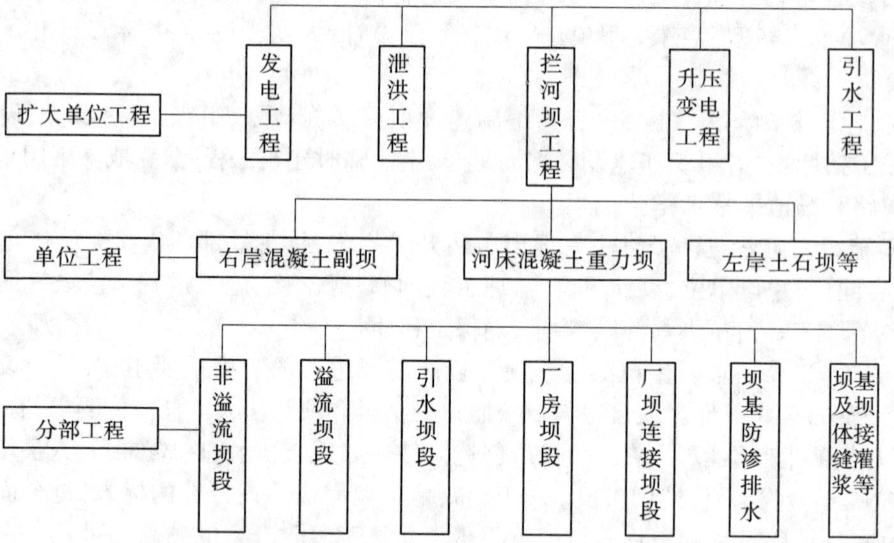

图1-2　水利水电建设项目划分简图

(1)扩大单位工程是指由几个单位工程联合发挥同一效益与作用,或具有同一性质和用途的工程,具有独立的设计文件,可独立发挥生产能力或效益,如发电工程、拦河坝工程、航运工程、引水工程等。

(2)单位工程是指具有独立的施工条件或有独立作用的,由若干个分部工程组成,如溢洪道、泄洪洞,重力坝等。

(3)分部工程是组成单位工程的各个部分。如泄洪闸分部工程有上游联结段、地基防渗及排水、闸室段、消能防冲段、下游联结段、工作桥、金属结构及启闭机安装、闸房。

(4)单元工程是组成分部工程的由几个工种施工完成的最小综合体,也是建设项目最基本的组成单元和日常质量考核的基本单位。可依据设计结构、施工部署或质量考核要求把建筑物划分为层、块、区、段等。

3.1.2　水利水电工程建设项目划分原则

质量评定项目划分总的指导原则是贯彻执行国家正式颁布的标准、规定,水利工程以水利行业标准为主,其他行业标准参考使用。

3.1.2.1　单位工程划分原则

(1)枢纽工程:按设计结构及施工部署划分。以每座独立的建筑工程或独立发挥作用的安装工程为单位工程。如溢洪道、输水(泄洪)洞、土(石或混凝土)坝、进(分)水闸、节制闸、进(出)水池等建筑工程分别为单位工程,独立的金属结构、机电设备、电气、通信等安装工程分别为单位工程。

(2)渠道工程:按渠道级别(干、支渠)或工程建设期、段(以节制闸为界)划分。以一条干(支)渠或同一建设期、段的工程为单位工程,投资或工程量大的建筑物以每座独立的建筑物为单位工程。

(3)堤坝工程:按设计结构及施工部署划分。以堤坝身、堤坝基础、堤坝岸防护、交叉连接建筑物等分别为单位工程。

(4)水土保持工程:一般以一个独立的小流域或较大的独立建筑物(大型谷坊坝)划分。它由若干沟道或区片或班号组成。

3.1.2.2　分部工程划分原则

(1)枢纽工程:按设计结构的主要组成部分划分。如基础工程、大坝坝体、防渗工程、金属结构、电气、坝顶、渠首进水闸、渠首冲砂闸、导流坝等。

(2)渠道工程、堤坝工程和水土保持工程:按设计结构及施工部署划分。如分水闸或支渠口、节制闸、渠段等为渠道分部工程,基础工程、护岸工程、堤防堤身工程、护坡工程、堤顶工程等为堤坝工程分部工程,成片水平梯田、小型蓄排水工程、成片水保林等为水土保持工程分部工程。

3.1.2.3　单元工程划分原则

(1)枢纽工程:按设计结构、施工部署或质量考核要求划分。建筑工程以层、块、段为单元工程,安装工程以工种、工序等为单元工程。

(2)渠道工程:明(暗)渠开挖、填筑按施工部位划分,衬砌防渗(冲)工程按变形缝或结构划分。

(3)堤坝工程:按施工方法与施工工作量划分。对于堤身断面较小的堤身填筑工程,一般按长度(200~500 m)或工程量(1 000~2 000 m^3)来划分单元工程。

(4)水土保持工程:按工序或工程措施或结构组成划分。

3.1.3　水利水电工程项目划分

各类水利水电工程项目划分见书后附件1,附件1中附表1-1为水利水电枢纽工程项目划分表,附表1-2为堤防工程项目划分表,附表1-3为引水(渠道)工程项目划分表。

3.2　房屋建筑工程项目划分

房建建筑工程质量验收项目一般分为单位(子单位)工程、分部(子分部)工程、分项工程和检验批四级。

3.2.1　单位工程

在房建工程中,一般是将具备独立施工条件并能形成独立使用功能的建筑物及构筑物划归为一个单位工程。对于规模较大的水利水电工程办公楼,可将其能形成独立使用功能的部分划分为一个子单位工程。

3.2.2　分部(项)工程

房建工程分部工程的划分应根据专业性质、建筑部位确定。当分部工程规模较大或较复杂时,可按材料种类、施工特点、施工程序、专业系统及类别等划分为若干个子分部工程。

分项工程则主要是按工程材料、施工工艺、主要工种、设备类别进行划分的,与分部工程相似。

3.2.3　检验批

所谓检验批是指按同一生产条件或按规定的方式汇总起来的供检验用的、由一定数量样本组成的检验体。水利水电房建工程检验批划分时,可根据施工及质量控制和专业验收需要按工程量、楼层、施工段、变形缝进行划分。

房屋建筑工程分部、分项工程划分见附件1附表1-4。

任务3　工程文件分类、编制及管理要求

1　工程文件分类

工程文件是指在工程建设过程中形成并收集汇编的各种形式的信息记录，一般可分为基建文件、监理文件、施工文件、竣工验收文件及竣工图等。

(1)基建文件是指建设单位从工程立项到竣工验收阶段，形成并收集整理汇编的文件，基建文件包括立项、征用地、拆迁、地质勘察、测绘、设计、招投标、工程验收等方面的文件或文件的统称。

(2)监理文件是监理单位在工程建设监理过程中形成的文件的统称，包括监理内部管理文件、质量控制文件、进度控制文件、投资控制文件、合同管理文件及其他文件。

(3)施工文件是施工单位在施工过程中形成的文件的统称，包括施工管理文件、施工技术文件、施工物资文件、施工测量监测记录、施工记录、施工试验记录、施工安全文件、施工质量评定文件及工程验收文件等。

(4)竣工验收文件是指工程各参建单位在工程竣工验收过程中形成的文件，如竣工验收申请及批复、竣工验收会议文件材料、竣工图、竣工验收鉴定书等。

(5)竣工图是指工程竣工验收后，真实反映建设工程项目施工结果的图样。

2　工程文件总体编制要求

(1)工程文件应真实反映工程的实际情况，具有永久和长期保存价值的材料必须完整、准确和系统。

(2)工程文件应使用原件，因各种原因不能使用原件的，应在复印件上加盖原件存放单位公章、注明原件存放处，并有经办人签字及填写经办时间。

(3)工程文件应保证字迹清晰，图样清晰，图表整洁，签字、盖章手续齐全，手工签字，签字必须使用档案规定用笔。计算机形成的工程文件应采用内容打印、手工签名的方式。

(4)工程文件的内容及其深度必须符合国家有关技术规范、标准和规程。

(5)工程文件应采用耐久性强的书写材料，如碳素墨水、蓝黑墨水，不得使用易退色的书写材料，如红色墨水、纯蓝黑墨水、圆珠笔、复写纸、铅笔等。

(6)工程文件中文字材料幅面尺寸规格宜为A4幅面，图纸宜采用国家标准图幅。

(7)工程文件的纸张应采用能够长期保存耐久性强的纸张。图纸一般采用蓝晒图，竣工图应是新蓝图。计算机出图必须清晰，不得使用图纸的复印件。

(8)所有竣工图均应加盖竣工图章。利用施工图改绘竣工图，必须标明变更修改依据；凡施工图结构、工艺、平面布置等有重大改变，或变更部分超过图面1/3的，应当重新绘制竣工图。

(9)不同幅面的工程图纸应统一折叠成A4幅面，图标栏露在外面。

(10)工程档案文件的照片(含底片)及声像档案，要求图像清晰，声音清楚，文字说明或内容准确。

(11)工程档案的缩微制品,必须按国家缩微标准进行制作,应符合国家标准规定,保证质量,以适应长期安全保管的需要。

3 工程文件管理职责

水利水电工程文件的形成,应符合国家地方相关法律、法规、施工质量验收标准和规范、工程合同与设计文件的规定。各建设单位对工程建设中所形成的各类文件的管理职责如下。

3.1 通用职责

(1)工程项目各参建单位应将工程文件的形成和整理积累纳入工程建设管理的各个环节,并设置专职人员具体负责。

(2)在项目建设过程中,各参建单位各类工程文件的收集和整理应与工程实体建设进度同步,并按有关规定按时进行工程文件移交。

(3)工程各参建单位应确保各自形成编制的工程文件的真实性、有效性、完整性和齐全性,对工程文件进行随意涂改、伪造、随意抽撤或损毁、丢失的,应按有关规定予以处罚,情节严重的,应依法追究法律责任。

(4)工程文件应实行分级管理,由建设单位、监理单位、施工单位主管(技术)负责人组织本单位工程文件的全过程编制管理工作。工程文件的编制、收集、整理工作和审核工作应有取得相应岗位资格的专人负责。

3.2 建设单位管理职责

(1)建设单位应负责基建文件的整编与归档的管理工作,并设专人对基建文件进行收集、整理和归档。

(2)在工程招标与参建各方签订合同或协议时,应对工程文件和工程档案的编制责任、套数、费用、编写质量和移交期限等提出明确要求。

(3)必须及时向参与工程建设的勘察、设计、监理、施工等单位提供与建设工程有关的工程文件。

(4)工程建设中,由建设单位采购的建筑材料、构配件和仪器设备,建设单位应保证建筑材料、构配件和仪器设备符合设计文件和合同的相关要求,并保证相关物资文件的完整、真实和有效。

(5)应负责组织监督和检查各参建单位工程文件的编写进度、质量、形成、整理、积累和立卷归档工作,也可委托监理单位检查工程文件的形成、整理、积累和立卷归档工作,并对需要建设单位签字认可的工程文件应及时签署意见。

(6)应负责汇总勘察、设计、监理和施工等单位立卷归档的工程档案。在组织工程竣工验收前,建设单位应向工程管理单位档案管理部门提出对工程档案进行预验收申请;未取得工程档案预验收认可的工程,建设单位不得组织工程竣工验收。

(7)建设单位应在工程竣工验收后3个月内将工程档案移交工程管理单位档案管理部门。

3.3 勘察、设计单位管理职责

(1)工程项目勘察、设计单位应按合同规定和规范要求及时提供与工程相关的勘察、设计文件。

(2)对需勘察、设计单位签字认可的工程文件应及时签署意见,并出具工程质量检查报告。

3.4 监理单位管理职责

(1)应负责监理文件的管理工作,并设专人从事监理文件的整编和归档工作。

(2)应按照合同约定,检查工程文件编写的进度及文件的真实性、完整性和准确性,并对按规定项目由监理签字认可的工程文件及时予以签认。

(3)列入工程管理单位档案管理部门接收范围的监理文件,监理单位应在工程竣工验收后3个月内移交给建设单位。

3.5 施工单位管理职责

(1)应负责施工文件的管理工作,实行主管负责人负责制,逐级建立健全施工文件管理岗位责任制。

(2)总承包单位负责汇总、审核各分包单位编制的施工文件。分包单位应负责其分包范围内施工文件的形成、收集和整理,并保证施工文件编写质量的真实性、完整性和有效性。

(3)应在工程竣工验收前,完成工程施工文件整编和组卷归档工作,并及时移交建设单位进行工程竣工验收。

(4)施工文件一般编制三套,施工单位自行保存一套,移交建设单位两套,其中包括移交工程管理单位档案管理部门原件一套。建设单位对施工文件的编制套数有特殊要求的,可另行约定。

项目任务

1 选择题

(1)对列入城建档案馆接收范围内的工程,工程竣工验收后的(　　)内向城建档案馆移交一套符合规定的工程档案。

A. 15天　　B. 1个月

C. 2个月　　D. 3个月

(2)施工单位对工程实行总承包的,总包单位负责收集、汇总各分包单位形成的工程档案,并及时向(　　)移交。

A. 监理单位　　B. 建设单位

C. 城建档案馆　　D. 质量监督站

(3)列入城建档案馆(室)档案接收范围的工程,建设单位在组织工程竣工验收前,应提请(　　)对工程档案进行预验收。

A. 监理单位　　B. 建设单位

C. 城建档案馆　　D. 质量监督站

(4)下列(　　)属于建设单位在工程文件与档案的整理立卷、验收移交工作中应履行的职责。

A. 负责收集和整理工程准备阶段、竣工验收阶段形成的文件，并应进行立卷归档

B. 负责组织、监督和检查勘察、设计、施工、监理等单位的工程文件的形成、积累和立卷归档工作

C. 负责收集和汇总各单位立卷归档的工程档案

D. 负责分包单位工程文件的收集与整理

E. 在工程招标及与勘察、设计、施工、监理等单位签订合同、协议时，应对移交工程文件的套数、费用、质量、时间等提出明确要求

(5)水利水电建设项目可划分为(　　)。

A. 分部工程　　B. 单位工程

C. 单元(工序)工程　　D. 检验批

E. 分项工程

(6)设计阶段一般可分为(　　)和施工图设计两个阶段。

A. 初步设计　　B. 阶段设计

C. 技术设计　　D. 施工图设计

(7)勘察、设计、施工、监理等单位履行的职责有(　　)。

A. 负责收集和整理工程建设过程中有关的工程文件

B. 确保各参建单位的工程文件真实、有效、齐全完整

C. 对工程建设中收集整理的工程文件进行立卷、归档

D. 对本单位形成的工程文件档案立卷后及时向建设单位移交

E. 对工程文件和工程档案的编制责任、套数、费用、编写质量和移交期限等提出明确要求

(8)工程文件一般可分为(　　)。

A. 基建文件　　B. 监理文件

C. 施工文件　　D. 竣工验收文件

E. 竣工图

2 简答题

(1)工程文件编制基本要求有哪些？

(2)对土石坝、溢洪道、渡槽单位工程进行分部工程项目划分。

项目2　基建文件整编

基建文件主要是在建设工程准备阶段及竣工验收阶段产生的，建设单位主要负责基建文件整编与管理，基建文件主要包括决策立项文件、用地征地文件、勘测设计文件、招投标文件、开工审批文件、财务文件、竣工验收文件等。

任务1　基建文件分类

1　基建文件管理流程图

基建文件是建设单位从工程立项申请到工程竣工验收建设流程中形成的文件，对于投资大、周期长、占地多的水利水电工程，其建设流程与一般基建文件流程有些不同。图2-1为水利水电工程基建文件的管理流程图。

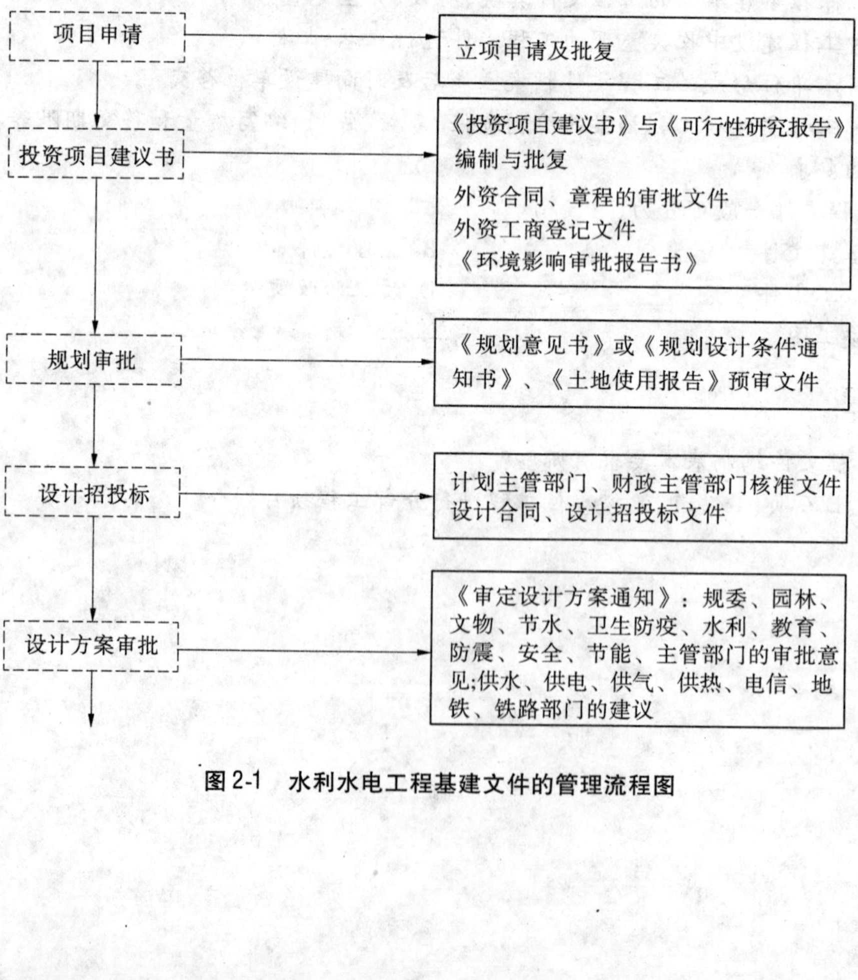

图2-1　水利水电工程基建文件的管理流程图

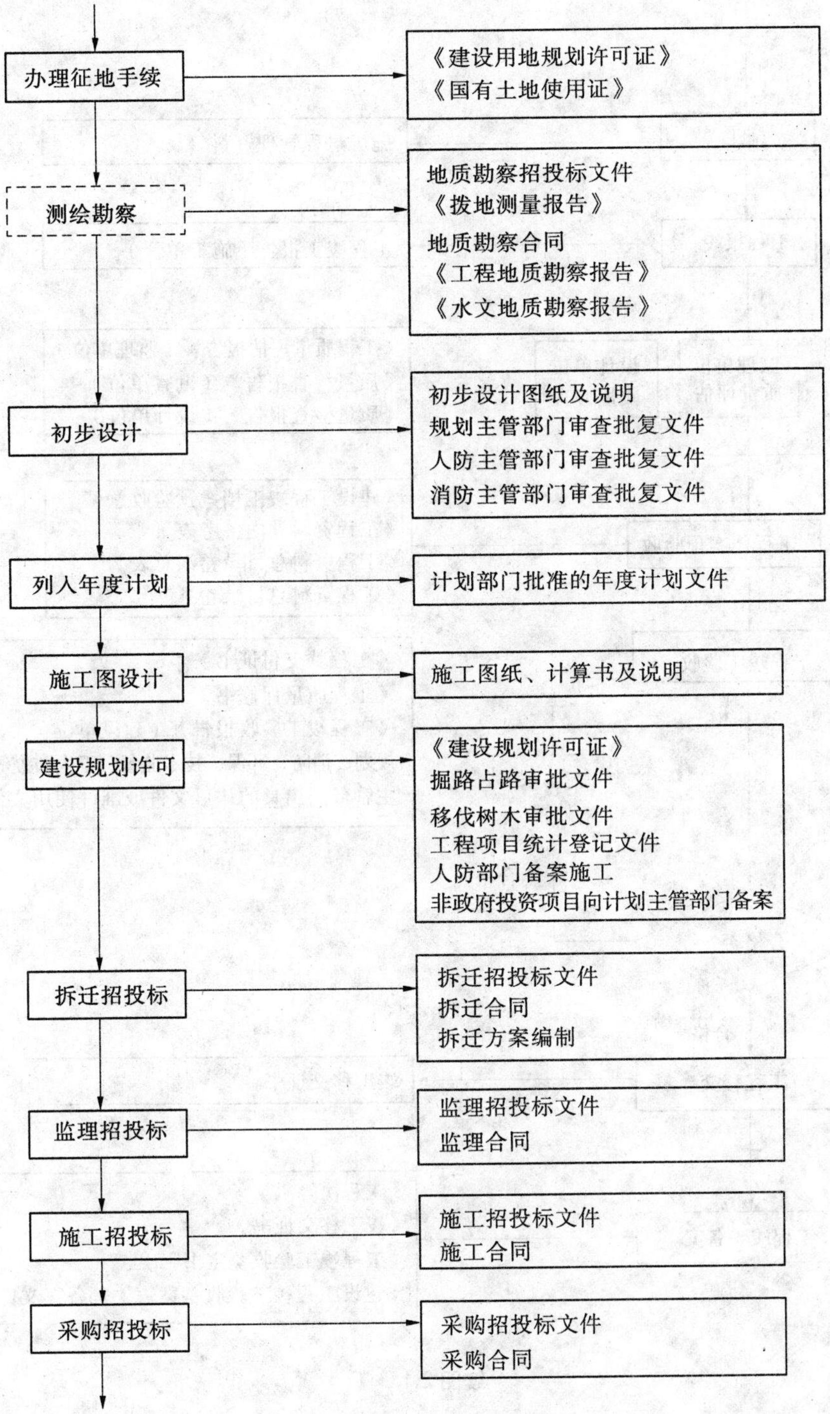
办理征地手续
《建设用地规划许可证》
《国有土地使用证》
测绘勘察
地质勘察招投标文件
《拨地测量报告》
地质勘察合同
《工程地质勘察报告》
《水文地质勘察报告》
初步设计
初步设计图纸及说明
规划主管部门审查批复文件
人防主管部门审查批复文件
消防主管部门审查批复文件
列入年度计划
计划部门批准的年度计划文件
施工图设计
施工图纸、计算书及说明
建设规划许可
《建设规划许可证》
掘路占路审批文件
移伐树木审批文件
工程项目统计登记文件
人防部门备案施工
非政府投资项目向计划主管部门备案
拆迁招投标
拆迁招投标文件
拆迁合同
拆迁方案编制
监理招投标
监理招投标文件
监理合同
施工招投标
施工招投标文件
施工合同
采购招投标
采购招投标文件
采购合同

续图 2-1

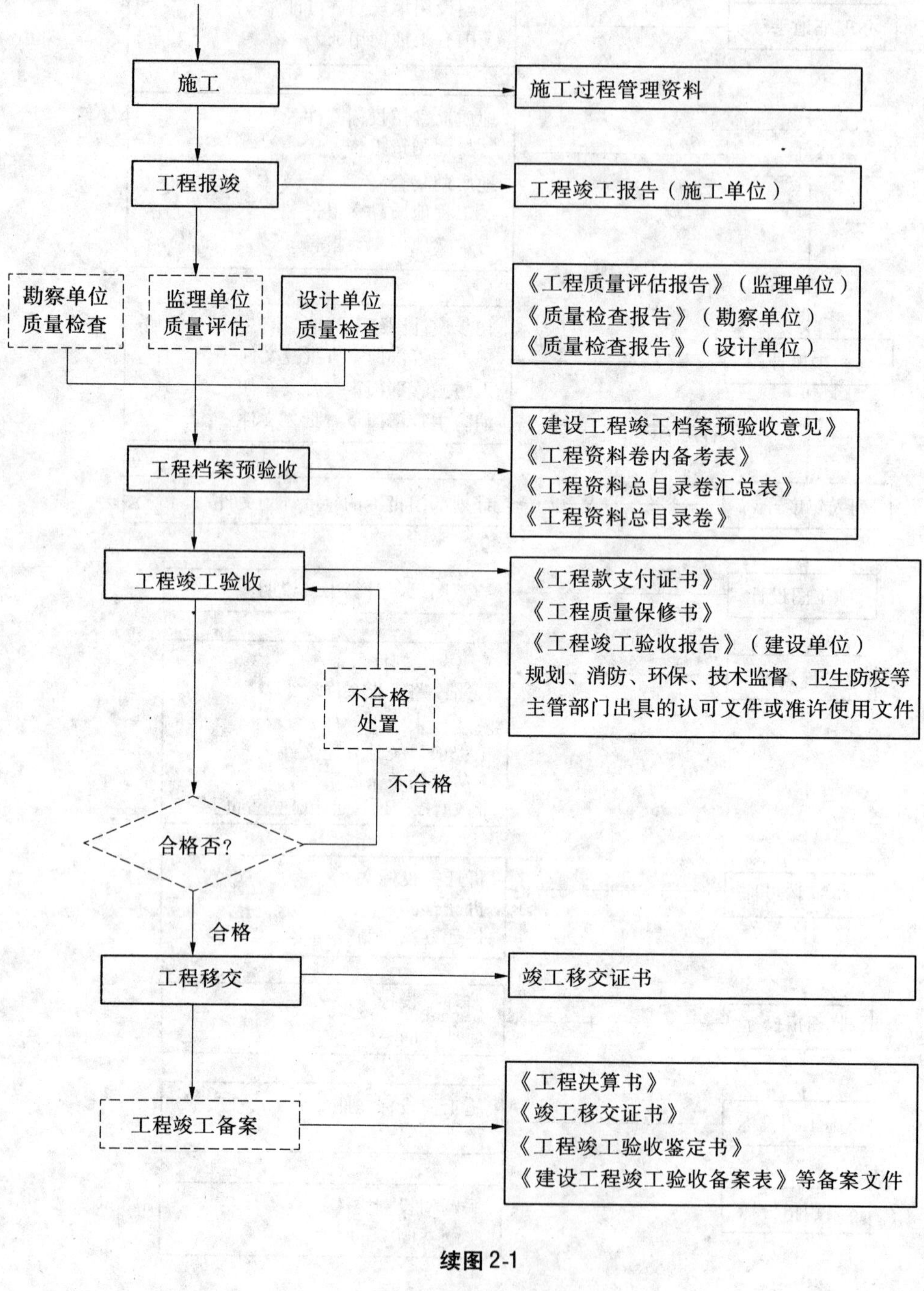
施工
施工过程管理资料
工程报竣
工程竣工报告（施工单位）
勘察单位质量检查
监理单位质量评估
设计单位质量检查
《工程质量评估报告》（监理单位）
《质量检查报告》（勘察单位）
《质量检查报告》（设计单位）
工程档案预验收
《建设工程竣工档案预验收意见》
《工程资料卷内备考表》
《工程资料总目录卷汇总表》
《工程资料总目录卷》
工程竣工验收
《工程款支付证书》
《工程质量保修书》
《工程竣工验收报告》（建设单位）
规划、消防、环保、技术监督、卫生防疫等主管部门出具的认可文件或准许使用文件
不合格处置
不合格
合格否？
合格
工程移交
竣工移交证书
工程竣工备案
《工程决算书》
《竣工移交证书》
《工程竣工验收鉴定书》
《建设工程竣工验收备案表》等备案文件

续图 2-1

2 基建文件分类

根据水利工程基建文件管理流程，水利工程基建文件主要包括决策立项文件、勘测设计文件、工程管理文件、商务文件、工程开工文件、工程竣工验收及备案文件、涉外文件及科研项目等，其具体内容见表2-1。

表2-1 水利工程基建文件的内容

序号	文件类别	基建文件的具体内容
1	决策立项文件	项目建议书及批复 可行性研究报告及批复 项目评估 环境预测、调查报告 计划任务书及批复 立项的会议纪要、项目有关建议文件
2	勘测设计文件	工程地质、水文地质、地质图 勘察设计、勘察报告、勘察记录、化验报告、试验报告 重要岩、土样及有关说明 地形、地貌、控制点、建筑物、构筑物及重要设备安装测量定位、观测记录 水文、气象、地震等其他设计基础材料 初步设计、技术设计、施工图设计 技术秘密材料、专利文件 设计计算书 关键技术试验、总体规划设计 设计评价、鉴定审批材料
3	工程管理文件	征用土地的批准文件及红线图(包括土地使用证) 移民规划、安置等方面的文件材料 移民拆迁及补偿协议书 承发包合同及协议书(包括设计、施工、监理) 招标、投标及有关租赁文件 施工执照、开工令(通知或许可证) 环保、消防、卫生等文件材料 水、暖、电、煤气供应及通信等协议书 重要的协调会与有关专业会议文件
4	商务文件	年度财务计划 工程概算、预算、决算 固定资产清单及交接凭证 主要消耗材料与器材移交清单

续表 2-1

序号	文件类别	基建文件的具体内容
5	工程开工文件	年度施工任务批准文件 修改工程施工图纸通知书 水利工程规划许可证、附件及附图 固定资产投资许可证 水利工程施工许可或开工审批手续 工程质量安全监督注册登记表
6	竣工验收文件	工程竣工验收报告 建设工程竣工验收备案表 单位工程验收鉴定书 法人验收计划、报告及结论 合同工程完工验收鉴定书 阶段验收鉴定书、部分工程投入使用验收鉴定书 工程竣工验收鉴定书 工程质量保修书及责任终止证书
7	科研项目	开题报告、任务书、批准书 协议书、委托书、合同书 研究方案、计划、调查研究报告 实验记录、图表、照片 实验分析、计算与整理的数据 实验装置及特殊设备的图纸与工艺技术规范说明 实验装备操作规程、安全措施与事故分析报告 阶段报告、科研报告、技术鉴定材料 成果申报、鉴定、审批及推广应用材料 考察报告
8	涉外文件	询价、报价、投标文件 合同、合同附件 谈判协议、议定书 谈判记录 外商提交或我方收集的有关材料 出国考察报告 国外各设计阶段文件 各设计阶段审查议定书 技术问题来往函电 国外设备材料及设计联络，国外引进的设备图纸、说明 国外设备储存、运输 开箱检验记录、商检及索赔 国外设备、材料的防腐、保护措施 外国技术人员现场提供的有关文件材料 国外有关的技术标准

任务2 决策立项文件编制

1 决策立项文件主要内容

(1)项目建议书:建设单位编制并申报。

(2)项目建议书的批复文件:建设单位的上级部门或国家有关主管部门批复。

(3)可行性研究报告:建设单位委托有资质的工程咨询单位编制。

(4)可行性报告的批复文件:大中型项目由国家发展和改革委员会或由国家发展和改革委员会委托的有关单位审批;小型项目由行业或国家有关主管部门审批;建设资金自筹的企业大中型项目由城市发展和改革委员会审批,报国家及有关部门备案;地方投资的文教、卫生事业的大中型项目由城市发展和改革委员会审批。

(5)关于立项的会议纪要、领导批示:由建设单位或其上级主管单位形成。

(6)专家对项目的有关建议文件:由建设单位组织形成。

(7)项目评估研究文件:由建设单位组织形成。

下面主要介绍项目建议书、可行性研究报告编制。

2 项目建议书编制

2.1 项目建议书概念

项目建议书(又称项目立项申请书或立项申请报告)由项目承建单位或项目法人根据国民经济的发展、国家和地方中长期规划、产业政策、生产力布局、国内外市场、所在地的内外部条件,就某一具体新建、扩建项目提出的项目的建议文件,是对拟建项目提出的框架性的总体设想。它要从宏观上论述项目设立的必要性和可能性,把项目投资的设想变为概略的投资建议。

项目建议书是国家选择建设项目的依据,项目建议书批准后,即为立项。批准立项的工程即可进一步开展可行性研究。涉及利用外资的项目,只有在批准立项后方可对外开展工作。

2.2 项目建议书的编制主要内容

工程项目建议书大多由项目法人委托咨询单位、设计单位负责编制,其主要表现在论证重点、宏观信息、估算误差(±20%左右)和最终结论等几个方面。

水利工程基本建设项目的项目建议书主要内容如下:

(1)建设项目提出的必要性和依据。

(2)产品方案、拟建规模的建设地点的初步设想。

(3)资源情况、建设条件、协作关系和引进国别、厂商的初步分析。

(4)投资估算的资金筹措设想。

(5)项目进度安排。

水利水电工程项目建议书编制格式见附件2。

2.3 项目建议书申请提交材料

项目建设单位报送项目建议书时，应同时报送如下申请文件：

(1)上报资料目录清单。

(2)县级以上水利(务)及发展和改革部门的初审意见。

(3)设计单位资质证明文件复印件。

(4)项目建议书报告。

(5)工程设计图纸。

(6)工程投资估算书(含电子文档软盘)。

(7)主管部门对工程项目(包括河流规划、水利发展计划等)的有关审批文件。

(8)有关地区和部门对本项目意见的书面文件(包括有关单位及提供资金单位的意向性文件、淹没区和占地范围所在地方政府及主管部门的书面意见、具有城镇工业和生活供水任务项目的供水意向协议书、具有通航任务的项目，附航道主管部门的初步意见，跨行政区或对其他行政区、部门有影响的项目应附有关协调文件，涉及军事设施工程的项目应附军事主管部门的书面意见等)。

(9)具有城镇工业和生活供水及改善水质任务项目的水质检测报告。

(10)主要机电设备定价依据(如厂家报价函等)。

(11)当地建设部门颁布的近期建筑材料信息价格。

(12)勘察及设计合同复印件。

2.4 项目建议书的审核

2.4.1 审核依据

省级水行政主管部门对建设单位提交的项目建议书进行审核时，不得违背《中华人民共和国水法》、《中华人民共和国防洪法》和水利部1996年第608号文件《水利水电工程项目建议书编制暂行规定》的规定。项目建议书中所建议的项目应符合国家建设方针和长期规划，对工程预期的经济效益应计算得尽可能地准确、合理，同时，还须符合国家产业结构的调整方向和范围。

2.4.2 项目建议书的审批

(1)项目审批部门接到建设单位提交的项目建议书后，应重点审查项目是否符合国家的建设方针和长期规划；是否符合产业结构调整的方向和范围；项目的产品符合市场需要的论证理由是否充分；项目建设地点是否合适；关于项目的财务、经济效益和还款要求的粗略估算是否合理，是否与业主的投资设想一致等方面。

(2)小型或限额以下的工程项目建议书，可按隶属关系，直接由各主管部门或省、自治区、直辖市的计委审批。

大中型及限额以上项目建议书的审批见表2-2。

(3)项目建议书审查完毕后，要再按照国家颁布的有关文件规定、审批权限申请立项报批。

表 2-2 大中型及限额以上项目建议书的审批

审批程序	审批单位	审批内容	备注
初审	行业归口主管部门	资金来源,建设布局,资源合理利用,经济合理性,技术政策	
终审	国家发展和改革委	建设总规模,生产力总布局,资源优化配置,资金供应可能性,外部协作条件	投资额超过2亿元的项目,还需报国务院审批

3 可行性研究报告编制

3.1 可行性研究报告概念

由项目法人通过委托或招投标方式,确定有资质的和相应等级的设计或咨询单位承担,是对项目从经济上、技术上进行分析论证,做出最佳实施方案。

3.2 可行性研究报告的内容

水利工程项目可行性研究报告应按表2-3所示的内容和结构进行编写。

表 2-3 项目可行性研究报告的内容

序号	项目	编写内容
1	总论	项目提出的背景与概况 可行性研究报告编制的依据 项目建设条件 问题与建议
2	资源条件评价	资源可利用量 资源品质情况 资源赋存条件 资源开发价值
3	建设规模	项目建设规模的构成 建设规模的比选及推荐采用的建设规模
4	场址选择	场址现状及建设条件描述 场址比选及推荐的场址方案
5	技术设备工程方案	技术方案选择 主要设备方案选择 工程方案选择
6	总图运输与公用、辅助工程	总图布置方案 场(厂)内外运输方案 公用工程与辅助工程方案

续表 2-3

序号	项目	编写内容
7	原材料、燃料供应	主要原材料供应方案选择,燃料供应方案选择
	节能措施	节能措施及能耗指标分析
	节水措施	节水措施及水耗指标分析
8	环境影响评价	环境条件调查 影响环境因素分析 环境保护措施
9	劳动安全、卫生与消防	危险因素和危害程序分析 安全防范措施 卫生保健措施 消防设施
10	组织机构与人力资源配置	组织机构设置及其适应性分析 人力资源配置及员工培训
11	项目实施进度	建设工期 实施进度安排
12	投资估算	投资估算范围与依据 建设投资估算 流动资金估算 总投资额及分年投资计划
13	融资方案	融资组织形式选择 资本金筹措 债务资金筹措 融资方案分析
14	财务评价	财务评价基础数据与参数选取 销售收入与成本费用估算 编制财务评价报表 盈利及偿债能力分析 不确定性分析 财务评价结论
15	国民经济评价	影子价格及评价参数的选取 效益费用范围调整 编制国民经济评价报表 计算国民经济评价指标 国民经济评价结论
16	社会评价	项目对社会影响分析 项目与所在地互适性分析 社会风险分析 社会评价结论

3.3 可行性研究报告的审批需报送审核的文件

水利水电工程可行性研究报告审核时,须报送以下文件:

(1)上报资料目录清单。

(2)县级以上水利(水务)及发展和改革部门的初审意见。

(3)自筹资金或资本金筹集的有效文件。

(4)设计单位资质证明文件复印件。

(5)可行性研究报告。

(6)工程地质报告。

(7)工程水文水力分析计算专题报告。

(8)工程设计图纸。

(9)工程投资估算书(含电子文档软盘1份)。

(10)水土保持方案专项设计报告。

(11)移民安置、淹没处理及工程永久占地处理专项报告(附补偿标准依据文件)。

(12)水情自动测报、自动化监测与控制系统、三防指挥系统等专题可行性研究报告(如有本项投资)。

(13)工程招标方式、组织形式及招标范围表。

(14)工程用地预审手续。

(15)工程管理单位定编批文及工程管理、养护维修经费测算及落实依据,政府批准或承诺的水价改革实施办法,工程管理体制改革措施。

(16)项目法人组建的有效文件。

(17)主要工程量计算书及初审单位审核表。

(18)主要机电设备定价依据(如厂家报价函等)。

(19)当地建设部门颁布的近期工程材料信息价格。

(20)勘察设计合同复印件。

(21)具有城镇工业和生活供水及改善水质任务项目的水质检测报告。

(22)具有城镇工业和生活供水任务项目的供水协议书。

(23)具有通航任务的项目,附航道主管部门的批复意见。

(24)跨行政区或对其他行政区、部门有影响的项目,附有关协调文件。

(25)涉及军事设施的项目,附军事主管部门的书面意见。

(26)涉及取水的项目,附取水许可预申请文件。

任务3 初步设计及招投标文件编制

1 工程初步设计文件

当项目立项审批后,在工程开工准备阶段要进行工程初步设计文件编制,由设计单位编制完成的工程初步设计文件经项目法人组织审查后,按国家现行规定权限向主管部门

申报审批,审批时需要提交的申请材料如下:

(1)上报工程初步设计文件清单及文件目录清单;

(2)地级以上市水利(水务)局初审意见;

(3)符合审批权限规定的立项批文(复印件);

(4)初步设计报告书;

(5)水文分析复核报告;

(6)工程地质报告;

(7)工程设计计算书;

(8)工程设计图纸;

(9)工程投资概算书(含软盘);

(10)水土保持方案报告书(表)(专项);

(11)移民安置、淹没处理及工程永久占地处理专题报告(新建及扩建大、中型工程和单项投资大于200万元的除险加固工程);

(12)水工模型试验报告及其他试验研究报告;

(13)机电、金属结构设备专题论证报告;

(14)水情自动测报、自动化监测与控制系统、三防指挥系统等专项初步设计报告书(如有本项投资);

(15)工程管理单位定员定岗及工程运行管理、养护维修经费测算及落实渠道,政府批准或承诺的水价改革实施办法,工程管理体制改革措施;

(16)主要工程量计算书及初审单位审核表;

(17)主要机电设备定价依据(如厂家报价函等);

(18)当地建设部门颁布的近期建筑材料信息价格;

(19)勘测、设计单位资质证明文件复印件;

(20)按规定设计招标的项目,附中标通知书复印件;

(21)具有通航任务项目的航道主管部门的批复意见;

(22)跨行政区或对其他行政区有影响的有关协调文件;

(23)涉及军事设施项目的军事主管部门的书面意见;

(24)其他专项报告。

2　工程招投标文件

在工程开工准备阶段要进行工程招投标文件的编制,水利工程招投标首先要进行勘测设计招投标,然后进行监理招投标、施工招投标及设备招投标,下面主要讲述工程招投标流程图、施工招标文件及投标文件编制主要内容。

2.1　施工招投标流程

根据《中华人民共和国招标投标法》、《中华人民共和国招标投标法实施条例》、《水利工程建设项目招标投标管理规定》(水利部令第14号),水利工程招投标的基本程序包括:

(1)水利工程施工招标报告备案。

(2)编制招标文件。

(3)发布招标信息(招标公告或投标邀请书)。

(4)组织资格预审(若进行资格预审)。

(5)组织踏勘现场和投标预备会(若组织)。

(6)对问题进行澄清。

(7)组织成立评标委员会。

(8)组织开标、评标。依法必须进行招标的项目,自招标文件开始发出之日起至投标人提交投标文件截止之日止,最短不应当少于20日。

(9)确定中标人。

(10)提交招标投标情况的书面总结报告。

(11)发中标通知书。

(12)订立书面合同。招标人与中标人签订合同后5个工作日内,应当退还投标保证金。

从工程招投标程序可以看出,工程招投标过程中,主要形成文件有招标备案报告、招标文件、招标公告或招标邀请书、投标文件、中标通知书及合同等。

2.2　招标文件编制主要内容

(1)投标须知。

①总则;

②招标文件;

③投标报价;

④投标文件的编制;

⑤投标文件的递交;

⑥开标;

⑦评标;

⑧授予合同。

(2)合同。

①协议书格式;

②通用条款、专用条款;

③附件1:承包人承揽工程项目;

④附件2:发包人供应材料设备;

⑤附件3:工程质量保修书;

⑥附件4:承包人银行履约保函;

⑦附件5:发包人支付担保银行保函。

(3)计价规范和技术规范。

(4)工程量清单。

(5)图样和技术文件。

(6)投标文件格式。

2.3　投标文件组成

(1)投标函及投标函附录。

(2)法定代表人身份证明。

(3)授权委托书。

(4)联合体协议书。

(5)投标保证金。

(6)已标价工程量清单。

(7)施工组织设计。

(8)项目管理机构表。

(9)拟分包项目情况表。

(10)资格审查文件。

(11)原件的复印件。

(12)其他材料。

任务4　开工审批文件编制

工程开工需要具备一定条件,开工审批文件主要有年度施工任务批准文件,修改工程施工图纸通知书,水利工程规划许可证、附件及附图,固定资产投资许可证,工程质量安全监督注册登记表,水利工程施工许可或开工审批手续等。本任务主要介绍工程质量安全监督文件及开工审批表。

1　水利水电工程质量安全监督文件编制

在水利水电工程开工准备阶段,不但要进行工程初步设计文件编制,招投标文件编制,还要到质量安全监督部门报质量安全监督手续,进行水利水电工程质量安全监督文件编制,为工程开工提供条件。根据质量安全监督工作流程(见图2-2),在工程开工准备阶段建设单位要填写工程质量安全监督申请单、水利水电工程质量安全监督书,监督单位审核通过下发工程质量安全监督通知书,形成质量安全监督计划。根据工程特点及工程所在不同区域,质量安全监督申请单格式不一,但基本内容相同,表2-4所示质量安全监督申请单供编制填写时

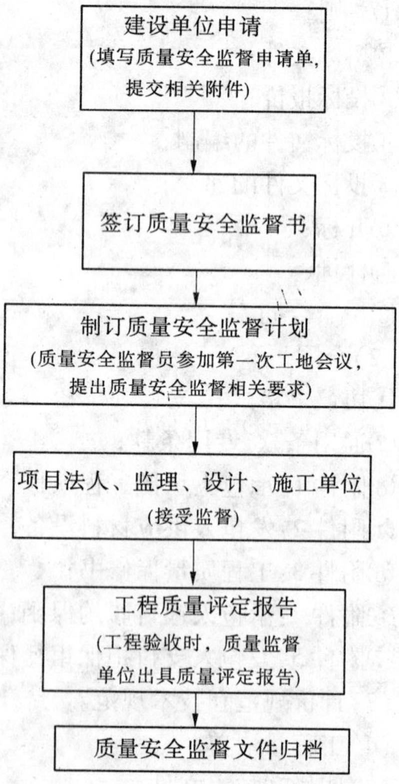

图2-2　质量安全监督工作程序图

参考。

1.1 水利工程质量安全监督申请单样例

表2-4 质量安全监督申请单

编号:2012－0606

今有我单位中县汝河治理工程,按照《水利水电工程质量监督管理办法》及《建设工程安全生产管理条例》等有关规定,已具备办理质量、安全监督条件,特向你站申请办理质量、安全监督手续,请给予办理。

工程情况	提交技术材料
1.项目名称 中县汝河治理工程	1.工程项目建设审批文件1份
2.批准机关及文号 河南省水利厅(2010)788号	2.设计图纸:土建80张 水、电、暖、通等设备安装50张
3.工程内容 中县汝河治理水闸工程 中县汝河治理堤身工程	3.工程设计报告及技术要求1份
4.工程造价 8 000万元 其中建安费 5 500万元	4.地质勘察报告1份
5.工程地点河南省中部中县	5.项目法人(或建设单位)与监理、设计、施工单位签订的合同(或协议)副本各1份
6.勘察及设计单位 安徽淮河勘测设计研究有限公司	6.监理、设计、施工单位的资质证明材料各1份
7.施工单位 山东大河水电工程建设有限公司	7.项目法人、监理、设计、施工单位的基本情况和工程质量安全管理组织、规章制度等文件
	8.施工单位安全生产许可证
8.监理单位 河南山川水电工程监理有限公司	9.项目经理安全考核合格证
9.计划开竣工日期 2012年9月9日－2014年9月9日	10.安全员安全考核合格证 11.中标通知 12.招、投标文件

建设单位工程质量安全管理人员 王强帅 联系电话

建设单位(盖章)

法人代表(签名) 张中发 填表人 张丽

2012 年 5 月 25 日

1.2 水利水电工程质量安全监督书

建设单位在申报工程开工前,到所属市水电局质量安全监督站填写工程质量安全监督书,办理质量安全监督手续。由质量安全监督站对施工单位提出审查意见,确定工程质量安全目标、质监人员、安全人员及检测单位。质量安全监督书一式六份,监督站、建设单位各存一份,另四份连同工程开工报告一起送省水利厅审批。工程质量安全监督书包括封面及正文,封面主要内容有工程名称、建设单位印章及负责人签名、监督单位印章及负责人签名。正文主要内容有建设单位情况及工程建设规模、投资、工期、工程质量安全目标、质量安全监督人员、监督时间,还包括设计单位信息审查、施工单位信息审查及监理单位信息审查。

2　工程开工审批表编制

已完成工程初步设计审批的,具备主体工程开工条件的应按相关规定执行开工审批手续;属于省级水行政主管部门负责的水利基建项目,应由省级水行政主管部门负责审批。

2.1　工程开工申请条件

当水利工程建设项目具备以下条件时,均可提出水利工程开工审批行政许可申请:

(1)工程初步设计文件已经审批。

(2)项目法人(或责任主体)和法定代表人已按有关规定成立及任命。

(3)有关主体工程已按规定选择了监理与施工单位,并已签订经济合同。

(4)水利基本建设项目(含基建管理项目)投资承包合同书已签订。

(5)已签订《水利水电工程质量安全监督书》。

(6)到位资金满足当年施工需要。

(7)现场施工准备和征地移民拆迁等建设外部条件能够满足主体工程开工需要,并已获得有关土地使用计划或使用权的批准文件。

(8)项目法人与工程设计单位已签订设计图纸交付协议,施工详图设计可满足主体工程施工需要。

2.2　开工申请需提交的材料

工程建设单位进行开工申请时,报送的文件如下:

(1)初步设计报告批准文件(复印件)。

(2)县级以上人民政府明确项目法人(或责任主体)和任命法定代表人的文件(复印件)。

(3)按规定须招标项目的中标通知书(复印件),以及勘测、设计、监理和施工等参建单位的资质等级证书(复印件)。

(4)双方已签订的水利基本建设项目(含基建管理项目)投资承包合同书(复印件)。

(5)《水利水电工程质量安全监督书》(复印件)。

(6)主体工程施工进度计划安排。

(7)施工年度计划有度汛任务的应提供足够年度度汛施工项目的资金到位证明。

2.3　办理流程

由水利厅负责开工审批的水利建设项目,主体工程开工前,项目法人应按以下程序履行开工审批:

(1)申请人(项目业主)持《水利工程建设项目开工报告审批表》及有关材料,报项目所在县(市)水行政主管部门;县(市)水行政主管部门应在决定受理之日的规定期限内完成审查、签署审查意见,并报所在地(市)水行政主管部门。

(2)市水行政主管部门收到县(市)水行政主管部门审查的水利工程开工报告审批表及有关材料后,应在规定期限内完成审查、签署意见,并报省水行政主管部门。

(3)省水利厅行政审批窗口对符合法定条件,材料齐全的水利工程开工报告及有关材料正式受理后,发给申请人受理凭证,同时移交省水利厅基本建设处或相关处室审查办理。省水利厅基本建设处或相关处室应在规定期限内决定批准或者不予批准;对不具备开工条件的,将开工报告退还项目法人,并告知不予批准的原因和需补充的材料,待具备开工条件后，重新申请办理。由市、县水行政主管部门负责开工审批的水利工程建设项目，参照执行。

3 开工审批表编制

表2-5为水利工程开工报告审批样表，供编制者参考。

表2-5 水利工程开工报告审批表

工程名称	中县汝河治理工程		
建设地点	河南省中部中县汝河		
计划开工日期	2012年9月9日	计划竣工日期	2014年9月9日
初步设计 批复单位	安徽淮河勘测设计 研究有限公司	批复文号	2011－0505
投资计划 批复单位	中县汝河治理 工程建设管理处	批复文号	2011－0909
主体工程招标情况是否报备	已报备		
质量、安全监督单位	河南省质量安全监督站	安全、质量监督书编号	2012－0606
勘察单位名称 及合同编号	安徽淮河勘测设计研究 有限公司 ZXRHZL－KS	设计单位名称 及合同编号	安徽淮河勘测设计 研究有限公司 ZXRHZL－KS
监理单位名称 及合同编号 （主体工程）	河南山川水电工程监理 有限公司 ZXRHZL－JL	施工单位名称 及合同编号 （主体工程）	山东大河水电工程建设 有限公司 ZXRHZL－SG
建设工程用地 批准情况	已办理建设工程用地批准手续		
投资落实情况	资金已落实到位		
征地、拆迁和施工场地 “四通一平”等准备情况	项目征地、拆迁和施工场地“四通一平”等施工准备工作已做好		
施工图纸 交付情况	施工图纸齐全，通过设计审批，已交付		
材料、主要设备 到场情况	工程主体材料、主要设备已到场		
项目法人申报意见 具备工程开工条件 同意开工 项目法定代表人签字：张中发 项目法人（盖章） 2012年7月28日		县级水行政主管部门审查意见 具备条件 同意开工 水行政主管部门负责人签字：陈功 县级水行政部门（盖章） 2012年8月12日	
市水行政主管部门审查意见： 具备条件 同意开工 市水行政主管部门负责人签字：韩星 市水行政部门（盖章） 2012年8月17日		省水行政主管部门审批意见： 具备条件 同意开工 省水行政主管部门负责人签字：袁胜利 省水行政部门（盖章） 2012年8月27日	

项目任务

1 选择题

(1)在立项、审批、征地、勘察等工程准备阶段形成的文件,属于(　　)。

A. 工程准备阶段文件　　B. 监理文件
C. 施工文件　　D. 竣工验收文件

(2)下列(　　)属于决策立项文件。

A. 项目评估　　B. 项目建议书
C. 计划任务书及批复　　D. 设计计算书
E. 关键技术试验报告

(3)下列(　　)属于开工审批文件。

A. 工程规划许可证及附件　　B. 施工图纸审核通知书
C. 工程质量安全监督手续　　D. 环境监测及调查报告
E. 年度财务计划

(4)下列(　　)属于开工申请需要提交资料的复印件。

A. 质量安全监督书　　B. 建设项目投资承包合同书
C. 监理规划　　D. 招投标中标通知书
E. 项目建议书

2 简答题

(1)项目建议书申请需要提交哪些材料?

(2)施工单位在投标截止日前编制的投标文件包括哪些内容?

项目3 监理文件整编

监理文件是监理单位在履行监理职责,完成监理工作过程中形成的,它是监理工作过程的真实反映,也是监理工作成效的根本体现,更是工程质量、生产安全事故责任划分的重要依据。监理文件既包括监理单位自行编制形成的文件,也包括监理单位在实施监理工作过程中与承包单位、建设单位等双方或多方单位间形成的文件。项目监理机构应及时整理、分类、汇总监理文件资料,并应按规定组卷,形成监理档案。

任务1 监理文件概述

1 监理工作管理流程

监理工作管理流程如图3-1所示。

2 监理文件分类

从不同角度考虑对监理文件分类结果不同。分析监理工作管理流程图3-1,从监理文件形成的单位角度分类,监理文件可分两大类,一类为监理方为更好实施监理职责进行内部管理,监理方自行编制形成的文件,如监理规划、监理实施细则、监理日志、会议纪要、监理月报等,此类文件可简称为监理方文件;另一类为监理单位在实施监理工作过程中与承包单位、建设单位等双方或多方单位形成的文件,根据监理工作职责,此类文件又可分为质量控制文件、造价控制文件、进度控制文件、安全生产管理文件及工程变更、索赔合同管理等文件。

监理文件应包括下列主要内容:

(1)勘察设计文件、建设工程监理合同及其他合同文件。

(2)监理规划、监理实施细则。

(3)设计交底和图纸会审会议纪要。

(4)施工组织设计、(专项)施工方案、施工进度计划报审文件资料。

(5)分包单位资格报审文件资料。

(6)施工控制测量成果报验文件资料。

(7)总监理工程师任命书,工程开工令、暂停令、复工令,开工或复工报审文件资料。

(8)工程材料、构配件、设备报验文件资料。

(9)见证取样和平行检验文件资料。

(10)工程质量检查报验资料及工程有关验收资料。

(11)工程变更、费用索赔及工程延期文件资料。

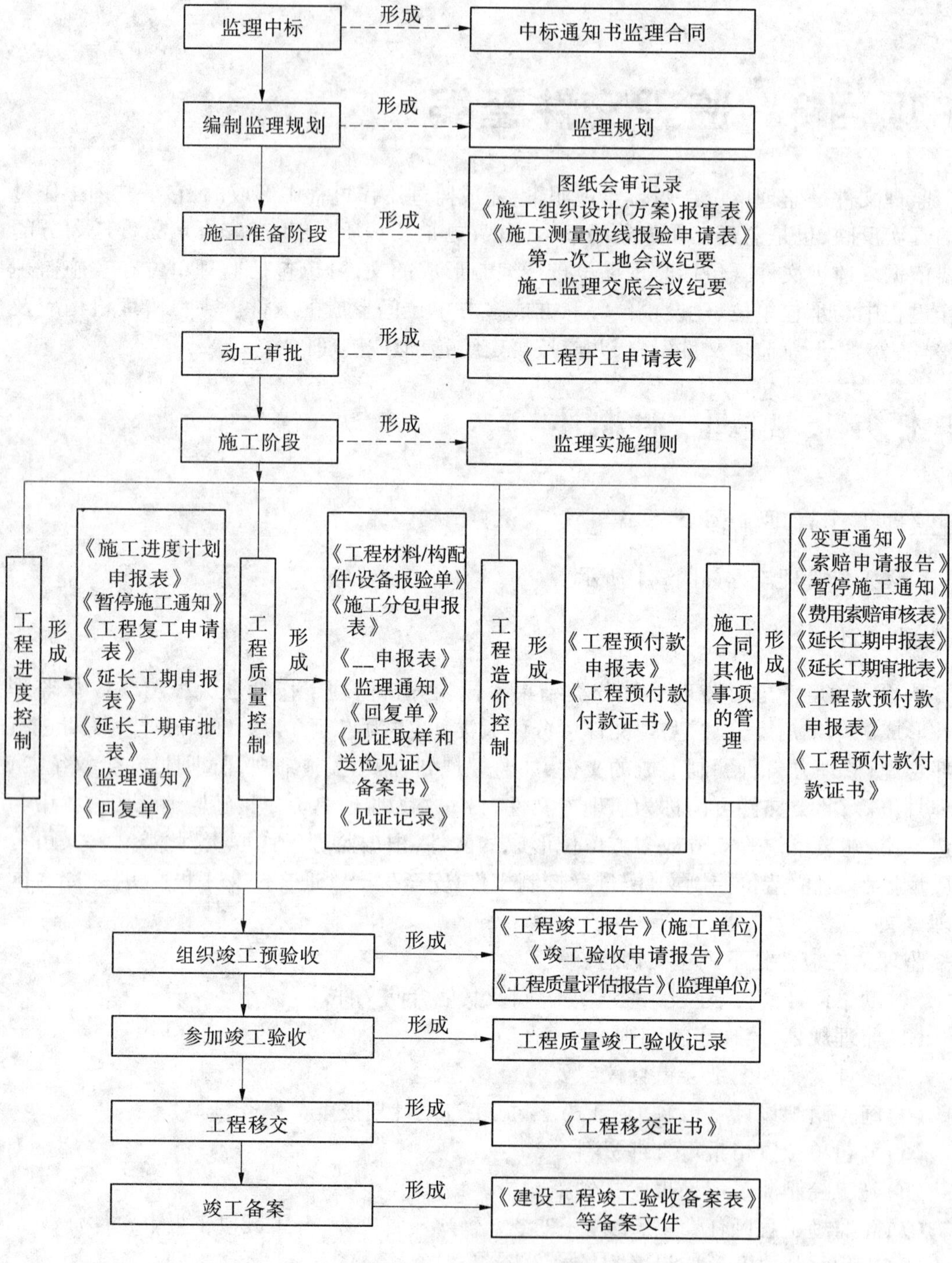

图3-1 监理工作管理流程

(12)工程计量、工程款支付文件资料。

(13)监理通知、工作联系单与监理报告。

(14)第一次工地会议、监理例会、专题会议等会议纪要。

(15)监理月报、监理日志、旁站记录。

(16)工程质量或生产安全事故处理文件资料。

(17)工程质量评估报告及竣工验收监理文件资料。

(18)监理工作总结。

3 监理文件编制要求及监理人员职责

3.1 监理文件编制要求

工程监理文件是监理单位在项目设计、施工等监理过程中形成的文件,它是监理工作中各项控制与管理的依据和凭证,其编制要求如下:

(1)监理文件的编制工作应及时,各类文件的编写应使用黑色墨水笔或黑色签字笔,一般不能复印,如果需要复写,须用单面黑色复写纸。

(2)各类监理用表应符合相关规定,用词准确,内容真实、全面、清楚,不得有涂改或模糊不清之处。

(3)项目总监理工程师为监理文件编制工作的总负责人,对监理文件的编制负有检查、指导和监督的职责,对施工单位报送的不符合格式或不规范的文件应责令其改正或重做,拒不执行的,可不予签认。

(4)监理工程师在编制监理文件时,应使用规范用语和通用符号、公式等。如采用其他单位、符号,应予以注明。

(5)监理文件应随着工程项目的进展不断进行编制、收集与整理。监理工程师应认真审核承包单位报送的文件,不得接收经涂改的报验文件。审核整理后,交资料管理人员存放。

3.2 监理人员工作职责

依据《水利工程建设项目施工监理规范》(SL 288—2003),对监理人员工作职责进行介绍。

3.2.1 总监理工程师职责

(1)主持编制监理规划,制定监理机构规章制度,审批监理实施细则,签发监理机构的文件。

(2)确定监理机构各部门职责分工及各级监理人员职责权限,协调监理机构内部工作。

(3)指导监理工程师开展工作;负责本监理机构中监理人员的工作考核,调换不称职的监理人员;根据工程建设进展情况,调整监理人员。

(4)主持审核承包人提出的分包项目和分包人,报发包人批准。

(5)审核承包人提交的施工组织设计、施工措施计划、施工进度计划和资金流计划。

(6)组织或授权监理工程师组织设计交底,签发施工图纸。

(7)主持第一次工地会议,主持或授权监理工程师主持监理例会和监理专题会议。

(8)签发进场通知、合同项目开工令、分部工程开工通知、暂停施工通知和复工通知等重要监理文件。

(9)组织审核付款申请,签发各类付款证书。

(10)主持处理合同违约、变更和索赔等事宜,签发变更和索赔的有关文件。

(11)主持施工合同实施中的协调工作,调解合同争议,必要时对施工合同条款作出解释。

(12)要求承包人撤换不称职或不宜在本工程工作的现场施工人员或技术、管理人员。

(13)审核质量保证体系文件并监督其实施;审批工程质量缺陷的处理方案;参与或协助发包人组织处理工程质量及安全事故。

(14)组织或协助发包人组织工程项目的分部工程验收、单位工程完工验收、合同项目完工验收,参加阶段验收、单位工程投入使用验收和工程竣工验收。

(15)签发工程移交证书和保修责任终止证书。

(16)检查监理日志,组织编写并签发监理月报、监理专题报告、监理工作报告,组织整理监理合同文件和档案文件。

总监理工程师不得将以下工作授权给副总监理工程师或监理工程师:

(1)主持编写监理规划,审批监理实施细则。

(2)主持审核承包人提出的分包项目和分包人。

(3)审批承包人提交的施工组织设计、施工措施计划、施工进度计划和资金流计划。

(4)主持第一次工地会议,签发进场通知、合同项目开工令、暂停施工通知、复工通知。

(5)签发各类付款证书。

(6)签发变更和索赔的有关文件。

(7)要求承包人撤换不称职或不宜在本工程工作的现场施工人员或技术、管理人员。

(8)签发工程移交证书和保修责任终止书。

(9)签发监理月报、监理专题报告和监理工作报告。

3.2.2 监理工程师职责

(1)参与编制监理规划,编制监理实施细则。

(2)预审承包人提出的分包项目和分包人。

(3)预审承包人提交的施工组织设计、施工措施计划、施工进度计划和资金流计划。

(4)预审或经授权签发施工图纸。

(5)核查进场材料、构配件、工程设备的原始凭证、检测报告等质量证明文件及其质量情况。

(6)审批分部工程开工申请报告。

(7)协助总监理工程师协调参建各方之间的工作关系。按照职责权限处理施工现场发生的有关问题,签发一般监理文件。

(8)检验工程的施工质量,并予以确认或否认。

(9)审核工程计量的数据和原始凭证,确认工程计量结果。

(10)预审各类付款证书。

(11)提出变更、索赔及质量和安全事故处理等方面的初步意见。

(12)按照职责权限参与工程的质量评定工作和验收工作。

(13)收集、汇总、整理监理文件，参与编写监理月报，填写监理日志。

(14)施工中发生重大问题和遇到紧急情况时，及时向总监理工程师报告、请示。

(15)指导、检查监理员的工作，必要时可向总监理工程师建议调换监理员。

3.2.3 监理员职责

(1)核实进场原材料质量检验报告和施工测量成果报告等原始文件。

(2)检查承包人用于工程建设的材料、构配件、工程设备使用情况，并做好现场记录。

(3)检查并记录现场施工程序、施工工法等实施过程情况。

(4)检查和统计计日工情况，核实工程计量结果。

(5)核查关键岗位施工人员的上岗资格；检查、监督工程现场的施工安全和环境保护措施的落实情况，发现异常情况及时向监理工程师报告。

(6)检查承包人的施工日志和试验室记录。

(7)核实承包人质量评定的相关原始记录。

4 监理机构常用表格

4.1 监理机构常用表格填写基本规定

工程用表是检验与评定施工质量的基础资料，也是工程维修和事故处理的重要参考，因此对表格填写作如下规定：

(1)应使用蓝色或黑色墨水钢笔填写，不得使用圆珠笔、铅笔填写。

(2)文字。应按国务院颁布的简化汉字书写，字迹应工整、清晰。

(3)数字和单位。数字使用阿拉伯数字(1,2,3,…,9,0)。单位使用国家法定计量单位，并以规定的符号表示(如：MPa、m、m^3、t)。

(4)合格率。用百分数表示，小数点后保留一位，如果恰为整数，则小数点后以0表示。例如：95.0%。

(5)改错。将错误用斜线划掉，再在其右上方填写正确的文字(或数字)，禁止使用改正液、贴纸重写、橡皮擦、刀片刮或用墨水涂黑等方法。

例如：……表示有裂~~缝~~纹，抗压强度~~25.3~~23.3 MPa。

(6)表头填写。①单位工程、单元工程名称，按项目划分确定的名称填写。②单元工程名称、部位：填写该单元工程名称(中文名称或编号)，部位可用桩号、高程等表示。③施工单位：填写与项目法人(建设单位)签订承包合同的施工单位全称。④单元工程量：填写本单元主要工程量。⑤检验(评定)日期：年填写4位数，月填写实际月份(1~12月)，日填写实际日期(1~31日)。

(7)质量标准中，凡有“符合设计要求”者，应注明设计具体要求(如内容较多，可附页说明)，凡有“符合规范要求”者，应标出所执行的规范名称及编号。

(8)检验记录。文字记录应真实、准确、简练。数字记录应准确、可靠，小数点后保留位数应符合有关规定。

4.2 施工监理工作常用表格说明

(1)表格可分为以下两种类型:

①承包人用表。以 CB××表示。

②监理机构用表。以 JL××表示。

(2)表头应采用如下格式:

CB11 施工放样报验单

(承包[ ]放样 号)

注:"CB11":表格类型及序号。

"施工放样报验单":表格名称。

"承包[ ]放样 号":表格编号。其中:①"承包":指该表以承包人为填表人,当填表人为监理机构时,即以"监理"代之。②当监理工程范围包括两个以上承包人时,为区分不同承包人的用表,"承包"可用其简称表示。③[ ]:年份。[2002]、[2003]表示2002年、2003年的表格。④"放样":表格的使用性质,即用于"放样"工作。⑤"号":一般为3位数的流水号。

如承包人简称为"华安",则2003年承包人向监理机构报送的第3次放样报表可表示为:

CB11 施工放样报验单

(华安[2003]放样003号)

(3)监理机构可根据施工项目的规模和复杂程度,采用其中的部分或全部表格;如果表格种类不能满足工程实际需要,可按照表格的设计原则另行增加。

(4)各表格脚注中所列单位和份数为基本单位和最少份数,工作中应根据具体情况和要求具体指定各类表格的报送单位和份数。

(5)相关单位都应明确文件的签收人。

(6)"CB01 施工技术方案申报表"可用于承包人向监理机构申报关于施工组织设计、施工措施计划、工程测量施测计划和方案、施工工法、工程放样计划、专项试验计划和方案等。

(7)承包人的施工质量检验月汇总表、工程事故月报表除作为施工月报附表外,还应按有关要求另行单独填报。

(8)表格底部注明的"设代机构"是代表工程设计单位在施工现场的机构,如设计代表、设代组、设代处等。

4.3 施工监理工作常用表格目录

施工监理工作常用表格见表3-1、表3-2。

表3-1 承包人用表目录

序号	表格名称	表格类型	表格编号
1	施工技术方案申报表	CB01	承包[ ]技案 号
2	施工进度计划申报表	CB02	承包[ ]进度 号
3	施工图用图计划报告	CB03	承包[ ]图计 号

续表 3-1

序号	表格名称	表格类型	表格编号
4	资金流计划申报表	CB04	承包[ ]资金 号
5	施工分包申报表	CB05	承包[ ]分包 号
6	现场组织机构及主要人员申报表	CB06	承包[ ]机人 号
7	材料/构配件进场报验单	CB07	承包[ ]材验 号
8	施工设备进场报验单	CB08	承包[ ]设备 号
9	工程预付款申报表	CB09	承包[ ]工预付 号
10	工程材料预付款报审表	CB10	承包[ ]材预付 号
11	施工放样报验单	CB11	承包[ ]放样 号
12	联合测量通知单	CB12	承包[ ]联测 号
13	施工测量成果报验单	CB13	承包[ ]测量 号
14	合同项目开工申请表	CB14	承包[ ]合开工 号
15	分部工程开工申请表	CB15	承包[ ]分开工 号
16	设备采购计划申报表	CB16	承包[ ]设采 号
17	混凝土浇筑开仓报审表	CB17	承包[ ]开仓 号
18	单元工程施工质量报验单	CB18	承包[ ]质报 号
19	施工质量缺陷处理措施报审表	CB19	承包[ ]缺陷 号
20	事故报告单	CB20	承包[ ]事故 号
21	暂停施工申请报告	CB21	承包[ ]暂停 号
22	复工申请表	CB22	承包[ ]复工 号
23	变更申请报告	CB23	承包[ ]变更 号
24	施工进度计划调整申报表	CB24	承包[ ]进调 号
25	延长工期申报表	CB25	承包[ ]延期 号
26	变更项目价格申报表	CB26	承包[ ]变价 号
27	索赔意向通知	CB27	承包[ ]赔通 号
28	索赔申请报告	CB28	承包[ ]赔报 号
29	工程计量报验单	CB29	承包[ ]计量 号
30	计日工工程量签证单	CB30	承包[ ]计日证 号
31	工程价款月支付申请书	CB31	承包[ ]月付 号
32	工程价款月支付汇总表	CB31 附表 1	承包[ ]月总 号
33	已完工程量汇总表	CB31 附表 2	承包[ ]量总 号
34	合同单价项目月支付明细表	CB31 附表 3	承包[ ]单价 号

续表 3-1

序号	表格名称	表格类型	表格编号
35	合同合价项目月支付明细表	CB31 附表 4	承包[ ]合价 号
36	合同新增项目月支付明细表	CB31 附表 5	承包[ ]新增 号
37	计日工项目月支付明细表	CB31 附表 6	承包[ ]计日付 号
38	计日工工程量月汇总表	CB31 附表 6-1	承包[ ]计日总 号
39	索赔项目价款月支付汇总表	CB31 附表 7	承包[ ]赔总 号
40	施工月报	CB32	承包[ ]月报 号
41	材料使用情况月报表	CB32 附表 1	承包[ ]材料月 号
42	主要施工机械设备情况月报表	CB32 附表 2	承包[ ]设备月 号
43	现场施工人员情况月报表	CB32 附表 3	承包[ ]人员月 号
44	施工质量检验月汇总表	CB32 附表 4	承包[ ]质检月 号
45	工程事故月报表	CB32 附表 5	承包[ ]事故月 号
46	完成工程量月汇总表	CB32 附表 6	承包[ ]量总月 号
47	施工实际进度月报表	CB32 附表 7	承包[ ]进度月 号
48	竣工验收申请报告	CB33	承包[ ]验报 号
49	报告单	CB34	承包[ ]报告 号
50	回复单	CB35	承包[ ]回复 号
51	完工/最终付款申请表	CB36	承包[ ]付申 号

表 3-2 监理机构用表目录

序号	表格名称	表格类型	表格编号
1	进场通知	JL01	监理[ ]进场 号
2	合同项目开工令	JL02	监理[ ]合开工 号
3	分部工程开工通知	JL03	监理[ ]分开工 号
4	工程预付款付款证书	JL04	监理[ ]工预付 号
5	批复表	JL05	监理[ ]批复 号
6	监理通知	JL06	监理[ ]通知 号
7	监理报告	JL07	监理[ ]报告 号
8	计日工工作通知	JL08	监理[ ]计通 号
9	工程现场书面指示	JL09	监理[ ]现指 号
10	警告通知	JL10	监理[ ]警告 号
11	整改通知	JL11	监理[ ]整改 号

续表 3-2

序号	表格名称	表格类型	表格编号
12	新增或紧急工程通知	JL12	监理[ ]新通 号
13	变更指示	JL13	监理[ ]变指 号
14	变更项目价格审核表	JL14	监理[ ]变价审 号
15	变更项目价格签认单	JL15	监理[ ]变价签 号
16	变更通知	JL16	监理[ ]变通 号
17	暂停施工通知	JL17	监理[ ]停工 号
18	复工通知	JL18	监理[ ]复工 号
19	费用索赔审核表	JL19	监理[ ]索赔审 号
20	费用索赔签认单	JL20	监理[ ]索赔签 号
21	工程价款月付款证书	JL21	监理[ ]月付 号
22	月支付审核汇总表	JL21 附表 1	监理[ ]月总 号
23	合同解除后付款证书	JL22	监理[ ]解付 号
24	完工/最终付款证书	JL23	监理[ ]付证 号
25	工程移交通知	JL24	监理[ ]移交 号
26	工程移交证书	JL25	监理[ ]移证 号
27	保留金付款证书	JL26	监理[ ]保付 号
28	保修责任终止证书	JL27	监理[ ]责终 号
29	设计文件签收表	JL28	监理[ ]设收 号
30	施工设计图纸核查意见单	JL29	监理[ ]图核 号
31	施工设计图纸签发表	JL30	监理[ ]图发 号
32	工程项目划分报审表	JL31	监理[ ]项分 号
33	监理月报	JL32	监理[ ]月报 号
34	完成工程量月统计表	JL32 附表 1	监理[ ]量统月 号
35	监理抽检情况月汇总表	JL32 附表 2	监理[ ]抽检月 号
36	工程变更月报表	JL32 附表 3	监理[ ]变更月 号
37	监理抽检取样样品月登记表	JL33	监理[ ]样品 号
38	监理抽检试验登记表	JL34	监理[ ]试记 号
39	旁站监理值班记录	JL35	监理[ ]旁站 号
40	监理巡视记录	JL36	监理[ ]巡视 号
41	监理日记	JL37	监理[ ]日记 号
42	监理日志	JL38	监理[ ]日志 号

续表 3-2

序号	表格名称	表格类型	表格编号
43	监理机构内部会签单	JL39	监理[ ]内签 号
44	监理发文登记表	JL40	监理[ ]监发 号
45	监理收文登记表	JL41	监理[ ]监收 号
46	会议纪要	JL42	监理[ ]纪要 号
47	监理机构联系单	JL43	监理[ ]联系 号
48	监理机构备忘录	JL44	监理[ ]备忘 号

任务2　工程监理单位编制文件

水利工程监理管理过程中由监理单位编写形成的文件主要有监理规划、监理实施细则、监理月报、监理会议纪要、监理工作日志和监理工作总结等。在这些文件中，监理规划和监理实施细则是指导监理工作的纲领性文件。

1　监理规划

监理规划是在总监理工程师的主持下编制、经监理单位技术负责人批准，用来指导项目监理机构全面开展监理工作的指导性文件。

监理规划编制的程序与依据应符合下列规定：监理规划应在签订委托监理合同及收到设计文件后开始编制，完成后必须经监理单位技术负责人审核批准，并应在召开第一次工地会议前报送建设单位。一个监理项目应编制一个监理规划，监理规划应由总监理工程师主持、专业监理工程师参加编制。在监理工作实施过程中，如实际情况或条件发生重大变化而需要调整监理规划时，应由总监理工程师组织专业监理工程师研究修改，按原报审程序经过批准后报建设单位。

监理规划的编制依据如下：建设工程的相关法律、法规及项目审批文件，与建设工程项目有关的标准、设计文件、技术文件，监理大纲、委托监理合同文件，以及与建设工程项目相关的合同文件。

1.1　监理规划编写要点

（1）监理规划具体内容应根据不同工程项目的性质、规模、工作内容等具体情况编制，格式和条目可有所不同。

（2）监理规划是在项目监理机构详细调查和充分研究建设工程的目标、技术、管理、环境以及工程参建各方等情况后制订的指导建设工程监理工作的实施方案。因此，监理规划中应有明确、具体、切合工程实际的监理工作内容、程序、方法和措施，并制定完善的监理工作制度。

（3）总监理工程师应亲自主持监理规划的编制工作，所有监理人员应参与或熟悉监理规划的编制，掌握监理规划的内容和要求。

(4)监理规划应在监理大纲的基础上,结合工程实际情况编写,具有针对性,突出监理工作的预控性,注意规划的可行性和可操作性。

(5)监理规划应随工程建设的进展或合同变更不断补充、修改与完善。

1.2 监理规划的主要内容

(1)总则。

(2)工程质量控制。

(3)工程进度控制。

(4)工程投资控制。

(5)合同管理。

(6)协调。

(7)工程验收与移交。

(8)保修期监理。

(9)信息管理。

(10)监理设施。

(11)其他根据合同项目需要应包括的内容。

2 监理实施细则

在水利水电建设项目中,对中型及以上或专业性较强的工程项目,项目监理机构应编制监理实施细则。监理实施细则应符合监理规划的要求,并应结合具体工程项目的专业特点,要满足详细化、具体化、可操作性强等要求。监理实施细则应在工程施工前编制完成,并必须经总监理工程师批准,监理实施细则应由专业监理工程师编制。监理实施细则的编制依据有:已批准的监理规划,与专业工程相关的标准、设计文件和技术文件、施工组织设计。在监理工作实施过程中,监理实施细则应根据实际情况进行补充、修改和完善。

2.1 监理实施细则编写要点

(1)监理实施细则应在专项工程或专业工程施工前,由项目专业监理工程师编制完成,相关监理人员参与,并经总监理工程师批准。

(2)监理实施细则应符合监理规划的基本要求,充分体现工程特点和合同约定的要求。结合工程项目的施工方法和专业特点,具有明显的针对性。

(3)监理实施细则要体现工程总体目标的实施和有效控制,明确控制措施和方法,具备可行性和可操作性。

(4)监理实施细则应突出监理工作的预控性,要充分考虑可能发生的各种情况,针对不同情况制定相应的对策和措施,突出监理工作的事前审批、事中监督和事后检验。

(5)监理实施细则可根据实际情况按进度、分阶段进行编制,但应注意前后的连续性。

(6)总监理工程师在审核时,应注意各个监理实施细则间的衔接与配套.以组成系统、完整的监理实施细则体系。

(7)在监理实施细则条文中,应具体写明引用的规程、规范、标准及设计文件的名称、文号;文中涉及采用的报告、报表时,应写明报告、报表所采用的格式。

(8)在监理工作实施过程中,监理实施细则应根据实际情况进行补充、修改和完善。

(9)监理实施细则的主要内容及条款可随工程不同而有所调整。

2.2 监理实施细则的主要内容

(1)总则。

(2)开工审批内容和程序。

(3)质量控制的内容、措施和方法。

(4)进度控制的内容、措施和方法。

(5)投资控制的内容、措施和方法。

(6)施工安全与环境保护控制的内容、措施和方法。

(7)合同管理主要内容。

(8)信息管理。

(9)工程验收与移交程序和内容。

(10)其他根据项目或专业需要应包括的内容。

3 监理工作日志

监理日志是项目监理机构在实施建设工程监理过程中每日形成的文件,监理日志是监理工程师实施监理活动的原始记录,是执行监理委托合同、编制监理竣工文件和处理索赔、延期、变更的重要文件,是分析工程质量问题重要的、原始、可靠的材料,也是工程监理档案基本的组成部分。监理日志以项目监理机构的监理工作为记载对象,从监理工作开始起至监理工作结束止,应由专业监理工程师负责记录形成监理日志(见表3-3)。

表3-3 监理日志

填写人:赵磊　　　　日期:2012年10月8日

天气	白天	晴	夜晚	多云
施工部位、施工内容、施工形象	0+000~0+080第一层堤身填筑,推土机摊铺,振动碾压实			
施工质量检验、安全作业情况	施工现场人员分工明确,质量检验及时、操作正确。未发现施工质量问题,未发现安全隐患			
施工作业中存在的问题及处理情况	分层摊铺厚度略厚,已通知施工方及时处理			
承包人的管理人员及主要技术人员到位情况	管理人员:2名 技术人员:1名			
施工机械投入运行和设备完好情况	推土机:2台 振动碾:1台			
其他	现场监理进行巡视检查			

说明:本表由监理机构指定专人填写,按月装订成册。

监理日志应该真实、准确、全面地记录与工程进度、质量、安全相关的问题,用词要准确、严谨、规范。把所发生的问题以及解决途径、方法记录下来,这样不仅便于查找,也有利于业主和主管部门更全面地了解监理工作内容与监理工作业绩。

主要事件、重大的施工活动均应记录在监理日志上，尤其是施工中存在的安全、质量隐患和对承包商的重要建议、要求等。通过多年的探索、改革、引进先进制度，我国监理市场正逐步走向成熟，监理人员也应不断提高素质，使自己适应不断变化的环境，监理日志的填写就是这种素质的一个侧面反映。全面、详细的监理日志不仅能为监理工作提供方便，同时还是工程延期、索赔的依据。

监理日志的记录内容应包括以下几点：

(1)日期、天气和施工环境情况。

(2)当日施工进展情况。

(3)承包商的组织机构、人员动态。

(4)承包商主要材料、设备进场及使用情况。

(5)当日监理工作情况，包括旁站、巡视、见证取样、平行检验等情况。

(6)记录工程中存在的影响工程质量、进度、造价、安全的各类问题及协调解决情况，合同管理情况，监理会议、考察、抽检等活动情况。

(7)关键时间和位置的记录。

(8)其他有关事项。

4 监理会议纪要

监理机构应建立会议制度，包括第一次工地会议、监理例会和监理专题会议。会议由总监理工程师或授权的监理工程师主持，工程建设有关各方应派员参加。各次会议应符合下列要求：

(1)第一次工地会议。工程开工前，监理人员应参加由建设单位主持召开的第一次工地会议，会议纪要应由项目监理机构负责整理，与会各方代表应会签。

第一次工地会议应包括以下主要内容：介绍各方负责人及其授权代理人和授权内容；建设单位介绍工程开工准备情况；施工单位介绍施工准备情况；总监理工程师介绍监理规划的主要内容；建设单位代表和总监理工程师对施工准备情况提出意见和要求；研究确定各方在施工过程中参加监理例会的主要人员，召开监理例会的周期、地点及主要议题。会议的具体内容可由有关各方会前约定。

(2)监理例会。监理机构应定期主持召开由参建各方负责人参加的会议，会上应通报工程进展情况，检查上次监理例会中有关决定的执行情况，分析当前工程进度、项目质量、施工安全管理存在的问题，提出问题的解决方案或建议，检查工程量核定及工程款支付情况，明确会后应完成的任务。会议应形成会议纪要，见表3-4。

(3)监理专题会议。监理机构应根据需要，主持召开监理专题会议，研究解决施工中出现的涉及施工质量、施工方案、施工进度、工程变更、索赔、争议等方面的专门问题。

监理会议纪要是由项目监理机构根据会议记录整理而成，经总监理工程师审阅，由与会各方代表会签，会议记录要真实、准确。

表 3-4　会议纪要

(山川[2012]纪要 001 号)

合同名称:中县汝河治理工程施工合同　　　　　　　　　　合同编号:ZXRHZL – SG

<table>
<tr><td>会议名称</td><td colspan="3">监理例会</td></tr>
<tr><td>会议时间</td><td>2012 年 9 月 12 日</td><td>会议地点</td><td>建管处会议室</td></tr>
<tr><td>会议主要议题</td><td colspan="3">施工过程中遇到的问题</td></tr>
<tr><td>组织单位</td><td>河南山川水电工程监理有限公司汝河治理监理部</td><td>主持人</td><td>李山川</td></tr>
<tr><td>参加单位</td><td colspan="3">1. 中县汝河治理工程建设管理处
2. 河南山川水电工程监理有限公司汝河治理监理部
3. 山东大河水电工程建设有限公司</td></tr>
<tr><td rowspan="3">主要参加人
(签名)</td><td>张中发</td><td>李山川</td><td>赵磊</td></tr>
<tr><td>陈大河</td><td>丁军</td><td></td></tr>
<tr><td></td><td></td><td></td></tr>
<tr><td>会议主要内容及结论</td><td colspan="3">会议内容:明确工程施工过程的相关要求与制度。
会议结论:一、施工单位要认真负责,严格按照设计图纸进行施工。二、尽快完善施工条件,工地现场要用水泥桩围栏围起来,3 m 一根水泥桩,禁止无关机动车辆进入施工场地,防止动物或人为的施工干扰。三、各标段确定专人作为资料员,工程资料必须与施工现场同步。四、定期召开监理例会,不得无故缺席,不得迟到。

监 理 机 构:河南山川水电工程监理有限公司汝河治理监理部
总监理工程师:李山川
日　　　　期:2012 年 9 月 12 日</td></tr>
</table>

说明:本表由监理机构填写,签字后送达与会单位;全文记录可加附页。

5　监理月报

监理月报是总监理工程师定期向业主提交的反映工程在本报告期末总体执行情况的书面报告,也是业主了解、确认、监督监理工作的重要依据。监理月报还应上报监理机构所在的监理公司。

水利工程项目监理机构每月以《监理月报》(见表 3-5)的形式向业主报告本月的监理工作情况。监理月报主要反映合同履行情况、工程进度情况、工程财务情况、施工现场情况、监理的情况等。监理月报应全面反映当月的监理工作情况,编制周期与支付周期同步,在下月的 5 日前发出。

每期监理月报的具体内容一般应包含以下方面:

(1)本月工程描述。

表3-5 监理月报(2012年9月)

(山川[2012]月报001号)

合同名称:中县汝河治理工程建设监理合同　　　　合同编号:ZXRHZL-JL

致:中县汝河治理工程建设管理处

现呈报我方编写的2012年9月监理月报,请贵方审阅。

随本监理月报一同上报以下附表:

1. 完成工程量月统计表。
2. 监理抽检情况月汇总表。
3. 工程变更月报表。
4. 其他。

监 理 机 构:河南山川水电工程监理有限公司汝河治理监理部
总监理工程师:李山川
日　　　期:2012年9月26日

今已收到河南山川水电工程监理有限公司汝河治理监理部所报2012年9月的监理月报及附件共2份。

发包人:中县汝河治理工程建设管理处
签收人:张中发
日　期:2012年9月26日

说明:监理月报一式2份,由监理机构填写,每月5日前报发包人。发包人签收后,监理机构、发包人各1份。

(2)工程质量控制。包括本月工程质量状况及影响因素分析、工程质量问题处理过程及采取的控制措施等。

(3)工程进度控制。包括本月施工资源投入、实际进度与计划进度比较、对进度完成情况的分析、存在的问题及采取的措施等。

(4)工程投资控制。包括本月工程计量、工程款支付情况及分析、本月合同支付中存在的问题及采取的措施等。

(5)合同管理其他事项。包括本月施工合同双方提出的问题、监理机构的答复意见和工程分包、变更、索赔、争议等处理情况,以及对存在的问题采取的措施等。

(6)施工安全和环境保护。包括本月施工安全措施执行情况、安全事故及处理情况、环境保护情况、对存在的问题采取的措施等。

(7)监理机构运行状况。包括本月监理机构的人员及设施、设备情况，尚需发包人提供的条件或解决的情况等。

(8)本月监理小结。包括对本月工程质量、进度、计量与支付、合同管理其他事项、施工安全、监理机构运行状况的综合评价。

(9)下月监理工作计划。包括监理工作重点，在质量、进度、投资、合同管理其他事项和施工安全等方面需采取的预控措施等。

(10)本月工程监理大事记。

(11)其他应提交的资料和说明事项等。

6 监理专题报告

监理专题报告的主要内容有：

(1)事件描述。

(2)事件分析。事件发生的原因及责任分析，事件对工程质量与安全影响分析，事件对施工进度影响分析，事件对工程费用影响分析。

(3)事件处理。承包人对事件处理的意见，发包人对事件处理的意见，设计单位对事件处理的意见，其他单位或部门对事件处理的意见，监理机构对事件处理的意见，事件最后处理方案或结果(如果为中期报告，应描述截至目前事件处理的现状)。

(4)对策与措施。为避免此类事件再次发生或其他影响合同目标实现事件的发生，监理机构的意见和建议。

(5)其他应提交的文件和说明事项等。

7 监理工作总结

项目竣工后，项目监理机构应对监理工作进行总结，监理工作总结经总监理工程师签字并加盖工程监理单位公章后报送建设单位。

监理工作总结应包括下列主要内容：

(1)监理工程项目概况。包括工程特性、合同目标、工程项目组成等。

(2)监理工作综述。包括监理机构设置与主要工作人员，监理工作内容、程序、方法，监理设备情况等。

(3)监理规划执行、修订情况的总结评价。

(4)监理合同履行情况和监理过程情况简述。

(5)对质量控制的监理工作成效进行综合评价。

(6)对投资控制的监理工作成效进行综合评价。

(7)对施工进度控制的监理工作成效进行综合评价。

(8)对施工安全与环境保护监理工作成效进行综合评价。

(9)经验与建议。

(10)工程建设监理大事记。

(11)其他需要说明的报告事项。

(12)其他应提交的文件和说明事项等。

任务3 监理质量控制文件编制

1 质量控制原则

(1)在对工程项目施工全过程进行质量控制的过程中,要以质量的预防控制为重点。

(2)应对工程项目的各环节、各因素进行全面的质量控制,监督承包单位的质量管理体系、技术管理体系和质量保证体系落实到位情况。

(3)严格要求承包单位执行有关文件、施工试验制度和设备检验制度。

(4)不合格的建筑材料、构配件和设备不准在工程上使用。

(5)本工序质量不合格或未进行验收不予签认,下一道工序不得施工。

2 质量控制程序

监理机构应按照有关工程建设标准和强制性条文及施工合同约定,对所有施工质量活动及与质量活动相关的人员、材料、工程设备和施工设备、施工工法和施工环境进行监督、检测、审查和签认,按照事前、事中监督和事后检验等监理工作环节控制工程质量。

2.1 工程质量事前控制

事前控制是工程施工质量控制的重要方面。工程开工前,施工单位编制的施工组织设计,由施工单位按程序和相关规定组织专家论证,符合要求后方可向项目监理机构报审,形成《施工组织设计申报表》(表3-6)。当承包单位对已批准的施工组织设计进行调整、补充或变动时,应经专业监理工程师审查,并应由总监理工程师签认。专业监理工程师应要求承包单位报送重点部位、关键工序的施工工艺和确保工程质量的措施,审核同意后予以签认。

依据《建设工程安全生产管理条例》及相关规定,施工单位应当在危险性较大的分部分项工程施工前编制专项施工方案,施工单位按程序和相关规定组织专家论证,符合要求后方可向项目监理机构报审,形成《(专项)施工技术方案申报表》(表3-6)。

事前控制需采用必要的检查、测量和试验手段,以验证施工质量。专业监理工程师应对承包单位报送的拟进场工程材料、构配件和设备的《材料/构配件/设备进场报验单》(表3-7)及其质量证明文件进行审核,并对进场的实物按照委托监理合同约定或有关工程质量管理文件规定的比例采用平行检验或见证取样方式进行抽检。未经监理人员验收或验收不合格的工程材料、构配件、设备,监理人员应拒绝签认,并应签发监理工程师通知单,书面通知承包单位限期将不合格的工程材料、构配件、设备撤出现场。如果承包单位采用新材料、新工艺、新技术、新设备,专业监理工程师应要求承包单位报送相应的施工工艺措施和证明材料,组织专题论证,经审定后予以签认。

为核查承包单位的质量管理体系,施工前施工单位应把施工现场组织机构及主要人员情况报监理审批,形成《现场组织机构及主要人员报审表》(表3-8)。专业监理工程师应核查承包单位的质量管理体系,重点核查以下内容:核查承包单位的机构设置、人员配备、职责与分工的落实情况,督促各级专职质量检查人员的配备,查验各级管理人员及专业操作人员的持证情况,检查承包单位质量管理制度是否健全。

如果存在工程分包,专业监理工程师应审查分包单位的资质,其中包括以下内容:承包单位填写《施工分包申报表》(表3-9),报项目监理部审查;核查分包单位的营业执照、企业资质等级证书、专业许可证、岗位证书等;核查分包单位的业绩;经审查合格,签批《施工分包审核表》。

对于承包单位的试验室,专业监理工程师应从以下几个方面对其进行考核:试验室的资质等级及其试验范围,法定计量部门对试验设备出具的计量鉴定证明,试验室的管理制度,试验人员的资格证书,本工程的试验项目及其要求。

2.2　工程质量事中控制

在工程施工过程中,监理人员发现施工存在质量问题的,或施工单位采用不适当的施工工艺,或施工不当,造成工程质量不合格的,应及时签发监理通知,形成《监理通知》(表3-10),要求施工单位整改。整改完毕后,项目监理机构应根据施工单位报送的监理通知《回复单》(表3-11),对整改情况进行复查,提出复查意见。

在工程施工过程中,监理机构应安排监理人员对工程施工质量进行巡视。巡视主要内容:施工单位是否按工程设计文件、工程建设标准和批准的施工组织设计、(专项)施工方案施工,使用的工程材料、构配件和设备是否合格,施工现场管理人员,特别是施工质量管理人员是否到位,特种作业人员是否持证上岗。监理人员对巡视情况进行记录形成《监理巡视记录》(表3-12)。

在工程施工过程中,项目监理机构应根据工程特点和施工单位报送的施工组织设计,确定旁站的关键部位、关键工序,安排监理人员进行旁站,并应及时记录旁站情况,形成《旁站监理值班记录》(表3-13)。

在工程施工过程中,项目监理机构在施工单位自检的同时,按有关规定、建设工程监理合同约定对同一检验项目进行检测试验,对检测情况进行记录,形成《监理抽检试验登记表》(表3-14)。

单元工程验收时,承包单位应在一个单元工程完成并自检合格后,填写《单元工程施工质量报验单》(表3-15)报项目监理部。项目监理部应对报验的文件进行审查,并到施工现场进行抽检、核查,符合要求的,应予以签认。对不符合要求的分项工程,填写《整改通知》(表3-16),要求承包单位整改,经返工或返修的分项工程应重新进行验收。

2.3　工程质量事后控制

对已完成工序或工程,当通过质量检测和验收,出现不合格的情况,要进行工程质量事后控制。对需要返工处理或加固补强的质量缺陷,施工单位按设计等相关单位认可的方案处理完毕,向监理单位报送《施工质量缺陷处理措施报审表》(表3-17),监理单位应对质量缺陷的处理过程进行跟踪检查,同时应对处理结果进行验收;对需要返工处理或加固补强的质量事故,施工单位向监理单位报送《质量事故调查报告》和经设计等相关单位认可的处理方案,监理单位应对质量事故的处理过程进行跟踪检查,同时应对处理结果进行验收。

3　质量控制文件用表

质量控制文件用表见表 3-6 ~ 表 3-7。

表 3-6　施工组织设计/施工技术方案申报表

（大河[2012]技案 001 号）

合同名称：中县汝河治理工程施工合同　　　　合同编号：ZXRHZL－SG

致：河南山川水电工程监理有限公司汝河治理监理部

我方今提交堤基处理分部工程（A1）的：

附：[√] 施工组织设计

[√] 施工措施计划

[ ] 工程测量施测计划和方案

[ ] 施工工法

[ ] 工程放样计划

[ ] 专项试验计划和方案

请贵方审批。

承 包 人：山东大河水电工程建设有限公司
项目经理：陈大河
日　　期：2012 年 9 月 10 日

监理机构将另行签发审批意见。

监理机构：河南山川水电工程监理有限公司汝河治理监理部
签 收 人：赵磊
日　　期：2012 年 9 月 10 日

说明：本表一式 4 份，由承包人填写，随同审批意见承包人、监理机构、发包人、设代机构各 1 份。

表3-7 施工设备进场报验单

（大河[2012]设备001号）

合同名称:中县汝河治理工程施工合同　　　　　　　　合同编号:ZXRHZL－SG

致:河南山川水电工程监理有限公司汝河治理监理部

我方于2012年9月10日进场的施工设备如下表。拟用于下述部位:

1.地基处理

2.堤身填筑

经自检,符合技术规范和合同要求,请贵方审核,并准予进场使用。

序号	设备名称	规格型号	数量	进场日期	计划	完好状况	拟用工程项目	设备权属	生产能力	备注
1	挖掘机	CT－C320	2台	2012-09-10	20天	良好	土方工程	自有	100%	
2	推土机	TY－200	1台	2012-09-10	20天	良好	土方工程	自有	100%	
3	装载机	ZL－15	3台	2012-09-10	20天	良好	土方工程	自有	100%	
4	振动碾	YZ－16	2台	2012-09-10	20天	良好	路面碾压	自有	100%	
5	自卸汽车	20 t	10辆	2012-09-10	20天	良好	材料运输	租赁	100%	
6	蛙式打夯机	2.8 kW	2台	2012-09-10	20天	良好	路面碾压	租赁	100%	

承 包 人:山东大河水电工程建设有限公司

项目经理:陈大河

日　　期:2012年9月10日

（审核意见）

经审核,上述施工设备状况良好,符合技术规范和合同要求,同意进场使用。

监 理 机 构:河南山川水电工程监理有限公司汝河治理监理部

总监理工程师:李山川

日　　　　期:2012年9月11日

说明:本表一式3份,由承包人填写。监理机构审签后,承包人、监理机构、发包人各1份。

表3-8 现场组织机构及主要人员报审表

（大河[2012]机人001号）

合同名称：中县汝河治理工程施工合同　　　　合同编号：ZXRHZL－SG

致：河南山川水电工程监理有限公司汝河治理监理部 现提交第1次现场机构及主要人员报审表，请贵方审核。 附件：1.组织机构图。 2.部门职责及主要人员数量及分工。 3.人员清单及其资格或岗位证书。 承 包 人：山东大河水电工程建设有限公司 项目经理：陈大河 日　　期：2012年9月10日
监理机构将另行签发审批意见。 监理机构：河南山川水电工程监理有限公司汝河治理监理部 签 收 人：赵磊 日　　期：2012年9月10日

说明：本表一式4份，由承包人填写，监理机构审签后，随同审批意见，承包人、监理机构、发包人、设代机构各1份。

表 3-9 施工分包申报表

（大河[2014]分包 001 号）

合同名称：中县汝河治理工程施工合同　　　　　　　　合同编号：ZXRHZL – SG

致：河南山川水电工程监理有限公司汝河治理监理部

根据施工合同约定和工程需要，我方拟将本申请表中所列项目分包给所选分包人，经考察所选分包人具备按照合同要求完成所分包工程的资质、经验、技术和管理水平、资源和财务能力，并具有良好的业绩和信誉，请贵方审核。

分包人名称	许昌市水利工程公司					
分包工程编码	分包工程名称	单位	数量	单价（万元）	分包金额（万元）	占合同总金额的百分比（%）
B5	闸门及启闭设备	台	3	3	9	3.5%
合计					9	3.5%

附件：分包人简况（包括分包人资质、经验、能力、信誉、财务、主要人员经历等资料）。

承 包 人：山东大河水电工程建设有限公司
项目经理：陈大河
日　　期：2014 年 6 月 20 日

监理机构将另行签发审批意见。

监理机构：河南山川水电工程监理有限公司汝河治理监理部
签 收 人：赵磊
日　　期：2014 年 6 月 20 日

说明：本表一式 3 份，由承包人填写，监理机构审签后，随同审批意见，承包人、监理机构、发包人各 1 份。

表 3-10 监理通知

（山川［2012］通知 001 号）

合同名称：中县汝河治理工程施工合同　　　　合同编号：ZXRHZL－SG

<table>
<tr><td>致：山东大河水电工程建设有限公司
事由：
关于高压线下安全施工的问题。

通知内容：
你方标段在 0＋070 桩号处有 220 kV 高压线从堤防上方通过，出于安全施工的考虑，你方应与业主方和电力部门做好沟通，将高压线高度予以提升，确保线下有足够的安全作业范围。同时对线下作业工人提供必要的防护措施，确保施工作业安全进行。

监 理 机 构：河南山川水电工程监理有限公司汝河治理监理部
总监理工程师：李山川
日　　期：2012 年 10 月 28 日</td></tr>
<tr><td>承包人：山东大河水电工程建设有限公司
签收人：丁军
日　期：2012 年 10 月 28 日</td></tr>
</table>

说明：1. 本表一式 3 份，由承包人填写。承包人签收后，承包人、监理机构、发包人各 1 份。

2. 一般通知由监理工程师签发，重要通知由总监理工程师签发。

3. 本通知单可用于对承包人的指示。

4. 监理单位在进行进度控制安全管理过程中，发现实际进度影响工期或发现存在安全事故隐患时，也要签发监理通知单。

表3-11　回复单

（大河[2012]回复001号）

合同名称：中县汝河治理工程施工合同　　　　　　　　合同编号：ZXRHZL－SG

致：河南山川水电工程监理有限公司汝河治理监理部 事由： 关于高压线下安全施工的问题。 回复内容： 鉴于（山川[2012]通知001号）提出的问题，我方已与业主方和电力部门做好沟通，近期将高压线高度予以提升，确保线下有足够的安全作业范围。同时对线下作业工人进行了专门的安全教育，确保施工作业安全进行。 承 包 人：山东大河水电工程建设有限公司 项目经理：陈大河 日　　期：2012年10月30日
今已收到山东大河水电工程建设有限公司关于高压线下安全施工的回复单共1份。 监理机构：河南山川水电工程监理有限公司汝河治理监理部 签 收 人：赵磊 日　　期：2012年10月30日

说明：1. 本表一式2份，由承包人填写。监理机构签收后，承包人、监理机构各1份。
2. 本表主要用于承包人对监理机构发出的监理通知、指令、指示的回复。

表3-12 监理巡视记录

（山川［2012］巡视003号）

合同名称：中县汝河治理工程施工合同　　　　合同编号：ZXRHZL－SG

巡视范围	0+080～0+160桩号段
巡视对象	堤身填筑（0+080～0+160第三层）土料摊铺施工
发现问题及处理意见	土料摊铺过程中厚度略大，已及时通知施工方予以处理
巡视人：赵磊 日　期：2012年10月18日	

说明：本表由监理机构填写，按月装订成册。

表3-13 旁站监理值班记录

（山川［2013］旁站001号）

合同名称：中县汝河治理工程施工合同　　　　合同编号：ZXRHZL－SG

<table>
<tr><td>日期</td><td>2013年1月9日</td><td>单元工程名称</td><td>*混凝土齿墙
（0+000～0+080）</td><td>单元工程编码</td><td>A3－1</td></tr>
<tr><td>班次</td><td>1</td><td>天气</td><td>晴</td><td>温度</td><td>8℃</td></tr>
<tr><td rowspan="5">人员情况</td><td colspan="5">现场施工负责人单位：山东大河水电工程建设有限公司　姓名：丁军</td></tr>
<tr><td colspan="5">现场人员数量及分类人员数量</td></tr>
<tr><td colspan="5">管理 人员 1 个　｜　技术 人员 2 个　｜　施工 人员 12 个</td></tr>
<tr><td colspan="5">辅助 人员 2 个　｜　____人员____个</td></tr>
<tr><td colspan="5">____人员____个　｜　____人员____个</td></tr>
<tr><td>主要施工机械名称及运转情况</td><td colspan="5">搅拌机2台，小型正铲挖掘机1台，运输三轮车2辆，胶轮车3辆，振动棒2根。
施工机械运转情况良好。</td></tr>
<tr><td>主要材料进场与使用情况</td><td colspan="5">当天无材料进场，库存材料保存及使用情况正常。</td></tr>
<tr><td>承包人提出的问题</td><td colspan="5">无</td></tr>
<tr><td>施工过程情况</td><td colspan="5">良好</td></tr>
<tr><td>曾对承包人下达的指令或答复</td><td colspan="5">要求施工人员对混凝土的振捣要达到标准。</td></tr>
<tr><td colspan="6">值班监理员：赵磊　　　　现场承包人代表：丁军</td></tr>
</table>

说明：本表按月装订成册。

表 3-14　监理抽检试验登记表

（山川[2012]试记 001 号）

合同名称:中县汝河治理工程施工合同　　　　合同编号:ZXRHZL－SG

序号	样品编号	样品所在单位工程名称	试验记录编号	试验完成日期	试验负责人	备注
1	A3－1－a	堤防工程	A3－1－I	2012.9.28	赵四	
2	A3－1－b	堤防工程	A3－1－II	2012.10.8	赵四	
3	A3－1－c	堤防工程	A3－1－III	2012.10.15	赵四	
4						
监理工程师			赵磊	填表日期	2012.10.20	

说明:监理机构试验实用表。

表 3-15　单元工程施工质量报验单

（大河[2012]质报 001 号）

合同名称:中县汝河治理工程施工合同　　　　合同编号:ZXRHZL－SG

致:河南山川水电工程监理有限公司汝河治理监理部

堤身填筑(0＋000～0＋080 第一层)(A2－1－1)单元工程(及编码)已按合同要求完成施工,经自检合格,报请贵方核验。

附:堤身填筑(0＋000～0＋080 第一层)单元工程质量评定表。

承 包 人:山东大河水电工程建设有限公司
项目经理:陈大河
日　　期:2012 年 10 月 9 日

(核验意见)

经审核,该单元工程施工质量合格。

监理机构:河南山川水电工程监理有限公司汝河治理监理部
签 收 人:赵磊
日　　期:2012 年 10 月 9 日

说明:本表一式 4 份,由承包人填写。监理机构审签后,承包人 2 份,监理机构、发包人各 1 份。

表 3-16 整改通知

(山川[2013]整改 001 号)

合同名称:中县汝河治理工程施工合同　　　　合同编号:ZXRHZL - SG

致:山东大河水电工程建设有限公司 由于本通知所述原因,通知你方对 * 混凝土齿墙(0 + 000 ~ 0 + 080)工程项目应按下述要求进行整改,并于 2013 年 1 月 20 日前提交整改措施报告,确保整改的结果达到要求。	
整改原因	☑ 施工质量经检验不合格 □材料、设备不符合要求 □未按设计文件要求施工 □工程变更
整改要求	☑ 拆除　　☑ 返工 □更换、增加材料、设备　　□修补缺陷 □调整施工人员
☑ 整改所发生费用由承包人承担 □整改所发生的费用可另行申报 监 理 机 构:河南山川水电工程监理有限公司汝河治理监理部 总监理工程师:李山川 日　　期:2013 年 1 月 18 日	
现已收到整改通知,我方将根据通知要求整改,并按要求提交整改措施报告。 承包人:山东大河水电工程建设有限公司 签收人:丁军 日　期:2013 年 1 月 18 日	

说明:本表一式 3 份,由监理机构填写,承包人、监理机构、发包人各 1 份。

表 3-17　施工质量缺陷处理措施报审表

（大河[2012]缺陷 001 号）

合同名称：中县汝河治理工程施工合同　　　　合同编号：ZXRHZL－SG

<table>
<tr><td colspan="4">致：河南山川水电工程监理有限公司汝河治理监理部
我方今提交堤身填筑（0＋000～0＋080 第二层）工程质量的缺陷处理措施，请贵方审批。</td></tr>
<tr><td>单位工程名称</td><td>堤防工程</td><td>分部工程名称</td><td>堤身填筑</td></tr>
<tr><td>单元工程名称</td><td>堤身填筑
（0＋000～0＋080 第二层）</td><td>单元工程编码</td><td>A2－1－2</td></tr>
<tr><td>质量缺陷
工程部位</td><td colspan="3">0＋060～0＋080</td></tr>
<tr><td>质量缺陷情
况简要说明</td><td colspan="3">该部位压实指标不满足要求</td></tr>
<tr><td>拟采用的处理
措施简述</td><td colspan="3">重新碾压，增加碾压遍数</td></tr>
<tr><td>附件目录</td><td>☑ 处理措施报告
☐ 修复图纸</td><td>计划施工时段</td><td>2012 年 10 月 15 日至
2012 年 10 月 16 日</td></tr>
<tr><td colspan="4">承 包 人：山东大河水电工程建设有限公司
项目经理：陈大河
日　　期：2012 年 10 月 14 日</td></tr>
<tr><td colspan="4">（审批意见）
同意按此方案执行。
监 理 机 构：河南山川水电工程监理有限公司汝河治理监理部
总监理工程师：李山川
日　　　期：2012 年 10 月 14 日</td></tr>
</table>

说明：本表一式 3 份，由承包人填写。监理机构审签后，承包人、监理机构、发包人各 1 份。

任务4 监理进度控制文件编制

1 进度控制原则

监理机构应在工程项目开工前依据施工合同约定的工期总目标、阶段性目标等,协助发包人编制控制性总进度计划。承包单位报送施工总进度计划,由总监理工程师审批,形成《施工进度计划申报表》(表3-18)。承包单位编制的年、季、月度施工进度计划,总监理工程师审批。专业监理工程师对进度计划实施情况进行检查和分析。随着工程进展和施工条件的变化,监理机构应及时提请发包人对控制性总进度计划进行必要的调整。当实际进度滞后于计划进度时,专业监理工程师应书面通知承包单位采取纠偏措施,并监督实施。当实际进度符合计划进度时,应要求承包单位编制下一期进度计划。

2 进度控制程序

进度控制分工程开工、完工时间节点控制和工程建设过程的控制。监理单位为了履行施工合同约定的工期目标、质量目标,要对工程项目、分部工程开工时间进行控制审查。当施工单位具备合同项目或分部工程开工条件时,施工单位要向监理单位报批《合同项目开工申请表》(表3-19)或《分部工程开工申请表》(表3-20),监理单位对施工单位的设计交底和图纸会审完成情况,施工组织设计签认情况,质量、安全生产管理体系已建立情况,人员、施工机械、主要工程材料落实情况,进场道路及水、电、通信情况进行审核,满足要求总监理工程师签发《合同项目开工令》(表3-21)或《分部工程开工通知》(表3-22),对工程开工、完工时间节点进行控制;在建设过程中,监理要对工程进度实施情况进行控制,图3-2为建设过程中进度控制监理工作程序。

3 进度计划审批

施工进度计划的审批应符合下列规定:监理机构应在工程项目开工前依据控制性总进度计划审批承包人提交的施工进度计划,在施工过程中,依据施工合同约定审批各单位工程进度计划,逐阶段审批年、季、月施工进度计划。

施工进度计划审批的程序:

(1)承包人应在施工合同约定的时间内向监理机构提交施工进度计划。

(2)监理机构应在收到施工进度计划后及时进行审查,提出明确的审批意见。必要时召集由发包人、设计单位参加的施工进度计划审查专题会议,听取承包人的汇报,并对有关问题进行分析研究。

(3)如施工进度计划中存在问题,监理机构应提出审查意见,交承包人进行修改或调整。

(4)审批承包人提交的施工进度计划或修改、调整后的施工进度计划。

施工进度计划审查的主要内容:

(1)在施工进度计划中有无项目内容漏项或重复的情况。

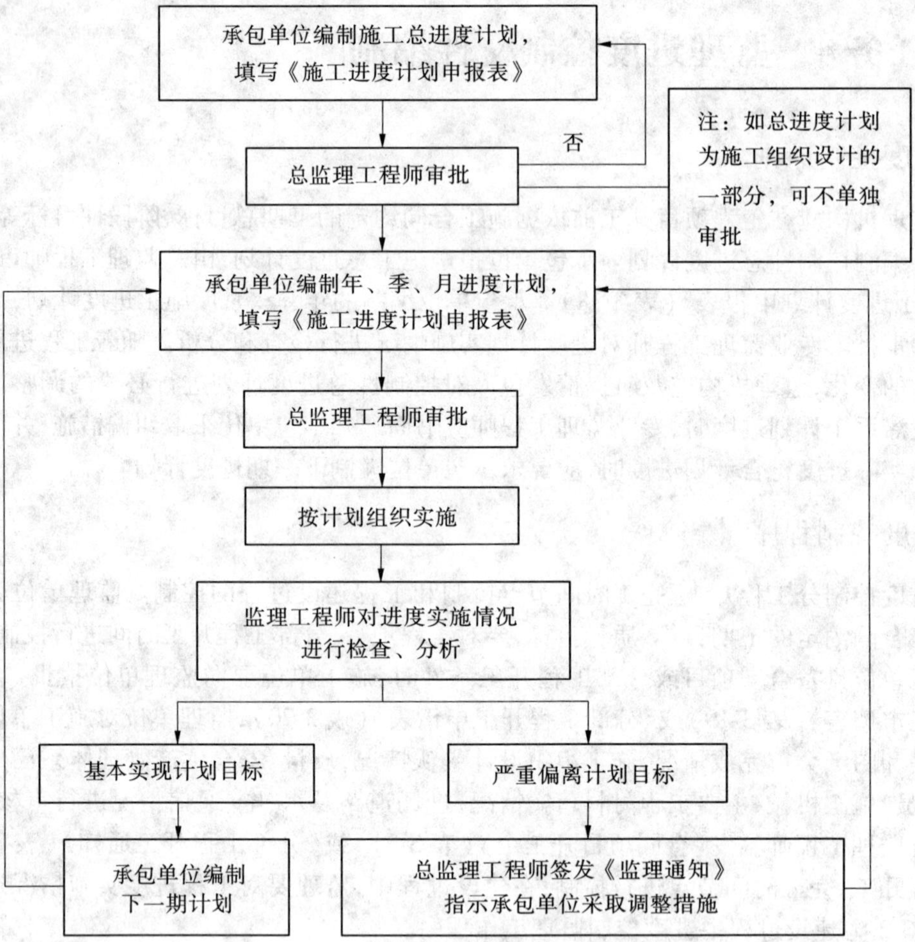

图 3-2　进度控制监理工作程序

(2)施工进度计划与合同工期和阶段性目标的响应性与符合性。

(3)施工进度计划中各项目之间逻辑关系的正确性与施工方案的可行性。

(4)关键路线安排和施工进度计划实施过程的合理性。

(5)人力、材料、施工设备等资源配置计划和施工强度的合理性。

(6)材料、构配件、工程设备供应计划与施工进度计划的衔接关系。

(7)本施工项目与其他各标段施工项目之间的协调性。

(8)施工进度计划的详细程度和表达形式的适宜性。

(9)对发包人提供施工条件要求的合理性。

(10)其他应审查的内容。

4　进度调整

实际施工进度的检查与协调应符合下列规定：

(1)监理机构应编制描述实际施工进度状况和用于进度控制的各类图表。

(2)监理机构应督促承包人做好施工组织管理,确保施工资源的投入,并按批准的施工进度计划实施。

(3)监理机构应做好实际工程进度记录以及承包人每日的施工设备、人员、原材料的进场记录,并审核承包人的同期记录。

(4)监理机构应对施工进度计划的实施全过程,包括施工准备、施工条件和进度计划的实施情况,进行定期检查,对实际施工进度进行分析和评价,对关键路线的进度实施重点跟踪检查。

(5)监理机构应根据施工进度计划,协调有关参建各方之间的关系,定期召开生产协调会议,及时发现、解决影响工程进度的干扰因素,促进施工项目的顺利进展。

施工进度计划的调整应符合下列规定:

(1)监理机构在检查中发现实际工程进度与施工进度计划发生了实质性偏离时,应要求承包人及时调整施工进度计划。

(2)监理机构应根据工程变更情况,公正、公平处理工程变更所引起的工期变化事宜。当工程变更影响施工进度计划时,监理机构应指示承包人编制变更后的施工进度计划。

(3)监理机构应依据施工合同和施工进度计划及实际工程进度记录,审查承包人提交的工期索赔申请,提出索赔处理意见报发包人。

(4)施工进度计划的调整使总工期目标、阶段目标、资金使用等发生较大的变化时,监理机构应提出处理意见报发包人批准。

5 暂停施工、复工与工程延期

5.1 暂停施工、复工

施工过程中,当发现下列情况之一时,总监理工程师应及时签发工程暂停施工通知(表3-23):

(1)建设单位要求暂停施工且工程需要暂停施工的。

(2)施工单位未经批准擅自施工或拒绝项目监理机构管理的。

(3)施工单位未按审查通过的工程设计文件施工的。

(4)施工单位未按批准的施工组织设计、(专项)施工方案施工或违反工程建设强制性标准的。

(5)施工存在重大质量、安全事故隐患或发生质量、安全事故的。

监理机构下达暂停施工通知,应征得发包人同意。发包人应在收到监理机构暂停施工通知报告后,在约定时间内予以答复;若发包人逾期未答复,则视为其已同意,监理机构可据此下达《暂停施工通知》(表3-23),并根据停工的影响范围和程度,明确停工范围。当暂停施工原因消失、具备复工条件时,施工单位提出《复工申请表》(表3-24),项目监理机构应审查施工单位报送的复工申请表及有关材料,符合要求后,总监理工程师应及时签署审查意见,并应报建设单位批准后签发《复工通知》(表3-25);施工单位未提出复工申请的,总监理工程师应根据工程实际情况指令施工单位恢复施工。

若由于发包人的责任需要暂停施工,监理机构未及时下达暂停施工通知时,在承包人提出《暂停施工申请报告》(表3-26)后,监理机构应在施工合同约定的时间内予以答复。下达暂停施工通知后,监理机构应指示承包人妥善照管工程,并督促有关方及时采取措施,排除影响因素,为尽早复工创造条件。在具备复工条件后,监理机构应及时签发《复工通知》,明确复工范围,并督促承包人执行。

监理机构应及时按施工合同约定处理因工程停工引起的与工期、费用等有关的问题。

5.2 工程延期

当影响工期事件具有持续性时,项目监理机构可在收到承包单位提交的阶段性工程延期申请表并经过审查后,通报建设单位。当承包单位提交最终的《延长工期申报表》(表3-27)后,项目监理机构应复查工程延期及临时延期情况,并由总监理工程师签署《延长工期审批表》。

项目监理机构在作出临时工程延期批准或最终的工程延期批准之前,均应与建设单位和承包单位进行协商。

6 进度控制文件用表

表3-18 施工进度计划申报表

(大河[2012]进度001号)

合同名称:中县汝河治理工程施工合同　　　　合同编号:ZXRHZL-SG

致:河南山川水电工程监理有限公司汝河治理监理部 我方今提交堤防工程(A)的: ☑ 施工总进度计划 ☐ 施工年进度计划 ☐ 施工月进度计划 请贵方审查。 附件:1.施工进度计划。 2.图表、说明书共 3 页。 承 包 人:山东大河水电工程建设有限公司 项目经理:陈大河 日　　期:2012年9月9日
监理机构将另行签发审批意见。 监理机构:河南山川水电工程监理有限公司汝河治理监理部 签 收 人:赵磊 日　　期:2012年9月9日

说明:本表一式4份,由承包人填写。监理机构审签后,随同审批意见,承包人、监理机构、发包人、设代机构各1份。

表3-19 合同项目开工申请表

（大河[2012]合开工001号）

合同名称：中县汝河治理工程施工合同　　　　合同编号：ZXRHZL－SG

<table>
<tr><td>致：河南山川水电工程监理有限公司汝河治理监理部
我方承担的中县汝河治理工程合同项目工程，已完成了各项准备工作，具备了开工条件，现申请开工，请贵方审核。

附件：1. 开工申请报告。
2. 已具备的开工条件证明文件。

承 包 人：山东大河水电工程建设有限公司
项目经理：陈大河
日　　期：2012年9月9日</td></tr>
<tr><td>审批后另行签发合同项目开工令。

监理机构：河南山川水电工程监理有限公司汝河治理监理部
签 收 人：赵磊
日　　期：2012年9月9日</td></tr>
</table>

说明：本表一式4份，由承包人填写。监理机构审签后，随同“合同项目开工令”，承包人、监理机构、发包人、设代机构各1份。

表 3-20　分部工程开工申请表

（大河[2012]分开工 002 号）

合同名称：中县汝河治理工程施工合同　　　　合同编号：ZXRHZL－SG

<table>
<tr><td colspan="5">致：河南山川水电工程监理有限公司汝河治理监理部
本分部工程已具备开工条件，施工准备工作已就绪，请贵方审批。</td></tr>
<tr><td colspan="2">申请开工分部工程名称、编码</td><td colspan="3">△堤身填筑（A2）</td></tr>
<tr><td colspan="2">申请开工日期</td><td>2012 年 10 月 5 日</td><td>计划工期</td><td>2012 年 10 月 5 日至 2012 年 12 月 28 日</td></tr>
<tr><td rowspan="9">承包人施工准备工作自检记录</td><td>序号</td><td colspan="2">检查内容</td><td>检查结果</td></tr>
<tr><td>1</td><td colspan="2">施工图纸、技术标准、施工技术交底情况</td><td>资料完整</td></tr>
<tr><td>2</td><td colspan="2">主要施工设备到位情况</td><td>设备到位</td></tr>
<tr><td>3</td><td colspan="2">施工安全和质量保证措施落实情况</td><td>具备安全保护措施</td></tr>
<tr><td>4</td><td colspan="2">材料、构配件质量及检验情况</td><td>进场材料已通过试验检测可以开始施工</td></tr>
<tr><td>5</td><td colspan="2">现场施工人员安排情况</td><td>人员已经到位，资格证、上岗证齐全</td></tr>
<tr><td>6</td><td colspan="2">风、水、电等必需的辅助生产设施准备情况</td><td>具备开工条件</td></tr>
<tr><td>7</td><td colspan="2">场地平整、交通、临时设施准备情况</td><td>具备开工条件</td></tr>
<tr><td>8</td><td colspan="2">测量及试验情况</td><td>附施工放样报验单</td></tr>
<tr><td colspan="5">附件：☑ 分部工程进度计划
☑ 分部工程施工工法
☑ 施工放样报验单
本分部工程已具备开工条件，施工准备工作已就绪，请贵方审批。
承 包 人：山东大河水电工程建设有限公司
项目经理：陈大河
日　　期：2012 年 10 月 4 日</td></tr>
<tr><td colspan="5">开工申请通过审批后另行签发开工通知。
监理机构：河南山川水电工程监理有限公司汝河治理监理部
签 收 人：赵磊
日　　期：2012 年 10 月 4 日</td></tr>
</table>

说明：本表一式 4 份，由承包人填写，监理机构审签后，随同“分部工程开工通知”送承包人、监理机构、发包人、设代机构各 1 份。

表3-21 合同项目开工令

（山川[2012]合开工001号）

合同名称：中县汝河治理工程施工合同　　　　　合同编号：ZXRHZL－SG

致：山东大河水电工程建设有限公司 你方2012年9月9日报送的中县汝河治理工程项目开工申请（大河[2012]合开工001号）已经通过审核。你方可从即日起，按施工计划安排开工。 本开工令确定此合同项目的实际开工日期为2012年9月9日。 监 理 机 构：河南山川水电工程监理有限公司汝河治理监理部 总监理工程师：李山川 日　　　期：2012年9月9日
今已收到合同项目的开工令。 承 包 人：山东大河水电工程建设有限公司 项目经理：陈大河 日　　期：2012年9月9日

说明：本表一式4份，由监理机构填写。承包人签收后，承包人、监理机构、发包人、设代机构各1份。

表 3-22 分部工程开工通知

(山川[2012]分开工 002 号)

合同名称:中县汝河治理工程施工合同　　　　合同编号:ZXRHZL－SG

<table>
<tr><td>致:山东大河水电工程建设有限公司
　　你方 2012 年 10 月 4 日报送的堤身填筑分部工程开工申请表(大河[2012]分开工 002 号)已经通过审核。此开工通知确定该分部工程的开工日期为 2012 年 10 月 5 日。

监 理 机 构:河南山川水电工程监理有限公司汝河治理监理部
总监理工程师:李山川
日　　期:2012 年 10 月 5 日</td></tr>
<tr><td>今已收到分部工程的开工通知。

承 包 人:山东大河水电工程建设有限公司
项目经理:陈大河
日　　期:2012 年 10 月 5 日</td></tr>
</table>

说明:本表一式 4 份,由监理机构填写,承包人、监理机构、发包人、设代机构各 1 份。

表3-23 暂停施工通知

（山川[2012]停工001号）

合同名称：中县汝河治理工程施工合同　　　　合同编号：ZXRHZL－SG

致：山东大河水电工程建设有限公司

由于本通知所述原因，现通知你方于2012年10月28日12时对堤身填筑（A2）工程（编码）项目暂停施工。

工程暂停施工原因	由于天气原因，大雨无法施工
引用合同条款或法规依据	
停工期间要求	对已完成工程妥善保管
合同责任	

监 理 机 构：河南山川水电工程监理有限公司汝河治理监理部

总监理工程师：李山川

日　　期：2012年10月28日

承 包 人：山东大河水电工程建设有限公司

项目经理：陈大河

日　　期：2012年10月28日

说明：本表一式3份，由监理机构填写。承包人签收后，承包人、监理机构、发包人各1份。

表 3-24　复工申请表

（大河[2012]复工 001 号）

合同名称：中县汝河治理工程施工合同　　　　合同编号：ZXRHZL－SG

致：河南山川水电工程监理有限公司汝河治理监理部

堤身填筑工程项目，接到暂停施工通知（山川[2012]停工 001 号）后，已于 2012 年 10 月 28 日 12 时暂停施工。鉴于致使该工程的停工因素已经消除，复工准备工作业已就绪，特报请贵方批准于 2012 年 10 月 30 日 8 时复工。

附件：具备复工条件的情况说明。

承 包 人：山东大河水电工程建设有限公司
项目经理：陈大河
日　　期：2012 年 10 月 29 日

监理机构将另行签发审批意见。

监理机构：河南山川水电工程监理有限公司汝河治理监理部
签 收 人：赵磊
日　　期：2012 年 10 月 29 日

说明：本表一式 3 份，由承包人填写。监理机构审签后，随同审批意见，承包人、监理机构、发包人各 1 份。

表3-25　复工通知

（山川[2012]复工001号）

合同名称：中县汝河治理工程施工合同　　　　合同编号：ZXRHZL－SG

致：山东大河水电工程建设有限公司

鉴于暂停施工通知（山川[2012]停工001号）所述原因已经消除，你方可于2012年10月30日8时起对堤身填筑工程（A2）工程（编码）项目恢复施工。

监理机构：河南山川水电工程监理有限公司汝河治理监理部
负 责 人：李山川
日　　期：2012年10月29日

承 包 人：山东大河水电工程建设有限公司
项目经理：陈大河
日　　期：2012年10月29日

说明：本表一式3份，由监理机构填写。承包人签收后，承包人、监理机构、发包人各1份。

表3-26　暂停施工申请报告

（大河[2012]暂停001号）

合同名称：中县汝河治理工程施工合同　　　　合同编号：ZXRHZL－SG

致：河南山川水电工程监理有限公司汝河治理监理部

由于发生本报告所列原因，造成工程无法正常施工，依据施工合同约定，我方申请对所列工程项目暂停施工。

暂停施工工程项目范围/部位	堤身填筑
暂停施工原因	由于天气原因，大雨无法施工
引用合同条款	
附注	下雨停工期间，我方将做好已建工程的保护工作

承 包 人：山东大河水电工程建设有限公司
项目经理：陈大河
日　　期：2012年10月28日

监理机构将另行签发审批意见。

监理机构：河南山川水电工程监理有限公司汝河治理监理部
签 收 人：赵磊
日　　期：2012年10月28日

说明：本表一式3份，由承包人填写。监理机构审签后，随同审批意见，承包人、监理机构、发包人各1份。

表3-27 延长工期申报表

(大河[2013]延期001号)

合同名称:中县汝河治理工程施工合同　　　　合同编号:ZXRHZL - SG

致:河南山川水电工程监理有限公司汝河治理监理部 根据施工合同约定及有关规定,由于本申报表附件所列原因,我方要求对所申报的堤防工程项目工期延长10天,合同项目工期顺延10天,完工日期从2013年3月9日延至2013年3月19日,请贵方审批。 附件:1.延长工期申请报告(说明原因、依据、计算过程及结果等)。 2.证明材料。 承 包 人:山东大河水电工程建设有限公司 项目经理:陈大河 日　　期:2013年3月1日
监理机构将另行签发审批意见。 监理机构:河南山川水电工程监理有限公司汝河治理监理部 签 收 人:赵磊 日　　期:2013年3月1日

说明:本表一式3份,由承包人填写。监理机构审签后,随同审批意见,承包人、监理机构、发包人各1份。

任务5 监理造价控制文件编制

1 造价控制目标及原则

在批准的工程造价限额以内，对工程建设前期可行性研究、投资决策到设计施工再到竣工交付使用前所需全部建设费用的确定、控制、监督和管理，随时纠正发生的偏差，保证项目投资目标的实现，以求在各个建设项目中能够合理地使用人力、物力、财力，以取得较好的投资效益，最终实现竣工决算控制在审定的概算额内。

工程造价控制原则具体如下：

(1)监理机构应严格执行建设工程施工合同中所约定的合同价、单价、工程量计算规则和工程款支付方法进行工程量、工程款计量审核。

(2)监理机构应坚持对报验文件不全、与合同文件的约定不符、未经监理工程师质量验收合格或有违约的工程量不予计量和审核，拒绝该部分工程款的支付。

(3)监理机构坚持合理、公正处理由于工程变更和违约索赔引起的费用增减。

(4)对有争议的工程量计量和工程款支付，应采取协商的方法确定，在协商无效时，由总监理工程师作出决定。若仍有争议，可执行合同争议调解的基本程序。

(5)监理机构对工程量及工程款的审核应在建设工程施工合同所约定的时限内。

2 工程造价控制的内容

2.1 工程预付款支付

工程预付款是建设工程施工合同订立后由发包人按照合同的约定，在正式开工前预先支付给承包人的工程款。它是施工准备和所需主要材料、结构件等流动资金的主要来源。工程预付款一般为合同总价的10%~15%。世界银行贷款的工程项目，预付款较高，但也不会超过20%。根据施工合同施工单位先填写《工程预付款申报表》(表3-28)，报项目监理部，项目总监理工程师审核是否符合建设工程施工合同的约定，并及时签发工程预付款的《工程预付款证书》(表3-29)。

2.2 工程量计算

(1)工程量计量原则上每月计量一次，形成《工程计量报验单》(表3-30)，每月月底施工单位根据工程实际进度及监理工程师签认的分项工程，上报月完成工程量、计日工工程量，并形成《已完工程量汇总表》(表3-31)、《计日工工程量签证单》(表3-32)。

(2)监理工程师对施工单位的申报表进行核实，必要时应与施工单位协商，所计量的工程量应经总监理工程师同意，由监理工程师签认。

(3)项目监理机构应建立月完成工程量统计表，对实际完成量与计划完成量进行比较分析，发现偏差的，应提出调整建议，并应在监理月报中向建设单位报告。

(4)对某些特定的分项、分部工程的计量方法则由项目监理部、建设单位和施工单位协商约定；对一些不可预见的工程量（如地基基础处理），监理工程师应会同施工单位如实进行计量，并要求责任方附以照片和其他资料。

(5)由于工程发生重大质量事故而导致的返工、加固等费用包括人工费、材料费和管理费。监理工程师应会同有关人员进行现场踏勘，如实进行计量。并要求责任方附以照片和其他资料。

2.3 工程款支付

(1)监理工程师应要求施工单位根据已经计量确认的当月完成工程量及计日工工程量，按建设工程施工合同的约定计算月工程进度款，并填写《( )月工程进度款报审表》报项目监理部，监理工程师审核签认后，应在监理月报中向建设单位报告。

(2)应要求施工单位根据当期已发生且经审核签署的《( )月工程进度款报审表》和《费用索赔审批表》等计算当期工程款，填写《工程价款月支付申请书》(表3-33)，报项目监理部。

(3)专业监理工程师对施工单位在工程款支付报审表中提交的工程量和支付金额进行复核，确定实际完成的工程量，提出到期应支付给施工单位的金额，并提出相应的支持性材料。

(4)总监理工程师对专业监理工程师的审查意见进行审核，签认后报建设单位审批。总监理工程师根据建设单位的审批意见，向施工单位签发《工程价款月付款证书》(表3-34)。

2.4 竣工款支付

(1)工程竣工，经建设单位组织有关各方验收合格后，承包单位应在规定的时间内向项目监理部提交竣工结算文件及《工程结算款支付申请》。

(2)专业监理工程师审查施工单位提交的工程结算款支付申请，提出审查意见。

(3)总监理工程师对专业监理工程师的审查意见进行审核，签认后报建设单位审批，同时抄送施工单位，并就工程竣工结算事宜与建设单位、施工单位协商；达成一致意见的，根据建设单位审批意见向施工单位签发《完工/最终付款证书》(表3-35)；不能达成一致意见的，应按施工合同约定处理。

3 工程造价控制程序

工程款支付监理工作程序如图3-3所示。

竣工款支付监理工作程序如图3-4所示。

根据工程造价控制内容及流程图，工程投资控制文件主要分为预付款文件、进度款文件及竣工付款文件。造价控制相关文件及逻辑关系图如图3-5所示。

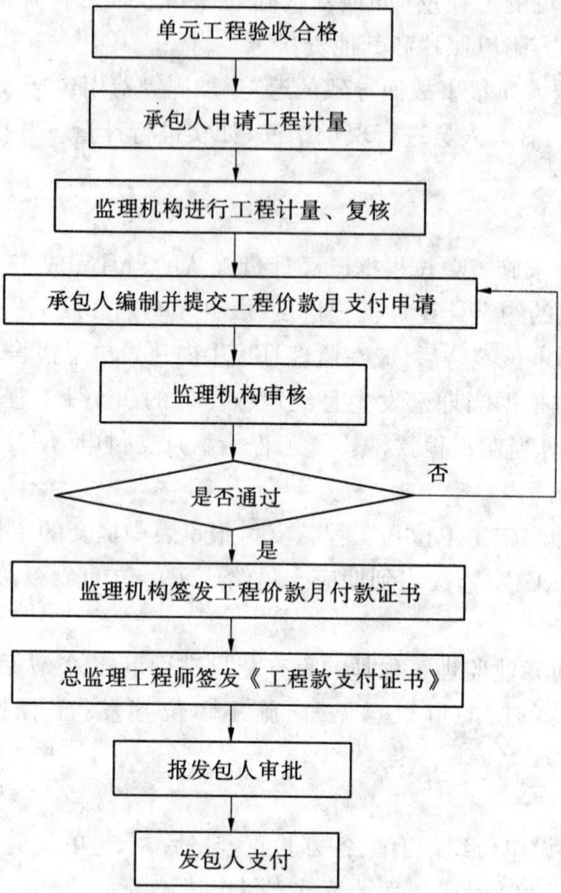

图 3-3 工程款支付监理工作程序

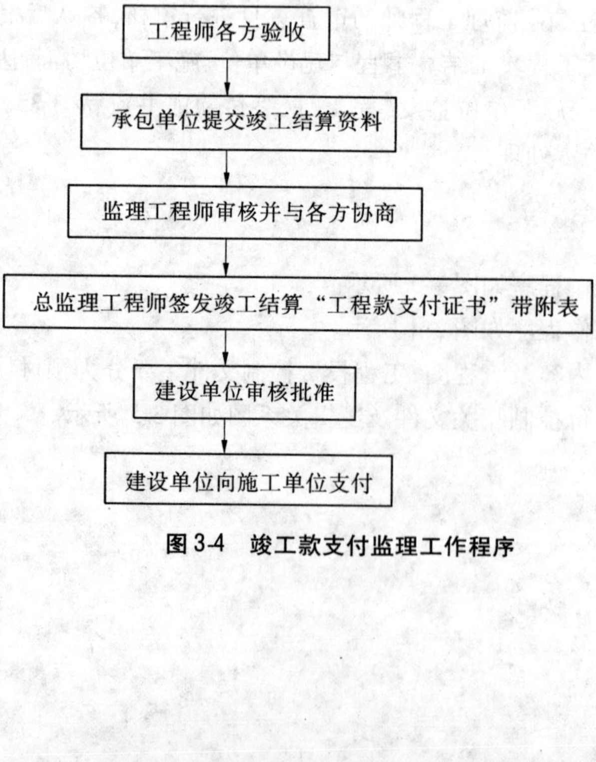

图 3-4 竣工款支付监理工作程序

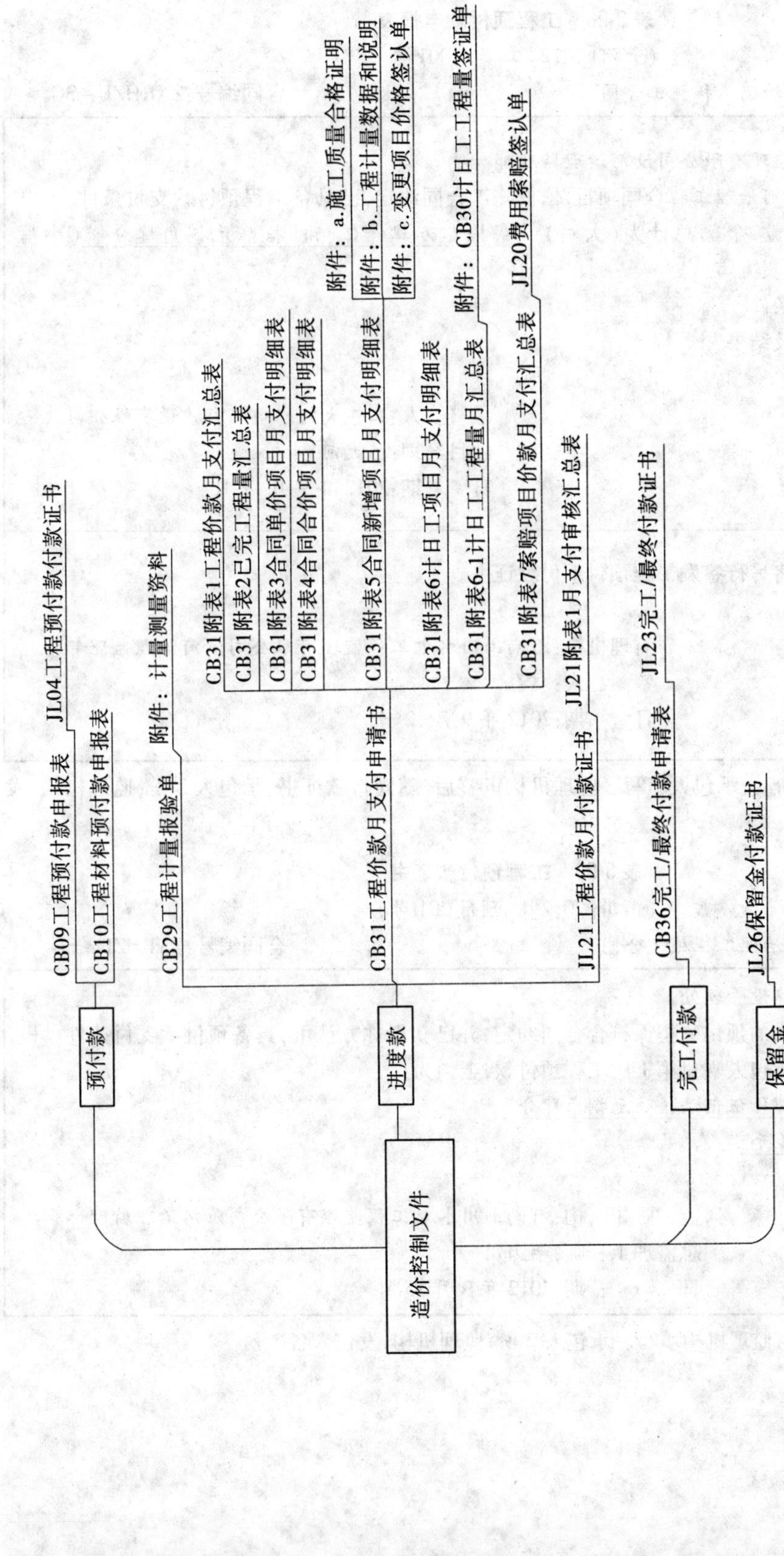

图3-5 造价控制相关文件及逻辑关系图

4 造价控制文件用表

造价控制文件用表见表3-28～表3-35。

表3-28 工程预付款申报表

（大河[2012]工预付001号）

合同名称：中县汝河治理工程施工合同　　　　合同编号：ZXRHZL－SG

致：河南山川水电工程监理有限公司汝河治理监理部 　　我方承担的中县汝河治理工程合同项目，依据施工合同约定，已具备工程预付款支付条件，现申请支付第__1__次预付款，金额总计为（大写）__贰拾叁万肆仟伍佰陆拾陆元捌角肆分__（小写__234 566.84元__），请贵方审核。 　　附件：1.已具备的条件。 　　　　　2.计算依据及结果。 承　包　人：山东大河水电工程建设有限公司 项目经理：陈大河 日　　期：2012年9月12日
通过审核后，监理机构将另行签发工程预付款付款证书。 监理机构：河南山川水电工程监理有限公司汝河治理监理部 签　收　人：赵磊 日　　期：2012年9月12日

说明：本表一式__4__份，由承包人填写。监理机构审签后，随同付款证书，承包人2份，监理机构、发包人各1份。

表3-29 工程预付款证书

（山川[2012]工预付001号）

合同名称：中县汝河治理工程施工合同　　　　合同编号：ZXRHZL－SG

致：中县汝河治理工程建设管理处 　　经审核，承包人提供的预付款担保符合合同约定，并已获得你方认可，具备预付款支付条件。根据施工合同，你方应向承包人支付第1次工程预付款，金额为： 　　大写：__贰拾叁万肆仟伍佰陆拾陆元捌角肆分__ 　　小写：__234 566.84元__ 监　理　机　构：河南山川水电工程监理有限公司汝河治理监理部 总监理工程师：李山川 日　　　　期：2012年9月15日

说明：本表一式4份，由监理机构填写。承包人2份，监理机构、发包人各1份。

表3-30 工程计量报验单

（大河[2012]计量001号）

合同名称：中县汝河治理工程施工合同　　　　　　合同编号：ZXRHZL－SG

致：河南山川水电工程监理有限公司汝河治理监理部

我方按施工合同约定，完成了堤身填筑（0＋000～0＋080第一层）单元工程的施工，其工程质量已经检验合格，并对工程量进行了计量测量。现提交测量结果，请贵方核准。

承 包 人：山东大河水电工程建设有限公司
项目经理：陈大河
日　　期：2012年10月12日

序号	项目序号	合同价号	单价（元）	单位	申报工程量	监理核准工程量	备注
1	1－3	D3	18.4	m^3	186	186	

附件：计量测量文件

（核准意见）

经核验，工程量属实。

监 理 机 构：河南山川水电工程监理有限公司汝河治理监理部
总监理工程师：李山川
日　　　期：2012年10月13日

说明：本表一式4份，由承包人填写。监理机构审签后，监理机构、发包人各1份，承包人2份，作为当月已完工程量汇总表的附件使用。

表 3-31 已完工程量汇总表

（大河[2012]量总 001 号）

合同名称：中县汝河治理工程施工合同　　　　合同编号：ZXRHZL－SG

致：河南山川水电工程监理有限公司汝河治理监理部

我方将本月已完工程量汇总如下表，请贵方审核。

附件：工程计量报验单。

承包人：山东大河水电工程建设有限公司

负责人：陈大河

日　期：2012 年 12 月 30 日

序号	项目名称	项目内容	单位	核准工程量	备注
1	堤身填筑	土石方填筑	m^3	1 236	

（审核意见）

经核验，工程量属实。

监 理 机 构：河南山川水电工程监理有限公司汝河治理监理部

总监理工程师：李山川

日　　　期：2012 年 12 月 31 日

说明：本表一式 4 份，由承包人依据已签认的工程计量报验单填写。监理机构审签后，作为 CB31 的附表，一同流转，审批结算时用。

表3-32 计日工工程量签证单

（大河[2012]计日证001号）

合同名称：中县汝河治理工程施工合同　　　　合同编号：ZXRHZL - SG

致：河南山川水电工程监理有限公司汝河治理监理部

我方已按要求完成计日工工作，现申报计日工工程量，请贵方审核。

附件：1. 计日工工作通知。

2. 计日工现场签认凭证。

承 包 人：山东大河水电工程建设有限公司

项目经理：陈大河

日　　期：2012年10月20日

序号	工程项目名称	计日工内容	单位	申报工程量	核准工程量	说明
1	堤身填筑	人工拣除大块石	m^3	12	12	

（审核意见）

经核验，工程量属实。

监 理 机 构：河南山川水电工程监理有限公司汝河治理监理部

总监理工程师：李山川

日　　　　期：2012年10月21日

说明：本表一式4份，由承包人每个工作日完成后填写。经监理机构审签后，承包人2份，监理机构、发包人各1份，作结算使用。

表 3-33 工程价款月支付申请书(2012 年 10 月)

(大河[2012]月付 001 号)

合同名称:中县汝河治理工程施工合同　　　　合同编号:ZXRHZL - SG

致:河南山川水电工程监理有限公司汝河治理监理部 我方今申请支付 2012 年 10 月工程价款金额共计(大写) 伍拾陆万捌仟玖佰肆拾伍元陆角伍分 (小写 ¥568 945.65 元),请贵方审核。 附表:1. 工程价款月支付汇总表。 2. 已完工程量汇总表。 3. 合同单价项目月支付明细表。 4. 合同合价项目月支付明细表。 5. 合同新增项目月支付明细表。 6. 计日工项目月支付明细表。 7. 计日工工程量月汇总表。 8. 索赔项目价款月支付汇总表。 9. 其他。 承 包 人:山东大河水电工程建设有限公司 项目经理:陈大河 日　　期:2012 年 11 月 2 日
审核后,监理机构将另行签发月付款证书。 监理机构:河南山川水电工程监理有限公司汝河治理监理部 签 收 人:赵磊 日　　期:2012 年 11 月 2 日

说明:本申请书及附表一式 4 份,由承包人填写。监理机构审签后,作为月付款证书的附件报送发包人批准。

表3-34 工程价款月付款证书

（山川[2012]月付001号）

合同名称：中县汝河治理工程施工合同 合同编号：ZXRHZL－SG

致：中县汝河治理工程建设管理处 经审核承包人的工程价款月支付申请书（大河[2012]月付001号），本月应支付承包人的工程价款金额共计为（大写）伍拾陆万捌仟玖佰肆拾伍元陆角伍分（小写 ￥568 945.65元）。 根据施工合同约定，请贵方在收到此证书后的 7 天之内完成审批，将上述工程价款支付给承包人。 附件：1. 月支付审核汇总表。 2. 其他。 监理机构：河南山川水电工程监理有限公司汝河治理监理部 总监理工程师：李山川 日期：2012年11月3日

说明：本表一式4份，由监理机构填写。发包人、监理机构各1份，承包人2份，办理结算时使用。

表3-35 完工/最终付款证书

（山川[2014]付证001号）

合同名称：中县汝河治理工程施工合同 合同编号：ZXRHZL－SG

致：中县汝河治理工程建设管理处 经审核承包人的□完工付款申请/□最终付款申请（大河[2014]付申001号），应支付给承包人的金额共计为（大写）壹佰陆拾捌万柒仟玖佰陆拾伍元肆角捌分（小写 ￥1 687 965.48元）。 根据施工合同约定，请贵方在收到□完工付款证书/□最终付款证书后的 7 天之内完成审批，将上述工程款额支付给承包人。 附件：1. 完工/最终付款申请书。 2. 计算资料。 3. 证明文件。 监理机构：河南山川水电工程监理有限公司汝河治理监理部 总监理工程师：李山川 日期：2014年9月28日

说明：本表一式3份，由监理机构填写。监理机构及发包人各1份，承包人2份，办理结算时使用。

任务6 监理合同管理文件编制

1 工程变更

1.1 工程变更管理规定

1.1.1 工程变更的原因

引起工程变更主要有以下几个方面原因：①业主原因：工程规模、使用功能、工艺流程、质量标准的变化，以及工期改变等合同内容的调整。②设计原因：设计错漏、设计调整，或因自然因素及其他因素而进行的设计改变等。③施工原因：因施工质量或安全需要变更施工方法、作业顺序和施工工艺等。④其他原因。

1.1.2 工程变更的提出

发包人可依据施工合同约定或工程需要提出工程变更建议；设计单位可依据有关规定或设计合同约定在其职责与权限范围内提出对工程设计文件的变更建议；承包人可依据监理机构的指示，或根据工程现场实际施工情况提出变更建议；监理机构可依据有关规定、规范，或根据现场实际情况提出变更建议。

1.1.3 工程变更的实施

经监理机构审查同意的工程变更建议书需报发包人批准，经发包人批准的工程变更，应由发包人委托原设计单位负责完成具体的工程变更设计工作。监理机构核查工程变更设计文件、图纸后，应向承包人下达工程变更指示，承包人据此组织工程变更的实施。监理机构根据工程的具体情况，为避免耽误施工，可将工程变更分两次向承包人下达：先发布变更指示（变更设计文件、图纸），指示其实施变更工作；待合同双方进一步协商确定工程变更的单价或合价后，再发出变更通知（变更工程的单价或合价）。

1.2 工程变更管理程序

工程变更监理工作程序如图3-6所示。

分析工程变更工作程序图，可以看出：

(1)承包单位需要工程变更时，承包方先向监理单位提交《变更申请报告》（表3-36），通过监理单位审核，设计单位、建设单位签认后，由总监理工程师签发《变更指示》（表3-37）。

(2)非承包单位需要工程变更时，工程变更内容为新增加的不在合同范围内或紧急工程发生的，监理单位向承包单位签发《新增或紧急工程通知》（表3-38）进行工程变更。

(3)承包单位实施工程变更，并向监理单位提交由于变更产生的《变更项目价格申报表》（表3-39），由监理工程师审核、总监理工程师签认、建设单位审批形成《变更项目价格审核表》（表3-40），最终承包单位、监理单位及建设单位协商形成《变更项目价格签认单》（表3-41），签发《变更通知》（表3-42）确定变更结果。

工程变更相关文件及逻辑关系如图3-7所示。

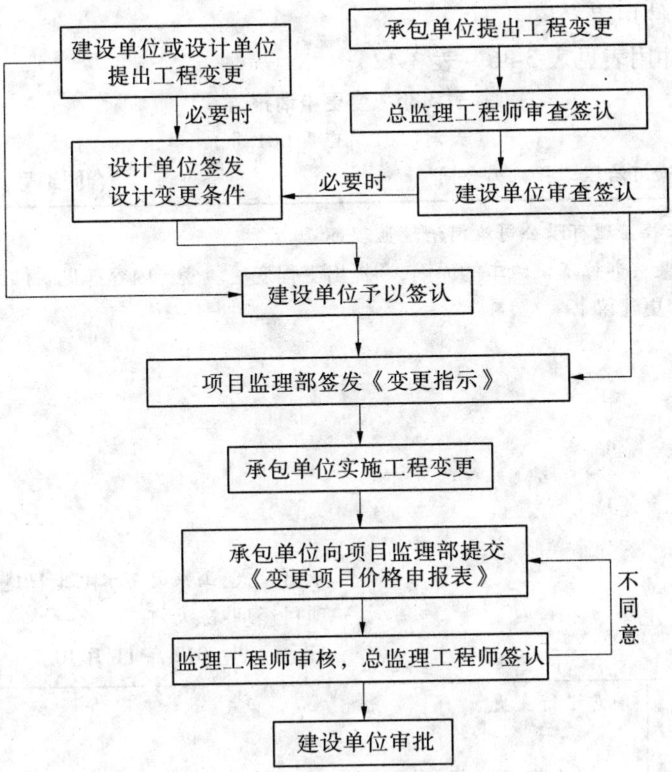

图3-6 工程变更监理工作程序

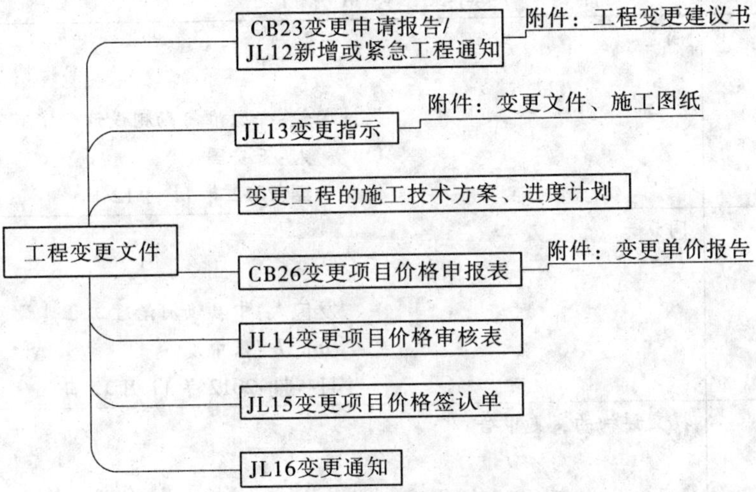

图3-7 工程变更相关文件及逻辑关系

1.3　工程变更文件用表

工程变更文件用表见表3-36～表3-42。

表3-36　变更申请报告

（大河［2012］变更001号）

合同名称：中县汝河治理工程施工合同　　　　合同编号：ZXRHZL－SG

<table>
<tr><td colspan="2">致：河南山川水电工程监理有限公司汝河治理监理部
由于堤防工程某些部位不便施工的原因，今提出工程变更。变更内容详见附件，请审批。
附件：1. 工程变更建议书。

承　包　人：山东大河水电工程建设有限公司
项目经理：陈大河
日　　期：2012年11月10日</td></tr>
<tr><td>监理机构初步意见</td><td>同意进行变更

监　理　机　构：河南山川水电工程监理有限公司汝河治理监理部
总监理工程师：李山川
日　　　　期：2012年11月11日</td></tr>
<tr><td>设计单位意见</td><td>同意

设计单位：安徽淮河勘测设计研究有限公司
负　责　人：王安国
日　　期：2012年11月12日</td></tr>
<tr><td>发包人意见</td><td>同意

发包人：中县汝河治理工程建设管理处
负责人：张中发
日　期：2012年11月12日</td></tr>
<tr><td>批复意见</td><td>提交详细的变更报告

监　理　机　构：河南山川水电工程监理有限公司汝河治理监理部
总监理工程师：李山川
日　　　　期：2012年11月12日</td></tr>
</table>

说明：本表一式4份，由承包人填写。监理机构、设计单位、发包人三方审签后，承包人、监理机构、发包人、设代机构各1份。

表3-37 变更指示

（山川[2012]变指001号）

合同名称：中县汝河治理工程施工合同　　　　　　　　　　合同编号：ZXRHZL－SG

致：山东大河水电工程建设有限公司

现决定对本合同项目作如下变更或调整，应遵照执行，并根据本指示于2012年11月15日前提交相应的施工技术方案、进度计划。

变更项目名称	高速桥下堤防填筑
变更内容简介	土方填筑施工方式由大型机械施工变更为人工施工
变更工程量	860 m^3
变更技术要求	满足压实指标
其他内容	

附件：变更文件、施工图纸。

监 理 机 构：河南山川水电工程监理有限公司汝河治理监理部
总监理工程师：李山川
日　　　　期：2012年11月13日

接受变更指示，并按要求提交施工技术方案、进度计划。

承 包 人：山东大河水电工程建设有限公司
项目经理：陈大河
日　　期：2012年11月13日

说明：本表一式4份，由监理机构填写，承包人、监理机构、发包人、设代机构各1份。

表 3-38　新增或紧急工程通知

（山川[2012]新通 001 号）

合同名称：中县汝河治理工程施工合同　　　　合同编号：ZXRHZL－SG

<table>
<tr><td>
致：山东大河水电工程建设有限公司
今委托你方进行下列不包括在施工合同内上堤道路新增工程的施工，并于 2012 年 11 月 30 日前提交该工程的施工进度计划和施工技术方案。正式变更指示另行签发。
工程内容简介：
在 0＋200 桩号处，新增一条宽度 3 m 的上堤道路。

工程要求：
根据设计方补充设计图纸进行施工。

费用及支付方式：
新增部分费用另行申报。

监理机构：河南山川水电工程监理有限公司汝河治理监理部
负 责 人：李山川
日　　期：2012 年 11 月 22 日
</td></tr>
<tr><td>
现已收到上堤道路新增工程通知，我方将按要求提交该工程的施工进度计划和施工技术方案，费用及工期意见将另行提交。

承 包 人：山东大河水电工程建设有限公司
项目经理：陈大河
日　　期：2012 年 11 月 22 日
</td></tr>
</table>

说明：本表一式 4 份，由监理人填写，承包人签署意见后，承包人、监理机构、发包人、设代机构各 1 份。

表3-39 变更项目价格申报表

（大河［2012］变价001号）

合同名称：中县汝河治理工程施工合同　　　　合同编号：ZXRHZL－SG

致：河南山川水电工程监理有限公司汝河治理监理部

根据高速桥下堤防填筑工程变更指示（山川［2012］变指001号）的工程变更内容，对下列项目单价申报如下，请贵方审核。

附件：变更单价报告（原因、工程量、编制说明、单价分析表）。

序号	项目名称	单位	申报单价	备注
1	高速桥下堤防填筑	m^3	34.7	
2				
3				

承 包 人：山东大河水电工程建设有限公司

项目经理：陈大河

日　　期：2012年11月15日

监理机构将另行签发审核意见。

监理机构：河南山川水电工程监理有限公司汝河治理监理部

签 收 人：赵磊

日　　期：2012年11月15日

说明：本表一式3份，由承包人填写报监理机构，随同监理审核表、变更项目价格签认单或价格监理临时决定发包人、监理机构、承包人各1份。

表 3-40 变更项目价格审核表

（山川［2012］变价审 001 号）

合同名称：中县汝河治理工程施工合同　　　　合同编号：ZXRHZL－SG

致：山东大河水电工程建设有限公司

根据有关规定和施工合同约定，你方提出的变更项目价格申请表（大河［2012］变价 001 号）经我方审核，变更项目价格如下。

序号	项目名称	单位	监理审核单价	备注
1	高速桥下堤防填筑	m^3	34.7	

附注：

监 理 机 构：河南山川水电工程监理有限公司汝河治理监理部
总监理工程师：李山川
日　　　　期：2012 年 11 月 18 日

说明：本表一式 3 份，由监理机构填写，审核后承包人、监理机构、发包人各 1 份。

表 3-41 变更项目价格签认单

(山川[2012]变价签 001 号)

合同名称:中县汝河治理工程施工合同　　　　合同编号:ZXRHZL - SG

根据有关规定和施工合同约定,经友好协商,发包人、承包人原则同意监理机构签发的变更项目价格审核表(山川[2012]变价审 001 号),最终确定变更项目价格如下。

序号	项目名称	单位	核定单价	备注
1	高速桥下堤防填筑	m^3	34.7	

承 包 人:山东大河水电工程建设有限公司
项目经理:陈大河
日　　期:2012 年 11 月 18 日

发包人:中县汝河治理工程建设管理处
负责人:张中发
日　期:2012 年 11 月 18 日

监理机构:河南山川水电工程监理有限公司汝河治理监理部
签 收 人:李山川
日　　期:2012 年 11 月 18 日

说明:本表一式 4 份,由监理机构填写,签字后监理机构、发包人各 1 份,承包人 2 份,办理结算时使用。

表3-42 变更通知

（山川[2012]变通001号）

合同名称：中县汝河治理工程施工合同　　　　合同编号：ZXRHZL－SG

致：山东大河水电工程建设有限公司

根据变更项目价格签认单（山川[2012]变价签001号），你方按本通知调整价款和工期。

项目号	变更项目内容	单位	数量（增＋或减－）	单价	增加金额（元）	减少金额（元）
1	高速桥下堤防填筑	m^3	860	34.7	14 018	
合计					14 018	

合同工期日数的增加：

1. 原合同工期（日历天）730（天）。
2. 本变更指令延长工期日数 0（天）。
3. 现合同工期（日历天）730（天）。

监 理 机 构：河南山川水电工程监理有限公司汝河治理监理部
总监理工程师：李山川
日　　期：2012年11月18日

承 包 人：山东大河水电工程建设有限公司
项目经理：陈大河
日　　期：2012年11月18日

说明：本表一式4份，由监理机构填写，承包人2份，监理机构、发包人各1份。

2 工程索赔

2.1 工程索赔概念及其管理规定

2.1.1 工程索赔概念

所谓索赔,是指根据合同的规定,合同的一方要求对方补偿在工程实施中所付出的额外费用以及工期损失。承包商可以向业主方提出索赔,要求对非承包商自己的原因而造成的额外费用及工期损失给予补偿。业主也可以向承包商提出索赔,要求承包商补偿业主由于承包商原因造成的额外费用及工期损失。

目前工程界一般都将承包商向业主提出的索赔称为索赔,而将业主向承包商提出的索赔称为反索赔。事实上,有索赔就有反索赔。索赔是一种合法的、正当的权利要求,它是依据合同的规定,向承担责任方索回不应该由自己承担的损失,是合理合法的。索赔是双向的。合同的双方都可向对方提出索赔要求。被索赔方可以对索赔方提出异议,阻止对方不合理的索赔要求。索赔的依据是签订的合同。索赔的成功主要是依据合同及有关的证据。没有合同依据,没有各种证据,索赔不能成立。在工程实施中,索赔的目的是补偿索赔方在工期和经济上的损失。

2.1.2 工程索赔管理规定

(1)承包单位提出费用索赔要求时,索赔事件必须是由于非承包单位的责任发生的,确实给承包单位造成了直接经济损失;承包单位已按照施工合同规定的期限和程序提出《索赔申请报告》,并附有索赔凭证材料。

(2)项目监理机构受理索赔申请后,应依据国家有关法律、法规、施工合同文件以及施工合同履行过程中与索赔事件相关的凭证进行处理。监理机构不接受未按施工合同约定的索赔程序和时限提出的索赔要求。

(3)项目监理机构收到承包单位在合理期限内提出的费用《索赔意向通知》(表3-43)后,应指定专业监理工程师负责收集与索赔有关的资料,核查承包人的当时记录,指示承包人做好延续记录,并要求承包人提供进一步的支持性资料。

(4)当索赔事件发生后,承包单位应在承包合同规定的期限内向项目监理机构提交对建设单位的《索赔申请报告》(表3-44)。监理机构在收到承包人的中期索赔申请报告或最终索赔申请报告后,依据施工合同约定,对索赔的有效性、合理性进行分析和评价,对索赔支持性资料的真实性逐一进行分析和审核。对索赔的计算依据、计算方法、计算过程、计算结果及其合理性逐项进行审查。

(5)进行费用索赔审查时,总监理工程师先初步确定一个额度,然后再与承包单位及建设单位进行协商。达到一致意见的,总监理工程师应在施工合同规定的期限内签署《费用索赔审核表》(表3-45)。如不能达成一致,总监理工程师可在施工合同规定的期限内,要求承包单位提交有关索赔报告的进一步详细资料,然后再与建设单位和承包单位协商解决。若合同双方任一方不接受监理机构的处理决定,则按争议解决的有关约定或诉讼程序进行解决。

(6)监理单位签发《费用索赔审核表》后,经协商建设单位、承包单位及监理单位三方达成一致,最终监理单位总监理工程师签发《费用索赔签认单》(表3-46)三方签字认可。

并按规定每月向承包单位支付索赔费用，对已支付的索赔费用承包单位汇总形成《索赔项目价款月支付汇总表》(表3-47)。

(7)当承包单位的费用索赔要求与工程延期要求相关联时，总监理工程师在作出费用索赔的批准决定时，应与工程延期的批准联系起来，综合作出费用索赔和工程延期的决定。

(8)监理机构在承包人提交了完工付款申请后，不再接受承包人提出的在工程移交证书颁发前所发生的任何索赔事项；在承包人提交了最终付款申请后，不再接受承包人提出的任何索赔事项。

(9)由于承包单位的原因造成建设单位的额外损失，建设单位向承包单位提出费用索赔时，总监理工程师在审查索赔报告后，应公正地与建设单位和承包单位进行协商，并及时作出签复。

2.2 工程索赔管理程序

监理机构对费用索赔管理工作的程序如图3-8所示。

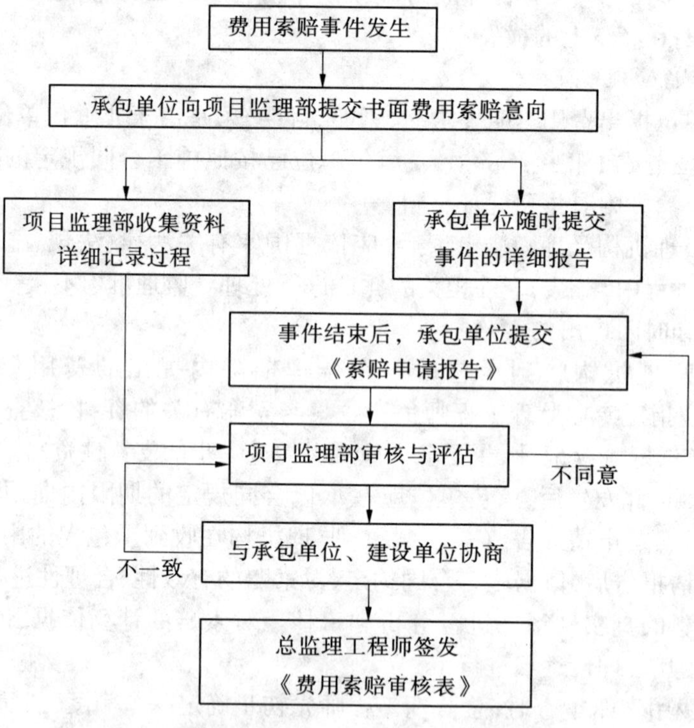

图3-8 费用索赔管理工作程序

工程索赔相关文件及逻辑关系图如图3-9所示。

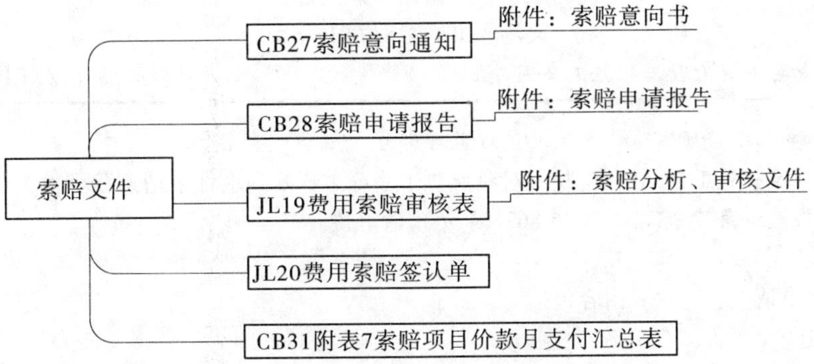

图3-9　工程索赔相关文件及逻辑关系图

2.3　工程索赔文件用表

工程索赔文件用表见表3-43～表3-47。

表3-43　索赔意向通知

（大河[2012]赔通001号）

合同名称：中县汝河治理工程施工合同　　　　合同编号：ZXRHZL－SG

致：河南山川水电工程监理有限公司汝河治理监理部 由于村民阻工导致工程延期的原因，根据施工合同约定，我方拟提出索赔申请，请审核。 附件：索赔意向书（包括索赔事件、索赔依据等）。 承 包 人：山东大河水电工程建设有限公司 项目经理：陈大河 日　　期：2012年12月2日
监理机构将另行签发审批意见。 监理机构：河南山川水电工程监理有限公司汝河治理监理部 签 收 人：赵磊 日　　期：2012年12月2日

说明：本表一式3份，由承包人填写。监理机构审签后，随同审批意见，承包人、监理机构、发包人各1份。

表 3-44　索赔申请报告

（大河[2012]赔报 001 号）

合同名称：中县汝河治理工程施工合同　　　　合同编号：ZXRHZL－SG

致：河南山川水电工程监理有限公司汝河治理监理部 根据有关规定和施工合同约定，我方对村民阻工导致工程延期事件申请索赔金额为（大写）贰万陆仟捌佰陆拾柒元伍角肆分（小写￥26 867.54 元），请审核。 附件：索赔申请报告。主要内容包括： 1. 事因简述。 2. 引用合同条款及其他依据。 3. 索赔计算。 4. 索赔事实发生的当时记录。 5. 索赔支持文件。 承 包 人：山东大河水电工程建设有限公司 项目经理：陈大河 日　　期：2012 年 12 月 4 日
监理机构将另行签发审核意见。 监理机构：河南山川水电工程监理有限公司汝河治理监理部 签 收 人：赵磊 日　　期：2012 年 12 月 4 日

说明：本表一式 3 份，由承包人填写，监理机构审核后，随同审批意见承包人、监理机构、发包人各 1 份。

表3-45 费用索赔审核表

（山川[2012]索赔审001号）

合同名称：中县汝河治理工程施工合同　　　　合同编号：ZXRHZL - SG

致：山东大河水电工程建设有限公司

根据有关规定和施工合同约定，你方提出的索赔申请报告（大河[2012]赔报001号），索赔金额为（大写）贰万陆仟捌佰陆拾柒元伍角肆分（小写￥26 867.54元），经我方审核。

☐ 不同意此项索赔

☑ 同意此项索赔，索赔金额为（大写）贰万陆仟捌佰陆拾柒元伍角肆分（小写￥26 867.54元）

附件：索赔分析、审核文件。

监 理 机 构：河南山川水电工程监理有限公司汝河治理监理部

总监理工程师：李山川

日　　　期：2012年12月6日

说明：本表一式3份，由监理机构填写，审核后承包人、监理机构、发包人各1份。

表 3-46 费用索赔签认单

(山川[2012]索赔签 001 号)

合同名称:中县汝河治理工程施工合同　　　　合同编号:ZXRHZL - SG

根据有关规定和施工合同约定,经友好协商,发包人、承包人原则同意监理机构签发的费用索赔审核表(山川[2012]索赔审 001 号),最终核定索赔金额确定为(大写)贰万陆仟捌佰陆拾柒元伍角肆分(小写¥26 867.54 元)。
承 包 人:山东大河水电工程建设有限公司 项目经理:陈大河 日　　期:2012 年 12 月 6 日
发包人:中县汝河治理工程建设管理处 负责人:张中发 日　期:2012 年 12 月 6 日
监 理 机 构:河南山川水电工程监理有限公司汝河治理监理部 总监理工程师:李山川 日　　　期:2012 年 12 月 6 日

说明:本表一式 3 份,由监理机构填写,签字后监理机构、发包人各 1 份,承包人 2 份,办理结算时使用。

表3-47 索赔项目价款月支付汇总表

（大河[2012]赔总001号）

合同名称：中县汝河治理工程施工合同　　　　合同编号：ZXRHZL－SG

致：河南山川水电工程监理有限公司汝河治理监理部

我方根据费用索赔签认单，现申请支付本月索赔项目价款总金额为（大写）贰万陆仟捌佰陆拾柒元伍角肆分（小写26 867.54元），请贵方审核。

附件：费用索赔签认单。

承 包 人：山东大河水电工程建设有限公司
项目经理：陈大河
日　　期：2012年12月4日

序号	费用索赔签认单号	核准索赔金额	备注
1	S－1	26 867.54	
2			
3			
4			
合计			

经审核，本月应支付索赔项目价款总金额为（大写）贰万陆仟捌佰陆拾柒元伍角肆分（小写26 867.54元）。

监 理 机 构：河南山川水电工程监理有限公司汝河治理监理部
总监理工程师：李山川
日　　　期：2012年12月6日

说明：本表一式4份，由承包人依据费用索赔签认单填写，作为附表一同流转，审批结算时使用。

项目任务

1 选择题

(1)在某工程施工过程中监理工程师王某发现施工方材料堆放存在一定问题,则总监理工程师签发的文件可能是(　　)。

A.《工程变更单》　　B.《工作联系单》

C.《监理通知》　　D.《工程暂停令》

(2)《监理工作总结》在形成文件后监理单位和建设单位做长期保存,其组织编写人为(　　)。

A. 监理工程师　　B. 施工员

C. 项目经理　　D. 总监理工程师

(3)分包单位资格报审表中不需要出现(　　)签字。

A. 项目经理　　B. 建设单位代表

C. 该项目监理工程师　　D. 总监理工程师

(4)监理文件编制工作的总负责人为(　　),对监理文件的编制负有检查、指导和监督的职责。

A. 专业监理工程师　　B. 项目总监理工程师

C. 监理工程师　　D. 项目技术负责人

(5)发生下列(　　)情况时,总监理工程师可签发《暂停施工通知》:

A. 建设单位要求暂停施工,且工程需要停工

B. 发生了质量事故而需要进行停工处理

C. 出现了安全隐患,总监理工程师认为有必要停工

D. 施工单位未按审查通过的工程设计文件施工的

E. 存在质量缺陷需要处理

(6)下列表格必须总监签字的有(　　)。

A. 工程技术方案报审表　　B. 工程进度计划报审表

C. 工程延期报审表　　D. 工程费用索赔报审表

E. 设备进场报验单

(7)监理员的职责有(　　)。

A. 检查和统计计日工情况

B. 从事监理旁站记录

C. 做好人、机、料的检查记录

D. 负责隐蔽工程验收

E. 核实承包人质量评定的相关原始记录

2 简答题

(1)监理日志的主要内容有什么?

(2)试分别归类总结哪些工程监理文件属于质量控制、进度控制、造价控制文件。

项目4　施工文件整编

工程施工文件是施工单位在工程施工过程中形成的文件统称,包括文字、图纸、图表、声像、计算材料等不同形式与载体的各种历史记录,是衡量工程质量的重要依据。施工单位主要负责施工文件整编与管理,施工文件主要包括工程管理文件、工程技术文件、工程测量记录、工程施工记录、工程试验检验记录、工程物资文件、施工安全文件、施工质量评定及验收文件等九类文件。

任务1　施工文件分类

根据文件的先后形成顺序,施工文件可分为施工准备阶段文件、施工阶段文件及竣工验收文件。当前工程项目施工文件一般按工程技术管理、工程质量保证、工程质量验收三大类进行收集和整理,根据文件的性质,可将施工文件划分为工程管理文件、工程技术文件、工程测量记录、工程施工记录、工程试验检验记录、工程物资文件、施工安全文件、施工质量评定及验收文件等九类。

水工建筑物及房建工程的质量评定文件分别在项目五、项目六介绍,本项目主要介绍水利工程施工文件的其他八类文件的编制。

表4-1为常见的主要施工文件明细表。

表4-1　施工文件台账明细表

类别编号	文件名称	文件形成单位
C1	施工管理文件	
C1－1	工程概况表	施工单位
C1－2	项目大事记	施工单位
C1－3	施工日记	施工单位
C1－4	工程质量事故文件	有关单位
C1－5－1	有见证取样和送检见证人备案书	建设单位
C1－5－2	见证记录	有关单位
C1－5－3	有见证试验汇总表	施工单位
C1－6	施工现场质量管理检查记录	施工单位
C1－7	施工总结	施工单位
C2	施工技术文件	
C2－1	施工组织设计与施工方案	施工单位
C2－2	施工技术交底记录	施工单位

续表 4-1

类别编号	文件名称	文件形成单位
C2－3	图纸会审记录	施工单位
C2－4	设计变更通知单	设计单位
C2－5	工程洽商记录	施工单位
C3	工程测量记录	
C3－1	工程定位测量记录	观测单位
C3－2	高程测量记录	观测单位
C3－3	沉降观测记录	观测单位
C3－4	建筑物垂直度观测记录	观测单位
C4	施工物资文件	
C4－1	原材料、成品、半成品、构配件、设备出厂质量证明文件	供应单位提供
C4－2	物资进场检验记录	施工单位
C4－3	设备开箱检验记录	供应单位提供
C4－4	试验委托单	施工单位
C4－5－1	水泥检测报告	检测单位
C4－5－2	钢筋原材料检测报告	检测单位
C4－5－3	砂检测报告	检测单位
C4－5－4	碎(卵)石检测报告	检测单位
C4－5－5	轻集料检测报告	检测单位
C4－5－6	掺合料检测报告	检测单位
C4－5－7	外加剂检测报告	检测单位
C4－5－8	砖(砌块)检测报告	检测单位
C4－5－9	沥青检测报告	检测单位
C4－5－10	防水涂料检测报告	检测单位
C4－5－11	防水卷材检测报告	检测单位
C4－5－12	橡胶止水带检测报告	检测单位
C4－5－13	伸缩缝密封填料检测报告	检测单位
C4－5－14	土工合成材料检测报告	检测单位
C4－6	工程物资报审表	施工单位
C5	施工试验记录	
C5－1－1	土工击实试验报告	试验单位
C5－1－2	回填土试验报告	试验单位
C5－1－3	压实度试验记录(环刀法)	试验单位
C5－1－4	压实度试验记录(灌砂法)	试验单位

续表 4-1

类别编号	文件名称	文件形成单位
C5-2-1/2	砂浆配合比申请单/通知单	委托单位/试验单位
C5-2-3	砂浆抗压强度试验报告	试验单位
C5-2-4	砌筑砂浆试块强度统计、评定记录	施工单位
C5-3-1/2	混凝土配合比申请单/通知单	委托单位/试验单位
C5-3-3	混凝土抗压强度试验报告	试验单位
C5-3-4	混凝土强度统计、评定记录	施工单位
C5-3-5	混凝土抗渗试验报告	试验单位
C5-3-6	混凝土抗冻试验报告	试验单位
C5-4	支护与桩基工程施工记录	专业施工单位
C5-5	钢筋连接施工试验记录	试验单位
C6	施工记录	
C6-1	隐蔽工程检查记录	施工单位
C6-2	预检记录	施工单位
C6-3	施工检查记录(通用)	施工单位
C6-4	交接检查记录	施工单位
C6-5-1	地基验槽报验申请表	施工单位
C6-5-2	地基验槽检查记录	施工单位
C6-5-3	地基处理记录	施工单位
C6-5-4	地基钎探记录	施工单位
C6-6-1	混凝土开盘鉴定	施工单位
C6-6-2	预拌混凝土运输单	
C6-6-3	混凝土浇灌申请书	施工单位
C6-6-4	混凝土准浇证	施工单位
C6-6-5	混凝土拆模申请	施工单位
C6-6-6	混凝土搅拌测温记录	施工单位
C6-6-7	混凝土养护测温记录	施工单位
C6-7	构件吊装施工记录	施工单位
C6-8	箱涵顶进施工记录	施工单位
C6-9	预应力筋张拉记录	施工单位
C6-10	灌浆检查记录	施工单位
C6-11	防腐层施工检查记录	施工单位

续表 4-1

类别编号	文件名称	文件形成单位
C6－12	地下工程防水效果检查记录	施工单位
C6－13	蓄水检查记录	施工单位
C6－14	通风烟道检查记录	施工单位
C7	施工安全文件	
C7－1	施工现场安全管理文件	施工单位
C7－2	工程项目生活区资料	施工单位
C7－3	工程项目现场、料具资料	施工单位
C7－4	环境保护文件	施工单位
C7－5	脚手架文件	施工单位
C7－6	安全防护文件	施工单位
C7－7	施工用电文件	施工单位
C7－8	塔吊、起重吊装文件	施工单位
C7－9	机械安全文件	施工单位
C7－10	保卫消防文件	施工单位
C7－11	其他安全文件管理	施工单位
C8	施工验收文件	
C8－1	施工管理工作报告	施工单位
C8－2	法人验收申请报告	法人单位
C8－3	分部工程验收鉴定书	施工单位
C8－4	单位工程验收鉴定书	施工单位
C8－5	合同工程完工验收鉴定书	施工单位
C8－6	阶段验收申请报告	施工单位
C8－7－1	阶段验收鉴定书	施工单位
C8－7－2	机组启动验收鉴定书	施工单位
C8－7－3	部分工程投入使用验收鉴定书	施工单位
C8－8	竣工验收申请报告	施工单位
C8－9	竣工技术预验收工作报告	施工单位
C8－10	工程项目竣工验收鉴定书	施工单位
C8－11	工程质量保修书	施工单位
C9	竣工图	施工单位
C10	声像资料	法人单位

续表 4-1

类别编号	文件名称	文件形成单位
D	水利工程质量评定	
D1	工程项目质量评定表	施工单位
D2	单位工程质量评定表	施工单位
D2－1－1	水工建筑物外观质量评定表	施工单位
D2－1－2	堤防工程外观质量评定表	施工单位
D2－1－3	明(暗)渠工程外观质量评定表	施工单位
D2－1－3	引水(渠道)建筑物工程外观质量评定表	施工单位
D2－1－4	房屋建筑工程外观质量评定表	施工单位
D2－2	单位工程施工质量检验与评定文件核查表	施工单位
D3	分部工程质量评定表	施工单位
D4	重要隐蔽单元工程(关键部位单元工程)质量等级签证表	施工单位
D5	单元(工序)工程质量评定表	施工单位

施工过程中,涉及表 4-1 未列入的文件,施工单位应及时与建设单位、设计单位、监理单位协商,按照有关要求,进行收集、整理。

任务 2　施工管理文件编制

施工管理文件是施工单位依据企业管理制度,实施工程管理过程中形成的文件,包括工程概况表、施工大事记、施工日志、施工管理工作报告、工程质量事故文件、现场见证取样及送检资料、施工现场质量管理检查记录表等。

1　工程概况表

工程概况表(见表 4-2)是对工程基本情况的叙述,包括单位工程的基本建设信息、构造特征、机电系统及其他等相关内容,具体要求如下:

(1)“基本建设信息”栏内,工程名称应填写全称,与建设工程规划许可证、施工许可证及施工图纸中的工程名称一致,各参建单位名称要与合同中名称一致。

(2)“构造特征”栏内,应结合工程设计要求,做到重点突出。

(3)“机电系统”栏内应简要描述工程机电各系统名称及主要设备参数等。

(4)“备注”栏内可填写工程的独特特征,或采用的新技术、新产品、新工艺等。

表 4-2 工程概况表

编号:C1 - 1

单位工程名称	中县汝河治理水闸工程		
建设单位	中县汝河治理水闸工程建设管理处		
施工单位	山东大河水电工程建设有限公司	资质等级	总承包一级
监理单位	河南山川水电工程监理有限公司	资质等级	施工甲级
设计单位	安徽淮河勘测设计研究有限公司	资质等级	甲级
项目经理	陈大河	项目经理资质	一级建造师
施工员	丁军	安全员	张安全
工程规模及建筑物特点		工程造价	捌仟万元
开工日期	2013 年 3 月 12 日	计划竣工日期	2014 年 9 月 9 日
构造特征	本工程主要任务是引水灌溉,为穿堤排涝涵闸。闸底板采用无底坎平底板宽顶堰,闸孔选用 5 孔平板钢闸门,由于闸基为软基河床,选用整体式底板,缝设在闸墩上,水闸下游采用底流式消能。消力池下游设海漫,海漫上段为浆砌石,下段为干砌石,海漫末端挖槽抛石防冲刷,涵闸上下游两岸采用浆砌石护坡。		
机电系统	选用电动卷扬式启闭机,一门一机。		
备注	/		

2 施工大事记

施工单位的施工大事记内容主要包括:开、完工日期,停、复工日期,中间验收及关键部位的验收日期,质量、安全事故,获得的荣誉,重要会议,分承包工程招投标、合同签署,上级及专业部门检查、指示等情况的简述。

3 施工日志

施工日志也叫施工日记、工程日志,是在建筑工程整个施工阶段的施工组织管理、施工技术等有关施工活动和现场情况变化的真实的综合性记录,也是处理施工问题的备忘录和总结施工管理经验的基本素材,是工程交竣工验收文件的重要组成部分。

施工日志一般按单位工程分别单独填写,不得几项工程混合或交叉填写。施工日志由封面、首页、正文组成,封面上有施工单位、监理单位及记录人,在首页上有单独描述本工程的基本概况,主要包括设计概况、主要施工负责人、技术负责人、质检员、监理工程师、开工及竣工日期等。

3.1 施工日志正文编写

施工日志记录应详略得当,突出重点,着重记录与工程质量形成过程有关的内容,确保工程质量具有可追溯性,与工程施工和质量形成无关的内容不得写入其中。应详实记录日期、星期、气象、平均温度等信息,平均温度可记为“××℃—××℃”,气象按上午、下午及晚间分别记录。

按施工先后顺序如实记录工程形成的全过程，主要从以下几方面编写施工日志：

(1)施工期内每日气候、施工方法、劳力布置、机械配置、施工操作、施工进度和工程地质变化情况。

(2)相关工作记录，如现场取样、检测、测量、技术交底等，并应与相关文件进行现场核对，防止差、错、漏、缺、误记现象，确保相关文件的一致性。

(3)工序检查、隐蔽工程检查验收情况及检查验收结论。

(4)每日使用的主要材料规格、数量及检测结果。

(5)施工中遇到的重大技术问题、变更设计、主要工程材料代用等，以及所采取的主要措施和效果记录。

(6)施工中发生的工程质量安全事故和处理改进情况记录。

(7)停工及原因(停工期间重要事件应记录)。

(8)上级人员检查时提出的有关质量、安全要求，发现的问题及相关指令，施工中存在的问题及整改情况。

(9)施工中采用的新工艺、新材料、新设备、新技术等情况。

(10)其他与工程施工和质量形成有关的情况。

3.2　施工日志填写要求

施工日志由工程(点)施工负责人或技术负责人按规定内容逐日连续填写，不得隔日、跳日或断日填写；字迹工整清晰，不得涂改；应采用蓝黑或碳素墨汁笔书写，不得使用其他墨汁书写或电脑打印；施工日志不得出现空白行、段和页；施工日志对需要补充的内容应在“备注”栏中书写；施工日志应采用“记叙文”的形式来填写，不得采用“总结报告、议论文”等形式。施工日志中对每个关键工序或主要事件的描述要尽可能地体现时间、地点、人物、过程、结果(论)等要素。

施工日志填写时要求时间要具体到每个关键工序或主要事件发生的几点几分，地点要写明，要把参与每个关键工序或每件事件的相关主要责任人员的名字写清楚(一般人员可以不写)，人员要写其名字全称，不要写简称或职务称谓，要写明每个关键工序或事件是由谁做的、如何做的、检测项目和数据如何，以及有关定性描述，属检测试验项目的，要说明是否合格和报告编号；属于判断是否进行下道工序的，应明确是否可以进行下道工序施工及其同意单位或人员等。

3.3　施工日志填写注意事项

(1)必须由工地施工负责人或技术负责人填写，不得由资料员或其他非本工程技术人员填写。

(2)当连续时间未施工或停工时，可采用“××××年×月×日至××××年×月×日因×××未施工”形式表述，不必每天记录“未施工或停工”等字样。

(3)施工日志中记录的问题必须有纠正和验证记录，做到问题闭合。

(4)要如实填写施工过程中出现的问题，但对每个问题必须有纠正、有验证、有记录，做到问题闭合。切忌只记录问题而没有纠正、验证和验证记录。

施工日志正文填写见表4-3。

表4-3 施工日志

2013年9月2日　　星期一　　天气:上午　晴　　下午　晴

温度:2时18℃,8时22℃,14时34℃,20时26℃,日平均温度28℃

	工作内容	施工部位	工作班组	工作人数	进度情况
施工内容	钢筋安装	闸墩	钢筋工组	16	已完成
	模板安装	闸墩	模板工组	12	完成1/3

主要记事

1. 预检情况(包括质量自检、互检和交接检存在问题及改进措施等):

检查已安装的模板的几何尺寸、轴线、标高、预留孔、预埋件的位置,模板规格预检合格。

2. 验收情况(参加单位、人员、部位、存在问题):

监理工程师李山川及质检员安重对闸底板钢筋数量、规格、尺寸、安装位置进行检查,并对绑扎的缺口、松口及搭接长度进行检测,检查结果符合相关质量标准,检测结果合格率98%。

3. 设计变更、洽商情况:

由现场总监理工程师李山川转发了《关于闸墩部位设计变更的通知》,变更号为C2-4号,具体内容见该设计变更。目前该部分墙未施工。

4. 原材料进场记录(数量、产地、标号、牌号、合格证份数和是否已质量复试等):

购进燕京牌32.5R普通水泥150 t,由现场监理人员按规范进行了见证取样,并送达实验室检测,下午进场支模钢管20 t。

5. 技术交底、技术复核记录(对象及内容摘要):

上午现场钢筋工长和模板工组长进行了质量、安全技术交底,主要就前期出现的一些可能影响质量的因素进行了分析,并提出了具体控制措施。

6. 原材料、试件、试块编号及见证取样送检等记录:

下午在实验室取回了水泥进场取样检测试验报告2份,经查水泥检测试验报告符合其强度要求,报告编号C4-5-1,已将报告送达监理。

7. 外部会议或内部会议记录:

会议纪要1份,编号02。

8. 上级单位领导或部门到工地现场检查指导情况(对工程所作的决定或建议):

公司质量安全处对工地进行了全面检查,主要针对目前现场材料堆放、主体混凝土质量提出了具体要求。详见会议纪要。

9. 质量、安全、设备事故(或未遂事故)发生的原因、处理意见和处理方法:

模板安装时没严格按模板的施工设计进度进行,已书面通知模板工组长,调整安装进度。

10. 归档文件交接(对象及主要内容):

钢筋安装质量评定文件、模板预检记录及原材料进场检查记录、取样记录,水泥实验报告等文件与工程同步完成编写,并移交相关资料员整理保存。

11. 其他特殊情况(停电、停水、停工、窝工等):

无

项目负责人:丁军　　记录员:李平　　第1页

4　施工管理工作报告

施工管理工作报告由施工单位项目经理组织编写,主要包括以下内容:

(1)管理方面:根据工程特点与难点,进行项目质量、现场、合同、成本和综合控制等方面的管理总结。

(2)经验方面:施工中各种经验与教训总结。

5　工程质量事故文件

质量事故指在水利水电工程建设过程中,由于建设管理、监理、勘测、设计、咨询、施工、材料设备等原因造成工程质量不符合国家和行业相关标准以及合同约定的质量标准,影响工程使用寿命和对工程安全运行造成隐患与危害的事件。水利工程质量事故分类(见表4-4)及事故处理时,遵照执行《水利工程质量事故处理暂行规定》(中华人民共和国水利部令第9号)。施工单位应收集整理有关事故调查及事故处理文件。

表4-4　水利工程质量事故分类标准

损失情况		事故类别			
		特大质量事故	重大质量事故	较大质量事故	一般质量事故
事故处理所需的物资、器材和设备、人工等直接损失费用(人民币万元)	大体积混凝土,金结制作和机电安装工程	>3 000	>500,≤3 000	>100,≤500	>20,≤100
	土石方工程、混凝土薄壁工程	>1 000	>100,≤1 000	>30,≤100	>10,≤30
事故处理所需合理工期(月)		>6	>3,≤6	>1,≤3	≤1
事故处理后对工程功能和寿命的影响		影响工程正常使用,需限制条件运行	不影响工程正常使用,但对工程寿命有较大影响	不影响工程正常使用,但对工程寿命有一定影响	不影响工程正常使用和工程寿命

注:1. 直接经济损失费用为必需条件,其余两项主要适用于大中型工程;

2. 小于一般质量事故的质量问题称为质量缺陷。

工程发生质量事故,事故单位应在规定时限内向监理单位、建设单位及上级主管部门报告,并填写《工程质量事故报告单》,相关调查人员对工程质量事故进行初步调查了解和现场勘察形成《水利工程质量事故调(勘)查记录》。

5.1　工程质量事故报告单

工程发生重大质量事故后,事故单位应如实填写《工程质量事故报告单》(表4-5),并交有关单位保存。

《工程质量事故报告单》中事故发生时间应记载年、月、日、时、分;事故原因简述,是对事故原因(包括设计原因、施工原因、设计与施工的共同原因或不可抗力等原因)情况关键点的主要描述；事故性质，应依据水利工程质量事故分类标准判断；估计造成损失，指因质量事故导致的返工、加固等费用，包括人工费、材料费和一定数额的管理费；处理意见，包括现场处理情况、设计和施工的技术措施、主要责任者及处理结果；应急措施，是指水利工程建设过程中突然发生且已经造成或者可能造成重大人员伤亡、重大财产损失，有重大社会影响或涉及公共安全的重大质量与安全事故的应急处理措施。

表 4-5　工程质量事故报告单

（大河[2013]事故 002 号）

合同名称：中县汝河治理工程施工合同　　　　合同编号：ZXRHZL－SG

承包人：山东大河水电工程建设有限公司

致：河南山川水电工程监理有限公司 2013 年 11 月 15 日 10 时，在 消力池底板混凝土浇筑时发生质量事故，现将事故发生情况报告如下，待调查结果出来后，再另行做详情报告。	
事故原因简述	混凝土施工时，由于振捣工没有按照混凝土振捣操作规程操作致使消力池底板与反滤层交接处出现一长 100 cm、宽 10 cm 的缺口发生漏筋、漏石等质量缺陷。
初步处理意见	①对该处工程拆除返工，重新进行浇筑。 ②对直接责任人进行质量意识教育，持证上岗，并对主要责任人处以 80 元经济罚款，次要责任人处以 50 元经济罚款。 ③对所在班组提出批评，并停工一天进行规程培训。 ④要求全体员工引以为戒，加强责任心，避免此类质量事故再发生。
事故性质及造成损失	该事故为质量缺陷，造成大约 1 万元损失。
已采取的应急措施	/
事故报告情况属实 承包人：山东大河水电工程建设有限公司 项目经理：陈大河 日期：2013 年 11 月 18 日	报告已接受，等待下一步处理 监理机构：河南山川水电工程监理有限公司 签收人：李山川 日期：2013 年 11 月 19 日

说明：本表一式 5 份，监理签收后，送建设、设计、质监等单位各存一份。重大事故按《工程建设重大事故报告和调查程序规定》进行。

5.2　工程质量事故调(勘)查记录

《水利工程质量事故调(勘)查记录》(表 4-6)是当工程发生质量事故后，调查人员对工程质量事故进行初步调查了解和现场勘察所形成的记录。

(1)本表应本着实事求是的原则由调查人员来填写，各有关单位保存。填写时应注明工程名称，调查时间、地点，参加人员及所属单位、联系方式等。

(2)应依据现场证物照片等影像的形式，真实记录现场情况，作为分析事故证据的资料。

(3)“调(勘)查笔录”栏应填写工程质量事故发生时间、具体部位、原因等，并初步估计造成的损失。

表4-6 水利工程质量事故调(勘)查记录

编号:C1－4－2

<table>
<tr><td>工程名称</td><td colspan="2">中县汝河治理水闸工程</td><td>日期</td><td>2013 年 11 月 15 日</td></tr>
<tr><td>调(勘)查时间</td><td colspan="4">2013 年 11 月 15 日 14 时 00 分至 15 时 00 分</td></tr>
<tr><td>调(勘)查地点</td><td colspan="4">中县汝河治理水闸工程工地现场</td></tr>
<tr><td>参加人员</td><td>单位</td><td>姓名</td><td>职务</td><td>联系电话</td></tr>
<tr><td>被调查人</td><td>山东大河水电工程建设有限公司</td><td>陈大河</td><td>项目经理</td><td></td></tr>
<tr><td rowspan="2">陪同调(勘)查人员</td><td>中县汝河治理水闸工程建设管理处</td><td>王水利</td><td>质检员</td><td></td></tr>
<tr><td>中县汝河治理水闸工程建设管理处</td><td>于进</td><td>质检员</td><td></td></tr>
<tr><td>调(勘)查笔录</td><td colspan="4">2013 年 11 月 15 日在混凝土施工时，由于振捣工没有按照混凝土振捣操作规程操作，致使坝面与坝基交接处有长 100 cm、宽 10 cm 混凝土发生漏筋、孔洞等质量缺陷。</td></tr>
<tr><td>现场证物照片</td><td colspan="4">☑有　□无　共 5 张　共 4 页</td></tr>
<tr><td>事故证据资料</td><td colspan="4">☑有　□无　共 8 张　共 5 页</td></tr>
<tr><td>被调查人签字</td><td colspan="2">陈大河</td><td>调(勘)查人</td><td>王水利</td></tr>
</table>

6 现场见证取样及送检资料

见证取样指在监理单位或项目法人监督下，由施工单位有关人员现场取样，并送到具有相应资质等级的工程质量检测单位所进行的检测。水利工程施工现场见证取样及送检资料主要有：有见证取样和送检见证人备案书、见证记录、有见证试验汇总表等。

6.1 有见证取样和送检见证人备案书

(1)《有见证取样和送检见证人备案书》填写说明如下：

①见证人一般由建设单位人员或施工现场监理人员担任，施工和材料、设备供应单位人员不得担任。见证人员必须由责任心强、工作认真的人担任。

②工程见证人确定后，由建设单位向该工程的质量监督机构递交备案书进行备案，如见证人更换须办理变更备案手续。

(2)《有见证取样和送检见证人备案书》填写范例如表4-7所示。

表4-7　有见证取样和送检见证人备案书

中县水利工程　质量监督站：

材料检测　试验室：

我单位决定，由　张三清　同志担任　中县汝河治理　工程有见证取样和送检见证人。有关的印章和签字如下，请查收备案。

有见证取样和送检印章	见证人签字
河南山川水电工程监理有限公司 有见证取样和送检印章	张三清

建设单位名称(盖章)：山东大河水电工程建设有限公司　2012年8月5日

监理单位名称(盖章)：河南山川水电工程监理有限公司　2012年8月5日

施工项目负责人签字：陈大河　2012年8月5日

6.2　见证记录

水利工程施工现场，见证人员及检测人员必须对所取试样实事求是，不许弄虚作假，否则应承担相应的法律责任。见证取样记录填写时注意以下几方面：

(1)见证人应按照事先编写的见证取样和送检计划进行取样及送检。

(2)送检试样应在施工现场随机抽取，不得另外制作。

(3)取样的试样上应标识出样品名称、取样部位、取样日期等。

(4)单位工程有见证取样和送检次数不得少于试验总数的30%，试验总次数在10次以下的不得少于2次。

《见证记录》填写范例如表4-8所示。

表4-8　见证记录

编号：C1-5-2

工程名称：　中县汝河治理水闸工程

取样部位：　距闸底板2 m中墩处

样品名称：　混凝土标养试块　取样数量：　一组

取样地点：　施工现场　取样日期：　2013年9月18日

见证记录：

见证取样取自06号罐车。试块上已做标识。

有见证取样和送检印章：

山东大河水电工程建设有限公司
有见证取样和送检印章：

取样人签字：　张三清

见证人签字：　李涵洞

6.3 有见证试验汇总表

有见证试验汇总表由施工单位填写,并纳入工程档案。见证取样及送检资料必须真实、完整,不得伪造、涂改或丢失。如试验不合格,要加倍取样复试。

《有见证试验汇总表》填写说明如下:

(1)"试验项目"指规范规定的应进行见证取样的某一项目。

(2)"应送试总次数"指该项目按照设计、规范、合同或相关标准要求及试验计划应送检的总次数。

(3)"有见证试验次数"指该项目实际的按见证取样要求的试验次数。

《有见证试验汇总表》填写范例如表4-9所示。

表4-9 有见证试验汇总表

工程名称:中县汝河治理水闸工程

施工单位:山东大河水电工程建设有限公司

建设单位:中县汝河治理水闸工程建设管理处

监理单位:河南山川水电工程监理有限公司

见证人:李涵洞

试验室名称:材料检测

试验项目	应送试总次数	有见证试验次数	不合格次数	备注
混凝土试块	65	30	0	
砌筑砂浆试块	20	10	0	
钢筋原材	42	14	0	
直螺纹钢筋接头	20	10	0	

施工单位:山东大河水电工程建设有限公司　　制表人:张水

填制日期:2013年9月30日

7 施工现场质量管理检查记录表

《施工现场质量管理检查记录表》(表4-10)一般一个标段或一个单位工程检查一次,在开工前检查,由施工单位现场负责人填写,由监理单位的总监理工程师(建设单位项目负责人)验收,下面具体介绍本表填写方法。

7.1 表头部分填写

由施工单位的现场负责人填写。工程名称栏,应填写工程名称的全称,与合同或招投标文件中的工程名称一致。施工许可证,填写当地建设行政主管部门批准发给的施工许可证的编号。

设计单位栏单位名称也应写全称,与合同签章上的单位名称相同。项目负责人栏,应填合同上签字人。

建设单位栏填写合同文件中的甲方,单位名称也应写全称,与合同签章上的单位名称相同。建设单位项目负责人栏,应填合同上签字人或签字人以文字形式委托的代表——工程的项目负责人。工程完工后竣工验收备案表中的单位项目负责人也应与此一致。

监理单位栏填写单位全称,应与合同或协议书中的名称一致。总监理工程师栏应是

表4-10 施工现场质量管理检查记录表

编号:C1-6

<table>
<tr><td>工程名称</td><td>中县汝河治理水闸工程</td><td>施工许可证（开工证）</td><td colspan="2">豫1200318</td><td>开工日期</td><td>2013年3月12日</td></tr>
<tr><td>设计单位</td><td colspan="3">安徽淮河勘测设计研究有限公司</td><td colspan="2">项目负责人</td><td>王安国</td></tr>
<tr><td>建设单位</td><td colspan="3">中县汝河治理水闸工程建设管理处</td><td colspan="2">项目负责人</td><td>张中发</td></tr>
<tr><td>监理单位</td><td colspan="3">河南山川水电工程监理有限公司</td><td colspan="2">总监理工程师</td><td>李山川</td></tr>
<tr><td>施工单位</td><td>山东大河水电工程建设有限公司</td><td>项目经理</td><td colspan="2">陈大河</td><td>项目技术负责人</td><td>丁军</td></tr>
<tr><td>序号</td><td colspan="2">项目</td><td colspan="4">内容</td></tr>
<tr><td>1</td><td colspan="2">现场质量管理制度</td><td colspan="4">质量例会制度,月评比及奖罚制度,三检及交接检制度,质量与经济挂钩制度</td></tr>
<tr><td>2</td><td colspan="2">质量责任制</td><td colspan="4">岗位责任制,设计交底制,技术交底制,挂牌制度</td></tr>
<tr><td>3</td><td colspan="2">主要专业工种操作上岗证书</td><td colspan="4">测量工、钢筋工、起重工、木工、混凝土工、电焊工、架子工有证</td></tr>
<tr><td>4</td><td colspan="2">分包方资质与分包单位的管理制度</td><td colspan="4">/</td></tr>
<tr><td>5</td><td colspan="2">施工图审查情况</td><td colspan="4">审查报告及审查批准书豫设2012002号</td></tr>
<tr><td>6</td><td colspan="2">地质勘察资料</td><td colspan="4">地质勘探报告</td></tr>
<tr><td>7</td><td colspan="2">施工组织设计、施工方案及审批</td><td colspan="4">施工组织设计编制、审核、批准齐全</td></tr>
<tr><td>8</td><td colspan="2">施工技术标准</td><td colspan="4">有模板、钢筋、混凝土灌注等20多种</td></tr>
<tr><td>9</td><td colspan="2">工程质量检验制度</td><td colspan="4">有原材料及施工检验制度,抽测项目的检验计划</td></tr>
<tr><td>10</td><td colspan="2">搅拌站及计量设置</td><td colspan="4">有管理制度和计量设施精确度及控制措施</td></tr>
<tr><td>11</td><td colspan="2">现场材料、设备存放与管理</td><td colspan="4">钢材、砂石、水泥及玻璃、地面砖的管理办法</td></tr>
<tr><td colspan="7">检查结论:
施工现场质量管理制度完整,符合要求,工程质量有保障。
总监理工程师
(建设单位项目负责人) 李山川 2013年3月10日</td></tr>
</table>

合同或协议书中明确的项目监理负责人,也可以是监理单位以文件形式明确的该项目监理负责人,必须有监理工程师任职资格证书,专业要对口。施工单位栏填写施工合同中签章单位的全称,与签章上的名称一致。项目经理栏、项目技术负责人栏与合同中明确的项目经理、项目技术负责人一致。表头部分可统一填写,不需具体人员签名,只是明确了负

责人的地位。

7.2 检查项目及内容填写

填写各项检查项目文件的名称，并将文件（复印件或原件）附在表的后面供检查，检查后应将文件归还。

（1）现场质量管理制度栏。主要是图纸会审、设计交底、技术交底、施工组织设计编制审批程序、工序交接、质量检查评定制度，质量好的奖励及达不到质量要求处罚办法，以及质量例会制度和质量问题处理制度等。

（2）质量责任制栏。质量负责人的分工，各项质量责任的落实规定，定期检查及有关人员奖罚制度等。

（3）主要专业工种操作上岗证书栏。测量工，起重、塔吊等垂直运输司机，钢筋、混凝土、机械、焊接、防水工等建筑结构工种及电工、管道等安装工种的上岗证。

（4）分包方资质与分包单位的管理制度栏。专业承包单位的资质应在其承包业务范围内承建工程，超出范围的应办理特许证书，否则不能承包工程。

（5）施工图审查情况栏。重点是看建设行政主管部门出具的施工图审查批准书及审查机构出具的审查报告。

（6）地质勘察资料栏。有勘察资质的单位出具的正式地质勘察报告，地下部分施工方案制订和施工组织总平面图编制时参考等。

（7）施工组织设计、施工方案及审批栏。审查编写内容、有针对性的具体措施，编制程序、内容，有编制单位、批准单位，并贯彻执行的措施。

（8）施工技术标准栏。施工技术标准是操作的依据和保证工程质量的基础，施工单位应编制不低于国家质量验收规范的操作规程等企业标准。要有批准程序，由企业的总工程师、技术委员会负责人审查批准，有批准日期、执行日期、企业标准编号及标准名称。

（9）工程质量检验制度栏。包括三方面的检验，一是原材料、设备进场检验制度；二是施工过程的试验报告；三是竣工后的抽查检测，应专门制订抽测项目、抽测时间、抽测单位等计划，使监理、建设单位等做到心中有数。

（10）搅拌站及计量设置栏。主要是说明设置在工地搅拌站的计量设施精确度、管理制度等内容。预拌混凝土或安装专业就没有这项内容。

（11）现场材料、设备存放与管理栏。要根据材料、设备性能制定管理制度，这是为保持材料、设备质量必须有的措施。

7.3 检查记录表填写相关要求

（1）本检查记录通常情况下一个工程的一个标段或一个单位工程只查一次，如分段施工、人工更换，或管理工作不到位，可再次检查。

（2）检查记录填表时间是在开工之前，监理单位的总监理工程师（建设单位负责人）应对施工现场进行检查，目的是做好施工前的准备。

（3）本表填写由施工单位负责人填写，填写之后，并将有关文件的原件或复印件附在后边，请总监理工程师（建设项目负责人）验收核查，验收核查后，返还施工单位，并签字认可。

（4）如总监理工程师或建设单位项目负责人检查验收不合格，施工单位必须限期改正，否则不许开工。

任务 3　施工技术文件编制

施工技术文件指水利工程施工全过程中的各项原始技术文件，是工程具体操作实施的依据，也是工程质量评定、竣工验收的主要依据。施工技术文件记载要及时、真实、准确、内容完整，做到规格化、系统化、制度化。水利工程施工技术文件主要包括施工组织设计、施工方案、技术交底文件、图纸会审记录、设计变更及洽商记录等。图 4-1 为水利水电工程施工技术报审文件的管理流程。

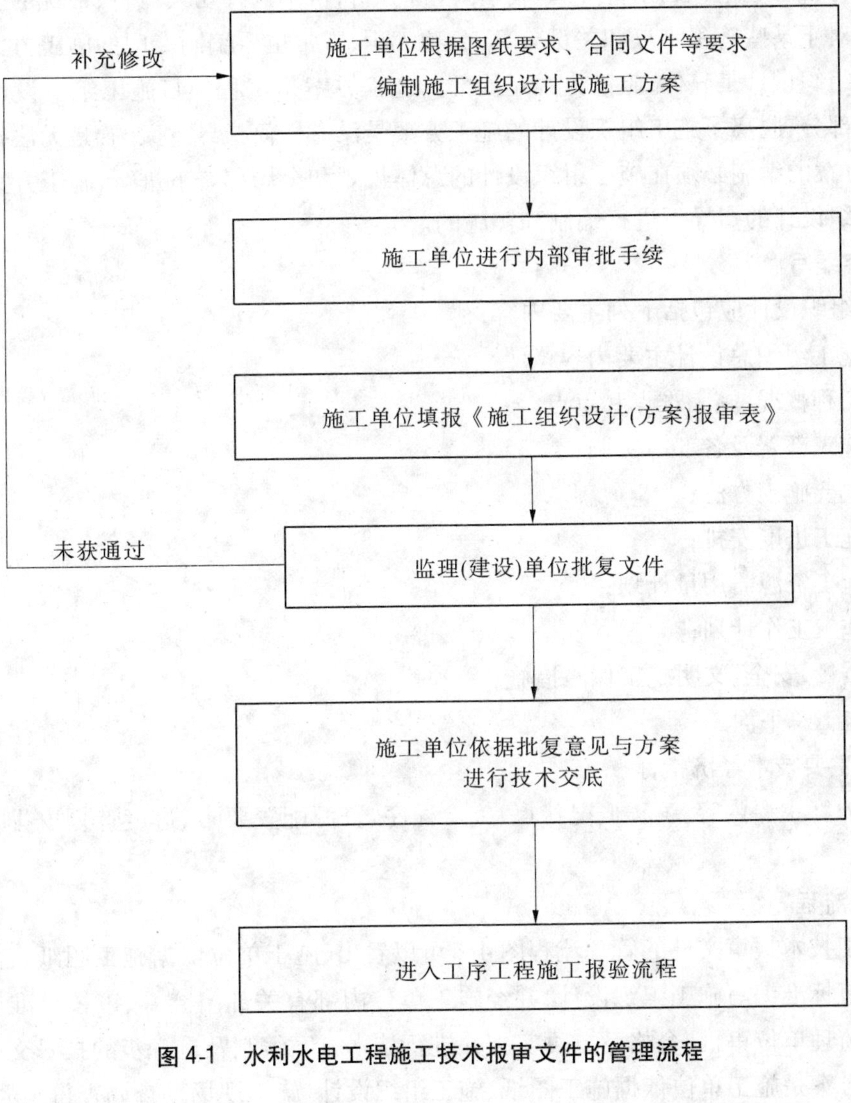

图 4-1　水利水电工程施工技术报审文件的管理流程

1 施工组织设计与施工方案

1.1 两者关系

施工组织设计是施工企业为指导一个拟建工程的实施，编写的准备组织实施的基本的技术经济文件，是对拟建工程的施工准备工作和整个施工过程，在人、财、物、时间、空间、技术和组织方面作出的一个全面的计划安排；施工方案是对单位工程或分部(分项)工程中某一施工工艺和施工方法的分析，是对施工实施过程中所耗用的人工、材料、机械以及工期等在合理组织的条件下通过技术经济分析，从中选择切实可行、最优的施工工艺和方法。对于某些施工难点和关键分部、分项工程，常常也要编制专门的施工方案。

施工组织设计是整体，施工方案是局部。施工方案是工程项目施工组织设计的必不可少的一部分，脱离了施工组织设计的施工方案是没有任何指导意义的，是无法指导施工的；施工方案的编制必须在施工组织设计的总体规划和全局部署下进行，施工方案始终是在施工组织设计的指导下进行编制和实施的。

1.2 内容编写

施工组织设计应包括下列主要内容：

(1)施工组织总设计主要内容；

(2)工程概况、施工难点和重点；

(3)施工部署及各部门协调；

(4)主要施工方法；

(5)施工进度安排；

(6)施工资源需用量计划；

(7)施工工作计划；

(8)质量、安全、文明施工保障措施；

(9)施工总平面图；

(10)主要技术经济指标。

施工方案主要内容：工程概况特点、施工程序、资源配置要求、进度计划安排、安全技术措施等。

1.3 编写流程

由施工技术报审文件的管理流程图4-1可以看出，施工单位依据施工图纸、合同文件及相关规范标准编写施工组织设计，并经施工单位内部有关部门会签、审核批准后，报建设单位或监理单位审批，合格后方可实施并进行技术方案编制及进一步的技术交底。

施工方案是施工单位依据施工图纸、施工组织设计、施工现场勘查调查得来的文件和信息、施工验收规范、安全操作规程等编制某一部分的具体施工工艺和方法，以保证质量要求和安全文明施工要求。施工方案编写后也要经过施工单位内部审核，然后报建设单位或监理单位审批，经施工单位技术负责人、总监理工程师签字后实施。

2 施工技术交底记录

施工技术交底,是在某一单位工程开工前,或一个分部工程施工前,由相关专业技术人员向参与施工的人员进行的技术性交待,其目的是使施工人员对工程特点、技术质量要求、施工方法与措施和安全等方面有一个较详细的了解,以便于科学地组织施工,避免技术质量等事故的发生。各项技术交底记录也是工程技术档案文件中不可缺少的部分。施工技术交底包括施工组织设计交底、专项施工方案技术交底、主要工序施工技术交底、"四新"(新材料、新产品、新技术、新工艺)技术交底和设计变更技术交底。

2.1 技术交底有关规定

(1)施工组织设计交底应由项目技术负责人组织专业技术人员、生产经理、质检人员、安全员及分承包方有关人员等进行。重大工程的施工组织设计,由施工企业的技术负责人对项目主要管理人员把主要设计要求、施工措施以及重要事项等方面进行交底说明。

(2)专项施工方案技术交底应由项目技术负责人负责,根据专项施工方案对专业工长进行交底。

(3)分项工程施工技术交底应由专业工长对专业施工班组(或专业分包)进行交底。

(4)"四新"(新材料、新产品、新技术、新工艺)技术交底应由项目技术负责人组织有关专业人员编制,并对专业工长交底。

(5)设计变更技术交底应由项目技术部门根据变更要求,并结合具体施工步骤、措施及注意事项等对专业工长进行交底。

(6)技术交底应根据施工过程的变化,及时补充新内容。施工方案、方法改变时也要及时进行重新交底。

(7)分包单位应负责其分包范围内技术交底文件的收集整理,并应在规定时间内向总包单位移交。总包单位负责对各分包单位技术交底工作进行监督检查。

2.2 技术交底记录填写注意问题

(1)技术交底记录包括填写交底基本信息、交底内容及相关人员签字审核。

(2)各项交底应有文字记录,交底双方签认应齐全,并注明交底日期,技术交底文件应及时归档。

(3)技术交底必须在该交底对应项目施工前进行,并应为施工留出足够的准备时间。技术交底不得后补。

(4)施工技术交底的内容应具有可操作性和针对性,能够切实地指导施工,技术交底记录应对安全事项重点单独说明。

技术交底记录样表编写见表4-11 。

表4-11 技术交底记录

编号:C2-2

工程名称	中县汝河治理水闸工程	交底日期	2013年7月18日
施工单位	山东大河水电工程建设有限公司	分部工程名称	闸室段
交底提要	闸底板钢筋制作与安装		

交底内容:

1. 钢筋的除锈

为了保持钢筋的表面洁净,油渍、漆污和浮皮、铁锈等均应在使用之前清除。浮皮用锤敲击使之剥落,铁锈用钢丝刷除锈,带有颗粒状或片状老锈以及未经除锈处理的钢筋不得使用。

2. 钢筋的调直

钢筋的调直可用GTJ-4/12型调直切断机和卷扬机调直,调直后的钢筋应平直,无局部曲折,调直钢筋时应符合下列规定:

(1)采用冷拉方法调直钢筋时,Ⅰ级钢筋的冷拉率不宜大于4%,Ⅱ、Ⅲ级钢筋的冷拉率不宜大于1%。

(2)冷拉低碳钢丝在调直机上调直时,其表面不得有明显擦伤,抗拉强度不得低于设计要求。

3. 钢筋的切断

钢筋切断采用机械切断,机械切断可用砂轮切断机,操作时要保证断料正确,钢筋与切断机口要垂直,并严格执行操作规程,确保安全。在切断过程中,如发现钢筋有劈裂、缩头或严重弯头,必须切除。

4. 钢筋的弯曲成型

钢筋弯曲成型拟采用机械弯曲成型,弯曲机采用GJ7-40钢筋弯曲机。第一根钢筋弯曲成型后,应与配料表上标明的形状尺寸进行复核,符合要求后再成批生产,成型后的钢筋要求形状正确,平面上没有凹曲现象,在弯曲点处不得有裂纹。

5. 钢筋焊接

钢筋的焊接采用电弧焊。焊接钢筋接头前,应将施焊范围的浮锈、漆污、油渍清除干净。焊缝应做到表面平整,无凹陷、焊瘤,接头处无裂纹、气孔及咬边。

6. 钢筋的绑扎

(1)钢筋的交叉点应采用铁丝扎牢。

(2)板或墙的钢筋网,除靠近外围两行钢筋的相交点全部扎牢外,中间部分交叉点可间隔交错扎牢,但必须保证受力钢筋不产生位置偏移,双向受力的钢筋,必须全部扎牢。

7. 钢筋的安装

(1)安装钢筋时,配置的钢筋级别、直径、数量和间距均应符合设计要求。绑扎或焊接的钢筋网和钢筋骨架不得有变形、松动和开焊。

(2)为保证混凝土保护层的必要厚度,在钢筋和模板之间设置混凝土垫块,混凝土垫块的强度与结构混凝土相同,并埋设铁丝与钢筋扎紧,垫块互相错开,分散布置,在两排钢筋之间,用短钢筋支撑以保证相对位置准确。

审核人	张青海	交底人	宋青树	接受交底人	范底 宋军

说明:本表由施工单位填写,交底单位与接受交底单位各存一份,也应报送监理(建设)单位。

3 图纸会审

工程开工前必须组织图纸会审，图纸会审前由施工单位、监理单位将图纸审查中的问题按专业整理、汇总后报建设单位，由建设单位提交给设计单位做交底准备。图纸会审应由建设单位组织设计、监理和施工单位技术负责人及有关人员参加，设计单位对监理单位和施工单位提出的各专业问题进行交底说明。施工单位负责将设计交底内容按专业汇总、整理，形成图纸会审记录。

填写图纸会审记录应注意以下问题：

(1)《图纸会审记录》(表4-12)应由建设、设计、监理和施工单位的项目相关负责人签认，形成正式图纸会审记录，不得擅自在会审记录上涂改或变更其内容。

(2)图纸会审记录应由施工单位根据不同的专业进行汇总、整理。图纸会审记录一经各方签字确认后即成为设计文件的一部分，是现场施工的依据。

表4-12 图纸会审记录

编号：C2－3

工程名称	中县汝河治理水闸工程		分部工程名称	闸室段
地点	中县汝河中游		日期	2013年4月20日
序号	图号	图纸问题		图纸问题交底
1	结－1	结构说明3中，混凝土材料：沥青混凝土心墙使用抗渗混凝土，未给出抗渗等级。		抗渗等级为P8
2	结－10	平面图闸底板标高为25.20 m，与剖面图不符。		平面图闸底板标高改为25.00 m。
签字栏（盖章）	建设单位	监理单位	设计单位	施工单位
	中县汝河治理水闸工程建设管理处 张中发	河南山川水电工程监理有限公司 李山川	安徽淮河勘测设计研究有限公司 王安国	山东大河水电工程建设有限公司 陈大河

4 设计变更通知单

设计变更是对施工图纸的补充和修改的记载，是现场施工的依据。《设计变更通知单》(表4-13)由设计单位发出，当建设单位提出设计变更时，也必须经设计单位同意并签发《设计变更通知单》。

填写设计变更通知单应注意以下问题：

(1)不同专业的设计变更应分别办理，不得办理在同一份设计变更通知单上。

(2)设计变更通知单上，“专业名称”栏应按专业填写，如建筑、结构、给排水、电气、通风空调等。

(3)设计单位应及时下达设计变更通知单,内容详实,必要时应附图,并逐条注明应修改图纸的图号。

(4)设计变更通知单应由设计专业负责人以及建设(监理)和施工单位的相关负责人签认。转签后建设单位、监理单位、施工单位各保存一份。

表 4-13 设计变更通知单

编号:C2-4

<table>
<tr><td colspan="2">工程名称</td><td colspan="2">中县汝河治理水闸工程</td><td>专业名称</td><td>结构</td></tr>
<tr><td colspan="2">设计单位名称</td><td colspan="2">安徽淮河勘测设计研究有限公司</td><td>日期</td><td>2013 年 3 月 14 日</td></tr>
<tr><td>序号</td><td>图号</td><td colspan="4">变更内容</td></tr>
<tr><td>1</td><td>基础 1-1</td><td colspan="4">由振冲加固地基改为钻孔灌注桩</td></tr>
<tr><td>2</td><td>基础 1-1</td><td colspan="4">防渗墙槽孔孔深 16 m,改为防渗墙槽孔孔深 20 m</td></tr>
<tr><td rowspan="2">签字栏</td><td colspan="2">建设(监理)单位</td><td colspan="2">设计单位</td><td>施工单位</td></tr>
<tr><td colspan="2">张中发</td><td colspan="2">王安国</td><td>陈大河</td></tr>
</table>

5 工程洽商记录

施工单位在施工过程中因为成本、施工技术、施工难度、材料供应等问题出现了与施工图纸不一致的施工内容时,为了结算时有依据,施工单位必须与建设单位、设计单位联合签署一份变更的协议,用专用的洽商表格记录下来,就叫作工程洽商记录。

填写工程洽商记录注意以下几方面:

(1)工程洽商记录应分专业办理,内容详实,必要时应附图,并逐条注明应修改图纸的图号。工程洽商记录应由设计专业负责人以及建设、监理和施工单位的相关负责人签认。

(2)不同专业的洽商应分别办理,不得办理在同一份上。签字应齐全,签字栏内只能填写人员姓名,不得另写其他意见。“专业名称”栏内应按专业如实填写。

(3)设计单位如委托建设(监理)单位办理签认,应办理委托手续。

(4)《工程洽商记录》(表 4-14)由施工单位、建设单位或监理单位其中一方发出,经各方签认后存档。

表 4-14 工程洽商记录

编号:C2-5

<table>
<tr><td colspan="2">工程名称</td><td colspan="2">中县汝河治理水闸工程</td><td>专业名称</td><td>建筑</td></tr>
<tr><td colspan="2">提出单位名称</td><td colspan="2">山东大河水电工程建设有限公司</td><td>日期</td><td>2013 年 5 月 28 日</td></tr>
<tr><td colspan="2">内容摘要</td><td colspan="4">关于垂直排水孔的设置</td></tr>
<tr><td>序号</td><td>图号</td><td colspan="4">洽商内容</td></tr>
<tr><td>1</td><td>建-1</td><td colspan="4">原垂直排水孔孔深为 12 m,允许偏差 ±0.6 m,现改为孔深 15 m,允许偏差 ±0.3 m</td></tr>
<tr><td>2</td><td>建-1</td><td colspan="4">原垂直排水孔倾斜度允许偏差不大于 1.5%,现改为倾斜度允许偏差不大于 1%</td></tr>
<tr><td>3</td><td>建-1</td><td colspan="4">原垂直排水孔平面偏差小于 10 m,现改为孔口平面位置偏差不大于 10 cm</td></tr>
<tr><td rowspan="2">签字栏</td><td>建设单位</td><td>监理单位</td><td>设计单位</td><td colspan="2">施工单位</td></tr>
<tr><td>中县汝河治理水闸工程建设管理处
负责人:张中发</td><td>河南山川水电工程监理有限公司
负责人:李山川</td><td>安徽淮河勘测设计研究有限公司
负责人:王安国</td><td colspan="2">山东大河水电工程建设有限公司
负责人:陈大河</td></tr>
</table>

任务 4 施工物资文件编制

水利水电工程物资文件种类较多,施工过程中施工单位一般重点管理占工程投资比重较大的主要物质材料,如钢材、水泥、炸药、砂石料、柴油等。做好物资文件编制工作对规范工程管理、提高施工效率、降低工程成本有重要意义。

1 工程物资分类及管理流程

1.1 工程物资分类

水利水电工程施工物资主要包括原材料、成品、半成品、构配件及设备等,其主要类型如下:

(1) Ⅰ类物资:指仅须有质量证明文件的工程物资,Ⅰ类物资进场外观检查及质量证明文件检查满足要求工地就可以直接用,如一般仪器、设备、管材,大型混凝土预制构件等。

(2) Ⅱ类物资:指到场后除必须有出厂质量证明文件外,还必须通过有关要求取样做检测试验或做复试试验,试验结果满足相关要求才能认可其质量的物资,如水泥、钢筋、砂、混凝土外加剂、防水材料、防腐材料(产品)、保温材料、小型混凝土预制构件、关键锅炉、进口压力容器等。

Ⅱ类物资进厂后应按规定进行复试,验收批量的划分及必试项目按相关规定进行,可根据工程的特殊需要另外增加试验项目。水泥出厂超过 3 个月、快硬硅酸盐水泥出厂 1 个月后必须进行复试并提供复试检验(试验)报告,复试结果有效期限同出厂有效期限。

(3) Ⅲ类物资:指物资进场后除外观检查和质量证明文件检查及取样做复试检验(试

验）报告外，施工完成后，需要通过规定龄期后再对物资进行检验（试验）方能认可其质量的物资，如混凝土、砌筑砂浆、石灰与粉煤灰和砂砾的混合料等。

1.2　物资文件管理流程

图4-2为物资进场报验文件管理流程，从图中可以分解出Ⅰ类物资、Ⅱ类物资文件管理流程，如图4-3和图4-4所示。

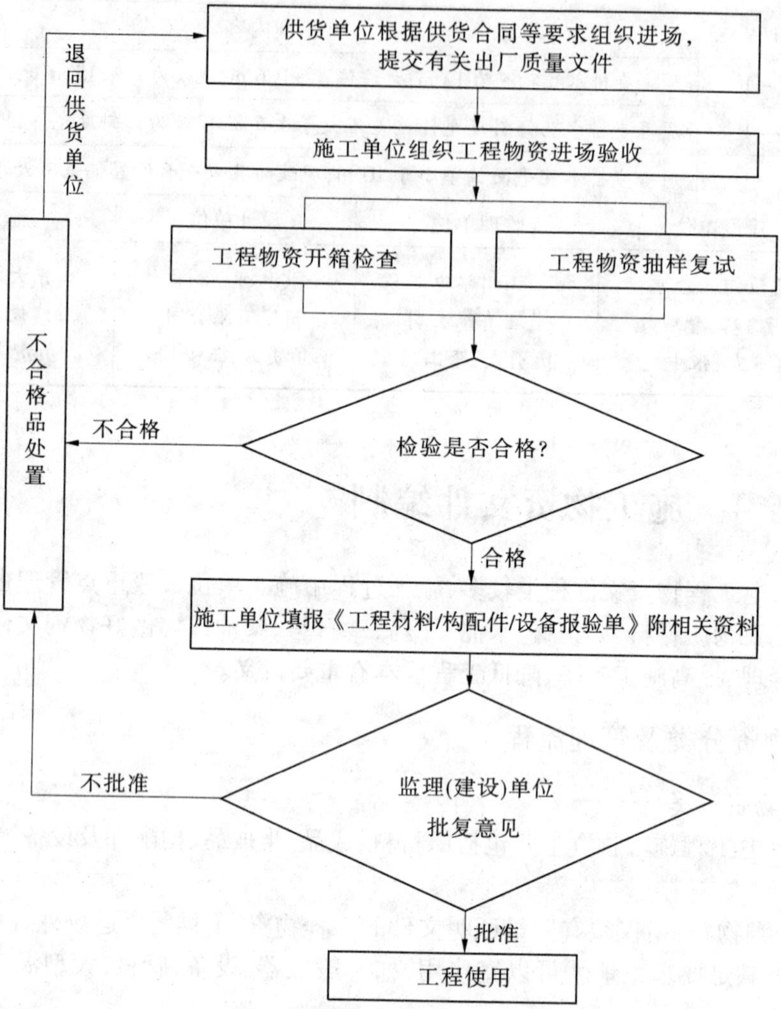

图4-2　物资进场报验文件管理流程

2　工程物资分级管理及形成文件

2.1　分级管理的原则

（1）物资的供应单位或加工单位负责收集、整理和保存所供物资原材料的质量证明文件资料。

（2）施工单位则需收集、整理和保存供应单位或加工单位提供物资的质量证明文件和进场后物资检查记录、取样记录及进行的检测试（检）验报告。

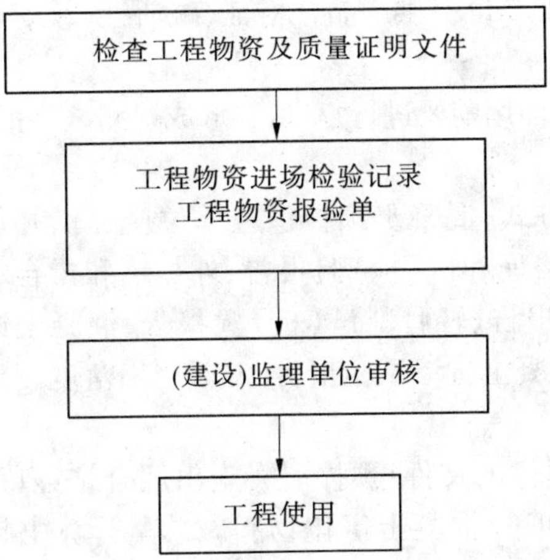

图 4-3　Ⅰ类物资文件管理流程

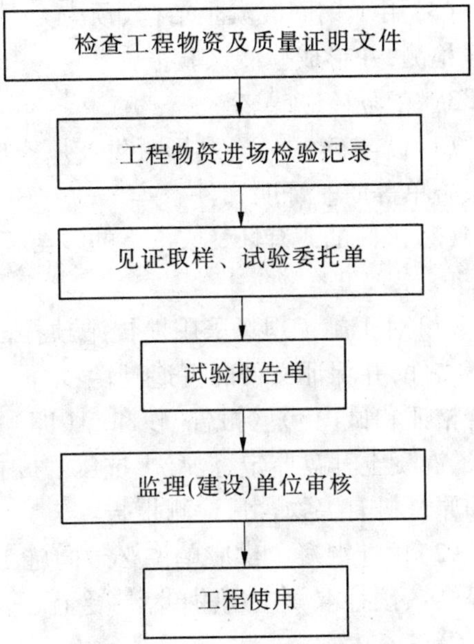

图 4-4　Ⅱ类物资文件管理流程

(3)物资的供应单位或加工单位和施工单位应对各自范围内工程文件的汇集、整理结果负责,并保证工程文件的可追溯性。

2.2　主要物资的分级管理及收集形成文件

2.2.1　钢筋

(1)对于委托外加工的钢筋,委托加工单位应保存钢筋的原材料出厂质量证明文件、复试报告、接头连接试验报告等文件,并保证文件的可追溯性;加工单位必须向施工单位提供《半成品钢筋出厂合格证》。

(2)半成品钢筋进场后施工单位还应进行外观质量检查,如对质量产生怀疑或有其他约定时可进行力学性能和工艺性能的抽样复试。

(3)对于施工现场加工的钢筋,厂家应向施工单位提供出厂合格证、生产许可证及产品质量证明书等质量证明文件,原材料钢筋进场后施工单位还要注意收集形成进场检查记录、见证取样资料、试验委托单及钢筋进行力学性能试验报告等文件。

(4)对钢筋进行力学性能和工艺性能试验时,应以同一牌号同一炉罐号同一品种同一尺寸同一交货状态,不超过 60 t 为一验收批,对钢筋连接接头每≤300 个接头取不少于一组。

(5)技术员、保管员、采购员应分别在钢筋进场合格证上签字。

2.2.2　水泥

(1)水泥进场时生产厂家应向施工单位提供产品合格证、出厂检验报告(出厂 7 d 内提供检验报告,出厂 32 d 补报水泥 28 d 强度)等质量证明文件。

(2)下列水泥使用前必须进行复试,并形成检测试验报告:

用于承重结构的水泥,使用部位有强度等级要求的水泥;水泥出厂超过 3 个月(快硬硅酸盐水泥为一个月)和进口水泥。

(3)用于钢筋混凝土结构、预应力混凝土结构中的水泥,检测报告应进行水泥有害物含量检测,并形成检测试验报告。

2.2.3 砂与碎(卵)石

(1)砂与碎(卵)石进场时生产厂家应向施工单位提供产品合格证、碱活性、放射性检验报告单等质量证明文件。

(2)进口的或有怀疑或承重的砂与碎(卵)石使用前要进行复试,并形成检测试验报告。

2.2.4 混凝土

(1)对于施工现场采用搅拌站预拌混凝土方式,混凝土预拌供应单位应提供并保存如下文件,并保证文件的可追溯性:水泥出厂合格证和试(检)验报告、外加剂和掺合料产品合格证和试(检)验报告、砂和碎(卵)石试验报告、轻骨料试(检)验报告、混凝土试配记录、混凝土开盘鉴定、混凝土抗压强度报告、混凝土抗渗试验报告、混凝土坍落度测试记录和原材料有害物含量检测报告。

(2)预拌混凝土供应单位必须向施工单位提供的文件:预拌混凝土出厂合格证(32 d内提供)、预拌混凝土运输单、混凝土配合比通知单、混凝土氯化物和碱总量计算书评估报告等。

(3)在混凝土浇筑施工中,施工单位应形成保存的物资文件有:混凝土抗压强度试验报告(现场检验),混凝土抗渗试验报告(现场检验)等。

(4)预拌混凝土供应单位必须向施工单位提供质量合格的混凝土,并随车提供预拌混凝土发货单,在32 d内提供预拌混凝土出厂合格证。有抗冻、抗渗等特殊要求的预拌混凝土合格证提供时间,应根据供应单位和施工单位合同中规定时间提供,一般不大于60 d。

(5)对于采用施工现场搅拌混凝土方式,施工单位应收集、整理除预拌混凝土出厂合格证、预拌混凝土运输单之外的所有文件,如原材料质量证明文件及复试试验报告,混凝土配合比通知单,混凝土试配记录,混凝土开盘鉴定,混凝土抗压强度报告,混凝土抗渗试验报告,混凝土坍落度测试记录,混凝土氯化物和碱总量计算书评估报告。

2.2.5 预制构件

(1)施工单位使用预制构件时,预制构件加工单位应保存各种原材料的质量合格证明、复试报告等文件以及混凝土、钢构件、木构件的性能试验报告和有害物含量检测报告等文件,并应保证各种文件的可追溯性。

(2)施工单位必须保存加工单位提供的预制构件的合格证和预制构件进场后的试(检)验报告。

3 工程物资文件编制要求

工程物资文件是反映施工所用的物资质量是否满足设计和规范要求的各种质量证明文件及相关配套文件的统称。其编制要求如下:

(1)工程所用物资均应具有出厂质量证明文件,质量证明文件应反映工程物资的品种、规格、数量、性能指标等,并与实际进场物资相符;质量证明文件内容应齐全,不能错填、漏填,不能涂改、伪造、损坏,质量证明文件一般为原件,厂家质检单位盖章要齐全,厂家提供的试验报告上要有具体的试验编号及日期,质量证明文件中的各项数据要符合有关规定。

(2)当无法或不便提供质量证明文件原件时,复印件亦可,质量证明文件的复印件内容应与原件一致,且必须清晰可辨认,复印件上应加盖原件存放单位公章,并在复印件上注明原件存放处,有经办人签字和时间。

(3)物资进场厂家提供的物资合格证上要标明物资使用于工程项目的具体部位;物资使用前需要复试时,不合格的复试试验报告单不能抽撤或损坏,也要作为文件保存。

(4)凡使用的物资是新材料、新产品时,应由具备鉴定资格的单位或部门出具新材料、新产品的鉴定证书;如果新材料、新产品具有产品质量标准和试验要求,使用前应按其质量标准和试验要求进行试验或检验,形成检测试验报告;新材料、新产品的物资,还应提供安装、维修、使用和工艺标准等相关技术文件。

(5)进口材料和设备等一般应有商检证明,并有中文版的质量证明文件、性能检测报告以及安装、维修、使用、试验要求等技术文件。

(6)涉及安全、卫生、环保的物资应有相应资质等级检测单位的检测报告;涉及结构安全和使用功能的材料需要代换且改变了设计要求时,必须有设计单位签署的认可文件。

4 工程物资文件编制

根据物资分类及其进场管理流程,分析工程物资分级管理及形成文件,工程物资主要文件可归结为以下几类:物资出厂厂家提供的质量证明文件,物资进场检验记录、见证记录及试验委托单、材料试验报告、设备开箱检验记录和工程物资报验单。

4.1 质量证明文件

质量证明文件包括产品合格证、出厂检验(试验)报告、产品生产许可证和质量保证书等。表4-15~表4-17为质量证明文件编制样例。

4.2 物资进场检验记录

材料、构配件进场后,应由建设(监理)单位会同施工单位共同对进场物资进行检查验收,并填写相关质量检验资料。填写时,工程物资名称、规格、数量、检验项目和结果等填写应规范、准确;检验结论及相关人员签字应清晰可辨认,严禁其他人代签。表4-18为常用材料进场检验记录编制样例。

4.3 见证记录及试验委托单

对于进场要取样做试验的物资,见证取样形成见证记录(任务2已介绍),并填写试验委托单委托具备相应资质等级的检测单位做试验。表4-19~表4-21为常用材料试验委托单编制样例。

4.4 材料试验报告

按规范要求须做进场复试的物资,形成材料试验报告。材料试验报告由具备相应资质等级的检测单位出具,试验报告中工程名称、使用部位及代表数量应准确,并符合规范要求。表4-22~表4-24为常用材料试验报告编制样例。

4.5 设备开箱检验记录

工程设备进场后,应由施工单位、建设(监理)单位、供货单位共同开箱检验。其检验项目应包括设备的产地、品种、规格、外观、数量、附件情况、标识和质量证明文件、相关技术文件等,检验完毕,应填写《设备开箱检验记录》。开箱检验记录见表 4-25。

4.6　工程物资报验单

当物资进场质量证明文件、物资进场检验记录及检测试验报告满足要求时,施工单位编写工程物资报验单(见表 4-26)报监理单位审批,审批合格的物资工地才能使用。

表 4-15　预拌混凝土出厂合格证

编号:C4－1－1

<table>
<tr><td>工程名称及浇筑部位</td><td colspan="4">中县汝河治理水闸工程排架</td><td>合格证编号</td><td>2013－4007</td></tr>
<tr><td>配合比编号</td><td>2013－4907</td><td>强度等级</td><td>C30</td><td>抗渗等级</td><td>P8 　供应数量(m^3)</td><td>643</td></tr>
<tr><td>使用单位</td><td colspan="3">中县汝河治理水闸工程建设管理处</td><td>供应日期</td><td colspan="2">2013 年 10 月 25 日至
2013 年 11 月 10 日</td></tr>
<tr><td>原材料名称</td><td>水泥</td><td>砂</td><td>石</td><td colspan="2">掺合料</td><td>外加剂</td></tr>
<tr><td>品种及规格</td><td>P·O 42.5</td><td>中砂</td><td>5～25 mm
碎石</td><td>粉煤灰</td><td></td><td>JSP－Ⅳ</td></tr>
<tr><td>试验编号</td><td>2013－608</td><td>2013－530</td><td>2013－376</td><td>2013－292</td><td>/</td><td>2013Y－300</td></tr>
<tr><td rowspan="4">每组抗压
强度值
(MPa)</td><td>试验编号</td><td>强度值</td><td>试验编号</td><td>强度值</td><td colspan="2" rowspan="7">备注:</td></tr>
<tr><td>2013－05384</td><td>40.8</td><td></td><td></td></tr>
<tr><td>2013－05397</td><td>37.5</td><td></td><td></td></tr>
<tr><td></td><td></td><td></td><td></td></tr>
<tr><td rowspan="3">抗渗试验</td><td>试验编号</td><td>指标</td><td>试验编号</td><td>指标</td></tr>
<tr><td>2013－0036</td><td>$P>8$</td><td></td><td></td></tr>
<tr><td>2013－0037</td><td>$P>8$</td><td></td><td></td></tr>
<tr><td colspan="5">抗压强度统计结果</td><td colspan="2" rowspan="3">结论:合格</td></tr>
<tr><td>组数 n</td><td colspan="2">平均值</td><td colspan="2">最小值</td></tr>
<tr><td>2</td><td colspan="2">39.2</td><td colspan="2">37.5</td></tr>
<tr><td>供应单位技术负责人</td><td colspan="2">填表人</td><td colspan="4" rowspan="3">供应单位名称
质检专用章
（盖章）</td></tr>
<tr><td>张军</td><td colspan="2">田爱国</td></tr>
<tr><td>填表日期</td><td colspan="2">2013 年 10 月 26 日</td></tr>
</table>

表4-16 (燕山)牌水泥检验报告单

填表日期:2013年6月10日

购货单位:山东大河水电工程建设有限公司　补报日期:2013年7月5日　编号:C4-1-2

出厂编号	0406	产品名称	普通硅酸盐水泥(P·O)	水泥出厂日期
窑　型	旋窑(立窑)	强度等级	42.5	2013年6月10日

技术指标

项目			标准	实际	项目	标准	实际
细度(80 μm)			≤10.0%	3.0	烧失量	5.0%	3.0%
凝结时间	初凝		≥45 min	185	碱含量	%	
	终凝		≤60 min	263	项目	名称	掺加量(%)
安定性			合格	合格	水泥中混合材掺加量	矿渣	12.4
氧化镁(水泥中)			≤5.0%	3.37	石膏		2.1
三氧化硫			≤3.5%	1.93	助磨剂		
强度(MPa)(1:3胶砂)	抗压	3 d	17.0	27.6	单块值		
		28 d	42.5	43.6			
	抗折	3 d	3.5	5.8	单块值		
		28 d	6.5	8.2			
备注	1. 本产品经检验各项技术指标均符合GB 175—2007标准,确认为合格品。 2. 28 d强度待补报,补报时应有全套试验结果。 (盖水泥厂化验室的章)						

表 4-17　产品质量证明书

收货单位:山东大河水电工程建设有限公司

合同编号:ZXRH434－T－2301

品种名称:热轧带肋钢筋

技术条件:GB 1499.2—2007

编号:C4－1－3

牌号	规格(mm)	炉(批号)	质量(t)	化学成分(%)								拉伸性能			弯曲	反向弯曲
				C	Si	Mn	P	S	V	N	Ceq	屈服点 σ_s (MPa)	抗拉强度 σ_b (MPa)	伸长率 δ (%)		
				×100			×1 000			ppm	×100					
HRB400	22	X411C20461		23	56	142	20	16			47	405 400	570 560	16.5 16	合格	/
总　计			27.45(t)				进场日期:2013 年 6 月 10 日									

首钢总公司　教学专用　产品质量专用章

河南兴材物资配套有限公司　教学专用　材质专用章

本产品质量证明书无产品质量专用章无效。　　　使用部位:闸底板

表4-18 物资进场验收记录

工程名称：中县汝河治理水闸工程

日期：2013年6月10日 编号：C4－2

序号	物资名称	规格	单位	数量	供应商	厂家/品牌	质量检查内容	合格证号	报告编号	质量状态
1	钢筋	热轧带肋钢筋	t	27.45	河南兴才	首钢	钢筋的外观、牌号是否与材料对应、质量证明文件、钢筋的数量	2013R156	RHAGJ 1306－205	合格
2	水泥	42.5	t	200	/	燕山水泥厂	质量证明文件、水泥的包装、进场水泥数量	2013N140	RHAC 1306－328	合格
3	河砂	中	m^3	400	河南兴才	西乌旗福来顺采砂厂	进场方量、中砂粗细度、含泥量	2013－456	RHAS 1306－029	合格
4	石子	0.5～1	m^3	8.15	河南兴才	合肥仓河	方量、粒径、含泥量	2013－606	RHAG 1306－032	合格
5	防水材料	FYT－1	t	6	/	湖北防水材料厂	包装、质量证明文件、外观质量	20130324201	RHAG 1306－022	合格

材料员：代英 材料主管：白放 施工员：戚威 质量员：王灿

表 4-19 水泥试验委托单

工程名称:中县汝河治理水闸工程　　委托编号:WC2013－082　　编号:C4－4－1

委托单位	山东大河水电工程建设有限公司		
委托项目	水泥进厂检测		
工程使用部位	闸底板	送检材料名称规格	P·O 42.5
代表批量	200 t	送检数量	50 kg
生产厂家	燕山水泥厂	供销部门	/
合格证号	2013N140	批　号	/
进场日期	2013 年 6 月 10 日	取样地点	施工现场
要求试验内容:水泥 3 d 和 28 d 物理性试验			
委托日期	2013 年 6 月 15 日	要求提供报告日期	2013 年 7 月 14 日
取样人 代英	见证人 李涵洞	送检人 白放	收样人 王宏
试验单位	中川工程检测有限公司		
说明: 1. 本表由委托单位填制。 2. 抽样按有关规定进行。委托单位及有关人员对试样的代表性、真实性负有法定责任。 3. 试验报告按照国家、行业、地方标准进行试验,若无相应标准时,可采取相应标准进行试验。 4. 试验结果即代表批量,并对试验数据及结论负有法定责任。 5. 报告内容填写、签章齐全,书写规整清晰,涂改无效。 经试验不合格者应及时书面通知有关单位,并建立不合格试验项目台账,以备查考。			

注:本表一式三份,施工项目存 1 份,检测中心存 2 份。

表4-20 钢筋试验委托单

工程名称：中县汝河治理水闸工程　　委托编号：WJR2013－083　　编号：C4－4－2

委托单位	山东大河水电工程建设有限公司		
委托项目	热轧带肋钢筋：拉伸、弯曲试验		
工程使用部位	闸底板	送检材料名称规格	HRB400Φ22
代表批量	27.45 t	送检数量	2组
生产厂家	首钢总公司	供销部门	河南兴才
合格证号	2013R156	批　号	X411C20461
进场日期	2013年6月10日	取样地点	施工现场
要求试验内容：热轧带肋钢筋的抗拉强度、屈服强度、冷弯、伸长率			
委托日期	2013年6月28日	要求提供报告日期	2013年6月30日
取样人 代英	见证人 李涵洞	送检人 白放	收样人 王宏
试验单位	中川工程检测有限公司		
说明： 1. 本表由委托单位填制。 2. 抽样按有关规定进行。委托单位及有关人员对试样的代表性、真实性负有法定责任。 3. 试验报告按照国家、行业、地方标准进行试验，若无相应标准时，可采取相应标准进行试验。 4. 试验结果即代表批量，并对试验数据及结论负有法定责任。 5. 报告内容填写、签章齐全，书写规整清晰，涂改无效。 6. 经试验不合格者应及时书面通知有关单位，并建立不合格试验项目台账，以备查考。			

注：本表一式三份，施工项目存_1_份，检测中心存_2_份。

表4-21　砂料试验委托单

工程名称:中县汝河治理水闸工程　　　委托编号:WS2013－007　　编号:C4－4－3

工程名称	中县汝河治理水闸工程		
委托单位	山东大河水电工程建设有限公司		
委托项目	砂子的表观密度及颗粒级配等试验		
工程使用部位	闸底板	送检材料名称规格	中粗砂
代表批量	400 m^3	送检数量	50 kg
生产厂家	西乌旗福来顺采砂厂	供销部门	河南兴才
合格证号	2013－456	批号	/
进场日期	2013年6月28日	取样地点	施工现场
要求试验内容:表观密度、含泥量、氯盐含量、泥块含量、堆积密度、紧密密度、颗粒级配			
委托日期	2013年6月28日	要求提供报告日期	2013年7月2日
取样人 代英	见证人 李涵洞	送检人 白放	收样人: 王宏
试验单位	中川工程检测有限公司		
说明: 1.本表由委托单位填制。 2.抽样按有关规定进行。委托单位及有关人员对试样的代表性、真实性负有法定责任。 3.试验报告按照国家、行业、地方标准进行试验,若无相应标准时,可采取相应标准进行试验。 4.试验结果即代表批量,并对试验数据及结论负有法定责任。 5.报告内容填写、签章齐全,书写规整清晰,涂改无效。 经试验不合格者应及时书面通知有关单位,并建立不合格试验项目台账,以备查考。			

注:本表一式三份,施工项目存1份,检测中心存2份。

MA
2012152222M
有效期2015年7月21日

表4-22 钢材试验报告

委托编号：WJR2013－083　　试验编号：RHAGJ1306－205　　编号：C4－5－2

委托单位	山东大河水电工程建设有限公司	样品编号	钢筋－013
工程名称	中县汝河治理水闸工程	代表批量	27.45 t
使用部位	闸底板	品种规格	HRB400
检验类别	委托	收样日期	2013年6月28日
样品来源	抽样	检验日期	2013年6月28日
产地	首钢	报告日期	2013年6月30日
检验依据	GB 1499.2—2007		

力学性能试验

序号	批号、标志	公称直径（mm）	屈服点 σ_s（MPa）	抗拉强度 σ_b（MPa）	伸长率 δ_5（%）	弯芯直径	角度	检验结果
1	X411C20461	22	410	570	16.5	88	180	合格
			405	560	17.0	88	180	

化学分析

分析编号	化学成分（%）						其他：
	C	Si	Mn	P	S	C	

检验结论	符合 GB 1499.2—2007 钢筋要求	备注	/	检验单位	中川工程检测有限公司 教学专用 检验单位质检专用章 盖章

审核：张缘　　校核：范静　　检验：文远

CMA
2012152222M
有效期 2015 年 7 月 21 日

表 4-23 水泥物理性能检验报告

委托编号:WC2013－082　　报告编号:RHAC1306－328　　编号:C4－5－1

<table>
<tr><td colspan="2">委托单位</td><td colspan="4">山东大河水电工程建设有限公司</td><td colspan="2">样品编号</td><td colspan="2">SN－1</td></tr>
<tr><td colspan="2">工程名称</td><td colspan="4">中县汝河治理水闸工程</td><td colspan="2">代表批量</td><td colspan="2">200 t</td></tr>
<tr><td colspan="2">使用部位</td><td colspan="4">闸底板</td><td colspan="2">品种规格</td><td colspan="2">P. O 42.5</td></tr>
<tr><td colspan="2">检验类别</td><td colspan="4">委托</td><td colspan="2">收样日期</td><td colspan="2">2013 年 6 月 15 日</td></tr>
<tr><td colspan="2">样品来源</td><td colspan="4">抽样</td><td colspan="2">检验日期</td><td colspan="2">2013 年 6 月 16 日</td></tr>
<tr><td colspan="2">生产厂家</td><td colspan="4">燕山水泥厂</td><td colspan="2">报告日期</td><td colspan="2">2013 年 7 月 14 日</td></tr>
<tr><td colspan="2">检验依据</td><td colspan="8">GB/T 1345—2011　GB175—2007　GB/T 17671—1999</td></tr>
<tr><td colspan="2">主要检验仪器设备名称、编号</td><td colspan="8">电子天平 MP1100B、水泥标准稠度凝结测定仪、雷氏夹测定仪、电动抗折机、全自动压力试验机、电子天平 FA2004</td></tr>
<tr><td colspan="3">检测项目</td><td colspan="3">技术要求</td><td colspan="4">检测结果</td></tr>
<tr><td colspan="3">细度(%)
(0.08 mm 方孔筛筛余)</td><td colspan="3">≤10</td><td colspan="4">2.4</td></tr>
<tr><td colspan="3">标准稠度(%)</td><td colspan="3">/</td><td colspan="4">29.0</td></tr>
<tr><td rowspan="2">凝结时间</td><td colspan="2">初凝(min)</td><td colspan="3">≥45</td><td colspan="4">190</td></tr>
<tr><td colspan="2">终凝(min)</td><td colspan="3">≤600</td><td colspan="4">270</td></tr>
<tr><td colspan="3">安定性(沸煮法)</td><td colspan="3">合格</td><td colspan="4">合格</td></tr>
<tr><td rowspan="3">抗压强度(MPa)</td><td>龄期</td><td>标准</td><td colspan="6">检测值</td><td>评定值</td></tr>
<tr><td>3 d</td><td>≥17.0</td><td>26.2</td><td>28.1</td><td>27.4</td><td>26.8</td><td>27.6</td><td>28.0</td><td>27.4</td></tr>
<tr><td>28 d</td><td>≥42.5</td><td>43.8</td><td>45.0</td><td>44.6</td><td>45.2</td><td>43.5</td><td>46.3</td><td>44.7</td></tr>
<tr><td rowspan="3">抗折强度(MPa)</td><td>龄期</td><td>标准</td><td colspan="6">检测值</td><td>评定值</td></tr>
<tr><td>3 d</td><td>≥3.5</td><td colspan="2">5.8</td><td colspan="2">6.1</td><td colspan="2">6.5</td><td>6.1</td></tr>
<tr><td>28 d</td><td>≥6.5</td><td colspan="2">8.5</td><td colspan="2">8.9</td><td colspan="2">9.2</td><td>8.9</td></tr>
<tr><td>检验结论</td><td colspan="2">各项检验结果符合 GB 175—2007 规范要求</td><td>备注</td><td colspan="3">/</td><td>检验单位</td><td colspan="2">中川工程检测有限公司 教学专用 检验单位 质检专用章 盖章</td></tr>
</table>

审核:张缘　　校核:范静　　检验:文远

CMA
2012152222M
有效期 2015 年 7 月 21 日

表 4-24 混凝土用砂检验报告

报告编号:RHAS1306－029　　委托编号:WS2013－007　　编号:C4－5－3

委托单位	山东大河水电工程建设有限公司	样品编号	S07005
工程名称	中县汝河治理水闸工程	代表批量	400 m^3
使用部位	闸底板	品种规格	河砂
检验类别	委托	收样日期	2013 年 6 月 28 日
样品来源	抽样	检验日期	2013 年 6 月 28 日
产　地	西乌旗福来顺采砂厂	报告日期	2013 年 7 月 2 日
检验依据	GB/T 14684—2011　SL 352—2006		
主要检验仪器设备名称、编号	电子天平、振筛机、电热鼓风烤箱、国家标准方孔筛		

项目	检验结果	附记	项目	检验结果	附记
表观密度(kg/m^3)	2650	/	吸水率(%)	/	/
堆积密度(kg/m^3)	1430	/	有机物含量	/	/
空隙率(%)	46	/	云母含量(%)	/	/
含泥量(%)	1.1	/	轻物质含量(%)	/	/
泥块含量(%)	0.0	/	坚固性	2	/
含水率(%)	1.8	/	SO_3 含量(%)	/	/

颗粒级配

筛孔尺寸(mm)			4.75	2.36	1.18	0.60	0.30	0.15	检验结果
累计筛余(%)	标准范围	细砂	10～0	15～0	25～0	40～16	85～55	100～90	细度模数 $FM=2.5$ 砂级配属中砂
		中砂	10～0	25～0	50～10	70～41	92～70	100～90	
		粗砂	10～0	35～5	65～35	85～71	95～80	100～90	
	实测值		4	21	30	48	70	90	

检验结论	砂级配属于中砂,其他所检参数符合 GB/T14684—2011 标准要求	备注	/	检验单位	检验单位盖章（中川工程检测有限公司 教学专用 质检专用章）

审批:张建材　　校核:付海　　检验:刘河

表 4-25　设备开箱检验记录

编号:C4－3

<table>
<tr><td colspan="2">设备名称</td><td>启闭机</td><td>规格型号</td><td colspan="2">卷扬式</td><td>总数量</td><td>2</td></tr>
<tr><td colspan="2">装箱单号</td><td>02</td><td>检验数量</td><td colspan="2">2</td><td>检查日期</td><td></td></tr>
<tr><td rowspan="5">检验记录</td><td>包装情况</td><td colspan="6">塑料外包装,包装完好无损。</td></tr>
<tr><td>随机文件</td><td colspan="6">合格证、检验报告、技术使用说明</td></tr>
<tr><td>备件与附件</td><td colspan="6">螺栓等附件齐全</td></tr>
<tr><td>外观情况</td><td colspan="6">良好</td></tr>
<tr><td>测试情况</td><td colspan="6">良好</td></tr>
<tr><td rowspan="5">检验结果</td><td colspan="7">缺损附备件明细表</td></tr>
<tr><td>序号</td><td colspan="2">名称</td><td>规格</td><td>单位</td><td>数量</td><td>备注</td></tr>
<tr><td></td><td colspan="2"></td><td></td><td></td><td></td><td></td></tr>
<tr><td></td><td colspan="2"></td><td></td><td></td><td></td><td></td></tr>
<tr><td></td><td colspan="2"></td><td></td><td></td><td></td><td></td></tr>
<tr><td colspan="8">结论:
外包装良好无损,规格型号数量满足要求,质量证明文件齐全,测试良好,无缺损附备件,设备开箱检查满足要求,设备可以进场使用。</td></tr>
<tr><td rowspan="2">签字栏</td><td colspan="2">建设(监理)单位</td><td colspan="2">施工单位</td><td colspan="3">供应单位</td></tr>
<tr><td colspan="2">中县汝河治理水闸工程建设管理处
负责人:张中发</td><td colspan="2">山东大河水电工程建设有限公司
负责人:陈大河</td><td colspan="3">河南中县机械制造有限公司
负责人:李蓝翔</td></tr>
</table>

注:本表由施工单位填写并保存。

表4-26　工程物资报验单

工程名称：中县汝河治理水闸工程　　编号：C4－6

致：河南山川水电工程监理有限公司 我方于2013年6月10日进场普通硅酸盐水泥(见附件)。现将质量证明文件、进场检验表及见证取样试验报告报上，拟用于水闸闸底板。请予以审核。 附件：1. 数量清单 2. 质量证明书 3. 进场检验表 4. 水泥试验检测报告 承包单位(章)山东大河水电工程建设有限公司 单位代表　陈大河 日　　期　2013年6月20日 (印章：山东大河水电工程建设有限公司 汝河治理项目部)
审核意见： 经检查上述进场普通硅酸盐水泥，符合设计文件和规范的要求，准许进场，同意使用于拟订部位。 项目监理机构　河南山川水电工程监理有限公司 总/专业监理工程师　李山川 日　　期　2013年6月20日 (印章：河南山川水电工程监理有限公司 汝河治理监理部)

注：本表一式三份，建设、监理、施工各一份。

任务5　施工试验文件编制

工程施工试验记录是根据规范规定和设计要求在施工过程中进行试验，并对试验过程中产生的各种原始数据和计算结果进行记录、整理，从而得出试验结论的文件资料的统称。采用新技术、新工艺及其他特殊工艺时，更应加强规范施工试验记录的编制整理。

1　施工试验记录（通用）

按照设计要求和规范规定做施工试验的，应填写施工试验记录。在采用新技术、新工艺及特殊工艺时，需要对施工试验方法和试验数据进行记录，若相关规程中并没有规定应采用的专门的施工试验用表，应按通用表格填写《施工试验记录》（表4-27）。

表4-27　施工试验记录（通用）

委托编号：×××　　试验编号：×××　　编号：×××

<table>
<tr><td>委托单位</td><td colspan="2"></td><td colspan="2">工程名称及
施工部位</td><td colspan="2"></td></tr>
<tr><td>试验日期</td><td colspan="2">××××年××月××日</td><td colspan="2">报告日期</td><td colspan="2">××××年××月××日</td></tr>
<tr><td colspan="8">试验项目：

（根据具体施工试验具体填写）</td></tr>
<tr><td colspan="8">试验内容：

（根据具体施工试验具体填写）</td></tr>
<tr><td>试验结论</td><td></td><td>备注</td><td></td><td>试验单位</td><td colspan="3">中川工程检测有限公司
教学专用
检验单位
质检专用章
盖章</td></tr>
</table>

审批：×××　　校核：×××　　试验：×××

2 回填土施工试验记录

2.1 土工击实试验报告

对于重要的、大型的或设计有要求的填方工程，对土的强度及变形有一定要求，要控制干密度，施工前应对填料做击实试验，通过击实试验记录形成《土工击实试验报告》。《土工击实试验报告》应由试验单位出具。

《土工击实试验报告》(表4-28)填写要求：

(1)委托单位、工程名称及部位、报告编号、收样日期、检验日期、取样地点、使用部位、要求压实系数、土样种类等基本信息要填写完整。

(2)"试验结果"栏内包括最优含水率、最大干密度，"检测说明"栏是根据最优含水率、最大干密度计算的控制指标(控制干密度)。

(3)"试验结论"栏：依据土工试验方法相关标准，对试验结果进行总结。

(4)试验人、审批人、校核人要填写真实完整，试验单位要填写具有相关试验资质的试验单位。

2.2 回填土试验报告

工程回填土一般包括柱基、地基处理回填、基坑、基槽管沟、排水沟、场地平整、填方等。按设计要求和规范规定应作回填土施工试验，并形成《回填土试验报告》(表4-29)。

《回填土试验报告》填写要求：

(1)试验报告项目填写要齐全，步数、取样位置简图要标注完整、清晰准确，符合要求。

(2)取样位置简图应按规范要求绘制回填土取点平面、剖面示意图，标明重要控制轴线、尺寸数字、分段、分层取样，指北针方向等。

(3)试验结论是依据回填土试验相关标准，对试验结果进行总结。

3 砌筑砂浆施工试验记录

3.1 砂浆配合比申请单及通知单

在进行砂浆砌筑施工前，委托单位(施工单位)应依据设计强度等级、原材料情况、技术要求及施工部位等，向试验部门提出《砂浆配合比申请单》(表4-30)。试验部门依据委托单位提交的配合比申请单，按照《砌筑砂浆配合比设计规程》(JGJ/T 98—2010)配制签发《砂浆配合比通知单》(表4-31)。

配合比通知单应签字齐全，字迹清楚，无涂改。所用水泥、砂、掺合料、外加剂等试验编号要填写清楚。配合比申请单和通知单中的项目都应填写，不要有空项，没有的项目填写"无"或斜杠。

CMA
2012152222M
有效期 2015 年 7 月 21 日

表 4-28　土工击实试验报告

委托编号：WS2012-111　　　　报告编号：RHBT 1211—002　　　　编号：C5-1-1

<table>
<tr><td rowspan="3">委托单位</td><td colspan="2" rowspan="3">山东大河水电工程建设有限公司</td><td rowspan="3">工程名称</td><td rowspan="3">中县汝河治理水闸工程</td><td>收样日期</td><td>2013 年 3 月 30 日</td></tr>
<tr><td>检验日期</td><td>2013 年 3 月 31 日</td></tr>
<tr><td>报告日期</td><td>2013 年 4 月 8 日</td></tr>
<tr><td>试样名称</td><td>土样种类</td><td>取样地点</td><td>要求压实系数</td><td>使用部位</td><td>超过 5 mm 颗粒含量（%）</td><td>试验方法</td></tr>
<tr><td>土样</td><td>灰土</td><td>现场</td><td>0.93</td><td>堤身填筑</td><td>35</td><td>轻型击实仪</td></tr>
<tr><td>含水率（%）</td><td>干密度（g/cm³）</td><td colspan="5" rowspan="10">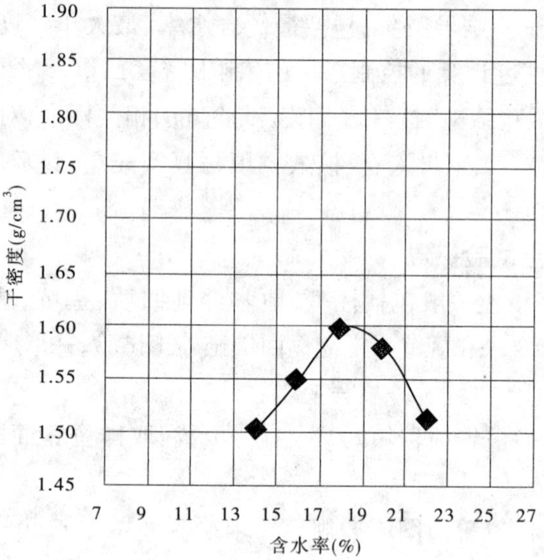
</td></tr>
<tr><td>14</td><td>1.50</td></tr>
<tr><td>16</td><td>1.55</td></tr>
<tr><td>18</td><td>1.60</td></tr>
<tr><td>20</td><td>1.58</td></tr>
<tr><td>22</td><td>1.51</td></tr>
<tr><td></td><td></td></tr>
<tr><td>试验项目</td><td>试验结果</td></tr>
<tr><td>最大干密度（g/cm³）</td><td>1.62</td></tr>
<tr><td>最优含水率（%）</td><td>19</td></tr>
<tr><td colspan="2">检测说明</td><td colspan="5">控制干密度 = 最大干密度 × 要求压实系数 = 1.51 g/cm³</td></tr>
<tr><td>试验结论</td><td colspan="2">依据 GB/T 50123—1999，土工试验方法标准，最优含水率 19%，最大干密度 1.62 g/cm³，控制干密度 1.51 g/cm³</td><td>备注</td><td>/</td><td>试验单位</td><td>中川工程检测有限公司 教学专用 检验单位 质检专用章 盖章</td></tr>
</table>

审批：刘一　　　　校核：王海　　　　试验：付禹

注：本表由建设单位、施工单位、档案馆各保存一份。

CMA
2012152222M
有效期 2015 年 7 月 21 日

表 4-29　回填土试验报告

委托编号：WT2012－125　　试验编号：RHBT1211－001　　编号：C5－1－2

委托单位	山东大河水电工程建设有限公司	工程名称及施工部位	中县汝河治理堤身工程的堤防填筑	取样日期	2013 年 4 月 14 日
				检验日期	2013 年 4 月 14 日
				报告日期	2013 年 4 月 16 日
要求压实系数（Ac）	0.93		回填土种类	3∶7 灰土	
控制干密度	1.51 g/cm^3		试验日期	2012 年 11 月 24 日	

步数 \ 项目 \ 点号	1	2								
	实测干密度（g/cm^3）									
	实测压实系数									
1	1.65	1.69								
	0.99	0.96								
2	1.65	1.68								
	0.99	0.97								
3	1.69	1.65								
	0.96	0.99								
4	1.66	1.69								
	0.98	0.96								
5	1.67	1.68								
	0.98	0.97								

取样位置简图（附图）

见附图（略）

试验结论	依据 GB/T 50123—1999 标准，该批回填土实测干密度及压实系数符合规定。	备注	/	试验单位	检验单位盖章（中川工程检测有限公司 教学专用 质检专用章）

审批：李美丽　　校核：付守一　　试验：王付举

表 4-30　砂浆配合比申请单

委托编号:WSY2013－028　　　　编号:C5－2－1

工程名称	中县汝河治理水闸工程				
委托单位	山东大河水电工程建设有限公司			试验委托人	陈大河
砂浆种类	混合砂浆			强度等级	M10
水泥品种	P·O 42.5			厂别	燕山水泥厂
水泥进场日期	2013 年 6 月 10 日			试验编号	RHAC1306－328
砂产地	西乌旗福来顺采砂厂	粗细级别	中砂	试验编号	RHAS1306－029
掺合料种类	白灰膏		外加剂种类	/	
申请日期	2013 年 7 月 6 日		要求使用日期	2013 年 7 月 14 日	

表 4-31　砂浆配合比通知单

配合比编号:2013－108　　试配编号:2013SP－088　　编号:C－2－2

强度等级	M10	试验日期		2013 年 7 月 7 日	
配合比					
材料名称	水泥	砂	白灰膏	掺合料	外加剂
每立方米用量(kg/m^3)	238	1 571	95	/	/
比例	1	6.6	0.4	/	/
注:砂浆稠度为 70～100 mm,白灰膏稠度为 120 mm±5 mm。					
试验单位	中川工程检测有限公司		报告日期	2013 年 7 月 14 日	

批准:张全　　　　审核:李力　　　　试验:苏伞

注:本表由施工单位保存。

3.2　砂浆抗压强度试验报告

承重结构的砌筑砂浆试块应按相关规定实行有见证取样和送检,做好试验,依据试验记录形成《砂浆抗压强度试验报告》(表 4-32)。

(1)在试验报告中,砂浆种类、强度等级、稠度、水泥品种及强度等级、砂产地及种类、掺合料与外加剂种类要按规定填写完整清楚。

(2)水泥、砂的试验编号不能漏填,且填写准确,“配合比编号”要依据配合比通知单填写,保证文件可追溯性。

(3)“试验结果”栏应由试验室来填写,若发现问题应进行复试,并将复试合格单附于此表后一并存档。

MA
2012152222M
有效期2015年7月21日

表4-32 砂浆抗压强度试验报告

委托编号:WSY2013－028　　试验编号:RHASY1308－029　　编号:C5－2－3

委托单位	山东大河水电工程建设有限公司		工程名称及部位	中县汝河治理水闸工程	
试验委托人	陈大河		试件编号	2013－009	
砂浆种类	水泥混合砂浆	强度等级 M10	稠度	70 mm	
水泥品种及强度等级	P·O 42.5		试验编号	RHAC1306－328	
砂产地及种类	西乌旗福来顺采砂厂　中砂		试验编号	RHAS1306－029	
掺合料种类	/		外加剂种类	/	
配合比编号	2013SP－088				
试件成型日期	2013年7月16日	要求龄期	28 d	要求试验日期	2013年8月13日
养护方法	标准	试件收到日期	2013年8月13日	报告日期	2013年8月15日
试验结果：试压日期	实际龄期(d)	试件边长(mm)	单块抗压强度值(MPa)	抗压强度(MPa)	达设计强度等级(%)
2013年8月14日	28	70.7	10.92	12.0	120
			11.26		
			13.96		
试验结论	依据 JGJ/T70—2009、JGJ/T98—2010标准 试验结果合格,满足要求。	备注	/	试验单位	检验单位盖章

审批:苏繁　　校核:陆卡　　试验:田亦

注:本表建设单位、施工单位各保存一份。

3.3 砌筑砂浆试块抗压强度统计、评定记录

(1)砌筑砂浆应具有配合比申请单和试验室签发的配合比通知单。应有按规定留置的龄期为28 d标养试块的抗压强度试验报告。承重结构的建筑砂浆试块还应按规定实行有见证取样和送检。

(2)砂浆试块的留置数量及必试项目应符合规程要求。《砌筑砂浆试块抗压强度统计、评定记录》(表4-33)应按同一类型、同一强度等级的砂浆为一验收批统计,其统计方法及合格标准如下:

表 4-33　砌筑砂浆试块强度统计、评定记录

编号：C5－2－4

工程名称	中县汝河治理水闸工程	强度等级	M10
施工单位	山东大河水电工程建设有限公司	养护方法	标养
统计期	2013 年 7 月 16 日至 2013 年 8 月 15 日	结构部位	上下游连接段护坡

试块组数 n	强度标准值 f_2（MPa）	平均值 $f_{2,m}$（MPa）	最小值 $f_{2,min}$（MPa）	$0.75f_2$
8	10	11.39	9.1	7.5

每组强度值（MPa）										
	12.6	10.6	9.8	10.6	14.6	11	9.1	13.4		

判定式	$f_{2,m} \geqslant f_2$	$f_{2,min} \geqslant 0.75f_2$
结果	11.46 > 10	9.1 > 7.5

结论：

依据《砌体结构工程施工质量验收规范》（GB 50203—2011）第 4.0.12 条标准评定为合格。

报告日期	2013 年 8 月 17 日

批准：翟一鸣　　审核：范中亮　　统计：蒋乃迁

同一验收批砂浆试块抗压强度平均值必须大于或等于设计强度等级所对应的立方体抗压强度；同一验收批砂浆试块抗压强度的最小一组平均值必须大于或等于设计强度等级所对应的立方体抗压强度的 0.75 倍。

注：①砌筑砂浆的验收批，同一类型、强度等级的砂浆试块应不少于 3 组。当同一验收批只有一组试块时，该组试块抗压强度的平均值必须大于或等于设计强度等级所对应的立方体抗压强度。

②砂浆强度应以标准养护，龄期为 28 d 的试块抗压试验结果为准。抽检数量：每一检验批且不超过 250 m^3 砌体的各种类型及强度等级的砌筑砂浆，每台搅拌机应至少抽检一次。

（3）检验方法：在砂浆搅拌机出料口随机取样制作砂浆试块（同盘砂浆只应制作一组试块），最后检查试块强度试验报告单。当施工中或验收时出现下列情况，可采用现场检验方法对砂浆和砌体强度进行原位检测或取样检测，并判定其强度：

①砂浆试块缺乏代表性或试块数量不足；

②对砂浆试块的试验结果有怀疑或有争议；

③砂浆试块的试验结果，不能满足设计要求。

4 混凝土施工试验记录

4.1 混凝土配合比申请单、通知单

现场搅拌混凝土前，应由委托单位（施工单位）依据设计强度等级、技术要求、施工部门、原材料情况等向有资质试验单位提交《混凝土配合比申请单》（表4-34），试验单位根据委托单位提供的配合比申请单，依据《普通混凝土配合比设计规程》（JGJ 55—2011）配制签发《混凝土配合比通知单》（表4-35）。混凝土配合比申请单和通知单中的项目都应填写，不要有空项，没有的项目填写“无”或画斜杠。

表4-34 混凝土配合比申请单

委托编号：WH2013－093　　　　编号：C5－3－1

<table>
<tr><td>工程名称及部位</td><td colspan="5">中县汝河治理水闸工程</td></tr>
<tr><td>委托单位</td><td>山东大河水电工程建设有限公司</td><td>试验委托人</td><td colspan="3">陈大河</td></tr>
<tr><td>设计强度等级</td><td>C35</td><td>要求坍落度、扩展度</td><td colspan="3">160～180 mm</td></tr>
<tr><td>其他技术要求</td><td colspan="5">/</td></tr>
<tr><td>搅拌方法</td><td>机械</td><td>浇捣方法</td><td>机械</td><td>养护方法</td><td>标养</td></tr>
<tr><td>水泥品种及强度等级</td><td>P.O 42.5</td><td>厂别牌号</td><td>燕山水泥厂</td><td>试验编号</td><td>RHAC1306－328</td></tr>
<tr><td>砂产地及种类</td><td colspan="2">西乌旗福来顺采砂厂　中砂</td><td colspan="2">试验编号</td><td>RHAS1306－029</td></tr>
<tr><td>石子产地及种类</td><td>合肥仓河　碎石</td><td>最大粒径</td><td>25 mm</td><td>试验编号</td><td>RHAG1306－032</td></tr>
<tr><td>外加剂名称</td><td colspan="2">PHF－3泵送剂</td><td colspan="2">试验编号</td><td>RHAWJ1306－008</td></tr>
<tr><td>掺合料名称</td><td colspan="2">Ⅱ级粉煤灰</td><td colspan="2">试验编号</td><td>RHACH1306－008</td></tr>
<tr><td>申请日期</td><td>2013年7月10日</td><td>使用日期</td><td>2013年7月15日</td><td>联系电话</td><td>13812345678</td></tr>
</table>

4.2 混凝土抗压强度试验报告

按规定留置的龄期为28 d的标准养护试块和一定数量的同条件养护试块应进行抗压强度试验，并填写《混凝土抗压强度试验报告》（表4-36），抗渗混凝土、特种混凝土应做专项试验，并具有专项试验报告。

《混凝土抗压强度试验报告》填写要求：

(1)在试验报告中，混凝土设计强度等级、实测坍落度、水泥品种及强度等级、砂种类、石的种类及直径、掺合料与外加剂名称要按规定填写完整清楚。

表 4-35 混凝土配合比通知单

配合比编号:2013 - 032　　试配编号:2013SP022　　编号:C5 - 3 - 2

强度等级	C35	水胶比	0.43	水灰比	0.46	砂率	42%
材料名称	水泥	水	砂	石	外加剂	掺合料	其他
每 m^3 用量 (kg/m^3)	320	189	773	1 053	8.7	91	
每盘用量(kg)	1.00	0.56	2.39	3.26	0.03	0.28	
混凝土碱含量 (kg/m^3)	注:此栏只有在有关规定及要求需要填写时才填写。						
说明:本配合比所使用材料均为干材料,使用单位应根据材料含水情况随时调整。							
试验单位	中川工程检测有限公司			报告日期	2013 年 7 月 15 日		

批准:张全　　审核:李力　　试验:苏伞

注:本表由施工单位保存。

(2)水泥、砂、石、掺合料与外加剂的试验编号不能漏填,且填写准确,"配合比编号"要依据配合比通知单填写,保证文件的一致性、可追溯性。

(3)"试验结果"栏应由试验室来填写,若发现问题应进行复试,并将复试合格单附于此表后一并存档。

(4)对于混凝土非标准尺寸试件,试验结果按相关规定要折合成标准尺寸试件抗压强度。

4.3 混凝土试块强度统计、评定记录

为保证混凝土强度符合混凝土工程质量的要求,混凝土试块试压后,应将试压报告按施工部位及施工时间顺序编号,并及时登记在混凝土试块试压报告目录表中,然后根据各试块的品种、强度等级对一批混凝土的强度进行综合评定。

合理划分混凝土试块强度验收批,找出所有同一强度等级的各组试块强度值,分别填入《混凝土试块强度统计、评定记录》(表 4-37)中。根据《水利水电工程施工质量检验与评定规程》(SL 176—2007)分别计算出各批混凝土强度试件的强度平均值和标准差,然后计算出各评定数据,判定多批混凝土强度,将评定结论填入《混凝土试块强度统计、评定记录》表中,具体评定方法及满足关系式见表 4-37。当检验结果满足对应关系式时,则该批混凝土强度应评定为合格;当不能满足时,该批混凝土强度应评定为不合格。对评定为不合格批的混凝土,可按国家现行的有关标准进行处理。

4.4 混凝土抗渗试验报告

有抗渗要求的混凝土应留置检验抗渗性能的试块,对连续浇筑混凝土每 500 m^3 应留置一组抗渗试块,且每项工程不得少于两组。其中至少一组在标准条件下养护。采用预拌混凝土的抗渗试块,留置组数应视结构的规模和要求而定。

2012152222M
有效期 2015 年 7 月 21 日

表 4-36 混凝土抗压强度试验报告

委托编号:WKY2013－099　　试验编号:RHAKY1308－150　　编号:C5－3－3

<table>
<tr><td>委托单位</td><td colspan="4">山东大河水电工程建设有限公司</td><td colspan="2">工程名称
及部位</td><td>中县汝河治理水闸工程水闸底板</td></tr>
<tr><td>试验委托人</td><td colspan="4">陈大河</td><td colspan="2">试件编号</td><td>2013－003</td></tr>
<tr><td>设计强度
等级</td><td colspan="4">C35,P8</td><td colspan="2">实测坍落度、
扩展度</td><td>160 mm</td></tr>
<tr><td>水泥品种及
强度等级</td><td colspan="4">P. O 42. 5</td><td colspan="2">试验编号</td><td>RHAC1306－328</td></tr>
<tr><td>砂种类</td><td colspan="4">中砂</td><td colspan="2">试验编号</td><td>RHAS1306－029</td></tr>
<tr><td>石种类、
公称直径</td><td colspan="4">碎石 5～10 mm</td><td colspan="2">试验编号</td><td>RHAG1306－032</td></tr>
<tr><td>外加剂名称</td><td colspan="4">UEA</td><td colspan="2">试验编号</td><td>RHAWJ1306－008</td></tr>
<tr><td>掺合料名称</td><td colspan="4">Ⅱ级粉煤灰</td><td colspan="2">试验编号</td><td>RHACH1306－008</td></tr>
<tr><td>配合比编号</td><td colspan="7">2013－032</td></tr>
<tr><td>成型日期</td><td>2013 年
7 月 18 日</td><td colspan="2">要求龄期</td><td>28 d</td><td colspan="2">要求试验日期</td><td>2013 年
8 月 15 日</td></tr>
<tr><td>养护方法</td><td>标养</td><td colspan="2">收到日期</td><td colspan="2">2013 年 8 月 15 日</td><td>报告日期</td><td>2013 年 8 月 16 日</td></tr>
<tr><td rowspan="4">试验结果</td><td>试验日期</td><td>实际
龄期
(d)</td><td>试件
边长
(mm)</td><td>单块抗压强度值
(MPa)</td><td>平均抗
压强度
(MPa)</td><td>折合 150 mm
立方体抗压
强度(MPa)</td><td>达到设计
强度等级
(%)</td></tr>
<tr><td rowspan="3">2013 年
8 月 15 日</td><td rowspan="3">28</td><td rowspan="3">100</td><td>46. 2</td><td rowspan="3">46. 3</td><td rowspan="3">44</td><td rowspan="3">125</td></tr>
<tr><td>44. 8</td></tr>
<tr><td>47. 9</td></tr>
<tr><td>试验结论</td><td colspan="3">满足 C35 设计强度要求。</td><td>备注</td><td>/</td><td>试验单位</td><td>中川工程检测有限公司
教学专用
检验单位
质检专用章
盖章</td></tr>
</table>

审批:苏繁　　校核:陆卡　　试验:田亦

表 4-37 混凝土试块强度统计、评定记录

编号:C5－3－4

工程名称及部位	中县汝河治理水闸工程涵闸底板	强度等级	C35	龄期	28 d	养护方法	标养

序号	试块报告编号	抗压强度(MPa)	C. 0. 1 同一强度等级试块 28 d 龄期抗压强度的组数 $n \geq 30$ 时,应符合下列要求:			
			项目		质量标准	
					优良	合格
1	1233	42.5				
2	1234	50.3	任何一组试块强度不得低于设计值的		0.9	0.85
3	1235	51.2	无筋(或少筋)混凝土强度保证率(P)		0.85	0.8
4	1236	40	配筋混凝土强度保证率(P)		0.95	0.9
5	1237	47.9	混凝土抗压强度的离差系数(C_v)	<20 MPa	<0.18	<0.22
6	1238	38		≥20 MPa	<0.14	<0.18
7			C. 0. 2 同一强度等级试块 28 d 龄期抗压强度的组数 $30 > n \geq 5$ 时,应同时满足下列要求:			
8			$R_n - 0.7S_n > R_{标}$			
9			$R_n - 1.60S_n \geq 0.83R_{标}$	(当 $R_{标} \geq 20$)		
10			$R_n - 1.60S_n \geq 0.80R_{标}$	(当 $R_{标} < 20$)		
11			C. 0. 3 同一强度等级试块 28 d 抗压强度的组数 $5 > n \geq 2$ 时,应同时满足下列要求:			
12			$R_n > 1.15R_{标}$			
13			$R_{min} \geq 0.95R_{标}$			

续表 4-37

工程名称及部位	中县汝河治理水闸工程涵闸底板	强度等级	C35	龄期	28 d	养护方法	标养	
参数说明	S_n——n 组试件强度的标准差,MPa;	$R_{标}$ =	35	R_n =	45	S_n =	5.571	配筋情况
	R_n——n 组试件强度的平均值,MPa;	n =	6	R_{min} =	38	C_v =	/	无(少)筋
	$R_{标}$——设计 28 d 龄期抗压强度值,MPa;	√	$R_n-0.7S_n$ =		41.08	$>R_{标}$ =	35	结论
	R_{min}——最小抗压强度值,MPa;	√	$R_n-1.60S_n$ =		36.07	$\geq 0.80R_{标}$ =	28	合格
	n——样本容量	计算	王冰		审核		荣慧	
施工单位评定结果:合格			监理(建设)单位验收结论:合格					
项目专业质量检查员:王山 2013 年 9 月 18 日			监理工程师:李山川 (建设单位项目专业技术负责人) 2013 年 9 月 18 日					

评定说明:

① $S_n=\sqrt{\dfrac{\sum_{i=1}^{n}(R_i-R_n)^2}{n-1}}$;当统计得到的 $S_n<2.0$(或 1.5)MPa 时,应取 $S_n=2.0$ MPa($R_{标}\geq 20$ MPa);$S_n=1.5$ MPa($R_{标}<20$ MPa);R_i 为单组试件强度,MPa。

②同一标号(或强度等级)混凝土试块 28 d 龄期抗压强度的组数只有 1 组时,混凝土试块强度应满足 $R\geq 1.15R_{标}$,R 为试块强度实测值,MPa。

注:本表建设单位、施工单位、城建档案馆各保存一份。

对于防水混凝土应进行抗渗性能试验，评定抗渗性能试验结果时，应采用标准条件下养护的防水混凝土抗渗试块。抗渗性能试验应采用顶面直径为 175 mm，底面直径为 185 mm，高度为 150 mm 的圆台体或直径与高度均为 150 mm 的圆柱体试件（视抗渗设备要求而定），抗渗试件以 6 个为一组做抗渗性能试验。

抗渗性能试验应符合现行《普通混凝土长期性能和耐久性能试验方法标准》（GB/T 50082—2009）的有关规定：

（1）确定抗渗等级。把试件套装在抗渗仪上进行试验，试验从水压为 0.1 MPa（1 kgf/cm^2）开始，以后每隔 8 h 增加水压 0.1 MPa（1 kgf/cm^2），并且要随时注意观察试件端面的渗水情况。当 6 个试件中有 3 个试件端面有渗水现象时，即可停止试验，记下当时的水压。混凝土的抗渗标号以每组 6 个试件中 4 个试件未出现渗水时的最大水压力计算，其计算式为：

$$P = 10H - 1 \tag{4-1}$$

式中 P——混凝土抗渗等级；

H——6 个试件中 3 个渗水时的水压力，MPa。

（2）评定抗渗等级。若按委托抗渗等级 P 评定，应试压至 $P+1$ 时的水压，6 个试件均无透水现象方可评定抗渗等级满足要求。

根据混凝土抗渗性能试验记录，整理形成《混凝土抗渗试验报告》，见表 4-38。

MA
2012152222M
有效期 2015 年 7 月 21 日

表 4-38 混凝土抗渗试验报告

委托编号：WKS2013 - 019　　试验编号：RHAKS1308 - 088　　编号：C5 - 3 - 5

委托单位	山东大河水电工程建设有限公司			工程名称及施工部位	中县汝河治理水闸工程
委托试验人	陈大河			试件编号	KS - 003
抗渗等级	P8			配合比编号	2013 - 032
强度等级	C35	养护条件	标养	收样日期	2013 年 8 月 12 日
成型日期	2013 年 7 月 18 日	试验日期	2013 年 8 月 13 日	报告日期	2013 年 8 月 15 日
试验情况：由 0.1 MPa 顺序加压至 0.9 MPa，保持 8 h，试件表面无渗水，试验结果：>P8					
试验结论	根据《普通混凝土长期性能和耐久性能试验方法标准》（GB/T 50082—2009），符合 P8 设计要求。	备注	/	试验单位	中川工程检测有限公司 教学专用 质检专用章 检验单位盖章

审批：苏繁　　校核：陆卡　　试验：田亦

施工过程中还形成其他一些试验记录，如钢筋连接施工试验记录及试验报告，这里不再一一介绍。

任务6　施工记录文件编制

施工记录是在施工过程中为确保工程质量、安全等形成的各种检查、记录的统称。施工记录是加强科学管理、防止重大质量事故发生的有力措施，是分析、处理质量事故的重要依据之一，施工单位应明确专人负责填写、收集、整编。

1　常用施工记录表

1.1　隐蔽工程检查记录

隐蔽工程是指上道工序被下道工序所掩盖，其自身质量无法再进行检查的工程，泛指地基开挖、地基处理、基础工程、地下防渗工程、地基排水工程、地下建筑工程等所有在完工后被覆盖的工程。

隐蔽工程检查记录是对隐蔽工程进行抽查，并通过表格的形式将工程隐检内容、质量情况、检查意见等记录下来，作为工程维护、改造等重要的技术文件。

重要隐蔽工程（如主要建筑物的地基开挖、地下洞室开挖、地基防渗、加固处理和排水工程等）施工单位应在自检合格的基础上及时报送建设（监理）单位、质量监督站，并由建设（监理）单位组织设计和运行管理单位的代表共同检查评定形成重要隐蔽工程检查记录。

《隐蔽工程检查记录》（表4-39）由施工单位填报，其中审核意见、复查结论由监理单位填写。其填写要求如下：

（1）工程名称、隐检项目、隐检部位及日期必须填写准确完整。

（2）隐检依据可根据施工图号、设计变更、洽商记录及有关国家现行标准等方面，准确具体地填写。主要材料或设备应按实际发生材料、设备项目填写，其规格、型号要表述清楚。

（3）隐检内容应填写按规范、标准规定检查的内容，必须符合各种规程规范的要求。

（4）审核意见应明确，依据规范、标准规定隐检内容是否符合要求要表述清楚。

（5）复查结论主要是针对上一次隐检出现的问题进行复查，因此要对质量问题整改的结果描述清楚，上一次隐检合格的不再填写复查结论。

（6）签字应完整，严禁他人代签。

1.2　预检记录

预检是对施工过程中某重要工序质量实行预先控制而进行检查形成的记录。依据现行施工规范，对于涉及工程结构安全、实体质量、建筑观感及人身安全须做质量预控的重要工序，都要做质量预控，并填写形成预检记录，预检合格后方可进入下一道工序。

《预检记录》（表4-40）填写要求如下：

（1）工程名称应与合同中的名称相一致；预检项目要按实际检查的项目填写，检查多个项目时要分别填写在不同表格中，不得将几个预检项目写在一个表格中。

表 4-39　隐蔽工程检查记录

编号：C6－1

<table>
<tr><td>工程名称</td><td>中县汝河治理水闸工程</td><td>隐检项目</td><td>地基开挖及处理</td></tr>
<tr><td>隐检部位</td><td>0＋110～0＋140 段地基开挖</td><td>隐检日期</td><td>2013 年 3 月 18 日</td></tr>
<tr><td colspan="4">依据：施工图纸（施工图纸号<u>水－3、水－5</u>）、设计变更/洽商（编号<u>　/　</u>）和《水闸施工规范》（SL 27—91）。
材质：主要材料<u>　/　</u>
　　规格/型号<u>　/　</u></td></tr>
<tr><td colspan="4">隐检内容：
（1）基坑开挖前，地下水降低于开挖面 0.57 m。
（2）机械布置合理，分层分段依次开挖。排水沟逐层设置。
（3）地基已清理干净，无树根、草皮、乱石、坟墓，水井泉眼已处理，地质符合设计。
（4）岸坡清理不彻底，有树根、草皮，已责成施工人员重新清理。
隐检内容已做完，请予以检查。
申报人：陈大河</td></tr>
<tr><td colspan="4">审核意见：
经检查，上述各项内容均符合设计要求及《水闸施工规范》（SL 27—91）的规定。
检查结论：☑同意隐蔽　　　　□不同意，修改后进行复查</td></tr>
<tr><td colspan="4">复查结论：

复查人：　　　　　　　　复查日期：　　年　月　日</td></tr>
</table>

<table>
<tr><td rowspan="3">签字栏</td><td rowspan="2">建设（监理）单位</td><td>施工单位</td><td colspan="2">山东大河水电工程建设有限公司</td></tr>
<tr><td>专业技术负责人</td><td>专业质检员</td><td>专业工长</td></tr>
<tr><td>李山川</td><td>丁军</td><td>安重</td><td>王涵</td></tr>
</table>

表 4-40　预检记录

编号:C6－2

<table>
<tr><td>工程名称</td><td colspan="2">中县汝河治理水闸工程</td><td>检查项目</td><td>模板安装</td></tr>
<tr><td>检查部位</td><td colspan="2">闸墩</td><td>检查日期</td><td>2013 年 9 月 12 日</td></tr>
<tr><td colspan="5">依据:施工图纸(施工图纸号结施－13、结施－15、18、19)、设计变更/洽商(编号__/__)和有关规范、规程。
主要材料或设备:竹胶板、木方、钢管、扣件、隔离剂
规格/型号:2440 mm×1220 mm×10 mm、100 mm×100 mm、50 mm×100 mm、ϕ48 mm×3.5 mm</td></tr>
<tr><td colspan="5">预检内容:
(1)模板清理干净,隔离剂涂刷均匀,擦拭光亮。
(2)模板方案支模、支撑系统的承载能力、刚度和稳定性。
(3)模板几何尺寸、轴线位置、垂直度、平整度、板间接缝。
预检内容均已做完。请予检查。</td></tr>
<tr><td colspan="5">检查意见:
经检查:模板清理干净,标高传递准确。模板几何尺寸、轴线位置、预埋件及预留洞位置尺寸符合设计要求。隔离剂涂刷均匀,无遗漏,未沾污钢筋和混凝土接茬处。模内杂物清理干净。按模板方案支模,支撑系统有足够承载能力、刚度和稳定性,模板的垂直度、平整度等均符合规范规定要求,可以进行下一道工序施工。</td></tr>
<tr><td colspan="5">复查意见:

复查人:　　　　　　　　　　　　复查日期:　　年　月　日</td></tr>
<tr><td>施工单位</td><td colspan="4">山东大河水电工程建设有限公司</td></tr>
<tr><td>专业技术负责人</td><td colspan="2">专业质检员</td><td colspan="2">专业工长</td></tr>
<tr><td>丁军</td><td colspan="2">安重</td><td colspan="2">王涵</td></tr>
</table>

(2)检查部位及检查日期应按照实际检查部位和检查时间填写。

(3)预检依据包括施工图纸、设计变更、工程洽商及相关施工质量验收规范、标准、规程等。主要材料或设备应按实际发生材料、设备项目填写,其规格、型号要表述清楚。

(4)预检内容应填写按规范、标准规定检查的内容,必须符合各种规程规范的要求。

(5)检查意见应明确,一次验收未通过的要注明质量问题,并提出复查要求。

(6)复查意见主要是针对上一次验收的问题进行的,因此应把质量问题改正的情况表述清楚,上一次隐检合格的不再填写复查结论。

1.3　交接检查记录

施工中当前一专业工程施工质量对后续专业工程施工质量产生直接影响时,应进行交接检查,形成《交接检查记录》。《交接检查记录》(表 4-41)由移交单位形成,适用于不同施工单位之间的移交检查,《交接检查记录》填写要求如下:

（1）分项（分部）工程完成，在不同专业施工单位之间应进行工程交接，并应进行专业交接检查，填写《交接检查记录》。

（2）移交单位、接收单位和见证单位共同对移交工程进行验收，并对质量情况、遗留问题、工序要求、注意事项、成品保护、注意事项等进行记录，填写专业交接检查记录。

（3）“见证单位”栏内应填写施工总承包单位质量技术部门，参与移交及接收的部门不得作为见证单位。当在总包管理范围内的分包单位之间移交时，见证单位应为“总包单位”；当在总包单位和其他专业分包单位之间移交时，见证单位应为“建设（监理）单位”。

见证单位应根据实际检查情况，并汇总移交和接收单位意见形成见证单位意见。

（4）由移交单位、接收单位和见证单位三方共同签认的《交接检查记录》方可生效。

表 4-41　交接检查记录

编号：C6－4

<table>
<tr><td>工程名称</td><td colspan="4">中县汝河治理水闸工程</td></tr>
<tr><td>移交单位名称
（上道工序名称）</td><td>基槽放线</td><td colspan="2">接收单位名称
（下道工序名称）</td><td>基槽土方开挖</td></tr>
<tr><td>交接部位</td><td>基槽</td><td colspan="2">检查日期</td><td>2013 年 4 月 3 日</td></tr>
<tr><td colspan="5">交接内容：
1. 基槽放线完毕。
2. 基槽坐标、轴线尺寸、标高正确。</td></tr>
<tr><td colspan="5">检查结果：
经交接双方检查，基槽放线各项指标经验收合格，满足下步工序的要求，双方同意移交，并履行签字手续。</td></tr>
<tr><td colspan="5">复查意见：</td></tr>
<tr><td colspan="5">见证单位意见：
符合设计及规范要求，同意交接。</td></tr>
<tr><td rowspan="2">签字栏</td><td>移交单位</td><td colspan="2">接收单位</td><td>见证单位</td></tr>
<tr><td>安徽淮河勘测设计研究有限公司
王安国</td><td colspan="2">山东大河水电工程建设有限公司
陈大河</td><td>河南山川水电工程监理有限公司
李山川</td></tr>
</table>

2 地基基础检查记录

2.1 地基验槽报验申请与地基验槽检查记录

水利工程基础施工应进行施工验槽，施工单位在自检合格的基础上，编写《地基验槽报验申请表》（表4-42），报监理单位申请验槽。然后由建设单位组织勘察单位、设计单位、施工单位、监理单位的项目负责人或技术质量负责人共同检查验收地基是否满足设计、规范等有关要求，形成《地基验槽检查记录》（表4-43）。

表4-42 地基验槽报验申请表

工程名称：中县汝河治理水闸工程 编号：C6－5－1

致：河南山川水电工程监理有限公司 我单位已完成了 闸室地基验槽 工作，现报上该工程报验申请表，请予以审查和验收。 附件： 1. 地基验槽（坑）记录 承包单位（章） 山东大河水电工程建设有限公司 项目经理 陈大河 日　　期 2013年4月17日
审查意见： 见地基验槽检查记录 项目监理机构（章） 河南山川水电工程监理有限公司 总/专业监理工程师 李山川 日　　期 2013年4月18日

表 4-43 地基验槽检查记录

编号:C6 - 5 - 2

工程名称	中县汝河治理水闸工程	验槽日期	2013 年 4 月 19 日
验槽部位	闸室地基		

依据:施工图纸(施工图纸号__结 - 1,结 - 3__)、设计变更/洽商(编号__/__)及有关规范、规程。

验槽内容:

基槽开挖至勘探报告第_3_层,持力层为_3_层。

基底绝对高程和相对标高_515.2 m __ - 8.70 m。_

土质情况_2 类黏土 基底为老土层,均匀密实_

(附:☑钎探记录及钎探点平面布置图)

桩位置_/_、桩类型_/_、数量_/_

承载力满足设计要求。(附: □施工记录、 □桩检测记录)

申报人:李定远

检查意见:

槽底土均匀密实,与地质勘探报告(编号 02)相符,基槽平面位置、几何尺寸、基底标高、定位符合设计要求。

地下水情况:槽底地下水位上 1.5 m,无坑、穴洞。

检查结论:☑无异常,可进行下道工序 □需要地基处理

签字公章栏	建设单位(签章)	监理单位(签章)	设计单位(签章)	勘察单位(签章)	施工单位(签章)
	项目负责人: 张中发	总监理工程师: 李山川	项目专业负责人: 王安国	项目负责人: 王安国	项目负责人: 陈大河

地基验槽检查记录填写要求：

(1)地基验槽检查内容包括基坑位置、平面尺寸、持力层核查、基底绝对高程标高、基坑土质情况及地下水位等，有基础桩支护或桩基工程还应有工程桩的检查。

(2)《地基验槽检查记录》应由建设、勘察、设计、监理、施工单位共同验收签认。地基需处理时，应由勘察、设计部门提出处理意见。

(3)验槽内容：注明地质勘察报告编号，基槽标高、断面尺寸，必要时可附断面简图示意。注明土质情况，附上钎探记录和钎探点平面布置图。若采用桩基还应说明桩的类型、数量等，附上桩基施工记录、桩基检测报告等。

(4)检查意见要明确，验槽内容是否符合要求要描述清楚，在检查中，一次验收未通过的要注明质量问题，并提出具体处理意见。

(5)对于进行地基处理的基槽，还应再办理一次地基验槽记录，并注明地基处理的洽商编号、处理方法等。

(6)本表由施工单位填写，各参加单位签章，建设单位、施工单位、档案馆各保存一份。

2.2 地基处理记录

地基需处理时，应由勘察、设计部门提出处理意见，施工单位应依据勘察、设计单位提出的处理意见进行地基处理，完工后填写《地基处理记录》(表4-44)，内容包括地基处理方式、处理部位、深度及处理结果等。地基处理完成后，应报请勘察、设计、监理部门复查。

当地基处理范围较大、内容较多、用文字描述较困难时，应附简图示意。如勘察、设计单位委托监理单位进行复查时，应有书面的委托记录。

2.3 地基钎探记录

(1)施工中为检验浅土层(如基槽)的均匀性，确定基槽的容许承载力及检验填土质量，进行地基钎探形成《地基钎探记录》(表4-45)。

(2)专业工长负责钎探的实施，并按照钎探图及有关规定进行钎探并填写地基钎探记录。钎探记录表中施工单位、工程名称要写具体，锤重、自由落距、钎径、钎探日期要依据现场情况填写。

(3)《地基钎探记录》主要包括钎探点平面布置图和钎探记录。钎探前应绘制钎探点平面布置图，确定钎探点布置及顺序编号。钎探中如发现异常情况，应在地基钎探记录表的备注栏内注明。

(4)钎探记录表应附有原始记录表，污损严重的可重新抄写，但原始记录要保存好，并附在新件之后。

表 4-44　地基处理记录

编号:C6－5－3

工程名称	中县汝河治理水闸工程	日期	2013 年 4 月 10 日

处理依据及方式:

处理依据:

(1)《建筑地基基础工程施工质量验收规范》(GB 50202—2009)。

(2)《建筑地基处理技术规范》(JGJ 79—2012)。

(3)本工程《地基基础施工方案》。

(4)设计变更/洽商(编号 03)及钎探记录。

方式:填级配石厚 200 mm。

处理部位及深度(或用简图表示)

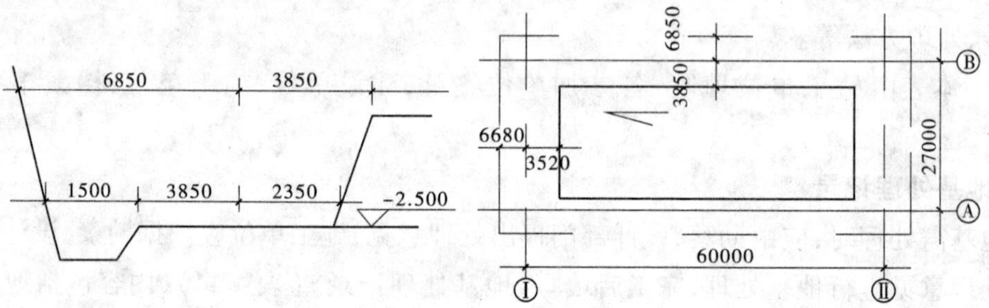

□有　☑无　附页(图)

处理结果:

填级配石厚 200 mm。

(1)先将基底松土及橡皮土清至老土层。

(2)按设计要求两侧钉好水平桩,标高控制在 －2.2 m,与回填级配石上平。

(3)回填级配石的粒径不大于 10 cm,且无草根、垃圾等有机物。

(4)填好级配石后用平板振动器振捣遍数不少于 3 遍。

(5)排水沟内填卵石,不含有砂子,标高至基底上表面。

(6)级配石的运输方法:用钉好的溜槽投料,严禁将配石由上直接投入槽中。

检查意见:

经复验,已按洽商要求施工完毕,符合质量验收规范要求,可以进行下道工序施工。

(由勘察、设计单位签署复查意见)

检查日期:2013 年 4 月 10 日

签字栏	监理单位	设计单位	勘察单位	施工单位	山东大河水电工程建设有限公司	
				专业技术负责人	专业质检员	专业工长
	李山川	王安国	王安国	丁军	安重	王涵

表4-45 地基钎探记录

编号:C6-5-4

工程名称	中县汝河治理水闸工程			钎探日期	2013年3月28日		
套锤重	12 kg	自由落距		60 cm	钎径	$\phi35$	
顺序号	各步锤击数						备注
	0~30 cm	30~60 cm	60~90 cm	90~120 cm	120~150 cm	150~180 cm	180~210 cm
1	15	39	722	85	25	72	88
2	14	15	78	57	28	35	43
3	18	48	89	29	16	18	29
4	14	40	46	99	35	36	65
5	18	55	89	40	25	42	34
6	18	81	143	58	47	39	17
7	17	69	154	38	34	75	69
8	15	56	58	32	26	82	68
9	12	34	56	31	29	57	65
10	18	65	75	48	18	29	33
11	24	75	106	88	20	36	18
12	16	68	115	66	26	44	69
13	16	67	113	42	41	67	65
14	21	72	97	30	26	44	42
15	25	68	68	42	25	31	29
16	17	61	76	70	19	90	85
17	15	54	80	63	19	23	27
18	16	56	108	116	41	111	58
施工单位	山东大河水电工程建设有限公司						
专业技术负责人		专业工长			记录人		
丁军		王涵			李镇		

3　混凝土检查记录

3.1　混凝土开盘鉴定

为了验证混凝土的实际质量与设计要求是否一致，实际生产时，对首次使用的用于承重结构及抗渗防水工程的混凝土配合比应进行开盘鉴定，形成《混凝土开盘鉴定》(表4-46)。

(1)采用预拌混凝土的，应对首次使用的混凝土配合比在混凝土出厂前，由混凝土供应单位自行组织相关人员进行开盘鉴定，并应至少留置一组28 d标准养护试块作为验证配合比的依据。

(2)采用现场搅拌混凝土的，应由施工单位组织监理单位、搅拌机组、混凝土试配单位进行开盘鉴定工作，共同认定试验室签发的混凝土配合比确定的组成材料是否与现场施工所用材料相符，以及混凝土拌合物性能是否满足设计要求和施工需要。开始搅拌时，每个单位工程首次使用的混凝土配合比应至少留置一组28 d标准养护试块作为验证配合比的依据。

(3)《混凝土开盘鉴定》的内容应包括工程名称及部位、施工单位、鉴定编号、强度等级、要求坍落度、搅拌方式、配合比编号、试配单位、水灰比、砂率、鉴定结论、试块抗压强度、参加开盘鉴定各单位代表签字或盖章等。

表4-46　混凝土开盘鉴定

编号：C6－6－1

<table>
<tr><td colspan="2">工程名称及部位</td><td colspan="3">中县汝河治理水闸工程分水闸工程</td><td colspan="2">鉴定编号</td><td colspan="3">HK2013－07</td></tr>
<tr><td colspan="2">施工单位</td><td colspan="3">山东大河水电工程建设有限公司</td><td colspan="2">搅拌方式</td><td colspan="3">强制式搅拌机</td></tr>
<tr><td colspan="2">强度等级</td><td colspan="3">C35</td><td colspan="2">要求坍落度</td><td colspan="3">160～180 cm</td></tr>
<tr><td colspan="2">配合比编号</td><td colspan="3">2013－032</td><td colspan="2">试配单位</td><td colspan="3">中川工程检测有限公司</td></tr>
<tr><td colspan="2">水灰比</td><td colspan="3">0.46</td><td colspan="2">砂率(%)</td><td colspan="3">42</td></tr>
<tr><td colspan="2">材料名称</td><td>水泥</td><td>砂</td><td>石</td><td>水</td><td colspan="2">外加剂</td><td colspan="2">掺合料</td></tr>
<tr><td colspan="2">每立方米用料(kg)</td><td>323</td><td>773</td><td>1 053</td><td>180</td><td>8.7</td><td></td><td>91</td><td></td></tr>
<tr><td colspan="2" rowspan="2">调整后每盘用料(kg)</td><td colspan="8">砂含水率5.4％　石含水率0.2％</td></tr>
<tr><td>646</td><td>1 629</td><td>2 110</td><td>272</td><td>17.4</td><td></td><td>182</td><td></td></tr>
<tr><td rowspan="4">鉴定结果</td><td rowspan="2">鉴定项目</td><td colspan="3">混凝土拌合物性能</td><td colspan="3" rowspan="2">混凝土试块抗压强度(MPa)</td><td colspan="2" rowspan="2">原材料与申请单是否相符</td></tr>
<tr><td>坍落度</td><td>保水性</td><td>黏聚性</td></tr>
<tr><td>设计</td><td>160～180 cm</td><td></td><td></td><td colspan="3" rowspan="2">42.2</td><td colspan="2" rowspan="2">相符</td></tr>
<tr><td>实测</td><td>170 cm</td><td>良好</td><td>良好</td></tr>
<tr><td colspan="10">鉴定结论：
同意C35混凝土开盘鉴定结果，鉴定合格。</td></tr>
<tr><td colspan="2">建设(监理)单位</td><td colspan="3">混凝土试配单位负责人</td><td colspan="3">施工单位技术负责人</td><td colspan="2">搅拌机组负责人</td></tr>
<tr><td colspan="2">李山川</td><td colspan="3">付水</td><td colspan="3">陈大河</td><td colspan="2">王江</td></tr>
<tr><td colspan="4">鉴定日期</td><td colspan="6">2013年7月15日</td></tr>
</table>

3.2 预拌混凝土运输单

(1)施工现场使用预拌混凝土时,混凝土供应单位应随车向施工单位提供预拌混凝土运输单。

(2)《预拌混凝土运输单》(表4-47)有正、副本之分,其内容应包括工程名称、使用部位、供应方量、配合比、坍落度、出站时间、到场时间和测定的现场实测坍落度等。

(3)《预拌混凝土运输单》中的基本信息要填写完整,出站时间、到场时间、现场坍落度、开始浇筑时间、完成浇筑时间、现场出罐温度等项目要如实填写清楚。

(4)《预拌混凝土运输单》的正本由供应单位保存,副本由施工单位保存。

表4-47 预拌混凝土运输单(正本)

编号:C6－6－2

合同编号	ZXRHZL－HDYS		任务单号	20130098			
供应单位	中县混凝土公司		生产日期	2013年10月25日			
工程名称及施工部位	中县汝河治理水闸工程闸底板部位						
委托单位	山东大河水电工程建设有限公司		混凝土强度等级	C35		抗渗等级	35
混凝土输送方式	泵送		其他技术要求	/			
本车供应方量(m^3)	30		要求坍落度(mm)	140～160		实测坍落度(mm)	150
配合比编号	2013－022		配合比比例	C:W:S:G=1.0:0.49:2.42:3.17			
运距(km)	20	车号	豫Z 12345	车次	16	司机	王二辉
出站时间	13:38		到场时间	14:28		现场出罐温度(℃)	20
开始浇筑时间	14:36		完成浇筑时间	15:10		现场坍落度(mm)	150
签字栏	现场验收人		混凝土供应单位质量员			混凝土供应单位签发人	
	付水		邓严			刘昆	

3.3 混凝土浇灌申请书

(1)混凝土正式浇筑前,施工单位应对钢筋、模板工程,水电预埋,材料、设备及其他准备工作等进行检查,在自检合格的基础上填写《混凝土浇灌申请书》(表4-48)报监理单位审批,审批合格后方可浇筑混凝土。

(2)《混凝土浇灌申请书》的内容应包括工程名称、浇灌部位及时间、混凝土强度等级及配合比、准备工作情况、批准意见及批准人等。各项内容应根据实际情况填写清楚、齐全,不得有缺项、漏项。

表 4-48 混凝土浇灌申请书

编号:C6－6－3

工程名称	中县汝河治理水闸工程	申请浇灌日期	2013 年 11 月 21 日 8 时
申请浇灌部位	交通桥	申请方量(m^3)	30
技术要求	坍落度 140～160 mm,初凝时间 2.3 h	强度等级	C35
搅拌方式(搅拌站名称)	中县混凝土公司	申请人	陈河

依据:施工图纸(施工图纸号 水—001)、
设计变更/洽商(编号 /)和有关规范、规程。

施工准备检查	专业工长(质量员)签字	备注
1. 隐检情况:☑ 已 □未完成隐检。	王涵	
2. 预检情况:☑ 已 □未完成预检。	王涵	
3. 水电预埋情况:☑ 已 □未完成并未经检查。	王涵	
4. 施工组织情况:☑ 已 □未完备。	王涵	
5. 机械设备准备情况:☑ 已 □未准备。	王涵	
6. 保温及有关准备:☑ 已 □未准备。	王涵	

审批意见:

原材料、机械设备及施工人员已就位。
施工方案及技术交底工作已落实。
计量设备已准备完毕。
各种隐预检、水电预埋工作已完成。

审批结论: ☑同意浇筑 □整改后自行浇筑 □不同意,整改后重新申请

审批人:李山川 审批日期:2013 年 11 月 18 日

施工单位名称:山东大河水电工程建设有限公司

3.4 混凝土准浇证

当施工单位把混凝土浇灌申请书报监理单位审核时,监理单位应对混凝土浇筑的各项准备工作是否符合要求,模板、钢筋、预埋件及施工缝处理是否合格等进行检查,形成《混凝土准浇证》(表 4-49)。

表4-49 混凝土准浇证

编号:C6－6－4

<table>
<tr><td colspan="2">单位工程名称</td><td>中县汝河治理水闸工程</td><td colspan="2">工程量</td><td>30 m³</td></tr>
<tr><td colspan="2">分部工程名称</td><td>交通桥</td><td colspan="2" rowspan="2">单元工程名称、部位</td><td rowspan="2">底部</td></tr>
<tr><td colspan="2">施工单位</td><td>山东大河水电工程建设有限公司</td></tr>
<tr><td rowspan="11">分项工程质量检查结果</td><td colspan="2" rowspan="2">检查项目</td><td colspan="3">检查结果</td></tr>
<tr><td colspan="2">承包人检查结论</td><td>监理检查结论</td></tr>
<tr><td>1</td><td>基础开挖</td><td colspan="2">按设计及有关规范清理</td><td>满足相关要求</td></tr>
<tr><td>2</td><td>基础清理或施工缝处理</td><td colspan="2">按设计及有关规范清理</td><td>满足相关要求</td></tr>
<tr><td>3</td><td>模板(位置、平整、固定等)</td><td colspan="2">模板工序已报验合格</td><td>满足相关要求</td></tr>
<tr><td>4</td><td>钢筋</td><td colspan="2">钢筋工序已报验合格</td><td>满足相关要求</td></tr>
<tr><td>5</td><td>施工组织情况</td><td colspan="2">按要求已准备就绪</td><td>满足相关要求</td></tr>
<tr><td>6</td><td>观测仪器埋设</td><td colspan="2">已完毕</td><td>满足相关要求</td></tr>
<tr><td>7</td><td>水电预埋情况</td><td colspan="2">已完毕</td><td>满足相关要求</td></tr>
<tr><td>8</td><td>机械设备准备情况</td><td colspan="2">按要求已准备就绪</td><td>满足相关要求</td></tr>
<tr><td>9</td><td>保温及有关准备</td><td colspan="2">已完毕</td><td>满足相关要求</td></tr>
<tr><td rowspan="2">混凝土</td><td>强度等级</td><td>级配</td><td>坍落度</td><td>水灰比</td><td>入仓温度</td></tr>
<tr><td>C35</td><td>2013－022</td><td>150 mm</td><td>0.46</td><td>35 ℃</td></tr>
<tr><td>承包人</td><td colspan="5">经检查,本区浇筑前仓面各项准备工作已满足设计及规范要求,允许进行混凝土浇筑。
质检员签名:安重
2013 年 11 月 20 日</td></tr>
<tr><td rowspan="4">监理签证</td><td colspan="5">本区浇筑措施完善,浇筑方法明确,浇筑设备完好齐全,仓面各项准备工作满足设计和规范要求,同意浇筑混凝土。</td></tr>
<tr><td colspan="5">本准浇证 2013 年 11 月 21 日 16 时 0 分前开浇有效。逾时未能浇筑,本证作废。</td></tr>
<tr><td colspan="5">监理单位:河南山川水电工程监理有限公司 监理工程师:李山川</td></tr>
<tr><td colspan="5">签证时间: 2013 年 11 月 21 日</td></tr>
</table>

3.5 混凝土拆模申请单

在拆除现浇混凝土结构板、梁、悬臂构件等底模和柱墙侧模前,应填写《混凝土拆模申请单》(表4-50),并附同条件混凝土强度等级报告,施工单位项目专业负责人审批后报监理单位审核,通过后方可拆模。

(1)拆模时混凝土强度规定:当设计有要求时,应按设计要求;当设计无要求时,应按现行规范要求。

（2）如结构型式复杂（结构跨度变化比较大）或平面不规则，应附拆模平面示意图。

（3）审批意见：在同条件下，当混凝土养护试件的强度达到设计或规范要求时，由施工单位项目专业技术负责人审批，监理单位负责人审核，最后由施工单位、监理单位签章及相关负责人签字。

（4）本表由施工单位填写，建设单位、施工单位、工程管理单位档案馆各保存一份。

表 4-50　混凝土拆模申请单

编号：C6－6－5

<table>
<tr><td>工程名称</td><td colspan="2">中县汝河治理水闸工程</td><td colspan="2">施工单位</td><td colspan="2">山东大河水电工程建设有限公司</td></tr>
<tr><td>申请拆模部位</td><td colspan="6">交通桥底部模板</td></tr>
<tr><td>混凝土强度等级</td><td>C35</td><td>混凝土浇筑完成时间</td><td>2013 年 11 月 21 日</td><td>申请拆模时间</td><td colspan="2">2013 年 12 月 9 日</td></tr>
<tr><td colspan="7">构件类型</td></tr>
<tr><td>☐ 墙</td><td>☐ 柱</td><td>板
☐ 跨度≤2 m
☑ 2 m＜跨度≤8 m
☐ 跨度＞8 m</td><td>梁
☐ 跨度≤8 m
☐ 跨度＞8 m</td><td colspan="2">☐ 悬臂构件</td><td>其他</td></tr>
<tr><td colspan="2">拆模时混凝土强度要求</td><td>龄期（d）</td><td>同条件混凝土抗压强度（MPa）</td><td colspan="2">达到设计强度等级（%）</td><td>强度报告编号</td></tr>
<tr><td colspan="2">应达到设计强度的 <u>75</u> %
（或 <u>／</u> MPa）</td><td>18</td><td>30</td><td colspan="2">85%</td><td>201311－021</td></tr>
<tr><td>申请意见</td><td colspan="6">已达到拆模要求，请检查并予以批准！</td></tr>
<tr><td>审批意见</td><td colspan="6">构件的同条件混凝土试件抗压强度达到设计强度的 85%（同条件混凝土试件强度报告附后），符合 GB 50204—2011 规定，同意拆模。
批准拆模日期：2013 年 12 月 9 日</td></tr>
<tr><td rowspan="4">会签栏</td><td>监理（建设）单位（签章）</td><td colspan="5">施工单位（签章）</td></tr>
<tr><td>总监（代表）</td><td>专业技术负责人</td><td colspan="2">质检员</td><td colspan="2">专业工长</td></tr>
<tr><td>李山川</td><td>丁军</td><td colspan="2">安重</td><td colspan="2">王涵</td></tr>
<tr><td>日期：2013 年 12 月 9 日</td><td>日期：2013 年 12 月 9 日</td><td colspan="2">日期：2013 年 12 月 9 日</td><td colspan="2">日期：2013 年 12 月 9 日</td></tr>
</table>

对于大面积、高跨度模板拆模前，应根据施工单位提交的混凝土拆模申请单，并附有拆模安全措施，监理单位审批后专门下达模板拆除令。

3.6　混凝土搅拌、养护测温记录

冬期混凝土施工时，应进行搅拌、养护的测温记录，具体规定如下：

(1)《混凝土搅拌测温记录》(表4-51)应包括大气温度、原材料温度、出罐温度、入模温度等。

(2)混凝土冬施养护测温应先绘制测温点布置图，包括测温点的部位、深度等。

(3)填写测温记录时，在“备注”栏内应填写“现场搅拌”或“预拌混凝土”。此外，表格中各温度值需标注上正负号，以便于清楚识读。

(4)测温起止时间指室外日平均气温连续5 d低于5 ℃时起，至室外日平均气温连续5 d高于5 ℃时止。

(5)掺加防冻剂的混凝土在未达到抗冻临界强度(4 MPa)之前每隔2 h测量一次，达到抗冻临界强度(4 MPa)且温度变化正常，测温间隔时间可由2 h调整为6 h。

表4-51　混凝土搅拌测温记录

编号：C6－6－6

工程名称	中县汝河治理水闸工程										
混凝土强度等级	C25				坍落度			80 mm			
水泥品种及强度等级	P. O 42.5				搅拌方式			机械			
测温时间				大气温度(℃)	原材料温度(℃)				出罐温度(℃)	入模温度(℃)	备注
年	月	日	时		水泥	砂	石	水			
××	×	×	10	+5	+5	+16	+4	+62	+18	+16	现场搅拌
××	×	×	12	+6	+5	+15	+4	+61	+18	+16	现场搅拌
××	×	×	14	+8	+5	+12	+5	+65	+20	+17	现场搅拌
××	×	×	16	+6					+18	+15	现场搅拌
××	×	×	18	+5					+19	+16	商品混凝土
××	×	×	20	+2					+17	+15	商品混凝土
××	×	×	22	0					+18	+16	商品混凝土
××	×	×	24	−2					+19	+16	商品混凝土
施工单位				山东大河水电工程建设有限公司							
专业技术负责人				专业质检员				记录人			
丁军				安重				朱军			

3.7 大体积混凝土养护测温记录

大体积混凝土测温的主要目的是控制大体积混凝土的施工质量,也就是对大体积混凝土温度裂缝控制。《大体积混凝土养护测温记录表》填写规定如下:

(1)大体积混凝土养护测温记录应真实、及时,严禁弄虚作假。填写《大体积混凝土养护测温记录表》(表4-52),记录时,应作好大气温度(t)、入模温度、各测温孔的实测温度、内外温差记录和裂缝检查记录等,并随时观察大气温度对混凝土中心及表面温度的影响。

(2)大体积混凝土养护测温应附测温点布置图,包括测温点的布置位置、深度等。

(3)本表由施工单位填写并保存。

表4-52 大体积混凝土养护测温记录表

编号:C6-6-7

工程名称				中县汝河治理水闸工程					测温记录时间		2013 年 7 月 20 日	
测温部位			闸底板		测温方式		电子测温		养护方法		浇水养护	
测温时间			大气温度(℃)	入模温度(℃)	孔号	各测温孔温度(℃)		$t_中-t_上$(℃)	$t_中-t_下$(℃)	$t_气-t_上$(℃)	内外最大温差记录(℃)	裂缝宽度(mm)
月	日	时										
10	18	7	18	35	1	上	63	16	15	43	53	无
						中	79					
						下	64					
10	18	7	18	36	2	上	73	1	14	53		
						中	74					
						下	60					
10	18	7	18	34	3	上	51	14	10	31		
						中	65					
						下	55					
10	18	7	18	35	4	上	59	6	13	39		
						中	65					
						下	52					
						上						
						中						
						下						
						上						
						中						
						下						
审核意见		混凝土测温点布置及测温措施控制,各项数据符合设计、规范要求。										
施工单位					山东大河水电工程建设有限公司							
项目(专业)技术负责人					专业工长				测温员			
陈大河					王涵				丁磊			

4 其他施工记录

4.1 构件吊装记录

《构件吊装记录》(表4-53)适用于预制混凝土结构构件、大型钢、木构件吊装。有关构件吊装规定,允许偏差和检验方法见相关标准、规范。

构件吊装记录的内容应包括构件型号名称、安装位置、外观检查、楼板堵孔、清理、锚固、构件支点的搁置与搭接长度、接头处理、固定方法、标高、垂直偏差等,应符合设计和现行标准、规范要求。

施工单位填写《构件吊装记录》时,应按以下规定执行:

(1)表中各项均应填写清楚、齐全、准确,并附有吊装图。吊装图中,构件类别、型号、编号位置应与施工图纸和结构吊装施工记录一致,并注明图名、制图人、审核人及日期。

(2)"安装位置"用轴线号表示,"标高检查"栏内填写构件底部标高,"搁置与搭接尺寸"栏:填写构件在支座上的搭接尺寸,"接头(点)处理"栏:填写吊装节点的具体处理方式,"固定方法"栏内应填写与结构的连接方法。

"备注"栏内应填写吊装过程中出现的问题、处理措施及质量情况等。对于重要部位或大型构件的吊装工程,应有专项安全交底。

表4-53 构件吊装记录

编号:C6-7

工程名称		中县汝河治理水闸工程					
使用部位		排架		吊装日期		2013年11月18日	
序号	构件名称及编号	安装位置	安装检查				备注
			搁置与搭接尺寸	接头(点)处理	固定方法	标高检查	
1	预应力混凝土面板1#	①~③/Ⓐ~Ⓙ轴	70 mm	焊接混凝土灌缝	焊接	22.8	
结论: 预应力混凝土面板有出厂合格证,外观、型号、数量等各项技术指标符合设计要求及规范规定,构件合格。							
施工单位		山东大河水电工程建设有限公司					
专业技术负责人		专业质检员			记录人		
丁军		安重			朱军		

4.2 预应力筋张拉记录

预应力工程的张拉施工是影响施工质量、安全的重要工序，必须加强过程质量控制，做好张拉施工记录。

(1)预应力筋张拉记录有两种，其相关规定与要求：《预应力筋张拉记录(一)》(表 4-54)包括预应力施工部位、预应力筋规格、平面示意图、张拉程序、应力记录、伸长量等；《预应力筋张拉记录(二)》(表 4-55)对每根预应力筋的张拉实测值进行记录。

表 4-54 预应力筋张拉记录(一)

编号：C6－9－1

工程名称	中县汝河治理水闸工程	张拉日期	2013 年 11 月 15 日
施工部位	排架	预应力筋规格及抗拉强度	Φs 650 N/m³

预应力张拉程序及平面示意图：

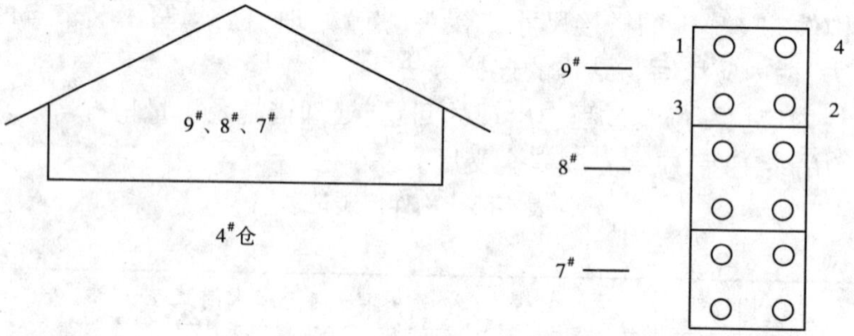

□有　☑无附页

张拉端锚具类型		固定端锚具类型	
设计控制应力	305 kN	实际张拉力	308 kN
千斤顶编号	1#(表号 498)	压力表编号	20.1
	2#(表号 457)		20.3
混凝土设计强度	C50	张拉时混凝土实际强度	75 MPa

预应力筋计算伸长值：

$$\Delta L = \frac{E_p \cdot L}{AP \cdot E_s} = \frac{308 \times 27\,400}{15 \times 19.63 \times 200} = 143(\mathrm{mm})$$

预应力筋伸长值范围：

136 ~ 157 mm

施工单位	山东大河水电工程建设有限公司	
专业技术负责人	专业质检员	记录人
丁军	安重	朱军

后张法预应力张拉施工应执行实行见证管理,按规定要求做见证张拉记录。

(2)预应力工程施工记录由相应资质的专业施工单位负责提供。预应力筋的张拉力、张拉或放张顺序及张拉工艺应符合设计和施工方案的要求。

(3)表中各项均应填写清楚、齐全、准确;平面示意图要绘制精确,比例适当,标注明白。

表4-55 预应力筋张拉记录(二)

编号:C6-9-2

工程名称	中县汝河治理水闸工程			张拉日期	2013年12月7日			
张拉顺序编号	计算值	预应力筋张拉伸长实测值(cm)						备注
		一端张拉			另一端张拉		总伸长	
		原长 k	实长	伸长 AL	原长 U'	实长 W	伸长 AL'	
1#	14.2	2.3	13.2	10.9	5.1	8.5	3.4	14.3	
2#	14.2	3.0	13.6	10.6	4.9	8.5	3.6	14.2	
3#	14.2	2.6	13.6	11.0	4.8	8.1	3.3	14.3	
4#	14.2	2.8	14.2	11.4	5.2	8.2	3.0	14.4	
5#	14.3	2.9	13.9	11.0	6.0	9.5	3.5	14.5	

☑有 □无见证	见证单位	河南山川水电工程监理有限公司	见证人	张一
施工单位	山东大河水电工程建设有限公司			
专业技术负责人	专业质检员	记录人		
丁军	安重	朱军		

4.3 灌浆检查记录

在水利工程灌浆施工过程中,施工单位应做好《灌浆检查记录》(表4-56)。记录的内容包括灌浆孔状况、水泥浆配比状况、灌浆压力、灌浆量,并有灌浆点简图和编号等。

表 4-56　灌浆检查记录

编号:C6－10

工程名称	中县汝河治理水闸工程	施工部位	闸室地基		
灌浆配合比	0.42	水泥强度等级	42.5	复试报告编号	
灌浆要求压力值	0.44 MPa	灌浆日期	2013 年 4 月 15 日		

灌浆点简图与编号:

(1)灌浆点简图

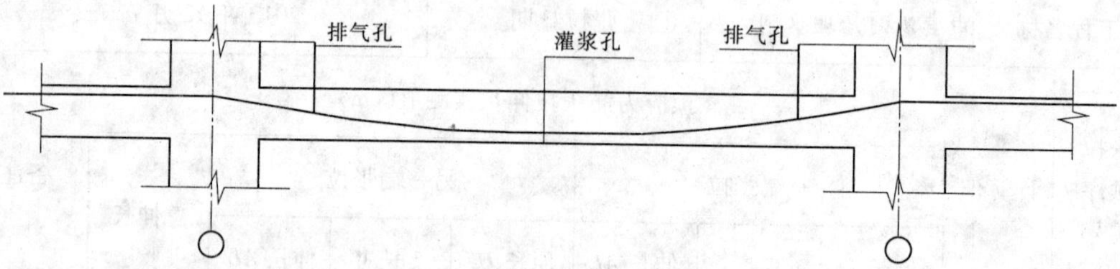

(2)灌浆点编号由梁号、预应力筋编号和每道梁中对应的孔道顺序号组成。

灌浆点编号	灌浆压力值(MPa)	灌浆量(L)	灌浆点编号	灌浆压力值(MPa)	灌浆量(L)
YKL－2－1 ① 1	0.44	93.6	YKL－2－7 ④ 1	0.44	42.0
YKL－2－2Q1	0.46	93.5	YKL－2－8 ④ 1	0.44	41.8
YKL－2－3 ② 1	0.40	68.8	YKL－2－9□1	0.44	85.9
YKL－2－3 ③ 1	0.44	71.1			
YKL－2－4 ② 1	0.46	68.7			
YKL－2－4 ③ 1	0.42	71.0			
YKL－2－501	0.44	93.7			
YKL－2－6 ④ 1	0.40	42.1			—

备注:

施工单位	山东大河水电工程建设有限公司	
专业技术负责人	专业质检员	记录人
丁军	安重	朱军

4.4 地下工程防水效果检查记录

地下工程验收时，应对地下工程有无渗漏现象进行检查，并填写《地下工程防水效果检查记录》（表4-57），主要检查内容应包括裂缝、渗漏水部位和处理意见等。发现渗漏水现象应制作、标示好《背水内表面结构工程展开图》。

填写时，在“检查方法及内容”栏内按《地下防水工程质量验收规范》相关内容及技术方案填写。附件收集：背水内表面结构工程展开图、相关图片、照片及说明文件等。

表4-57 地下工程防水效果检查记录

编号：C6－12

<table>
<tr><td colspan="2">工程名称</td><td colspan="3">学生宿舍3#</td></tr>
<tr><td colspan="2">检查部位</td><td>地下室底板、外墙</td><td>检查日期</td><td>2013年2月5日</td></tr>
<tr><td colspan="5">检查方法及内容：
依据《地下防水工程施工质量验收规范》（GB 50208—2002）及施工方案，渗漏水水量调查与量测方法执行《地下防水工程施工质量验收规范》（GB 50208—2002）中第8.0.8条及附录C，内容包括裂缝、渗漏部位、大小，渗漏情况、处理意见等。</td></tr>
<tr><td colspan="5">检查结果：
经检查：地下室底板、外墙不存在渗漏水现象，施工工艺及观感质量合格，符合设计要求和《地下防水工程施工质量验收规范》（GB 50208—2002）有关规定。</td></tr>
<tr><td colspan="5">复查意见：
复查人：　　　　复查日期：　年　月　日</td></tr>
<tr><td rowspan="3">签字栏</td><td rowspan="2">建设（监理）单位</td><td>施工单位</td><td colspan="2">山东大河水电工程建设有限公司</td></tr>
<tr><td>专业技术负责人</td><td>专业质检员</td><td>专业工长</td></tr>
<tr><td>河南山川水电工程监理公司</td><td>丁军</td><td>安重</td><td>王涵</td></tr>
</table>

4.5 蓄水检查记录

水利工程修建完成蓄水后必须填写《蓄水检查记录》（表4-58）。蓄水检查内容包括蓄水方式、蓄水时间、蓄水深度及边缘封堵情况和有无渗漏现象等。

表 4-58　蓄水检查记录

编号：C6－13

<table>
<tr><td>工程名称</td><td colspan="4">段村土石坝工程</td></tr>
<tr><td>检查部位</td><td colspan="2">土石坝坝体 0～90 m 处</td><td>检查日期</td><td>2013 年 2 月 5 日</td></tr>
<tr><td>检查方式</td><td colspan="2">☑第一次蓄水　□第二次蓄水</td><td>蓄水日期</td><td>从 2013 年 2 月 3 日 8 时
至 2013 年 2 月 4 日 8 时</td></tr>
<tr><td colspan="5">检查方法及内容：
拦河土石坝第一次蓄水，蓄水深度为 3.2 m，蓄水时间 24 h。</td></tr>
<tr><td colspan="5">检查结果：
经检查，土石坝在蓄水期内牢固、安全，无渗漏现象；结合部位无不良反应，符合施工质量验收规范的要求，检查合格。</td></tr>
<tr><td colspan="5">复查意见：
复查人：　　复查日期：　年　月　日</td></tr>
</table>

<table>
<tr><td rowspan="3">签字栏</td><td rowspan="2">建设（监理）单位</td><td>施工单位</td><td colspan="2">河南大河水电工程建设有限公司</td></tr>
<tr><td>专业技术负责人</td><td>专业质检员</td><td>专业工长</td></tr>
<tr><td>河南山川水电工程监理公司</td><td>丁军</td><td>安重</td><td>王涵</td></tr>
</table>

4.6　通风（烟）道、垃圾道检查记录

发电厂房通风（烟）道应做全数通（抽）风、漏风、串风检查试验，并做好检查记录。主烟（风）道应先检查，检查部位按轴线记录；其他烟（风）道按户门编号记录。检查分初检与复查两种，但应注重初检工作。

垃圾道应全数检查其畅通情况，要求 100% 检查，并做好检查记录。

填写《通风（烟）道、垃圾道检查记录》（表 4-59）时，检查合格的划“√”，不合格的划“×”，复查时合格的，可在“×”后面再划上“√”。

表4-59 通风(烟)道、垃圾道检查记录

编号:C6－14

工程名称	葛夏巴发电厂房				检查日期	2013年2月10日	
检查部位和检查结果						检查人	复检人
检查部位	主烟(风)道		副烟(风)道		垃圾道		
	烟道	风道	烟道	风道			
	√		√			王安重	
		√		√		王安重	
		×√		√		王安重	张迁
	√		√			王安重	
		√		√		王安重	
①	×√		√			王安重	张迁
	√		√	√		王安重	
		√		×√		王安重	张迁
		√	×√			王安重	张迁
	√			√		王安重	
		√				王安重	
	√		√			王安重	
施工单位	山东大河水电工程建设有限公司						
专业技术负责人	专业质检员				专业工长		
丁军	王安重				王涵		

注:"√"合格;" × "不合格;" × √"初检不合格,复查时合格。

任务 7　施工安全文件编制

安全文件是施工现场安全管理的真实记录，是对企业安全管理检查和评价的重要依据。安全文件的归档和完善有利于企业各项安全生产制度的落实与强化施工全过程、全方位、动态的安全管理，对加强施工现场管理，提高安全生产、文明施工管理水平起到积极的推动作用。有利于总结经验、吸取教训，为更好地贯彻执行“安全第一、预防为主、综合治理”的安全生产方针，保护职工在生产过程中的安全和健康，预防事故发生提供理论依据。现对施工安全中常用术语进行解释：

(1)保证项目：检查评定项目中，对施工人员生命、设备设施及环境安全起关键性作用的项目。

(2)一般项目：检查评定项目中，除保证项目以外的其他项目。

(3)公示标牌：在施工现场的进出口处设置的工程概况牌、管理人员名单及监督电话牌、消防保卫牌、安全生产牌、文明施工牌及施工现场总平面图等，也就是常说的“五牌一图”。

(4)“安全三宝”：安全帽、安全网、安全带。

(5)临边：施工现场内无围护设施或围护设施高度低于 0.8 m 的楼层周边、楼梯侧边、平台或阳台边、屋面周边和沟、坑、槽、深基础周边等危及人身安全的边沿的简称。

施工现场安全文件主要包括以下几方面：施工现场安全管理文件、工程项目生活区资料、工程项目现场料具资料、环境保护文件、脚手架文件、安全防护文件、施工用电文件、塔吊起重吊装文件、机械安全文件、保卫消防文件等。下面具体介绍施工现场安全文件的编制。

1　施工现场安全管理文件编制

施工单位安全部门在做好施工现场安全管理工作过程中，形成许多文件，下面介绍主要的施工现场安全管理文件编制。

1.1　工程概况表

工程概况表主要是对工程安全方面基本情况的简单叙述，包括工程一般信息、单位名称及负责人、主要安全管理人员的姓名、证书号及电话等内容。样表见表 4-60。

1.2　项目重大危险源辨识与评价

施工中为保证安全生产，工程项目管理人员对项目各重大危险源采取控制措施，形成《项目重大危险源控制措施》(表 4-61)及《重大危险源识别汇总表》(表 4-62)。

1.2.1　项目重大危险源控制措施

项目重大危险源控制措施如表 4-61 所示。

表4-60 工程概况表

编号:C7-1-1

<table>
<tr><td>工程名称</td><td colspan="2">中县汝河治理水闸工程</td><td>工程地点</td><td colspan="2">河南中县汝河</td></tr>
<tr><td>工程总造价
(万元)</td><td>捌仟</td><td>施工许可证号
及发证机关</td><td></td><td>施工企业安全
生产许可证号</td><td>豫安许证字
[2012]000003</td></tr>
<tr><td>合同工期</td><td>2年</td><td>实际开工日期</td><td colspan="3">2012年9月9日</td></tr>
<tr><td colspan="4">单位名称</td><td>主要负责人</td><td>联系电话
(办公、手机)</td></tr>
<tr><td>建设单位</td><td colspan="3">中县汝河治理水闸工程建设管理处</td><td>张中发</td><td>××××</td></tr>
<tr><td>勘察单位</td><td colspan="3">安徽淮河勘测设计研究有限公司</td><td>王安国</td><td>××××</td></tr>
<tr><td>设计单位</td><td colspan="3">安徽淮河勘测设计研究有限公司</td><td>王安国</td><td>××××</td></tr>
<tr><td>施工单位</td><td colspan="3">山东大河水电工程建设有限公司</td><td>陈大河</td><td>××××</td></tr>
<tr><td>监理单位</td><td colspan="3">河南山川水电工程监理有限公司</td><td>李山川</td><td>××××</td></tr>
<tr><td>施工安全
监督机构</td><td colspan="3">河南省质量安全监督站</td><td>魏志</td><td>××××</td></tr>
<tr><td colspan="3">主要安全管理人员姓名</td><td colspan="2">证书号</td><td>联系电话</td></tr>
<tr><td>项目经理</td><td colspan="2">陈大河</td><td colspan="2">豫建安A(2012)00000</td><td>××××</td></tr>
<tr><td>技术负责人</td><td colspan="2">丁军</td><td colspan="2">豫建安A(2011)00035</td><td>××××</td></tr>
<tr><td>项目安全经理或
项目安全主管</td><td colspan="2">安重</td><td colspan="2">豫建安A(2010)00500</td><td>××××</td></tr>
<tr><td>总监理工程师</td><td colspan="2">李山川</td><td colspan="2">豫建安A(2008)00390</td><td>××××</td></tr>
</table>

表4-61 项目重大危险源控制措施

工程名称:中县汝河治理水闸工程　　编号:C7-1-2

<table>
<tr><td>危险源名称</td><td colspan="3">模板存放、吊运/拆装不符合规范要求。</td></tr>
<tr><td>危险源出现的
场所与部位</td><td colspan="3">基础和主体模板施工</td></tr>
<tr><td>危险源的
控制措施</td><td colspan="3">1. 现场大模板存放时必须符合相关规定。
2. 两块大模板应采取板面对板面的存放方法。
3. 模板起吊前应检查吊装用绳索/卡具及每块模板的吊环是否完整有效。吊装时,禁止用人力搬动,严防模板大幅度摆动。
4. 在大模板拆装区域周围,应设置围栏,禁止非作业人员进入。
5. 大模板必须有操作平台、上下马道、走桥和防护栏杆等附属设施。
6. 拆除模板一般用长撬棍,人不许站在正在拆除的模板上,拆除无脚模板时使用"索扣"临时固定。
7. 拆除启吊前,应复查穿墙销杆是否拆净,在确定无遗漏且与墙体完全脱离后方可起吊。</td></tr>
<tr><td>可能导致事故
类别及危险
程度</td><td>倾倒/高处坠落</td><td>风险等级</td><td>四级</td></tr>
<tr><td colspan="4">制表人(签字):王建　　部门负责人(签字):蔡迁　　2013年9月16日</td></tr>
</table>

1.2.2 项目重大危险源识别汇总表

项目重大危险源识别汇总表如表4-62所示。

表4-62　重大危险源识别汇总表

填写单位：山东大河水电工程建设有限公司　　　　编号：C7－1－3

总序号	施工区域	人员/设施/活动	序号	危险源	可能导致的事故	风险等级	现有控制措施	责任部门
1		方案措施管理	1	无施工组织设计（方案）安全技术措施	各类事故	重大	按规定进行审核把关	安全管理部
2			2	施工队伍和人员不具备相应资质从事作业活动	各类事故	重大	按规定进行审核把关	安全管理部
3			3	特殊工种和机操人员未经培训合格，未做到持证上岗	高处坠落/起重伤害/火灾	重大	按规定进行审核把关	安全管理部
4			4	未经许可随意拆改安全防护设施和设备	高处坠落	重大	按规定进行审核把关	安全管理部
5			5	作业人员不掌握安全技术操作规程	各类事故	重大	按规定进行审核把关	安全管理部
6			6	未使用或不正确使用个人安全防护用品	高处坠落/物体打击/触电	重大	按规定进行审核把关	安全管理部
7			7	操作人员无体检合格证明，有妨害作业的疾病和生理缺陷	各类事故	重大	按规定进行审核把关	安全管理部
8		降水作业	1	停电	塌方	重大	备好发电机	安全管理部
9		基坑土方开挖	1	不放坡、坑边堆物，护坡土质共振，强度问题，基坑支护无变形检测	坍塌	重大	严格执行操作规程	工程技术部
10			2	无护身栏，夜间无警示、无安全网	高处坠落	重大	严格执行操作规程	安全管理部
11			3	未经允许随意拆改安全防护设施和设备	高处坠落	重大	严格执行操作规程	安全管理部

续表 4-62

总序号	施工区域	人员/设施/活动	序号	危险源	可能导致的事故	风险等级	现有控制措施	责任部门
12		基坑土方开挖	4	支护设施已变形，未有措施	坍塌	重大	严格执行操作规程	安全管理部
13			5	挖土过程中土体产生裂缝未有措施	坍塌	重大	严格执行操作规程	安全管理部
14			6	挖土前无挖土令	综合伤害	重大	严格执行操作规程	安全管理部
15			7	雨后作业前未查土体和支护情况	坍塌	重大	严格执行操作规程	安全管理部
16			8	挖土机械碰到支护桩头，挖土时动作过大	坍塌	重大	严格执行操作规程	安全管理部
17		支护作业	1	放坡坡度不够、基坑边缘 2 m 左右堆砌物料	塌方	重大	实时检查积极采取措施	安全管理部
18			2	钢筋坠落伤人	人身伤害	重大	有专人负责	安全管理部
19		钢筋工程	1	使用操作架不牢固，不铺架板，不系好安全带，不戴安全帽	高处坠落	重大	加强管理，严格控制	安全管理部
20			2	钢筋回转碰到电线	触电	重大	加强管理，严格控制	安全管理部
21			3	起吊钢筋下方站人	物体打击	重大	加强管理，严格控制	安全管理部
22		模板工程	1	木材、聚苯板保管不当	火灾	重大	严格执行安全操作规程	安全管理部
23			2	现浇混凝土模板支撑系统无验收	坍塌	重大	严格执行安全操作规程	安全管理部

续表 4-62

总序号	施工区域	人员/设施/活动	序号	危险源	可能导致的事故	风险等级	现有控制措施	责任部门
24		模板工程	3	支拆模板在 2 m 以上无可靠立足点	坍塌	重大	严格执行安全操作规程	安全管理部
25			4	模板物料集中超载堆放	坍塌	重大	严格执行安全操作规程	安全管理部
26			5	在六级大风以上天气高空作业	高处坠落	重大	严格执行安全操作规程	安全管理部
27		脚手架安拆	1	未按规定设置剪刀撑或剪刀撑搭设不符合要求	坍塌/高空坠落	重大	按规范进行检查把关	安全管理部
28			2	操作面未满铺脚手架板,有探头板、飞跳板	高处坠落	重大	按规范进行检查把关	安全管理部
29			3	脚手架钢管扣件、脚手材质不符合要求	坍塌	重大	按规范进行检查把关	安全管理部
30			4	不按规定安装集料平台	物体打击	重大	按规范进行检查把关	安全管理部
31		混凝土工程	1	没有护身杆,无爬梯,脚手板铺设不严,不系好安全带,无过桥板	高处坠落	重大	执行安全操作规程	安全管理部
32			2	操作人员未穿绝缘鞋、带绝缘手套等防护用品	触电	重大	执行安全操作规程	安全管理部
33		机械作业	1	设备未切断电源或无人监护时进行维修和保养	机械伤害	重大	按规定现场检查把关	安全管理部
34			2	由患有妨碍作业的疾病和生理缺陷的人员作业	机械伤害	重大	按规定现场检查把关	安全管理部
35			3	机械超载作业和随意扩大使用范围	机械伤害	重大	按规定现场检查把关	安全管理部

续表 4-62

总序号	施工区域	人员/设施/活动	序号	危险源	可能导致的事故	风险等级	现有控制措施	责任部门
36		机械作业	4	机械的安全防护装置和其他装置不完好	机械伤害	重大	按规定现场检查把关	安全管理部
37		施工用电	1	现场缺乏相应的专业电工,电工未掌握所有接触带电导体或接触与带电体(含电源线)连通的金属物体	触电	重大	按规定现场检查把关	安全管理部
38			2	保护零线和工作零线混接	触电	重大	按规定现场检查把关	安全管理部
39			3	配电不符合三级配电二级保护的要求	触电	重大	按规定现场检查把关	安全管理部
40			4	同一供电系统一部分设备作业保护接零,另一部分设备保护接地(除电梯、塔吊设备外)	触电	重大	按规定现场检查把关	安全管理部
41			5	用其他金属丝代替熔丝	触电	重大	按规定现场检查把关	安全管理部
42		焊接作业	1	焊渣引燃引起明火	明火/火灾	重大	按规定现场检查把关	安全管理部
43			2	氧气瓶、乙炔瓶和焊点间的距离超标准	爆炸	重大	按规定现场检查把关	安全管理部
44			3	氧气、乙炔无防止回火装置	火灾和爆炸	重大	按规定现场检查把关	安全管理部
45			4	电焊机无可靠的接地接零装置	触电	重大	按规定现场检查把关	安全管理部
46		钢结构吊装施工	1	未设置操作人员系安全带的生命绳	高处坠落	重大	严格检查,遵守操作规程	安全管理部
47			2	安全带系在身上未系挂在生命绳上	高处坠落	重大	严格检查,遵守操作规程	安全管理部
48			3	汽车吊平衡支撑未固定就吊物	机械伤害	重大	严格检查,遵守操作规程	安全管理部
49			4	吊运重物大于额定起重量 90% 以上时仍作下降变幅动作	机械伤害	重大	严格检查,遵守操作规程	安全管理部
50		防火作业	1	动火无专人监护	火灾/爆炸	重大	加强管理,严格控制	安全管理部
51			2	防火重点部位不配备消防器材	火灾/爆炸	重大	加强管理,严格控制	安全管理部

注:本表由施工单位填写,建设单位、监理单位、施工单位各有一份。

1.2.3　危险性较大分部、分项工程汇总表

对于危险性较大的分部、分项工程，施工企业专业工程技术人员要编制安全专项施工方案，由施工企业技术部门的专业技术人员及监理单位专业监理工程师进行审核，审核合格，由施工企业技术负责人、监理单位总监理工程师签字。危险性较大分部分项工程汇总表如表4-63所示。

表4-63　危险性较大分部分项工程汇总表

工程名称：中县汝河治理水闸工程

编号：C7－1－4

施工单位：	山东大河水电工程建设有限公司	监理单位：	河南山川水电工程监理有限公司
序号	分部分项	工程范围	是否含有
1	基坑支护与降水工程	开挖深度超过3 m(含3 m)或虽未超过3 m，但地质条件和周围环境复杂的基坑(槽)支护、降水工程	
2	土方开挖工程	开挖深度超过3 m(含3 m)的基坑(槽)的土方开挖工程	√
3	模板工程及支撑体系	各类工具式模板工程：包括大模板、滑模、爬模、飞模等工程	
		混凝土模板支撑工程：搭设高度5 m及以上；搭设跨度10 m及以上；施工总荷载10 kN/m² 及以上；集中线荷载15 kN/m及以上，高度大于支撑水平投影宽度且相对独立无联系构件的混凝土模板支撑工程	
4	起重吊装及安装拆卸工程	采用非常规起重设备、方法，且单件起吊重量在10 kN及以上的起重吊装工程	
		采用起重机械进行安装的工程	
		起重机械设备自身的安装、拆卸	
5	脚手架工程	搭设高度24 m及以上的落地式钢管脚手架工程	
		附着式整体和分片提升脚手架工程	
		悬挑式脚手架工程	
		吊篮脚手架工程	
		自制卸料平台、移动操作平台工程	
		新型及异型脚手架工程	
6	拆除、爆破工程	建筑物、构筑物拆除工程	
		采用爆破拆除的工程	
7	其他危险性较大的工程	建筑幕墙安装工程	
		钢结构、网架和索膜结构安装工程	
		人工挖孔桩工程	
		地下暗挖、顶管及水下作业工程	
		预应力工程	
		采用新技术、新工艺、新材料、新设备及尚无相关技术标准的危险性较大的分部分项工程	
施工总承包单位(公章)： （山东大河水电工程建设有限公司 教学专用 汝河治理项目部） 项目负责人(签名)：陈大河		监理单位项目部(盖章)： （河南山川水电工程监理有限公司 教学专用 汝河治理监理部） 总监理工程师(签名)：李山川	
2013年3月20日			
注：含有的打“√”，没有的打“×”，由总包单位填写，监理单位确认。			

1.2.4 危险性较大分部分项工程专家论证表

一些危险性较大分部分项工程需要专家论证,形成专家论证报告(表4-64)。应当组织专家组论证工程如下:

(1)深基坑工程:开挖深度超过5 m(含5 m)或地下室3层以上(含3层),或深度虽未超过5 m(含5 m),但地质条件和周围环境及地下管线极其复杂的工程。

表4-64 危险性较大的分部分项工程专家论证报告 编号:C7-1-5

工程名称	中县汝河治理水闸工程		
总承包单位	山东大河水电工程建设有限公司	项目负责人	陈大河
分包单位	/	项目负责人	/
危险性较大的分部分项工程名称	基坑支护工程		
专家一览表			
姓名	工作单位	专家编号	
孙山	黄河水利科学研究院	001	
马灿	黄河水利委员会	002	
李强	黄河河务局	003	
专家论证结论:通过□ 修改后通过☑ 不通过□			
专家建议及修改意见: 本工程基坑开挖深度6.24 m,采用钢格栅网喷混凝土及角撑与对撑支护,该工程基坑支护方案在进行下述修改后可投入施工: (1)开挖过程中若出现围护体变形过大或变形发展速率过快,应立即停止相应范围的土方开挖,必要时采取回填措施或在坑底设一排松木桩以控制围护体的变形发展。 (2)在基坑(槽)边坡上侧堆土或材料以及移动施工机械时,应与挖方边缘保持一定距离,以保证边坡和直立坑壁的稳定。当土质良好时,堆土或材料应距边坡边缘0.8 m以外,高度不超过1.5 m。 (3)补充场地平面图、监测点布置图。 (论证专用章) 2013年3月24日			
专家签名	组长:孙山 专家:马灿 李强		

(2)地下暗挖工程:地下暗挖工程及遇有溶洞、暗河、瓦斯、岩爆、涌泥、断层等土质复杂的隧道工程。

(3)高大模板工程:水平混凝土构件模板支撑系统高度超过 8 m,或跨度超过 18 m,施工总荷载大于 10 kN/m^2,或集中线荷载大于 15 kN/m 的模板支撑系统。

(4)30 m 及以上的高空作业的工程。

(5)大江、大河中的深水作业工程。

(6)城市房屋拆除爆破和其他土石爆破工程。

1.3 安全检查作业编制

安全检查应由项目负责人组织,专职安全员及相关专业人员参加,定期进行并填写检查记录;对检查中发现的事故隐患应下达隐患整改通知单,定人、定时间、定措施进行整改。重大事故隐患整改后,应由相关部门组织复查。施工单位安全部门按相关要求对施工现场各项内容进行定期检查,检查结果要进行评分记录。

1.3.1 安全检查目的及要求

通过检查,发现施工中的不安全(人的不安全行为和物的不安全状态)、不卫生问题,从而采取对策,消除不安全因素,保障安全生产。项目安全经理为安全生产检查组织的负责人,负责健全完善安全检查制度,并按照《建筑施工安全检查标准》(JGJ 59—2011)实施安全检查。

1.3.2 安全检查形式

(1)定期安全检查。由项目安全副经理组织,每周对项目工地安全生产进行一次详细检查。每月按 JGJ 59—2011 打分表打分一次。

(2)专项安全检查。主要是对脚手架、大型机械设备、施工用电等重要设施和设备在使用前进行检查或对施工中存在的普遍安全问题进行单项检查。参加检查的人员,主要应有专业技术人员和有实际操作能力的人员参加。

(3)季节性及节假日前后。季节性安全检查是针对气候特点可能给安全施工带来危害而组织的安全检查。节假日前、后防止职工纪律松懈、思想麻痹等进行的检查。

(4)经常性安全检查。施工过程中进行经常的预防检查,能及时发现隐患,消防隐患,保障施工生产正常进行。

1.3.3 施工现场安全检查评分记录

施工现场安全检查包括安全管理、文明施工、脚手架等 10 项检查,每一项检查根据检查项目评分标准得出各项内容的实际得分数,然后依据各项在 10 项检查中所占的权重,得出各项实际分数,把各项实际分数汇总,评定检查等级。表 4-65 为安全管理施工现场检查评分记录,表 4-66 为把 10 项评分检查结果汇总成的施工现场安全检查汇总表。

表4-65 施工现场检查评分记录表(安全管理)

施工单位:山东大河水电工程建设有限公司　　工程名称:中县汝河治理水闸工程　　编号:C7-1-6

序号	检查项目		扣分标准	应得分数	扣减分数	实得分数
1	保证项目	安全生产责任制	未建立安全生产责任制扣10分; 安全生产责任制未经责任人签字确认扣3分; 未备有各工种安全技术操作规程扣2~10分; 未按规定配备专职安全员扣2~10分; 工程项目部承包合同中未明确安全生产考核指标扣5分; 未制定安全生产资金保障制度扣5分; 未编制安全资金使用计划或未按计划实施扣2~5分; 未制定伤亡控制、安全达标、文明施工等管理目标扣5分; 未进行安全责任目标分解的扣5分; 未建立对安全生产责任制和责任目标的考核制度扣5分; 未按考核制度对管理人员定期考核扣2~5分。	10		10
2		施工组织设计及专项施工方案	施工组织设计中未制定安全技术措施扣10分; 危险性较大的分部分项工程未编制安全专项施工方案,扣10分; 未按规定对超过一定规模危险性较大的分部分项工程专项施工方案进行专家论证扣10分; 施工组织设计、专项施工方案未经审批扣10分; 安全技术措施、专项施工方案无针对性或缺少设计计算扣2~8分; 未按施工组织设计、专项施工方案组织实施扣2~10分。	10		10
3		安全技术交底	未进行书面安全技术交底扣10分; 未按分部分项进行交底扣5分; 交底内容不全面或针对性不强扣2~5分; 交底未履行签字手续扣4分。	10		10
4		安全检查	未建立安全检查制度扣10分; 未有安全检查记录扣5分; 事故隐患的整改未做到定人、定时间、定措施扣2~6分; 对重大事故隐患整改通知书所列项目未按期整改和复查扣5~10分。	10		10
5		安全教育	未建立安全教育培训制度扣10分; 施工人员入场未进行三级安全教育培训和考核扣5分; 未明确具体安全教育培训内容扣2~8分; 变换工种或采用新技术、新工艺、新设备、新材料施工时未进行安全教育扣5分; 施工管理人员、专职安全员未按规定进行年度教育培训和考核每人扣2分。	10		10
6		应急预案	未制定安全生产应急救援预案扣10分; 未建立应急救援组织或未按规定配备救援人员扣2~6分; 未定期进行应急救援演练扣5分; 未配置应急救援器材和设备扣5分。	10		10
		小计		60		60

续表 4-65

序号	检查项目		扣分标准	应得分数	扣减分数	实得分数
7	一般项目	分包单位安全管理	分包单位资质、资格、分包手续不全或失效扣 10 分； 未签定安全生产协议书扣 5 分； 分包合同、安全生产协议书，签字盖章手续不全扣 2 ~ 6 分； 分包单位未按规定建立安全机构或未配备专职安全员扣 2 ~ 6 分。	10	2	8
8		持证上岗	未经培训从事施工、安全管理和特种作业，每人扣 5 分； 项目经理、专职安全员和特种作业人员未持证上岗每人扣 2 分。	10		10
9		生产安全事故处理	生产安全事故未按规定报告扣 10 分； 生产安全事故未按规定进行调查分析、制定防范措施扣 10 分； 未依法为施工作业人员办理保险扣 5 分。	10		10
10		安全标志	主要施工区域、危险部位未按规定悬挂安全标志扣 2 ~ 6 分； 未绘制现场安全标志布置图扣 3 分； 未按部位和现场设施的变化调整安全标志设置扣 2 ~ 6 分； 未设置重大危险源公示牌扣 5 分。	10	3	7
		小计		40	5	35
检查项目合计				100	5	95

检查员签字：周楠　　　　2013 年 10 月 14 日

表 4-66　施工现场安全检查汇总表

企业名称：山东大河水电工程建设有限公司　　资质等级：甲级 2013 年 10 月 15 日

编号：C7 – 1 – 7

单位工程、名称	建筑面积（m^2）	总计得分（满分 100 分）	检查项目									
			安全管理（满分 10 分）	文明施工（满分 15 分）	脚手架（满分 10 分）	基坑工程（满分 10 分）	模板支架（满分 10 分）	高处作业（满分 10 分）	施工用电（满分 10 分）	物料提升机与施工升降机（满分 10 分）	塔式起重机与起重吊装（满分 10 分）	施工机具（满分 5 分）
闸底板	/	97.45	9.5	14.25	9.8	9.5	10	9.8	9.8	9.8	10	5
评语： 分项检查评分表无零分，汇总表得分值 97.45 分，在 80 分以上，为优良。												
检查单位	山东大河水电工程建设有限公司安全部		负责人	安重	受检项目	模板安装			项目经理	陈大河		

注：分项检查评分表无零分，汇总表得分值应在 80 分及以上，检查评定等级为优良；分项检查评分表无零分，汇总表得分值应在 80 分以下、70 分及以上，检查评定等级为合格；当汇总表得分值不足 70 分时或当有一分项检查评分表得零分时，检查评定等级为不合格。

1.4 安全生产责任制

安全生产责任制包括企业不同管理人员安全生产责任制和各部门安全生产责任制。

1.4.1 管理人员安全生产责任制

管理人员安全生产责任制包括企业法人代表安全生产责任制、企业总经理安全生产责任制、副总经理安全生产责任制、总工程师(技术负责人)安全生产责任制、总会计师安全生产责任制、安全科长安全生产责任制、项目经理安全生产责任制、安全员安全生产责任制、技术员安全生产责任制、施工负责人安全生产责任制、机械管理员安全生产责任制、质检员安全生产责任制、材料员安全生产责任制等。下面列举安全员安全生产责任制及技术员安全生产责任制供参考。

1.4.1.1 安全员安全生产责任制

(1)贯彻执行安全生产的方针政策和法规,宣传贯彻公司各项安全生产规章制度,并监督检查执行情况。

(2)协助领导组织本公司安全生产活动,宣传安全生产法规,提高全体施工生产人员的安全生产意识。

(3)安全生产和文明施工检查中,遇有发现重大事故隐患或违章指挥、违章作业时,有权制止违章,停止施工作业,或勒令违章人员撤出施工区域。遇有重大险情时,有权指挥危险区域内的人员撤离现场,并及时向上级报告。

(4)有权对进入施工现场的单位或个人进行监督检查,发现不符合安全管理规定的应立即予以纠正。

(5)参加生产例会,掌握施工生产信息,预防、预测事故发生的可能性,提出防范措施。

(6)及时为项目经理、技术负责人、安全生产管理人员改进施工工艺和操作方法提供资料信息,协助项目工程师及时解决工程安全方面的技术问题。

(7)参加伤亡事故的调查,进行事故统计、分析,按规定及时上报,对伤亡事故和未遂事故的责任者提出处理意见。

(8)遇有特殊紧急的不安全情况时,有权指令先行停止生产并且立即报告领导研究处理。

1.4.1.2 技术员安全生产责任制

(1)对项目工程生产经营中的安全生产负技术责任。

(2)作为项目工程技术人员,对本项目本岗位的安全生产负技术管理责任,并主持本岗位的安全技术交底工作。

(3)在日常施工技术指导时,要制定、审查安全技术措施,保证其可行性与针对性,并随时检查、监督、落实。

(4)主持制订技术措施计划和季节性施工方案的同时,制定相应的安全技术措施并监督执行,及时解决执行中出现的问题。

(5)认真执行安全技术措施与安全操作工艺、要求,预防施工中因化学物品引起的火灾、中毒或其新工艺实施中可能造成的事故。

(6)参加安全生产检查,对施工中存在的不安全因素,从技术方面提出整改意见和办法予以消除。

(7)参加、配合因工伤亡及重大未遂事故的调查,从技术上分析事故原因,提出防范措施、意见。

1.4.2 部门安全生产责任制

生产部门、技术质量部门、机械部门、材料部门、财务部门、教育部门、劳动工资部门、卫生部门、安全机构和专职安全人员、工会等部门都要制定编写相应的安全生产责任制。

1.5 安全技术交底汇总

把施工过程中有关安全方面技术交底汇总成表,技术交底汇总表头由序号、交底名称、交底人、交底日期、备注等内容组成。

1.6 作业人员安全教育记录

工程项目部应建立安全教育培训制度;当施工人员入场时,工程项目部应组织进行以国家安全法律法规、企业安全制度、施工现场安全管理规定及各工种安全技术操作规程为主要内容的三级安全教育培训和考核;当施工人员变换工种或采用新技术、新工艺、新设备、新材料施工时,应进行安全教育培训;施工管理人员、专职安全员每年度应进行安全教育培训和考核。

施工安全作业人员定期进行安全教育、安全培训,对每次培训教育要进行记录。作业人员安全教育从学习培训主题、时间地点、对象人数、培训部门、主讲人、记录整理人、培训提纲(细化)等方面进行记录。

1.7 施工现场安全事故登记

根据《生产安全事故报告和调查处理条例》第三条,按生产安全事故造成的人员伤亡或者直接经济损失,事故一般分为以下等级:

(1)特别重大事故,是指造成30人以上死亡,或者100人以上重伤(包括急性工业中毒,下同),或者1亿元以上直接经济损失的事故。

(2)重大事故,是指造成10人以上30人以下死亡,或者50人以上100人以下重伤,或者5 000万元以上1亿元以下直接经济损失的事故。

(3)较大事故,是指造成3人以上10人以下死亡,或者10人以上50人以下重伤,或者1 000万元以上5 000万元以下直接经济损失的事故。

(4)一般事故,是指造成3人以下死亡,或者10人以下重伤,或者1 000万元以下直接经济损失的事故。

安全事故发生后要对安全事故进行简单描述,分析事故原因及责任,形成《施工安全事故登记表》(见表4-67)上报处理。表中内容应包括工程名称、有关单位、地址、施工许可证号、事故发生部位、事故简要情况描述(经过、人员伤亡)、事故原因及责任分析、安全负责人及项目经理签字。

1.8 特种作业人员登记

施工中要对特种作业人员的姓名、证件号及领证时间、证件使用期限等信息进行登记,形成《特种作业人员登记表》(表4-68)。

施工现场安全管理文件还有地上地下管线保护措施验收记录、生产安全事故应急预案等,不再一一介绍。

表4-67 施工安全事故登记表

编号:C7－1－8

工程名称	中县汝河治理水闸工程	工程造价	捌仟万元
建设单位	中县汝河治理水闸工程建设管理处	负责人电话	××××
总承包单位	山东大河水电工程建设有限公司	负责人电话	××××
施工单位	山东大河水电工程建设有限公司	负责人电话	××××
监理单位	河南山川水电工程监理有限公司	负责人电话	××××
施工许可证号		事故类别	较大事故
事故发生部位	水闸工程物料存放区		

事故简要情况描述(包括事故经过、人员伤亡情况等):

2013年10月2日,位于中县汝河治理水闸工程物料存放区,发生一起井架式物料提升机吊篮坠落事故,造成4人死亡。

事故等级、原因及责任分析　　较大事故

提升机吊篮选材未经计算,完全凭“经验”选材,强度不够;本应按结构焊接要求施焊,但结果焊接制作不合格,致使管壁被烧透,原来已经不足的截面又受到减弱,受力后断裂。井架拆除工作完全交由安全员负责,以致造成临时天梁材质不合格,作业前项目负责人既不检查,也未采取必要的安全措施,导致吊篮坠落事故。

安全负责人(签字):安重　　项目经理(签字):陈大河

注:本表由施工单位填报,建设单位、监理单位、施工单位各存一份。

表4-68 特种作业人员登记表

编号:C7－1－9

序号	职工代码	姓名	证件号	作业类别	操作项目	发证机关	初次领证	使用期	复审日期		违章记录	岗位异动
									第一次	第二次		
1	848	谢方参	33000207000464	金属焊接切割作业	电焊气焊	省安监局	20050104	20110104	200701	200901		
2	904	池建明	33000507000129	登高架设作业	架子工	省安监局	20070207	20130209	200902	201102		
3	/	张智勇	33000407000542	企业内机动车驾驶	装载机	省安监局	20070207	20130209	200902	201102		
7	576	尹鑫春	33070101011459	电工作业	安装维修	金华市安监	20050628	20110628	200706	200906		
8		陈勇华	TS6BJHA01475	锅炉作业人员	司炉工	金华市质监	20060526	20080526				

2 脚手架安全文件

2.1 脚手架搭设施工方案编制

脚手架搭设前项目技术负责人或项目安全工程师要编制搭设施工方案，对于危险性较大工程的脚手架搭设施工方案要通过专家论证，脚手架搭设施工方案主要内容包括以下几方面：

(1)编制依据，主要规程、规范及施工图纸；

(2)工程概况；

(3)施工部署；

(4)构造要求及技术措施，包括立杆、横杆、纵横向扫地杆、剪刀撑、脚手板、连墙件构造要求及技术措施；

(5)安全防护措施，包括电梯井洞口、结构临边、防雷避电等安全防护措施；

(6)脚手架的搭设及拆除施工工艺；

(7)劳动力、材料及机具配备；

(8)质量保证，包括构配件允许偏差要求、脚手架搭设的允许偏差和检验方法、扣件拧紧抽样检查数目及质量判定标准等；

(9)安全施工措施，包括材质及其使用、脚手架搭设、脚手架上施工作业、脚手架拆除等方面安全施工措施；

(10)文明施工要求；

(11)计算，包括大小横杆的计算、立杆的地基承载力计算、扣件抗滑力的计算、脚手架荷载标准值、立杆的稳定性计算、最大搭设高度的计算、连墙件的计算等内容。

2.2 钢管扣件支撑体系验收表

钢管扣件支撑体系根据工程实际情况按层按段进行钢管扣件支撑体系验收，依据相关规范、施工组织方案及技术交底进行验收，形成《钢管扣件支撑体系验收表》(表4-69)。

2.3 脚手架搭设验收表

脚手架有落地式脚手架、挂式脚手架、悬挑式脚手架、吊篮式脚手架、门型式脚手架及爬架式脚手架等形式。根据实际情况分段、分部位，由技术人员组织相关人员邀请监理单位参加，对脚手架搭设情况进行验收，大风大雨过后(六级以上大风及大雨后)、架子停用超过一个月后都要进行检查验收，20 m以上架子及特殊脚手架第一次使用前公司参加验收，对脚手架搭设验收过程进行记录，形成脚手架搭设验收表。表4-70为悬挑式脚手架验收记录表。

表4-69　钢管扣件支撑体系验收表

编号:C7－5－1

工程名称	中县汝河治理水闸工程			
施工单位	山东大河水电工程建设有限公司		分包单位	
支撑体系的类别	模板支撑体系		高度	2.9 m
验收部位	闸墩		安装日期	2013年9月10日
序号	检查项目	检查内容与要求	验收结果	
1	安全施工方案	模板支撑体系工程应有专项安全施工技术方案(或设计),审批手续完备、有效	方案有效、手续完善	
		高度超过8 m或跨度超过18 m,施工总荷载大于15 kN/m^2的支撑体系,其专项方案应经过专家论证,并根据专家意见进行修改	/	
		支撑体系的材质应符合有关要求	符合安全施工技术要求	
		施工前应有技术交底,交底应有针对性	有安全技术交底	
2	构造柱要求	立杆基础必须坚实,满足立柱承载力要求。立杆下部必须设置横向扫地杆。立杆与结构应有可靠连接	符合相关的安全施工技术方案要求	
		立杆的构造应符合《建筑施工扣件式钢管脚手架安全技术规范》(JGJ 130—2011)的有关规定	符合规范要求	
		立杆、横杆的间距必须按安全施工技术方案(计算书)要求搭设	符合安全施工技术方案要求	
		可调丝杆的伸出长度应符合要求	符合安全专项施工方案	
		立杆最上端的自由长度应符合方案的要求	符合施工方案	
3	剪刀撑	满堂红支撑体系时,四边与中间每隔4排支架立杆应设置一道纵向剪刀撑,由底至顶连续设置;高于4 m时,其两端与中间每隔4排立杆从顶层开始向下每隔2步设置一道水平剪刀撑	符合相关的安全施工技术方案要求	
		剪刀撑应按规范要求设置	符合规范要求	
4	其他要求	/	/	
验收结论:经验收,模板支撑系统符合安全要求。 2013年9月12日				
验收人签名	总包单位		分包单位	
	陈大河		/	
监理单位意见: 同意施工单位安全部门验收结论 监理工程师(签字):李山川　　2013年9月12日				

表 4-70 悬挑式脚手架验收记录表

工程名称：中县汝河治理水闸工程　单位名称：山东大河水电工程建设有限公司　编号：C7－5－2

序号	验收项目	搭设要求	检验结果
1	施工方案	搭设方案审批手续齐全并绘制施工图，多层悬挑设计计算内容齐全、准确，焊接部分应有验收文件	方案已经审批，内容齐全，焊接有验收文件
2	悬挑梁及悬挑架	悬挑梁、悬挑架与结构连接牢固，悬挑架应采用刚性框架和刚性节点	悬挑架采用刚性框架，每 $2H2L$ 有刚性节点与结构连接牢固
3	架体稳定	梁上应焊短管作底座，立杆插入固定，并绑扫地杆	梁上已焊 Φ25 圆钢固定，立杆插入牢固并有扫地杆
4	脚手板、防护栏杆	底笆应铺满、首层与结构之间隔离严密、栏杆高度 1.2 m，密目网、操作层以下层踢脚板齐全	底部满铺木板并用平网兜底，与结构连接严密，踢脚板三层
5	杆件间距	立杆间距按 1.5 m 布置（单层 1.5～1.8 m）、立杆垂直偏差全长 $1/100H$，接长交叉进行	立杆间距 1.5 m，垂直偏差点 $1/100H$，接长交叉进行
6	层间防护	作业层下设置隔离措施（四步一隔离）	已设置四步一隔离
7	脚手架材质	钢管、外径 ϕ48 mm，壁厚不小于 3.5 mm，无严重锈蚀、裂纹变形	材质合格，无严重锈蚀、裂纹、变形
8	扣件	扣件要有生产许可证、扣件检测文件；紧固力矩 45～50 N·m	扣件有生产许可证、检测文件，紧固力矩 50 N·m
9	大小横杆	搭设要做到横平竖直、大横杆固定间距≤6 m、挠度≤杆长 1/150	横平竖直，大横杆固定间距 <6 m
10	剪刀撑	每组剪刀撑跨越立杆根数为 5～7 根（>6 m），夹角 45°～60°，杆件接长不应在同一平面	剪刀撑每 5 根立杆设置一组，夹角为 45°，杆件接长不在同一平面内

验收意见：

悬挑脚手架第一挑第六步经验收符合施工方案要求，同意使用。

验收人员：安重、安权、曹昂

注：

1. 验收栏目内有数据的，必须在验收栏内填写实测的数据，无数据用文字说明。
2. 此验收表只能作一次使用，分阶段验收合格挂牌，每次验收合格后挂一次牌。验收合格牌必须编号，并注明验收日期。
3. 脚手架在使用过程中，必须要有定期的检查、保养制度。

悬挑架总高度	18 m	验收日期	2013 年 9 月 15 日	监理负责人	李山川	专业单位技术负责人	丁军
验收时高度	10.2 m	合格牌编号	NO.01	搭设班组负责人	张角	总包单位技术负责人	丁军

3 安全防护文件

3.1 基础(坑)工程安全防护文件

为防安全隐患,基础(坑)工程施工中,要对基坑支护验收,同时对基坑支护沉降观测及水平位移观测记录,形成《基坑支护验收表》(表4-71)、《基坑支护沉降观测记录表》(表4-72、表4-73)、《基坑支护位移观测记录表》(表4-74)。

表4-71 基坑支护验收表

编号:C7-6-1

工程名称		中县汝河治理水闸工程	架体名称	基坑支护架
搭设高度		6 m	验收日期	2013年4月16日
序号	验收内容		验收要求	验收结果
1	施工方案	专项施工方案 设计计算书	内容具体,手续齐全,已通过专家论证。有基坑支护的单项设计	符合要求
2	临边防护	临边防护 其他防护	有措施,两道栏杆,埋深50 cm,距坑边1 m,按方案措施执行	符合要求
3	坑壁支护	坑槽边坡 深坑支护 支护设施	开挖坡1:3,按设计执行,按方案执行,有观测记录、整改措施	符合要求
4	排水措施	排水措施 防临边建筑沉降措施	有排水措施,设施有效,有沉降防护措施、观察记录	符合要求
5	坑边荷载	积土、料具堆放 机械设备与坑边距离	1 m以外堆放高度不超过1.5 m,机械设备与基坑边的距离5 m以上,要有加固措施	符合要求
6	上下通道		有施工人员专用通道或梯子	符合要求
7	土方开挖	施工机械进场 挖土作业	机械验收,司机有操作证,施工人员离开作业机械的半径	符合要求
8	变形监测	基坑支护变形监测、毗邻建筑等监测	基坑支护变形有记录、有措施,对附近建筑物观察有记录、有措施	符合要求
验收签字	搭设负责人:李强 安全负责人:安重		使用负责人:蔡爽 项目负责人:陈大河	
验收结论	依据《建筑基坑支护技术规程》(JGJ 120—2012),验收合格,同意使用。 技术负责人:丁军 2013年4月16日			

表 4-72　基坑支护沉降观测记录表(一)

编号:C7－6－2

工程名称		中县汶河治理水闸工程		监测项目	基坑边坡				
工程地点		中县汶河		监测仪器及编号	1100335				
监测单位		山东大河水电工程建设有限公司							
日期		2013 年 4 月 18 日			2013 年 4 月 19 日			单位:mm	
测点	初测值	上次位移值	本次位移值	累计位移值	测点	初测值	上次位移值	本次位移值	累计位移值
1	155	0	3	3	1	155	3	－2	1
2	180	0	1	1	2	180	1	－1	0
3	220	0	1	1	3	220	1	0	1
4	253	0	5	5	4	253	5	－2	3
5	295	0	2	2	5	295	2	0	2
6	333	0	1	1	6	333	1	0	1
7	442	0	1	1	7	442	1	0	1
8	321	0	0	0	8	321	0	1	1
9	327	0	－1	－1	9	327	－1	0	－1
10	360	0	－1	－1	10	360	－1	0	－1
沉降报警值		25 mm							
监测单位	山东大河水电工程建设有限公司	监测人		李清		项目技术负责人		丁军	

监理单位意见:符合程序要求(√)

不符合程序要求,请重新组织观测(　)

监理工程师(签字):李山川

2013 年 4 月 19 日

表4-73 基坑支护沉降观测记录表(二)

编号:C7-6-2

工程名称		中县汝河治理水闸工程		监测项目	基坑边坡				
工程地点		中县汝河		监测仪器及编号	1100335				
日期		2013年4月19日			2013年4月20日			单位:mm	
测点	初测值	上次位移值	本次位移值	累计位移值	测点	初测值	上次位移值	本次位移值	累计位移值
1	155	-2	0	1	1	155	0	0	1
2	180	-1	0	0	2	180	0	0	0
3	220	0	0	1	3	220	0	-11	-10
4	253	-2	-1	2	4	253	-1	-1	1
5	295	0	1	3	5	295	1	0	3
6	333	0	0	1	6	333	0	0	1
7	442	0	0	1	7	442	0	0	1
8	321	1	0	1	8	321	0	1	2
9	327	0	0	-1	9	327	0	-1	-2
10	360	0	0	-1	10	360	0	0	-1

沉降报警值	25 mm				
监测单位	山东大河水电工程建设有限公司	监测人	李清	项目技术负责人	丁军

监理单位意见:符合程序要求(√)

不符合程序要求,请重新组织观测( )

监理工程师(签字):李山川

2013年4月20日

表 4-74　基坑支护位移观测记录表

工程名称：中县汝河治理水闸工程　监测项目：支护桩位移观测

监测仪器及编号：南方全站仪 NTS－342 仪器号 42031

单位：mm　　　　编号：C7－6－3

测点	初始记录 2013 年 4 月 20 日	第一次（2013 年 4 月 20 日）		第二次（2013 年 5 月 20 日）		第三次（2013 年 6 月 20 日）		第四次（2013 年 9 月 20 日）	
		数据记录	本次位移	数据记录	本次位移	数据记录	本次位移	数据记录	本次位移
S_1	X＝9 412.164	X＝9 412.160	4	X＝9 412.159	5	X＝9 412.160	4	X＝9 412.159	5
	Y＝12 009.658	Y＝12 009.658		Y＝12 009.658		Y＝12 009.658		Y＝12 009.658	
S_2	X＝9 414.154	X＝9 414.152	2	X＝9 414.151	3	X＝9 414.151	3	X＝9 414.151	3
	Y＝12 022.791	Y＝12 022.791		Y＝12 022.791		Y＝12 022.791		Y＝12 022.791	
S_3	X＝9 416.184	X＝9 416.181	3	X＝12 022.791	4	X＝9 416.180	4	X＝9 416.180	4
	Y＝12 035.610	Y＝12 035.610		Y＝12 035.610		Y＝12 035.610		Y＝12 035.610	
S_4	X＝9 403.232	X＝9 403.232	3	X＝9 403.232	4	X＝9 403.232	4	X＝9 403.232	4
	Y＝12 038.355	Y＝12 038.352		Y＝12 038.351		Y＝12 038.351		Y＝12 038.351	
S_5	X＝9 393.527	X＝9 393.531	4	X＝9 393.531	4	X＝9 393.531	4	X＝9 393.531	4
	Y＝12 034.678	Y＝12 034.678		Y＝12 034.678		Y＝12 034.678		Y＝12 034.678	
S_6	X＝9 389.793	X＝9 389.796	3	X＝9 389.797	4	X＝9 389.797	4	X＝9 389.797	4
	Y＝12 010.686	Y＝12 010.686		Y＝12 010.686		Y＝12 010.686		Y＝12 010.686	
S_7	X＝9 402.764	X＝9 402.764	4	X＝9 402.764	4	X＝9 402.764	4	X＝9 402.764	4
	Y＝12 007.964	Y＝12 007.960		Y＝12 007.960		Y＝12 007.960		Y＝12 007.960	

测量：王测　　　　复核：张复　　　　监理：李山川

3.2　模板工程安全文件

3.2.1　模板工程施工方案

模板工程施工前项目技术负责人或项目安全工程师要编制搭设施工方案，对于危险性较大工程的模板工程施工方案要通过专家论证。模板工程施工方案编写内容有：编制依据，工程概况，技术准备，主要机械设备安排，模板材料的选用，专业施工队伍准备，作业条件准备，模板的制作，模板及支撑的安装，模板验收，模板拆除的控制要求，准确控制拆模时间，施工拆模注意事项，模板施工中质量控制要点，模板工程质量通病的防治，施工注意事项及安全技术措施，模板成品保护，安全文明施工措施，模板施工应急救援预案等。

3.2.2　模板支撑体系设计计算

为保证模板安全性，项目技术负责人或项目安全工程师要对模板支撑体系进行设计计算，设计计算内容包括：工程概况，模板支撑体系设计，荷载设计，模板验算，次楞验算，主楞（横向水平钢管）验算，纵向水平钢管验算，扣件抗滑验算，模板支架整体高宽比验算,立杆验算,立杆地基基础验算等。

3.2.3 模板工程安全验收记录

模板工程安全验收记录如表4-75所示。

表4-75 模板工程安全验收记录

工程名称:中县汝河治理水闸工程 施工单位:山东大河水电工程建设有限公司 编号:C7-6-4

模板类型	定型竹胶合板	验收部位	10.200 m梁板
验收日期	2013年11月16日	验收人员	王安国
检查项目	验收记录		
施工方案与交底	有施工方案、编制人、审批人,混凝土输送方法采用固定式拖泵管道输送,有针对性的安全措施;作业前有交底,交底人、接收人签字齐全。		
支撑系统	现浇混凝土模板的支撑系统的设计计算、编制人、审批人;现场支撑系统施工符合设计方案。		
主柱稳定	支撑模板的主立杆采用扣件式脚手架,底部垫5 cm木脚手板,间距1.2 m,符合设计要求。		
施工荷载	模板上施工荷载未超规定,堆料均匀,不超高。		
验收结论	符合《建设施工安全检查标准》(JGJ 59—2011)标准、有关规定及施工方案要求,验收合格。 验收人员签字:王安国 安全监理工程师签字:李山川		

3.2.4 模板工程拆除申请单及拆除令

在拆除现浇混凝土结构板、梁、悬臂构件等底模和柱墙侧模前,应填写《混凝土拆模申请单》,混凝土拆模申请单编写及有关要求见任务6的3.5部分介绍。对于大面积、高跨度模板,拆模前应根据施工单位提交的混凝土拆模申请单,并附有拆模安全措施,监理单位审批后专门下达模板拆除(安全)令(表4-76)。

表 4-76　模板拆除(安全)令

编号:C7 - 6 - 5

单位名称	山东大河水电工程建设有限公司	工程名称	中县汝河治理水闸工程
混凝土浇捣日期	2013 年 11 月 21 日	设计拆模强度	25 MPa
混凝土实际强度	30 MPa	试块报告编号	201311 - 021
拆除部位	交通桥底模	监护人	李军
拆模警戒范围	1 ~ 3 区模板拆模范围	拆除班组	木工班

拆模安全技术措施:

1. 进入施工现场人员必须戴好安全帽,严禁穿硬底鞋及有跟鞋作业。
2. 工作前应先检查使用的工具是否牢固,扳手等工具必须用绳链系挂在身上,以免掉落伤人。工作时要思想集中,防止钉子扎脚和空中滑落。
3. 由于混凝土强度未达到 100%,按规范要求严禁拆除梁底板、悬挑结构底板。
4. 拆除模板一般用长撬棒,不准人站在正在拆除的模板上;在拆除模板时,要注意整块模板掉下,尤其是用定型模板做平台模板时,更要注意。
5. 拆模时,临时脚手架必须牢固,不得用拆下的模板作脚手板。脚手板搁置必须牢固平稳,不得有空头板,以防踏空坠落。
6. 安装与拆除 5 m 以上的模板,应搭脚手架,并设防护栏杆,防止上下在同一垂直面操作。
7. 拆模时必须设置警戒区域,并派人监护。不得保留有悬空模板。拆下的模板要及时清理,堆放整齐。
8. 拆除模板时工人应相互配合由外向内拆除。拆除现浇板底模时,不得一次将顶撑全部拆除,应分批拆下顶撑,然后按顺序拆下搁栅、底模,以免发生模板在自重荷载下一次性大面积脱落。
9. 模板及支撑垂直运输时,吊点必须符合重心要求,以防坠落伤人。

项目技术负责人:丁军

申请人:李军　　2013 年 11 月 25 日　　　　总监(代表):李山川　2013 年 11 月 25 日

工地审批负责人:　　　　2013 年 11 月 25 日

3.3　高处作业安全防护记录

高处作业安全防护记录文件有“三宝”(安全帽、安全带、安全网)验收记录(表 4-77 ~ 表 4-79)、洞口与临边防护验收记录(表 4-80)。

表 4-77　安全帽检查验收记录

工程名称：中县汝河治理水闸工程　施工单位：山东大河水电工程建设有限公司　编号：C7－6－6

防护产品名称	安全帽	验收日期	2013 年 9 月 1 日
生产厂家	威武五金塑胶厂		
检查内容	检查情况		
资格审查	查物资采购记录，安全帽生产厂家为国家许可的防护产品生产厂家，有合格证及检测报告。		
现场抽查	从现场工人中随意抽查 10 顶安全帽，均为物资采购记录中的生产厂家，符合 GB 2811—2007 国家标准，且满足规定使用年限。		
使用检查	现场抽查 10 人，安全帽的佩戴均符合规范规定。		
验收结论： 各项检查满足《安全帽》(GB 2811—2007) 国家标准要求，验收合格，同意使用。 日期：2013 年 9 月 1 日		项目负责人	陈大河
		技术负责人	丁军
		施工员	王豪
		安全员	安重
		监理工程师	李山川

表 4-78　安全带验收记录

工程名称：中县汝河治理水闸工程　施工单位：山东大河水电工程建设有限公司　编号：C7－6－7

防护产品名称	安全带	生产厂家	威武五金塑胶厂
验收日期	2013 年 9 月 2 日	参加验收人员	安重
检查项目	验收记录		
资格审查	查物资采购记录，安全带生产厂家为国家许可的防护产品生产厂家，有合格证及检验报告。		
现场抽查	从现场使用安全带人员中抽查 2 人，安全带均为物资采购记录中的生产厂家，质量符合 GB 6095—2009 国家标准，且满足规定使用年限。		
使用检查	从现场使用安全带人员中抽查 2 人，查看安全带的使用均符合有关规定。		
验收结论： 各项检查满足《安全带》(GB 6095—2009) 国家标准要求，验收合格，同意使用。 日期：2013 年 9 月 2 日		项目负责人	陈大河
		技术负责人	丁军
		施工员	王豪
		安全员	安重
		监理工程师	李山川

表 4-79　安全网验收记录

工程名称：中县汝河治理水闸工程　　施工单位：山东大河水电工程建设有限公司　编号：C7－6－8

<table>
<tr><td>架体高度</td><td>15 m(落地式)</td><td>挂设部位</td><td>外脚手架防护</td><td>挂设形式</td><td>全封闭</td></tr>
<tr><td>验收日期</td><td colspan="2">2013 年 9 月 2 日</td><td>参加验收人员</td><td colspan="2">安重</td></tr>
<tr><td>检查项目</td><td colspan="5">验收记录：
各项检查满足《安全网》(GB 5725—2009)国家标准要求</td></tr>
<tr><td>资格审查</td><td colspan="5">安全网有合格证及检测报告、生产厂家有生产许可证，满足 GB 5725—2009 规范。</td></tr>
<tr><td>现场抽查</td><td colspan="5">1. 脚手架全部用密目式安全网全封闭，查看安全网产品标签，生产厂家和资料中一致，安全网挂设在外排脚手架内侧，并与大横杆棒扎牢固，无漏绑、无缝隙。
2. 架体首层及首层至施工层每隔 10 m 设一道平网，和架体大横杆绑扎牢固。无漏绑、无缝隙。</td></tr>
<tr><td>质量检查</td><td colspan="5">网的质量、网架材质、网的张挂、网架杆件架设</td></tr>
<tr><td colspan="4" rowspan="5">验收结论：
各项检查满足《安全网》(GB 5725—2009)国家标准要求，验收合格，同意使用。
日期：2013 年 9 月 2 日</td><td>项目负责人</td><td>陈大河</td></tr>
<tr><td>技术负责人</td><td>丁军</td></tr>
<tr><td>施工员</td><td>王豪</td></tr>
<tr><td>安全员</td><td>安重</td></tr>
<tr><td>监理工程师</td><td>李山川</td></tr>
</table>

3.4　安全防护技术交底

安全防护技术交底很多，如脚手架安全技术交底、电梯安装工安全技术交底、瓦工安全技术交底、抹灰工安全技术交底等。表 4-81 为《脚手架安全技术交底记录》。

其他安全防护文件，如人工挖孔桩防护检查表、特殊部位气体监测记录等不再一一介绍。

4　施工用电文件

施工用电文件主要包括以下几方面：

(1)临时用电施工组织设计、冬季电气安全技术措施、外电防护措施及变更文件。

(2)施工用电安全技术交底。

①施工现场变配电及维修安全技术交底；

②施工现场临时照明安全技术交底；

③施工现场线路敷设安全技术交底；

④施工现场架空线路安全技术交底；

⑤施工现场电缆线路安全技术交底；

⑥施工现场室内配线安全技术交底；

⑦施工现场外电线路及电气设备防护安全技术交底；

⑧施工现场配电室安装安全技术交底；

⑨施工现场配电箱及开关箱设置安全技术交底；

⑩施工现场配电箱及开关箱电器装置选择安全技术交底等。

表4-80　洞口与临边防护验收记录

编号:C7－6－9

工程名称	中县汝河治理水闸工程		
总承包单位	山东大河水电工程建设有限公司	项目负责人	陈大河
专业承包单位	/	项目负责人	/
形象进度	基坑支护	防护责任人	安放
序号	检查项目	检查内容与要求	验收结果
一	资料	有预防高处坠落事故的专项施工方案,做到防护规范化、标准化、工具化	有防护方案、防护规范化
二	洞口防护	电梯井口必须设防护栏杆或固定栅门	/
		电梯井内应每隔两层并最多隔10 m设一道安全平网	/
		边长2.5～25 cm的洞口必须用坚实的盖板覆盖,盖板不能挪动	已用盖板防护并固定
		边长25～50 cm的洞口,用竹木等盖板盖住洞口。盖板须能保持四周搁置均衡,并有固定其位置的措施	有固定措施
		边长为50～150 cm的洞口,必须设置以扣件扣接钢管而成的网格,并在其上满铺竹笆或脚手板,网格间距≤20 cm	符合要求
		边长为150 cm以上的洞口,四周设防护栏杆,洞口下张设安全平网	已设防护栏杆
三	临边防护	防护栏杆应由上下两道横杆及栏杆柱组成,上杆离地高度为1.0～1.2 m,下杆距地高度0.5～0.6 m	符合要求
		基坑周边固定时,钢管插入地面50～70 cm,钢管离边口距离大于50 cm	钢管插入地面60 cm,离边口60 cm
		在混凝土楼面、屋面或墙面固定时,可用预埋件与钢管或钢筋焊牢	/
		采用木、竹栏杆时可在预埋件上焊接30 cm长的L50×5角钢,上下各钻一孔用10 mm螺栓与竹、木杆件拴牢	符合要求
		栏杆必须自上而下用安全立网封闭或栏杆下边设置18 cm挡脚板	已设安全立网封闭
		栏杆柱的固定及其横杆的连接,在杆件的任何部分都能承受任何方向的1 000 N外力	能承受1 000 N外力
四	其他		
验收结论: 满足要求,验收合格。 日期:2013年9月13日		项目负责人	陈大河
		技术负责人	丁军
		施工员	王豪
		安全员	安重
		监理工程师	李山川

表 4-81 脚手架安全技术交底记录

工程名称	中县汝河治理水闸工程	编号	C7－6－10
施工单位	山东大河水电工程建设有限公司		
交底部位	脚手架拆除	交底时间	2013 年 12 月 28 日

交底要求：

脚手架拆除的安全技术。

交底内容：

1. 拆除现场必须设警戒区，必须有地面监护人员，并有良好的通信联络设施。
2. 检查吊运机械是否安全可靠，吊运设备不得搭设在脚手架上。
3. 建筑物所有窗户必须关闭锁严，不允许向外开启，或向外伸挑物件。
4. 所有高处作业人员，应严格按高处作业安全规定执行，正确使用劳动保护用品，严禁酒后作业。
5. 夜间拆除作业，应有良好照明，遇大风、雨、雪等特殊天气，不进行拆除作业。
6. 操作人员上岗后，应先检查、加固松动的部位、环节，清除各层遗留的材料、物件及垃圾块，清理出的物品应安全输送至地面，严禁高处抛掷。
7. 按安全网→挡笆→垫铺板→防护栏→挡脚杆→搁栅→斜拉杆→连墙杆→横杆→顶撑→立杆的顺序拆除。
8. 高层脚手架拆除，应沿建筑四周一步步递减拆，不允许两步同时拆或一前一后踏步方式拆，不宜分立面拆。特殊情况，应预先制订技术方案，经加固后方可分立面拆。
9. 连墙杆、斜拉杆、登高设施的拆除，应随脚手架整体拆除同步进行，不得先行拆除。
10. 拆绑扎时，操作人员站立的位置、用力方向均应得当，应十分注意杆件的回弹，防止发生事故。
11. 立杆、斜拉杆的接长杆拆除，应有二人以上配合进行，不得单独作业。
12. 悬空口的拆除，预先应进行加固或设落地支撑后，方可拆除。
13. 翻垫铺板，应自外向里翻起竖立，防止板内残留物品坠落伤人。
14. 当日作业后，应检查岗位周围情况，及时加固未拆除部分，不得留有事故隐患。
15. 输送杆件时，杆件必须二点捆扎吊运，送至地面，应及时分类堆放。
16. 以上内容由接受交底人具体交底到该班组每个职工。

交底人	李放	接受交底人	安放	专职安全员	安重

注：本表由施工单位填写并保存（一式三份。接受交底人一份、交底人一份、安全员一份）。

(3)临时用电工作记录。

①现场临时用电检查记录;

②施工现场电气设备调试记录;

③现场临时用电接地电阻记录;

④现场临时用电绝缘电阻记录;

⑤现场临时用电漏电保护器监测记录;

⑥现场临时用电定期检查记录;

⑦现场临时用电复查验收记录;

⑧现场临时用电巡视维修工作记录。

另外,施工用电文件还包括施工现场临时用电验收记录、电气线路绝缘强度测试记录、临时用电接地电阻测试记录、电工巡检维修记录等。

表4-82为施工现场外电线路及电气设备防护安全技术交底。

表4-82 安全交底记录

编号:C7-7-1

工程名称	中县汝河治理水闸工程				
施工单位	山东大河水电工程建设有限公司				
交底项目(部位)	变配电及维修安全技术交底		交底日期	2013年3月1日	
交底内容(安全措施与注意事项): (1)现场变配电高压设备,不论带电与否,单人值班严禁跨越遮栏和从事修理工作。 (2)高压带电区域内部分停电工作时,人体与带电部分必须保持安全距离,并应有人监护。 (3)在变配电室内、外高压部分及线路工作时,应按顺序进行。停电、验电悬挂地线,操作手柄应上锁或挂标示牌。 (4)验电时必须戴绝缘手套,按电压等级使用验电器。在设备两侧各相或线路各相分别验电。验明设备或线路确实无电后,即将检修设备或线路做短路接地。 (5)装设接地线,应由两人进行。先接接地端,后接导体端,拆除时顺序相反。拆接时均应穿戴绝缘防护用品。设备或线路检修完毕,必须全面检查无误后,方可拆除接地线。 (6)接地线应使用截面不小于25 mm^2 的多股软裸铜线和专用线夹。严禁使用缠绕的方法进行接地和短路。 (7)用绝缘棒或传统机械拉、合高压开关,应戴绝缘手套。雨天室外操作时,除穿戴绝缘防护用品外,绝缘棒应有防雨罩,应有专人监护。严禁带负荷拉、合开关。 (8)电气设备的金属外壳必须接地或接零。同一设备可做接地和接零。同一供电系统不允许一部分设备采用接零,另一部分采用接地保护。 (9)电气设备所用的保险丝(片)的额定电流应与其负荷量相适应。严禁用其他金属线代替保险丝(片)。					
交底人	李放	接受交底人	安放	专职安全员	安重

注:本表由施工单位填写并保存(一式三份。接受交底人一份、交底人一份、安全员一份)。

5 塔吊、起重吊装文件

塔式起重机起重吊装文件主要有：塔式起重机安装验收记录，塔吊基础验收记录，塔式起重机顶升验收记录，塔式起重机附着锚固验收记录，塔式起重机交接班记录，塔式起重机拆卸统一检查验收表格（包括塔式起重机安装拆卸任务书、塔式起重机基础检查记录、塔式起重机轨道验收记录、塔式起重机安装拆装安全技术交底书、塔式起重机安装拆卸过程记录、塔式起重机安装完毕验收记录、塔式起重机顶升检验记录等）及施工起重机械运行记录等文件。表4-83为塔式起重机安装验收记录，表4-84为塔式起重机安全技术交底记录。

表4-83　塔式起重机安装验收记录

工程名称：中县汝河治理水闸工程　　施工单位：山东大河水电工程建设有限公司

编号：C7－8－1

安装单位	拆装许可证				
施工地点	中县汝河现场	安装日期	2013年3月8日	负责人	王澜
塔机型号	QTZ63	起重力矩	76 t·m	设备编号 2012001	
生产厂家			生产日期	2012年1月15日	
检查项目	验收内容和标准			验收记录	
塔吊路基	复查基础文件是否齐全准确			齐全准确	
	路基允许承载能力大于15.3 t/m²			路基承载能力16 t/m²	
	是否设排水沟			已设排水沟	
	场地平整，基础水平情况			符合要求	
	混凝土强度不低于说明书要求的强度等级			C30	
	碎石粒度20～40 mm			—	
	路基碎石厚度大于250 mm			—	
	枕木间距小于等于600 mm			—	
	钢轨接头间隙小于4 mm			—	
	钢轨接头高度差小于等于2 mm			—	
	拉杆间距小于等于6 m			—	
	轨距误差小于1/1 000			—	
	钢轨顶面纵横向倾斜度小于1/1 000			—	
	行走限位撞杆距止挡距离大于1.5 m			—	
	轨止挡距钢轨端大于1.5 m			2 m	
	接地电阻值小于4 Ω			0.1 Ω	

续表 4-83

检查项目	验收内容和标准	验收记录
塔吊结构	螺栓拧紧力矩是否达到技术要求	已达到
	开口销是否按要求撬开	已全部撬开
	结构部件、附件是否齐全，位置是否正确	齐全、正确
	结构是否有变形、开焊、疲劳裂纹	无
	压重、配重是否按说明书要求安放	已安放
绳轮传系统	钢丝绳规格是否正确，断丝和磨损是否达到报废	正确，未达到报废
	钢丝绳固定编插缠绕是否符合国家标准	符合
	各部位滑轮是否转动灵活，有无破损，轮槽是否磨损	转动灵活，无破损
	达到报废标准	未达到报废标准
	各机构转动是否平稳，有无异响，润滑是否良好	平稳，无异响，良好
	制动器调整是否灵活可靠	灵活可靠
电气系统	控制、操纵装置动作是否灵活可靠	灵活可靠
	仪表、照明装置动作是否完好可靠	完好可靠
	电气各安全保护装置是否齐全可靠	齐全可靠
	电气系统对塔吊绝缘电阻不小于 0.5 MΩ	15 MΩ
	避雷装置是否符合规定要求	符合规定
安全限位	力矩限制器是否灵敏可靠	灵敏可靠
	行走、回转、变幅、超高限位是否灵敏可靠	灵敏可靠
	卷筒保险是否灵活可靠	灵活可靠
	夹轨钳是否灵活可靠	—
	吊钩保险是否灵活可靠	灵活可靠
试运转	空载荷：检查各传动机构有无异响	无异响
	额定载荷：检查钢结构有无变形、制动器是否可靠	无变形、制动可靠
验收结论	经检查塔式起重机安装调试符合国家有关规范规定及安装方案要求，验收合格，同意使用。	
验收签字	质检员：王迁　　安装技术负责人：孙杰 安全员：安重　　项目负责人：丁军 安装负责人：李放　　塔吊机长：钱猛 2013 年 3 月 10 日	

表 4-84　塔式起重机安全技术交底记录

编号:C7－8－2

工程名称	中县汝河治理水闸工程				
施工单位	山东大河水电工程建设有限公司				
交底项目(部位)	塔式起重机安全技术交底		交底日期	2013 年 3 月 7 日	
交底内容(安全措施与注意事项): (11)起重机各部位在运转中 1 m 以内不得有障碍物。 (12)塔式起重机操作前应进行空载运转或试车,确认无误方可投入生产。 2. 安全操作 (1)司机必须按所驾驶塔式起重机的起重性能进行作业。 (2)机上各种安全保护装置运转中发生故障、失效或不准确时,必须立即停机修复,严禁带病作业和在运转中进行维修保养。 (3)司机必须在佩有指挥信号袖标的人员指挥下严格按照指挥信号、旗语、手势进行操作。操作前应发出音响信号,对指挥信号辨不清时不得盲目操作。对指挥错误有权拒绝执行或主动采取防范或相应紧急措施。 (4)起重量、起升高度、变幅等安全装置显示或接近临界警报值时,司机必须严密注视,严禁强行操作。 (5)操作时司机不得闲谈、吸烟、看书报和做其他与操作无关的事情。不得擅离操作岗位。					
交底人	李放	接受交底人	安放	专职安全员	安重

注:本表由施工单位填写并保存(一式三份。接受交底人一份、交底人一份、安全员一份)。

6　机械安全文件

机械安全文件主要有:物料提升机安全文件,施工升降机拆装统一检查验收表(包括施工升降机安装/拆卸任务书、施工升降机安装/拆卸安全技术交底、施工升降机基础验收表、施工升降机安装/拆卸过程记录、施工升降机安装完毕验收记录、施工升降机接高验收记录等。表 4-85 为机械进场验收记录。

7　保卫消防文件

保卫消防文件主要有施工现场消防重点部位登记记录、用火审批证(表 4-86)、施工现场消防管理记录、施工现场保卫消防安全技术交底汇总。

关于工程项目生活区资料、工程项目现场料具资料、环境保护文件及其他安全文件(如应知应会考核表登记及试卷、施工现场安全日志、班组班前讲话记录、工程项目安全检查隐患整改记录)等其他施工现场安全文件这里不再介绍。

表4-85 机械进场验收记录

工程名称:中县汝河治理水闸工程　　施工单位:山东大河水电工程建设有限公司　编号:C7-9-1

机械名称	挖掘机	规格型号	WY100	设备编号	豫Z0005
生产厂家	河南建筑机械厂	出厂日期	2010年11月	合格证号	201011008
验收日期	2013年3月4日	参加验收人员	蒋才		
检查项目	验收记录				
液压系统安全装置	经试运转液压系统工作正常,无漏油、阻塞现象,动作灵活、准确、可靠、无噪声,安全装置齐全有效、灵敏可靠。				
回转装置	经试运转回转装置动作灵活、准确、可靠,工作正常。				
行走装置	经试运转行走装置工作正常,无异常声响。				
铲斗装置	经试运转铲斗装置动作灵活、准确、可靠,无异常。				
资料	有产品说明书、合格证编号,生产厂家为河南建筑机械厂。				
司机	司机持证上岗,上岗证为有效证件。				
验收结论	挖掘机经检验符合《建筑施工安全检查标准》(JGJ 59—2011)及有关规范规定,验收合格,同意使用。 参加验收人员:蒋才 日期:2013年3月4日				

表4-86 用火审批证(看火人收执)

编号:C7-10

施工单位	山东大河水电工程建设有限公司
工程名称	中县汝河治理水闸工程
用途	电焊
用火部位	闸底板钢筋临时焊接
用火人	张文
看火人	李二强
灭火器材	灭火器、水桶
用火时间	2013年7月15日8时起 2013年7月15日18时止

申请人:王获　　　　签发人:范迁

8 安全文件的管理和保存

8.1 安全文件的管理

(1)项目经理部应建立证明安全管理系统运行必要的安全记录,其中包括台账、报表、原始记录等。文件的整理应做到现场实物与记录符合,行为与记录符合,以便更好地反映出安全管理的全貌和全过程。

(2)项目设专职或兼职安全资料员,应及时收集、整理安全资料。安全记录的建立、收集和整理,应按照国家、行业、地方和上级的有关规定,确定安全记录种类、格式。

(3)当规定表格不能满足安全记录需要时,安全保证计划中应制定记录。

(4)确定安全记录的部门或相关人员,实行按岗位职责分工编写,按照规定收集、整理包括分包单位在内的各类安全管理文件的要求,并装订成册。

(5)对安全记录进行标识、编目和立卷,并符合国家、行业、地方或上级有关规定。

8.2 安全文件的保存

(1)安全文件按篇及编号分别装订成册,装入档案盒内。

(2)安全文件集中存放于文件柜内,加锁并设专人负责管理,以防丢失损坏。

(3)工程竣工后,安全文件上交公司档案室保管,备查。

项目任务

1 选择题

(1)设计变更洽商记录不需要加盖(　　)的公章。

A. 建设单位　B. 施工单位　C. 设计单位　D. 质检单位

(2)下列属于Ⅱ类物资的是(　　)。

A. 仪表　B. 管材　C. 锅炉　D. 沥青混凝土

(3)依据现行施工规范,对于涉及工程结构安全、实体质量、建筑观感等须做质量预控的重要工序,须做质量预控,并填写(　　)。

A. 隐检记录　B. 预检记录　C. 交接检记录　D. 巡检记录

(4)通风(烟)道要求做全数通(抽)风、漏风、串风检查试验;垃圾道检查其是否畅通,要求(　　)检查,并做好检查记录。

A. 100%　B. 95%　C. 90%　D. 70%

(5)基坑深度超过(　　)m时,无论边坡土质情况和周边荷载如何,必须进行支护。

A. 3　B. 4　C. 5　D. 6

(6)对于隐蔽工程、工程关键部位及重要施工工序,施工单位应与建设(监理)单位进行(　　)。

A. 自检　B. 巡检　C. 联合检验　D. 终检

(7)在拆除模板之前施工单位应填写《混凝土拆模申请单》,但同时要附加另一个什么文件才能报送技术负责人(　　)。

A.《同条件下混凝土强度报告》　B.《砂浆抗压强度检测报告》

C.《混凝土配合比实验报告》　D.《混凝土养护测温记录》

(8)下列哪些是施工物资文件?(　　)施工记录?(　　)施工试验文件?(　　)

A. 土工击实试验报告　B. 砂浆配合比试验报告

C. 基地验槽记录　D. 混凝土开盘鉴定

E. 混凝土抗渗性能检测报告　　F. 混凝土防水剂试验报告

G. 水泥试验报告　　H. 隐蔽工程检查记录

(9)混凝土供应单位必须向混凝土施工单位提供《预制混凝土出厂合格证》、《预拌混凝土运输交接记录》和(　　)。

A.《混凝土配合比通知单》　　B.《混凝土抗压强度报告》

C.《混凝土抗渗性能报告》　　D.《混凝土开盘鉴定》

(10)水泥相关文件整理收集中做法错误的是(　　)。

A. 水泥批量大、厂方提供的合格证少时可以采用抄件

B. 在合格证上施工单位注明工程名称及使用部位

C. 出厂证明文件齐全的水泥可以不用进行试验填写试验报告

D. 对于试验后不合格的试验报告单不得进行抽撤或毁坏，应附上复试的试验报告单或者处理报告一块存档

(11)目前编制工程文件过程中很多做法不规范，下述做法正确的是(　　)。

A. 施工记录表用复写纸　　B. 外文资料、合格证翻译为中文

C. 填错可以有涂改现象

D. 土建到设备，监理可以是同一个人签字认可

(12)关于《施工现场质量管理检查记录表》填表说法正确的是(　　)。

A. 由施工单位填写，施工单位、监理单位各保存一份

B. 本文件是在开工后填写　　C. 该文件不需要总监签字

D. 施工单位应按规定填写完毕后报当地的建设管理部门，并作出检查结论

(13)材料的出厂合格证是重要的存档文件，以水泥合格证为例指出合格证存档时应该注意的事项有(　　)

A. 施工单位不得损害　　B. 必须由厂家质量部门盖章

C. 原件较少时，按有关规定可采用抄件　　D. 合格证备注栏均不需要填写

E. 合格证不能涂改

(14)钢筋、型钢进场时检测合格后，需要在合格证签字的人员是(　　)。

A. 技术员　　B. 采购员　　C. 资料员

D. 材料保管员　　E. 质检员

(15)三级安全教育指(　　)。

A. 企业法定代表人、项目负责人、班组长　　B. 公司、项目、班组

C. 公司、总包单位、分包单位　　D. 建设单位、施工单位、监理单位

(16)施工所用建筑材料进场时施工单位要进行开箱检验或者抽样试验，合格后经监理单位审核，所形成文件是(　　)。

A. 施工物资进场报验表　　B. 分项工程验收记录

C. 检验批施工质量验收记录　　D. 施工记录

(17)下列文件不是施工单位在工程开工前应该填写报审的是(　　)。

A.《工程开工报审表》　　B.《施工现场质量管理检查记录》

C.《特殊工种上岗证审查表》　　D.《分部工程施工质量验收记录》

(18)有很多施工单位的文件需要报送监理单位审核签字盖章才能生效,进行存档,选出需要报送监理单位的文件。(　　)

A.《施工测量报验表》　　B.《技术交底记录》　　C.《立项会议纪要》

D.《工程技术文件报审表》　　E. 施工日记

(19)(　　)是安全生产第一负责人。

A. 项目负责人　　B. 技术负责人

C. 专职安全管理员　　D. 企业法人代表

(20)从开工之日起项目经理应该派专人负责填写施工日志,关于此文件资料的说法正确的是(　　)。

A. 当天事当天记录完,切忌搞"回忆录"

B. 记录日期应连续,当不连续时(如因事停工)应作出说明

C. 施工日记一般由工地监理员填写

D. 记录内容要完整

E. 单位工程从开工到竣工应对施工过程有关技术管理和质量管理的活动逐日进行记录

2　案例分析

审核员在审核某工程技术文件、物资文件时发现很多文件填写均为某资料员字体,所有总监部位的签名均签的是"王小姐",水泥出厂日期是2007年5月4日,厂家试验日期是2007年5月30日,水泥出厂合格证备注栏内没有填写任何内容,合格证被剪切成几段分别贴在几张检测报告后面。

问题:

(1)总监的签名是否有效?(　　)

A. 有　　B. 无　　C. 视情况而定　　D. 都不对

(2)材料的出厂合格证是重要的存档文件,以水泥出厂合格证为例指出合格证存档时应该注意事项。(　　)

A. 施工单位不得损坏

B. 必须由厂家质量部门盖章

C. 原件较少时,按有关要求可采用抄件

D. 合格证备注栏均不需要填写

E. 合格证不得涂改

(3)从上述资料中下面哪些属于造假?(　　)

A. 很多文件字体相似　　B. 合格证被剪成几段

C. 合格证备注栏无内容　　D. 水泥生产日期在厂家试验日期之前

E. 都不属于

项目5 水利水电工程施工质量验收评定文件整编

水利水电工程施工质量验收评定文件，是施工过程中为了加强水利水电工程施工质量管理，在对施工质量进行验收评价过程中形成的文件。水利水电工程施工质量验收评定文件，是检验与评定施工质量的基础资料，也是进行工程维修和事故处理的重要凭证，是工程验收的备查资料和工程竣工验收后长期保存的档案文件。水利水电工程施工质量验收评定文件主要包括工程项目、单位工程、分部工程质量评定表，土石方工程、混凝土工程、地基处理与基础工程、堤防工程、水工金属结构安装工程、水轮发电机组安装工程、水力机械辅助设备系统安装工程单元(工序)质量验收评定表。

任务1 水利水电工程施工质量验收评定概述

1 水利水电工程项目划分及质量验收评定流程

为加强水利水电工程质量管理，确保工程质量，要对水利水电工程施工过程中质量进行评定验收。为了更好地进行施工质量控制与验收，就要对水利水电工程进行质量验收项目的划分。在项目1介绍过水利水电工程项目按单位工程、分部工程、单元(工序)工程划分为三级，其评定程序为先对水电工程建设项目最基本的、日常质量考核的基本单位单元工程进行评定验收，分部工程包含的所有单元工程质量评定满足要求基础上，再对分部工程进行质量评定与验收，当单位工程的所有分部工程质量评定满足要求且具备单位工程评定要求时，就可以进行单位工程质量评定与验收，最后在对整个项目进行质量评定及竣工验收。单元(工序)工程、分部工程、单位工程验收评定流程图见图5-1～图5-3。

2 水利水电工程质量验收基本要求

(1)计量器具需经县级以上人民政府技术监督部门认定的计量检定机构或其授权设置的计量检定机构进行检定，并具备有效的检定证书。

(2)检测人员应熟悉检测业务，了解被检测对象和所用仪器设备性能，并经考核合格，持证上岗。参与中间产品质量资料复核人员应具有初级以上工程系列技术职称。

(3)施工单位应建立完善的质量保证体系，要有专门的质量管理机构和健全的管理制度，并具备与工程相适应的质量检验、测试仪器设备。建设(监理)单位应具有相应的质量检查机构和健全的管理制度。

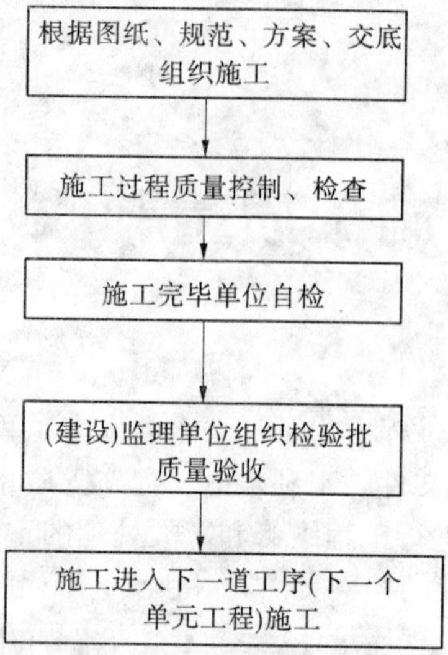

图 5-1　单元工程验收评定流程

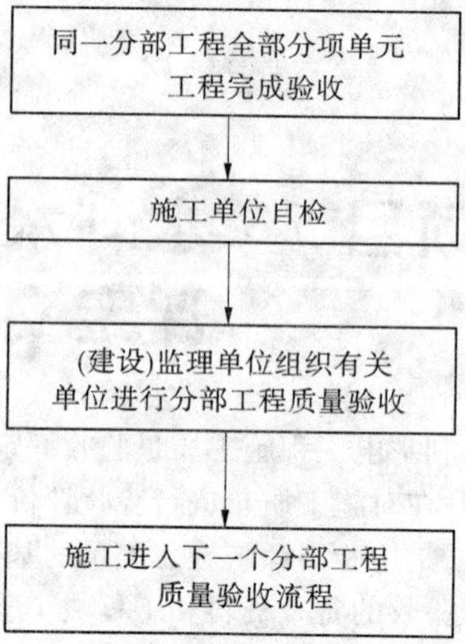

图 5-2　分部工程验收评定流程

(4)工程质量检验项目的名称和数量应符合《水利水电基本建设工程单元工程质量等级评定标准》的规定。量的名称、量的单位和符号采用国家法定计量单位。

(5)水利水电工程质量检验方法,应符合《水利水电基本建设工程单元工程质量等级评定标准》和国家及水利水电行业现行技术标准的有关规定。

(6)永久性工程(包括主体工程及附属工程)施工质量检验职责范围:

①施工单位应按照《水利水电基本建设工程单元工程质量等级评定标准》规定的检验项目及数量全面进行自检,并作好施工记录,如实填写水利水电工程施工质量评定表。

②建设(监理)单位应根据《水利水电基本建设工程单元工程质量等级评定标准》复核工程质量。

③质量监督机构实行以抽查为主要方式的监督制度。

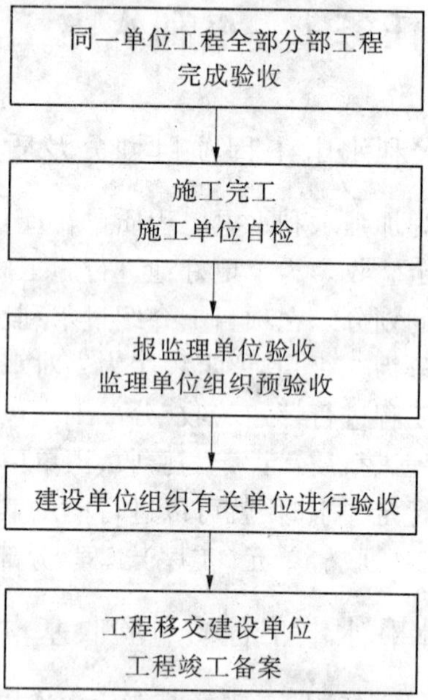

图 5-3　单位工程验收评定流程

(7)临时工程质量检验项目及评定标准,由建设(监理)、设计及施工单位参照《水利水电基本建设工程单元工程质量等级评定标准》的要求研究决定,并报相应的质量监督机构核备。

(8)工程质量检验包括施工准备检查,中间产品与原材料质量检验,水工金属结构、启闭机及机电产品质量检查,单元工程质量检验,质量事故检查及工程外观质量检验等程序。

3　水利水电工程施工质量验收评定表填表基本要求

《水利水电工程施工质量验收评定表》(SL 176—2012)(以下简称《评定表》)是检验与评定施工质量的基础资料,也是进行工程维修和事故处理的重要凭证,是工程验收的备查资料。工程竣工验收后,《评定表》作为档案文件长期保存。因此,按档案管理有关要求对《评定表》的填写作如下基本规定:

(1)单元(工序)工程完工后,在规定时间内及时评定其质量等级,并按现场检验结果,客观真实地填写《评定表》。

(2)现场检验应遵守随机布点与监理工程师现场指定区位相结合的原则,检验方法及数量应符合《新标准》和相关标准的规定。

(3)若手工填写,应使用蓝色或黑色墨水钢笔,字迹应工整、清晰;若计算机打印,输入内容的字体应与表格固定内容不同,以示区别,字号可以相同或相近,匀称为宜。质量意见和质量结论及签字部分(包括日期)不可打印。

(4)验收评定表与备查文件的制备规格采用国际标准A4(210 mm×297 mm)。

(5)数字要使用阿拉伯数字(1,2,3,…,9,0),单位使用法定计量单位,并以规定的符号表示(如m,kg,m^3,…)。数据与数据之间用逗号(,)隔开,小数点要用圆点(.)。合格率用百分数表示,小数点后保留1位,如果恰为整数,则小数点后以0表示。

(6)手工填写修改错误时,将错误部分用斜线划掉,再在右上方填写正确的文字或数字。禁止使用改正液、橡皮擦、刀片刮等不标准方法。

(7)表头填写:单位工程、分部工程、单元工程名称,按项目划分确定的名称填写。单元工程部位可用桩号、高程、到轴线(中心线)距离表示,原则是使该单元从空间(三维)上受控,必要时附图示意。"施工单位"栏要填写与项目法人签订承包合同的施工单位全称。

(8)"质量标准"栏中,凡有"符合设计要求"者,应注明设计要求的具体内容,如内容较多可附页说明;凡有"符合规范要求"者,应标出所执行的规范名称和编号。凡在"质量标准"栏中只作定性(没有定量标准)描述的检验项目,则在检查(检测)结果记录中亦作定性描述,不参与质量结论中的合格率计算。

(9)检查(检验、检测)记录应真实、准确,设计值按施工图填写,实测值填写实际检测数据(可打印),而不是偏差值。当实测数据较多时,可填写实测组数、实测值范围(最大值至最小值)和合格数,但实测值原始记录应作表格附件备查。

(10)监理工程师复核质量等级时,如对施工单位填写的质量检验文件或质量等级有不同意见,可写入"质量等级"栏内或另附页说明,并在"质量等级"栏内填写出核定的质量等级。

(11)所有签字人员必须是与项目具有合同关系的人员,且由本人按照身份证上的姓名签字(不得由他人代签),同时填写日期,单元(工序)工程由施工单位负责终验的人员签字。

(12)施工单位自评意见、监理单位复核意见栏中,加盖公章为该单位现场派出机构的公章。

(13)如果有评定标准中未涉及的标准及表格,如混凝土碳化处理质量评定等,由项目法人组织监理、设计及施工单位编制其工序评定表,并在工程开工前报省级水行政主管部门及质量监督机构核查审批。

依据《水利水电工程单元工程施工质量验收评定标准》(SL 631～637—2012),《水利水电工程施工质量验收评定表》全部表格共分三部分,总计463个表(见附件4)。第一部分为工程项目、单位、分部工程质量评定表,共计17个表,第二部分为单元(工序)质量评定表,计435个表,第三部分为质量检测与质量评定备查资料表,共计11个表。本项目按照水利水电工程质量评定流程,先对土石方工程、混凝土工程、地基处理与基础工程、堤防工程单元(工序)施工质量评定及表格填写进行介绍,然后再介绍分部工程、单位工程、工程项目施工质量评定及表格填写。

■ 任务2　土石方工程单元(工序)质量评定

1　土石方工程单元工程的工序施工质量评定

土石方工程的一个单元工程往往划分为若干工序施工,不同工序施工质量评定项目、检验(测)方法、数量及质量标准不同,但所有工序施工质量验收评定提交资料内容要求及工序质量评定标准相同。

1.1　工序施工质量验收评定应提交资料

(1)施工单位各班(组)的初检记录、施工队复检记录、施工单位专职质检员终检记录,工序中各施工质量检验项目的检验资料。

(2)监理单位对工序中施工质量检验项目的平行检测资料。

1.2　工序质量评定标准

1.2.1　合格标准

(1)主控项目,检验结果应全部符合《水利水电工程单元工程施工质量验收评定标准——土石方工程》(SL 631—2012)的要求,以下简称为SL 631—2012。

(2)一般项目,逐项应有70%及以上的检验点合格,且不合格点不应集中。

(3)各项报验资料应符合SL 631—2012的要求。

1.2.2　优良标准

(1)主控项目,检验结果应全部符合SL 631—2012的要求。

(2)一般项目,逐项应有90%及以上的检验点合格,且不合格点不应集中。

(3)各项报验资料应符合SL 631—2012的要求。

2　土石方工程单元工程施工质量验收评定

土石方工程的不同单元工程划分方法不一样,但所有土石方工程的单元工程验收提交资料相同,划分工序的单元工程质量评定标准也是相同的。

2.1 单元工程施工质量验收评定应提交资料

(1)施工单位应提交单元工程中所含工序(或检验项目)验收评定的检验资料,各项实体检验项目的检验记录资料。

(2)监理单位应提交对单元工程施工质量的平行检测资料。

2.2 单元工程质量评定标准

(1)合格标准:各工序施工质量验收评定应全部合格;各项报验资料应符合 SL 631—2012 的要求。

(2)优良标准:各工序施工质量验收评定应全部合格,其中优良工序应达到50%及以上,且主要工序应达到优良等级;各项报验资料应符合 SL 631—2012 的要求。

注意,对于不划分工序的单元工程质量评定标准同工序质量评定标准。如干砌石单元工程不划分工序施工,其单元工程施工质量验收评定标准按照上面 1.2 中工序质量评定标准进行评定。

3 土石方工程单元工程(工序)施工质量验收评定表及填写举例

工序质量评定表填写时,注意不同工序施工质量验收评定表中单位工程、分部工程、单元工程名称及部位填写要与单元工程施工质量验收评定表中填写一致。单元工程质量评定是在其包含的所有工序施工质量验收评定基础上进行的,也就是说只有单元工程包含的所有工序施工质量验收完成,且评定表填写完整后,才能进行单元工程施工质量验收评定及其评定表填写。

本任务以典型常见的土方开挖单元工程(工序)施工质量验收评定及土料填筑单元工程(工序)施工质量验收评定为例,讲解土石方工程施工质量验收评定表填写;以反滤(过渡)料填筑单元工程(工序)施工质量验收评定为例,介绍土石方单元工程(工序)施工质量验收评定表样表,工序施工评定项目、检测方法及数量。

3.1 土方开挖单元工程及其工序施工质量验收评定表填写

3.1.1 单元工程施工质量验收评定表

土方开挖单元工程以工程设计结构或施工检查验收的区、段划分,每一区、段划分为一个单元工程。评定表中单元工程量填写本单元土方开挖工程量(m^3)。土方开挖单元工程施工质量验收评定表填写如表5-1所示。

3.1.2 土方开挖单元工程工序施工质量验收评定表

由表5-1可以看出土方开挖单元工程分为表土及土质岸坡清理、软基或土质岸坡开挖2个工序施工,其中软基或土质岸坡开挖为主要工序。下面介绍各工序施工质量验收评定表填写。

3.1.2.1 表土及土质岸坡清理工序施工质量验收评定表填写

本工序施工质量验收评定检验项目、检验(测)方法及数量如表5-2所示,工序施工质量验收评定表如表5-3所示。

表 5-1　水利水电工程土方开挖单元工程施工质量验收评定表

单位工程名称	中县汝河治理水闸工程	单元工程量	60 m^3
分部工程名称	地基与基础	施工单位	山东大河水电工程建设有限公司
单元工程名称、部位	基础面处理 0+100~0+150	施工日期	2013 年 3 月 12 日至 2013 年 3 月 19 日
项次	工序名称	工序质量验收评定等级	
1	表土及土质岸坡清理工序	合格	
2	△软基或土质岸坡开挖工序	合格	
施工单位自评意见	各工序施工质量全部合格,无优良工序,主要工序达到合格等级。 单元质量等级评定为:合格 魏伟(签字,加盖公章) 2013 年 3 月 19 日		
监理单位复核意见	经抽查并查验相关检验报告和检验资料,各工序施工质量全部合格,且主要工序达到合格等级。 单元工程质量等级评定为:合格 王辉(签字,加盖公章) 2013 年 3 月 19 日		

注:对重要隐蔽单元工程和关键部位单元工程的施工质量验收评定应有设计、建设等单位的代表签字,具体要求应满足 SL 176—2007 的规定。

表 5-2　表土及土质岸坡清理工序检验(测)方法及数量

检验项目	检验方法	检验数量
表土清理	观察、查阅施工记录	全数检查
不良土质的处理	观察、查阅施工记录	全数检查
地质坑、孔处理	观察、查阅施工记录、取样试验等	全数检查
清理范围	量测	每边线测点不少于 5 个点,且点间距不大于 20 m
土质岸边坡度	量测	每 10 延米量测 1 处;高边坡需测定断面,每 20 延米测一个断面

表5-3　水利水电工程表土及土质岸坡清理工序施工质量验收评定表

<table>
<tr><td colspan="3">单位工程名称</td><td>中县汝河治理水闸工程</td><td>工序名称</td><td colspan="3">表土及土质岸坡清理</td></tr>
<tr><td colspan="3">分部工程名称</td><td>地基与基础</td><td>施工单位</td><td colspan="3">山东大河水电工程建设有限公司</td></tr>
<tr><td colspan="3">单元工程名称、部位</td><td>基础面处理
0+100~0+150</td><td>施工日期</td><td colspan="3">2013年3月12日至2013年3月14日</td></tr>
<tr><td colspan="2">项次</td><td>检验项目</td><td colspan="2">质量标准</td><td>检查(测)记录</td><td>合格数</td><td>合格率(%)</td></tr>
<tr><td rowspan="3">主控项目</td><td>1</td><td>表土清理</td><td colspan="2">树木、草皮、树根、乱石、坟墓以及各种建筑物全部清除;水井、泉眼、地道、坑窖等洞穴的处理符合设计要求</td><td>表土清理干净,无草皮、树根、乱石,符合设计要求</td><td>全部</td><td>100</td></tr>
<tr><td>2</td><td>不良土质的处理</td><td colspan="2">淤泥、腐殖质土、泥炭土全部清除;对风化岩石、坡积物、残积物、滑坡体、粉土、细砂等处理符合设计要求</td><td>对风化岩石、坡积物、残积物、滑坡体、粉土、细砂等处理符合设计要求</td><td>全部</td><td>100</td></tr>
<tr><td>3</td><td>地质坑、孔处理</td><td colspan="2">构筑物基础区范围内的地质探孔、竖井、试坑的处理符合设计要求;回填材料质量满足设计要求</td><td>构筑物基础区范围内的地质探孔、竖井、试坑的处理符合设计要求</td><td>全部</td><td>100</td></tr>
<tr><td rowspan="2">一般项目</td><td>1</td><td>清理范围</td><td colspan="2">满足设计要求。长、宽边线允许偏差:人工施工0~50 cm,机械施工0~100 cm(长设计值50 m,宽设计值12 m)</td><td>机械清理范围(m):49.8,50.5,50.6,50.8,51
11.9,12.2,12.3,12.5,12.8</td><td>8</td><td>80.0</td></tr>
<tr><td>2</td><td>土质岸边坡度</td><td colspan="2">不陡于设计边坡(设计边坡为1:2)</td><td>共测5个断面:坡度1:2.2~1:2.4</td><td>5</td><td>100</td></tr>
<tr><td>施工单位自评意见</td><td colspan="7">主控项目检验点100%合格,一般项目逐项检验点的合格率80.0%以上,且不合格点不集中分布。
工序质量等级评定为:合格
魏伟(签字,加盖公章)
2013年3月14日</td></tr>
<tr><td>监理单位复核意见</td><td colspan="7">经复核,主控项目检验点100%合格,一般项目逐项检验点的合格率80.0%以上,且不合格点不集中分布。
工序质量等级评定为:合格
王辉(签字,加盖公章)
2013年3月14日</td></tr>
</table>

3.1.2.2　软基或土质岸坡开挖工序施工质量验收评定表填写

本工序施工质量验收评定检验项目、检验(测)方法及数量如表5-4所示，工序施工质量验收评定表如表5-5所示。

表5-4　软基或土质岸坡开挖工序检验(测)方法及数量

检验项目	检验方法	检验数量
保护层开挖	观察、测量、查阅施工记录	全数检查
建基面处理	观察、测量、查阅施工记录	全数检查
渗水处理	观察、测量、查阅施工记录	全数检查
基坑断面尺寸及开挖面平整度	观察、测量、查阅施工记录	检测点采用横断面控制，断面间距不大于20 m，各横断面点数间距不大于2 m，局部突出或凹陷部位(面积在0.5 m^2 以上者)应增设检测点

表5-5　水利水电工程软基或土质岸坡开挖工序施工质量验收评定表

单位工程名称			中县汝河治理水闸工程	工序名称	软基或土质岸坡开挖	
分部工程名称			地基与基础	施工单位	山东大河水电工程建设有限公司	
单元工程名称、部位			闸底板基础面0+100~0+150	施工日期	2013年3月15日至2013年3月19日	
项次		检验项目	质量标准	检查(测)记录	合格数	合格率(%)
主控项目	1	保护层开挖	保护层开挖方式应符合设计要求，在接近建基面时，宜使用小型机具或人工挖除，不应扰动建基面以下的原地基	保护层开挖采用人工开挖，没有扰动建基面以下的原地基	全部	100
	2	建基面处理	构筑物软基和土质岸坡开挖面平顺。软基和土质岸坡与土质构筑物接触时，采用斜面连接，无台阶、急剧变坡及反坡	构筑物软基开挖面平顺，无台阶、急剧变坡及反坡等情况	全部	100
	3	渗水处理	构筑物基础区及土质岸坡渗水(含泉眼)妥善引排或封堵，建基面清洁无积水	基础区渗水已处理，建基面清洁无积水	全部	100

续表 5-5

<table>
<tr><th>项次</th><th colspan="2">检验项目</th><th colspan="3">质量标准</th><th>检查(测)记录</th><th>合格数</th><th>合格率(%)</th></tr>
<tr><td rowspan="8">一般项目</td><td rowspan="8">1</td><td rowspan="8">基坑断面尺寸及开挖面平整度</td><td rowspan="4">无结构要求或无配筋</td><td>长或宽不大于10 m</td><td>符合设计要求,允许偏差为 -10 ~ 20 cm</td><td>/</td><td></td><td></td></tr>
<tr><td>长或宽大于10 m</td><td>符合设计要求,允许偏差为 -20 ~ 30 cm (长设计值 50 m,宽设计值 12 m)</td><td>长(m):49.7,50.2,50.3,50.3,50.2
宽(m):12.4,12.3,12.1,12.3,12.1</td><td>8</td><td>80.0</td></tr>
<tr><td>坑(槽)底部标高</td><td>符合设计要求,允许偏差为 -10 ~ 20 cm (基坑底部设计标高 -3 m)</td><td>基坑底部量测标高(m):-2.97,-3.03,-3.02,-3.24,-3.15,-3.11,-3.23,-3.16,-2.96,-3.08</td><td>8</td><td>80.0</td></tr>
<tr><td>垂直或斜面平整度</td><td>符合设计要求,允许偏差为 20 cm</td><td>实测(cm):5,6,4,9,7,5,4,6,6,7</td><td>10</td><td>100</td></tr>
<tr><td rowspan="4">有结构要求,有配筋预埋件</td><td>长或宽不大于10 m</td><td>符合设计要求,允许偏差为 0 ~ 20 cm</td><td>/</td><td></td><td></td></tr>
<tr><td>长或宽大于10 m</td><td>符合设计要求,允许偏差为 0 ~ 30 cm</td><td>/</td><td></td><td></td></tr>
<tr><td>坑(槽)底部标高</td><td>符合设计要求,允许偏差为 0 ~ 20 cm</td><td>/</td><td></td><td></td></tr>
<tr><td>斜面平整度</td><td>符合设计要求,允许偏差为 15 cm</td><td>/</td><td></td><td></td></tr>
<tr><td colspan="2">施工单位自评意见</td><td colspan="7">主控项目检验点 100% 合格,一般项目检验点的合格率86.7%,且不合格点不集中分布。
工序质量等级评定为:合格
魏伟(签字,加盖公章)
2013 年 3 月 19 日</td></tr>
<tr><td colspan="2">监理单位复核意见</td><td colspan="7">经复核,主控项目检验点 100% 合格,一般项目逐项检验点的合格率86.7%,且不合格点不集中分布。
工序质量等级评定为:合格
王辉(签字,加盖公章)
2013 年 3 月 19 日</td></tr>
</table>

注:①"—"表示欠挖,"+"表示超挖;②本表中一般项目仅一项,其合格率结合实际工程取各条合格率的平均值。

3.2 土料填筑单元工程施工质量验收评定表填写

3.2.1 单元工程施工质量验收评定表

土料填筑单元工程以工程设计结构或施工检查验收的区、段、层划分,通常每一区、段的每一层即为一个单元工程。评定表中单元工程量填写本单元填筑工程量(m^3)。土料填筑单元工程施工质量验收评定表填写如表5-6所示。

表5-6 土料填筑单元工程施工质量验收评定表

单位工程名称	中县汝河治理水闸工程	单元工程量	$30\ m^3$
分部工程名称	闸室段	施工单位	山东大河水电工程建设有限公司
单元工程名称、部位	土方回填(左岸) 0+100~0+200	施工日期	2013年3月22日至2013年3月29日
项次	工序名称	工序质量验收评定等级	
1	土料填筑结合面处理工序	优良	
2	土料填筑卸料及铺填工序	优良	
3	△土料填筑土料压实工序	优良	
4	土料填筑接缝处理工序	合格	
施工单位自评意见	各工序施工质量全部合格,其中优良工序占75%,且主要工序达到优良等级。 单元质量等级评定为:优良 魏伟(签字,加盖公章) 2013年3月29日		
监理单位复核意见	经抽查并查验相关检验报告和检验资料,各工序施工质量全部合格,其中优良工序占75%,且主要工序达到优良等级。 单元工程质量等级评定为:优良 王辉(签字,加盖公章) 2013年3月29日		

注:对重要隐蔽单元工程和关键部位单元工程的施工质量验收评定应有设计、建设等单位的代表签字,具体要求应满足SL 176—2007的规定。

3.2.2　土料填筑单元工程的工序施工质量验收评定表

由表5-6可以看出土料填筑单元工程分为结合面处理、卸料及铺填、土料压实、接缝处理4个工序施工，其中土料压实工序为主要工序。下面介绍各工序施工质量验收评定表填写。

3.2.2.1　土料填筑结合面处理工序施工质量验收评定表填写

本工序施工质量验收评定检验项目、检验(测)方法及数量如表5-7所示，工序施工质量验收评定表如表5-8所示。

表5-7　土料填筑结合面处理工序检验(测)方法及数量

检验项目	检验方法	检验数量
建基面地基压实	方格网布点检查	坝轴线方向50 m，上下游方向20 m范围内布点。检验深度应深入地基表面以下1.0 m，对地质条件复杂的地基，应加密布点取样检验
土质建基面刨毛	方格网布点检查	每个单元不少于30个点
无黏性土建基面的处理	观察、查阅施工记录	全数检查
岩面和混凝土面处理	方格网布点检查	每个单元不少于30个点
层间结合面	观察	全数检查
涂刷浆液质量	观察、抽测	每拌和一批至少抽样检测1次

表5-8　水利水电工程土料填筑结合面处理工序施工质量验收评定表

<table>
<tr><td colspan="3">单位工程名称</td><td>中县汝河治理水闸工程</td><td>工序名称</td><td colspan="3">土料填筑结合面处理</td></tr>
<tr><td colspan="3">分部工程名称</td><td>闸室段</td><td>施工单位</td><td colspan="3">山东大河水电工程建设有限公司</td></tr>
<tr><td colspan="3">单元工程名称、部位</td><td>土方回填(左岸)
0+100~0+200</td><td>施工日期</td><td colspan="3">2013年3月22日</td></tr>
<tr><td colspan="2">项次</td><td>检验项目</td><td colspan="2">质量标准</td><td>检查(测)记录</td><td>合格数</td><td>合格率(%)</td></tr>
<tr><td rowspan="4">主控项目</td><td>1</td><td>建基面地基压实</td><td colspan="2">黏性土、砾质土地基土层的压实度等指标符合设计要求。无黏性土地基土层的相对密实度符合设计要求(设计压实度≥90%)</td><td>建基面地基为黏性土，检测5处，压实度分别为92%，93%，96%，97%，93%，符合设计要求</td><td>5</td><td>100</td></tr>
<tr><td>2</td><td>土质建基面刨毛</td><td colspan="2">土质地基表面刨毛3~5 cm，层面刨毛均匀细致，无团块、空白</td><td>现场检查30处，土质地基表面刨毛3~4 cm，层面刨毛均匀细致，无团块、空白</td><td>30</td><td>100</td></tr>
<tr><td>3</td><td>无黏性土建基面的处理</td><td colspan="2">反滤过渡层材料的铺设应满足设计要求</td><td>/</td><td></td><td></td></tr>
<tr><td>4</td><td>岩面和混凝土面处理</td><td colspan="2">与土质防渗体接合的岩面或混凝土面，无浮渣、污物杂物，无乳皮粉尘、油垢，无局部积水等。铺填前涂刷浓泥浆或黏土水泥砂浆，涂刷均匀，无空白，混凝土面涂刷厚度为3~5 mm；裂隙岩面涂刷厚度为5~10 mm；且回填及时，无风干现象。铺浆厚度允许偏差0~2 mm</td><td>经检查30处，与土质防渗体接合的岩面或混凝土面，无浮渣、污物杂物，无浮皮粉尘、油垢，无局部积水</td><td>30</td><td>100</td></tr>
</table>

续表 5-8

<table>
<tr><th colspan="2">项次</th><th>检验项目</th><th>质量标准</th><th>检查(测)记录</th><th>合格数</th><th>合格率(%)</th></tr>
<tr><td rowspan="2">一般项目</td><td>1</td><td>层间结合面</td><td>上下层铺土的结合层面无砂砾、无杂物、表面松土、湿润均匀、无积水</td><td>经检查，上下层铺土的结合层面无砂砾、无杂物、表面松土、湿润均匀、无积水</td><td>全部</td><td>100</td></tr>
<tr><td>2</td><td>涂刷浆液质量</td><td>浆液稠度适宜、均匀无团块，材料配比误差不大于10%</td><td>检测5次，浆液稠度适宜、均匀无团块，材料配比误差不大于10%</td><td>5</td><td>100</td></tr>
<tr><td>施工单位自评意见</td><td colspan="6">主控项目检验点100%合格，一般项目逐项检验点的合格率100%，无不合格点。
工序质量等级评定为：优良
魏伟(签字，加盖公章)
2013 年 3 月 22 日</td></tr>
<tr><td>监理单位复核意见</td><td colspan="6">经复核，主控项目检验点100%合格，一般项目逐项检验点的合格率100%，且不合格点不集中分布。
工序质量等级评定为：优良
王辉(签字，加盖公章)
2013 年 3 月 22 日</td></tr>
</table>

3.2.2.2　土料填筑卸料及铺填工序施工质量验收评定表填写

本工序施工质量验收评定检验项目、检验(测)方法及数量如表 5-9 所示，工序施工质量验收评定表如表 5-10 所示。

表 5-9　土料填筑卸料及铺填工序检验(测)方法及数量

检验项目	检验方法	检验数量
卸料	观察	全数检查
铺填	观察	全数检查
结合部土料铺填	观察	全数检查
铺土厚度	测量	网格控制，每 100 m^2 为 1 个测点
铺填边线	测量	每边线每 10 延米 1 个测点

表5-10 水利水电工程土料填筑卸料及铺填工序施工质量验收评定表

<table>
<tr><td colspan="3">单位工程名称</td><td>中县汝河治理水闸工程</td><td>工序名称</td><td colspan="3">土料填筑卸料及铺填</td></tr>
<tr><td colspan="3">分部工程名称</td><td>闸室段</td><td>施工单位</td><td colspan="3">山东大河水电工程建设有限公司</td></tr>
<tr><td colspan="3">单元工程名称、部位</td><td>土方回填(左岸)
0+100~0+200</td><td>施工日期</td><td colspan="3">2013年3月23日至2013年3月24日</td></tr>
<tr><td colspan="2">项次</td><td>检验项目</td><td>质量标准</td><td colspan="2">检查(测)记录</td><td>合格数</td><td>合格率(%)</td></tr>
<tr><td rowspan="2">主控项目</td><td>1</td><td>卸料</td><td>卸料、平料符合设计要求,均衡上升。施工面平整、土料分区清晰,上下层分段位置错开</td><td colspan="2">经检查卸料、平料符合设计要求,均衡上升。施工面平整、土料分区清晰,上下层分段位置错开</td><td>全部</td><td>100</td></tr>
<tr><td>2</td><td>铺填</td><td>上下游坝坡铺填应有富裕量,防渗铺盖在坝体以内部分应与心墙或斜墙同时铺填。铺料表面应保持湿润,符合施工含水量</td><td colspan="2">铺料表面应保持湿润,符合施工含水量</td><td>全部</td><td>100</td></tr>
<tr><td rowspan="3">一般项目</td><td>1</td><td>结合部土料铺填</td><td>防渗体与地基(包括齿槽)、岸坡、溢洪道边墙、坝下埋管及混凝土齿墙等结合部位的土料铺填,无架空现象。土料厚度均匀,表面平整,无团块、无粗粒集中,边线整齐</td><td colspan="2">土料铺填无架空现象。土料厚度均匀,表面平整,无团块、无粗粒集中,边线整齐</td><td>全部</td><td>100</td></tr>
<tr><td>2</td><td>铺土厚度</td><td>铺土厚度均匀,符合设计要求,允许偏差为0~-5 cm。(设计铺土厚度30 cm)</td><td colspan="2">铺土厚度基本均匀,实测厚度(cm):28,29,30,26,32,27,28,29,27,26</td><td>9</td><td>90.0</td></tr>
<tr><td>3</td><td>铺填边线</td><td>铺填边线应有一定宽裕度,压实削坡后坝体铺填边线满足0~10 cm(人工施工),0~30 cm(机械施工)要求</td><td colspan="2">机械铺填,宽裕度(cm):25,15,18,20,35,26,8,28,22,19,</td><td>9</td><td>90.0</td></tr>
<tr><td colspan="2">施工单位自评意见</td><td colspan="6">主控项目检验点100%合格,一般项目逐项检验点的合格率<u>90.0%</u>以上,且不合格点不集中分布。

工序质量等级评定为:优良

魏伟(签字,加盖公章)
2013年3月24日</td></tr>
<tr><td colspan="2">监理单位复核意见</td><td colspan="6">经复核,主控项目检验点100%合格,一般项目逐项检验点的合格率<u>90.0%</u>以上,且不合格点不集中分布。

工序质量等级评定为:优良

王辉(签字,加盖公章)
2013年3月24日</td></tr>
</table>

3.2.2.3　土料填筑土料压实工序施工质量验收评定表填写

本工序施工质量验收评定检验项目、检验(测)方法及数量如表 5-11 所示，工序施工质量验收评定表如表 5-12 所示。本工序施工质量评定之前要做碾压试验，并形成试验报告。

表 5-11　土料填筑土料压实工序检验(测)方法及数量

检验项目	检验方法	检验数量
碾压参数	查阅试验报告、施工记录	每班至少检查 2 次
压实质量	取样试验，黏性土宜采用环刀法、核子水分密度仪。砾质土可采用挖坑灌砂(灌水)法，土质不均匀的黏性土和砾质土的压实度检测也可采用三点击实法	黏性土 1 次/(100～200 m^3)，砾质土 1 次/(200～500 m^3)
压实土料的渗透系数	渗透试验	满足设计要求
碾压搭接带宽度	观察、量测	每条搭接带每个单元抽测 3 处
碾压面处理	现场观察、查阅施工记录	全数检查

表 5-12　水利水电工程土料填筑土料压实工序施工质量验收评定表

单位工程名称		中县汝河治理水闸工程	工序名称	土料填筑土料压实		
分部工程名称		闸室段	施工单位	山东大河水电工程建设有限公司		
单元工程名称、部位		土方回填(左岸) 0+100～0+200	施工日期	2013 年 3 月 25 日至 2013 年 3 月 27 日		
项次		检验项目	质量标准	检查(测)记录	合格数	合格率(%)
主控项目	1	碾压参数	压实机具的型号、规格，碾压遍数、碾压速度、碾压振动频率、振幅和加水量应符合碾压试验确定的参数值	检查试验报告 2 次，压实机具的型号、规格，碾压遍数、碾压速度、碾压振动频率、振幅和加水量均符合碾压试验确定的参数值	2	100
主控项目	2	压实质量	压实度和最优含水率符合设计要求。1 级、2 级坝和高坝的压实度不低于 98%；3 级中低坝及 3 级以下中坝的压实度不低于 96%；土料的含水量应控制在最优量的 2%～3%。取样合格率不小于 90%。不合格试样不应集中，且不低于压实度设计值的 98%(3 级中低坝，黏性土，设计压实度≥96%，最优含水量 20.5%)	取样 1 处，实测压实度 98%，含水量 20%	1	100
主控项目	3	压实土料的渗透系数	符合设计要求(设计渗透系数 $k=5\times10^{-9}$ m/s)	经检查压实土料的渗透系数符合设计要求	全部	100

续表 5-12

<table>
<tr><th colspan="2">项次</th><th>检验项目</th><th>质量标准</th><th>检查(测)记录</th><th>合格数</th><th>合格率(%)</th></tr>
<tr><td rowspan="2">一般项目</td><td>1</td><td>碾压搭接带宽度</td><td>分段碾压时,相邻两段交接带碾压亦应彼此搭接,垂直碾压方向搭接带宽度应不小于0.3~0.5 m;顺碾压方向搭接带宽度应为1.0~1.5 m</td><td>顺碾压方向搭接宽度(m):1.1,1.15,1.23,1.27,1.47,1.59,1.31,1.29,1.38,1.03</td><td>9</td><td>90.0</td></tr>
<tr><td>2</td><td>碾压面处理</td><td>碾压表面平整,无漏压,个别有弹簧、起皮、脱空、剪力破坏部位的处理符合设计要求</td><td>检查20处,碾压表面基本平整,无漏压,存在2处有弹簧、起皮、脱空,剪力破坏部位,经处理符合设计要求</td><td>18</td><td>90.0</td></tr>
<tr><td>施工单位自评意见</td><td colspan="6">主控项目检验点100%合格,一般项目逐项检验点的合格率90.0%,且不合格点不集中分布。
工序质量等级评定为:优良

魏伟(签字,加盖公章)
2013年3月27日</td></tr>
<tr><td>监理单位复核意见</td><td colspan="6">经复核,主控项目检验点100%合格,一般项目逐项检验点的合格率90.0%,且不合格点不集中分布。
工序质量等级评定为:优良

王辉(签字,加盖公章)
2013年3月27日</td></tr>
</table>

3.2.2.4 土料填筑接缝处理工序施工质量验收评定表填写

本工序施工质量验收评定检验项目、检验(测)方法及数量如表5-13所示,工序施工质量验收评定表如表5-14所示。

表5-13 土料填筑接缝处理工序检验(测)方法及数量

检验项目	检验方法	检验数量
接合坡面	观察、测量	每一接合坡面抽测3处
接合坡面碾压	观察、取样检验	每10延米取1个试样,如一层达不到20个试样,可多层累积统计;但每层不应少于3个试样
接合坡面填土	观察、取样检验	全数检查
接合坡面处理	观察、布置方格网量测	每个单元不少于30个点

表 5-14　水利水电工程土料填筑接缝处理工序施工质量验收评定表

<table>
<tr><td colspan="3">单位工程名称</td><td>中县汝河治理水闸工程</td><td>工序名称</td><td colspan="3">土料填筑接缝处理</td></tr>
<tr><td colspan="3">分部工程名称</td><td>闸室段</td><td>施工单位</td><td colspan="3">山东大河水电工程建设有限公司</td></tr>
<tr><td colspan="3">单元工程名称、部位</td><td>土方回填(左岸)
0+100～0+200</td><td>施工日期</td><td colspan="3">2013 年 3 月 28 日至 2013 年 3 月 29 日</td></tr>
<tr><td colspan="2">项次</td><td>检验项目</td><td colspan="2">质量标准</td><td>检查(测)记录</td><td>合格数</td><td>合格率(%)</td></tr>
<tr><td rowspan="2">主控项目</td><td>1</td><td>接合坡面</td><td colspan="2">斜墙和心墙内不应留有纵向接缝。防渗体及均质坝的横向接坡不应陡于1:3,其高差应符合设计要求,与岸坡接合坡度应符合设计要求。均质坝纵向接缝斜坡坡度和平台宽度应满足稳定要求,平台间高差不大于15 m(设计要求:防渗体及均质坝的横向接坡不应陡于1:3,其高差不大于15 m,与岸坡接合坡度不陡于1:1)</td><td>检查3处,斜墙和心墙内无纵向接缝存在,防渗体及均质坝的横向接坡坡度1:3.5,1:3.2,1:3.2,其高差分别为13 m,10 m,5 m,与岸坡接合坡度分别为1:1,1:1.15,1:1.18</td><td>3</td><td>100</td></tr>
<tr><td>2</td><td>接合坡面碾压</td><td colspan="2">接合坡面填土碾压密实,层面平整、无拉裂和起皮现象</td><td>经检查3处,接合坡面填土碾压密实,层面平整、无拉裂和起皮现象</td><td>3</td><td>100</td></tr>
<tr><td rowspan="2">一般项目</td><td>1</td><td>接合坡面填土</td><td colspan="2">填土质量符合设计要求,铺土均匀、表面平整,无团块、无风干</td><td>经检查,填土质量符合设计要求,铺土均匀、表面平整,无团块、无风干</td><td>全部</td><td>100</td></tr>
<tr><td>2</td><td>接合坡面处理</td><td colspan="2">纵横接缝的坡面削坡、润湿、刨毛等处理符合设计要求</td><td>检查30个点,有25个点纵横接缝的坡面按照要求进行了削坡、湿润、刨毛等处理</td><td>25</td><td>83.3</td></tr>
<tr><td colspan="2">施工单位自评意见</td><td colspan="6">主控项目检验点100%合格,一般项目逐项检验点的合格率83.3%以上,且不合格点不集中分布。

工序质量等级评定为:合格

魏伟(签字,加盖公章)
2013 年 3 月 29 日</td></tr>
<tr><td colspan="2">监理单位复核意见</td><td colspan="6">经复核,主控项目检验点100%合格,一般项目逐项检验点的合格率83.3%以上,且不合格点不集中分布。

工序质量等级评定为:合格

王辉(签字,加盖公章)
2013 年 3 月 29 日</td></tr>
</table>

3.3 反滤(过渡)料填筑单元工程及其施工工序施工质量验收评定表样表

3.3.1 单元工程施工质量验收评定表样表

反滤(过渡)料填筑单元工程以反滤层、过渡层工程施工的区、段、层划分,每一区、段的每一层划分为一个单元工程。评定表中单元工程量填写本单元反滤(过渡)料工程量(m^3)。反滤(过渡)料填筑的单元工程施工质量验收评定样表如表5-15所示。

表5-15 水利水电工程反滤(过渡)料填筑单元工程施工质量验收评定表

<table>
<tr><td colspan="2">单位工程名称</td><td colspan="2"></td><td>工序名称</td><td></td></tr>
<tr><td colspan="2">分部工程名称</td><td colspan="2"></td><td>施工单位</td><td></td></tr>
<tr><td colspan="2">单元工程名称、部位</td><td colspan="2"></td><td>施工日期</td><td></td></tr>
<tr><td>项次</td><td colspan="2">工序名称</td><td colspan="3">工序质量验收评定等级</td></tr>
<tr><td>1</td><td colspan="2">反滤(过渡)料铺填工序</td><td colspan="3"></td></tr>
<tr><td>2</td><td colspan="2">△反滤(过渡)料压实工序</td><td colspan="3"></td></tr>
<tr><td>施工单位自评意见</td><td colspan="5">各工序施工质量全部合格,其中优良工序占____%,且主要工序达到____等级。

单元质量等级评定为:

(签字,加盖公章)
年 月 日</td></tr>
<tr><td>监理单位复核意见</td><td colspan="5">经抽查并查验相关检验报告和检验资料,各工序施工质量全部合格,其中优良工序占____%,且主要工序达到____等级。

单元工程质量等级评定为:

(签字,加盖公章)
年 月 日</td></tr>
</table>

注:对重要隐蔽单元工程和关键部位单元工程的施工质量验收评定应有设计、建设等单位的代表签字,具体要求应满足SL 176—2007的规定。

3.3.2　反滤(过渡)料填筑单元工程工序施工质量验收评定表样表

由表5-15可以看出,反滤(过渡)料填筑单元工程分为反滤(过渡)料铺填、压实2个工序施工,其中反滤(过渡)料压实工序为主要工序。下面介绍各工序施工质量验收评定项目、检测方法数量及评定样表。

3.3.2.1　反滤(过渡)料铺填工序施工质量验收评定表填写

本工序施工质量验收评定检验项目、检验(测)方法及数量如表5-16所示,工序施工质量验收评定样表如表5-17所示。

表5-16　反滤(过渡)料铺填工序检验(测)方法及数量

检验项目	检验方法	检验数量
铺料厚度	方格网定点测量	每个单元不少于10个点
铺填位置	观察、测量	每条边线,每10延米检测1组,每组2个点
接合部	观察、查阅施工记录	全数检查
铺填层面外观	观察	全数检查
层间结合面	观察	全数检查

表5-17　水利水电工程反滤(过渡)料铺填工序施工质量验收评定表

单位工程名称				工序名称			
分部工程名称				施工单位			
单元工程名称、部位				施工日期			
项次		检验项目	质量标准	检查(测)记录		合格数	合格率(%)
主控项目	1	铺料厚度	铺料厚度均匀,不超厚,表面平整,边线整齐;检测点允许偏差不大于铺料厚度的10%,且不应超厚				
	2	铺填位置	铺填位置准确,摊铺边线整齐,边线偏差为±5 cm				
	3	接合部	纵横向符合设计要求,岸坡接合处的填料无分离、架空				
一般项目	1	铺填层面外观	铺填力求均衡上升,无团块、无粗粒集中				
	2	层间结合面	上下层间的结合面无泥土、杂物等				

续表 5-17

施工单位自评意见	主控项目检验点100%合格，一般项目逐项检验点的合格率____%，且不合格点不集中分布。 工序质量等级评定为： （签字，加盖公章） 年 月 日
监理单位复核意见	经复核，主控项目检验点100%合格，一般项目逐项检验点的合格率____%，且不合格点不集中分布。 工序质量等级评定为： （签字，加盖公章） 年 月 日

3.3.2.2 反滤（过渡）料压实工序施工质量验收评定表填写

本工序施工质量验收评定检验项目、检验（测）方法及数量如表5-18所示，工序施工质量验收评定表如表5-19所示。

表5-18 反滤（过渡）料压实工序检验（测）方法及数量

检验项目	检验方法	检验数量
碾压参数	查阅试验报告、施工记录	每班至少检查2次
压实质量	试坑法	每200～400 m^3 检测1次，每个取样断面每层所取的样品不应少于1组
压层表面质量	观察	全数检查
断面尺寸	查阅施工记录、测量	每100～200 m^3 检测1组，或每10延米检测1组，每组不少于2个点

表 5-19　水利水电工程反滤(过渡)料压实工序施工质量验收评定表

<table>
<tr><td colspan="3">单位工程名称</td><td></td><td>工序名称</td><td colspan="3"></td></tr>
<tr><td colspan="3">分部工程名称</td><td></td><td>施工单位</td><td colspan="3"></td></tr>
<tr><td colspan="3">单元工程名称、部位</td><td></td><td>施工日期</td><td colspan="3"></td></tr>
<tr><td colspan="2">项次</td><td>检验项目</td><td colspan="2">质量标准</td><td>检查(测)记录</td><td>合格数</td><td>合格率(%)</td></tr>
<tr><td rowspan="2">主控项目</td><td>1</td><td>碾压参数</td><td colspan="2">压实机具的型号、规格,碾压遍数、碾压速度、碾压振动频率、振幅和加水量应符合碾压试验确定的参数值</td><td></td><td></td><td></td></tr>
<tr><td>2</td><td>压实质量</td><td colspan="2">相对密实度不小于设计要求</td><td></td><td></td><td></td></tr>
<tr><td rowspan="2">一般项目</td><td>1</td><td>压层表面质量</td><td colspan="2">表面平整,无漏压、欠压和出现弹簧土现象</td><td></td><td></td><td></td></tr>
<tr><td>2</td><td>断面尺寸</td><td colspan="2">压实后的反滤层、过渡层的断面尺寸偏差值不大于设计厚度的10%</td><td></td><td></td><td></td></tr>
<tr><td>施工单位自评意见</td><td colspan="7">主控项目检验点100%合格,一般项目逐项检验点的合格率____%,且不合格点不集中分布。

工序质量等级评定为:

(签字,加盖公章)
年　月　日</td></tr>
<tr><td>监理单位复核意见</td><td colspan="7">经复核,主控项目检验点100%合格,一般项目逐项检验点的合格率____%,且不合格点不集中分布。

工序质量等级评定为:

(签字,加盖公章)
年　月　日</td></tr>
</table>

土石方工程其他单元工程(工序)施工质量验收评定项目、检测方法数量、评定样表不再一一介绍,其评定表填写及要求可参考本任务举例填写的评定表。

任务3 混凝土工程单元(工序)质量评定

1 混凝土工程单元工程的工序施工质量评定

混凝土工程的一个单元工程往往划分为若干工序施工,不同工序施工质量评定项目、检验(测)方法、数量及质量标准不同,但所有工序施工质量验收评定提交资料内容要求及工序质量评定标准相同。

1.1 工序施工质量验收评定应提交资料

(1)施工单位各班(组)的初检记录、施工队复检记录、施工单位专职质检员终检记录;工序中各施工质量检验项目的检验资料。

(2)监理单位对工序中施工质量检验项目的平行检测资料。

1.2 工序质量评定标准

1.2.1 合格标准

(1)主控项目,检验结果应全部符合《水利水电工程单元工程施工质量验收评定标准——混凝土工程》(SL 632—2012)的要求,以下简称为 SL 632—2012。

(2)一般项目,逐项应有 70% 及以上的检验点合格,且不合格点不应集中分布。

(3)各项报验资料应符合 SL 632—2012 的要求。

1.2.2 优良标准

(1)主控项目,检验结果应全部符合 SL 632—2012 的要求。

(2)一般项目,逐项应有 90% 及以上的检验点合格,且不合格点不应集中分布。

(3)各项报验资料应符合 SL 632—2012 的要求。

2 混凝土工程单元工程施工质量验收评定

混凝土工程的不同单元工程划分方法不一样,但所有混凝土工程的单元工程验收提交资料相同,划分工序的单元工程质量评定标准也是相同的。

2.1 单元工程施工质量验收评定应提交资料

(1)施工单位应提交单元工程中所含工序(或检验项目)验收评定的检验资料,原材料、拌和物与各项实体检验项目的检验记录资料。

(2)监理单位应提交对单元工程施工质量的平行检测资料。

2.2 单元工程质量评定标准

(1)合格标准:各工序施工质量验收评定应全部合格;各项报验资料应符合 SL 632—2012 的要求。

(2)优良标准:各工序施工质量验收评定应全部合格,其中优良工序应达到 50% 及以上,且主要工序应达到优良等级;各项报验资料应符合 SL 632—2012 的要求。

注意,对于不划分工序的单元工程质量评定标准同工序质量评定标准。如外部变形观测设施安装单元工程不划分工序施工,其单元工程施工质量验收评定标准按照上面 1.2 中工序质量评定标准进行评定。

3 混凝土工程单元工程(工序)施工质量验收评定表及填写举例

工序质量评定表填写时,注意不同工序施工质量验收评定表中单位工程、分部工程、单元工程名称及部位填写要与单元工程施工质量验收评定表中填写一致。单元工程质量评定是在其包含的所有工序施工质量验收评定基础上进行的,也就是说只有单元工程包含的所有工序施工质量验收完成,且评定表填写完整后,才能进行单元工程施工质量验收评定及其评定表填写。

本任务以典型常见的普通混凝土单元工程(工序)施工质量验收评定为例,讲解混凝土工程施工质量验收评定表填写;以碾压混凝土单元工程(工序)施工质量验收评定为例,介绍混凝土单元工程(工序)施工质量验收评定样表,工序施工评定项目、检测方法及数量。

3.1 普通混凝土单元工程及其工序施工质量验收评定表填写

3.1.1 单元工程施工质量验收评定表

普通混凝土工程宜以混凝土浇筑仓号或一次检查验收范围划分单元工程,对混凝土浇筑仓号,应按每一仓号分为一个单元工程;对排架、梁、板、柱等构件,应按一次检查验收的范围分为一个单元工程。评定表中单元工程量填写本单元工程混凝土浇筑量(m^3)。普通混凝土工程的单元工程施工质量验收评定表填写如表5-20所示。

表5-20 水利水电工程普通混凝土单元工程施工质量验收评定表

<table>
<tr><td colspan="2">单位工程名称</td><td>中县汝河治理水闸工程</td><td>单元工程量</td><td>混凝土量205.8 m^3,模板面积256.7 m^2</td></tr>
<tr><td colspan="2">分部工程名称</td><td>闸室段</td><td>施工单位</td><td>山东大河水电工程建设有限公司</td></tr>
<tr><td colspan="2">单元工程名称、部位</td><td>C30 混凝土闸墩(左5墩)</td><td>施工日期</td><td>2013年9月15日至2013年10月22日</td></tr>
<tr><td>项次</td><td colspan="2">工序名称</td><td colspan="2">工序质量验收评定等级</td></tr>
<tr><td>1</td><td colspan="2">基础面、施工缝处理工序</td><td colspan="2">优良</td></tr>
<tr><td>2</td><td colspan="2">模板制作及安装工序</td><td colspan="2">合格</td></tr>
<tr><td>3</td><td colspan="2">△钢筋制作及安装工序</td><td colspan="2">合格</td></tr>
<tr><td>4</td><td colspan="2">预埋件制作及安装工序</td><td colspan="2">合格</td></tr>
<tr><td>5</td><td colspan="2">△混凝土浇筑工序</td><td colspan="2">优良</td></tr>
<tr><td>6</td><td colspan="2">混凝土外观质量检查工序</td><td colspan="2">优良</td></tr>
<tr><td colspan="2">施工单位自评意见</td><td colspan="3">各工序施工质量全部合格,其中优良工序占50%,主要工序没有全部达到优良等级。
单元工程质量等级评定为:合格
魏伟(签字,加盖公章)
2013年10月22日</td></tr>
<tr><td colspan="2">监理单位复核意见</td><td colspan="3">经抽查并查验相关检验报告和检验资料,各工序施工质量全部合格,其中优良工序占50%,主要工序没有全部达到优良等级。
单元工程质量等级评定为:合格
王辉(签字,加盖公章)
2013年10月22日</td></tr>
</table>

注:对重要隐蔽单元工程和关键部位单元工程的施工质量验收评定应有设计、建设等单位的代表签字,具体要求应满足SL 176—2007的规定。

混凝土单元工程(工序)施工质量验收评定之前,首先要对水泥、钢筋、掺合料、外加剂、止水片(带)等原材料质量按有关规范要求进行全面检验,进场检验结果应满足相关产品标准,产品合格证、出厂检验报告和外观质量检查记录、抽取试样试验报告等物质资料要完整齐全。混凝土单元工程(工序)施工质量验收评定,依据相关规范标准、设计文件、施工图纸、施工记录、试验报告等工程文件进行的。

3.1.2　普通混凝土单元工程工序施工质量验收评定表

由表5-20可以看出,普通混凝土工程的单元工程分为基础面和施工缝处理、模板制作及安装、钢筋制作及安装、预埋件制作及安装、混凝土浇筑、混凝土外观质量检查6个工序施工,其中钢筋制作及安装、混凝土浇筑工序为主要施工工序。下面介绍各工序施工质量验收评定表填写。

3.1.2.1　基础面、施工缝工序施工质量验收评定表填写

本工序施工质量验收评定检验项目、检验(测)方法及数量如表5-21所示,工序施工质量验收评定表如表5-22所示。

表5-21　基础面、施工缝工序检验(测)方法及数量

<table>
<tr><th>检验项目</th><th>检验方法</th><th>检验数量</th></tr>
<tr><td>岩基基础面</td><td>观察、查阅设计图纸或地质报告</td><td rowspan="4">全仓</td></tr>
<tr><td>软基基础面</td><td>观察、查阅测量断面图及设计图纸</td></tr>
<tr><td>地表水和地下水</td><td rowspan="2">观察</td></tr>
<tr><td>岩面清理</td></tr>
<tr><td>施工缝的留置位置</td><td>观察、量测</td><td rowspan="3">全数</td></tr>
<tr><td>施工缝面凿毛</td><td rowspan="2">观察</td></tr>
<tr><td>缝面清理</td></tr>
</table>

表5-22　水利水电工程基础面、施工缝处理工序施工质量验收评定表

<table>
<tr><td colspan="4">单位工程名称</td><td colspan="2">中县汝河治理水闸工程</td><td>工序名称</td><td colspan="3">基础面、施工缝处理</td></tr>
<tr><td colspan="4">分部工程名称</td><td colspan="2">闸室段</td><td>施工单位</td><td colspan="3">山东大河水电工程建设有限公司</td></tr>
<tr><td colspan="4">单元工程名称、部位</td><td colspan="2">C30混凝土闸墩(左5墩)</td><td>施工日期</td><td colspan="3">2013年9月15日</td></tr>
<tr><td colspan="3">项次</td><td colspan="2">检验项目</td><td>质量标准</td><td colspan="2">检查(测)记录</td><td>合格数</td><td>合格率(%)</td></tr>
<tr><td rowspan="4">基础面</td><td rowspan="3">主控项目</td><td rowspan="2">1</td><td rowspan="2">基础面</td><td>岩基</td><td>符合设计要求</td><td colspan="2">/</td><td></td><td></td></tr>
<tr><td>软基</td><td>预留保护层已挖除;基础面符合设计要求</td><td colspan="2">现场全仓检查,预留保护层已挖除,基础面无淤泥质黏土</td><td>全部</td><td>100</td></tr>
<tr><td>2</td><td colspan="2">地表水和地下水</td><td>妥善引排或封堵</td><td colspan="2">全仓检查,地下水妥善引排</td><td>全部</td><td>100</td></tr>
<tr><td>一般项目</td><td>1</td><td colspan="2">岩面清理</td><td>符合设计要求;清洗洁净、无积水、无积渣杂物</td><td colspan="2">/</td><td></td><td></td></tr>
</table>

续表 5-22

<table>
<tr><th colspan="3">项次</th><th>检验项目</th><th>质量标准</th><th>检查(测)记录</th><th>合格数</th><th>合格率(%)</th></tr>
<tr><td rowspan="3">施工缝处理</td><td rowspan="2">主控项目</td><td>1</td><td>施工缝的留置位置</td><td>符合设计或有关施工规范规定</td><td>所有施工缝的留置位置符合《水闸施工规范》(SL 27—91)要求</td><td>全部</td><td>100</td></tr>
<tr><td>2</td><td>施工缝面凿毛</td><td>基面无乳皮,成毛面,微露粗砂</td><td>所有施工缝基面无乳皮,成毛面</td><td>全部</td><td>100</td></tr>
<tr><td>一般项目</td><td>1</td><td>缝面清理</td><td>符合设计要求;清洗洁净、无积水、无积渣杂物</td><td>所有施工缝面清洗洁净、无积水、无积渣,符合设计要求</td><td>全部</td><td>100</td></tr>
<tr><td colspan="3">施工单位自评意见</td><td colspan="5">主控项目检验点 100% 合格,一般项目逐项检验点的合格率100%,无不合格点。
工序质量等级评定为:优良

魏伟(签字,加盖公章)
2013 年 9 月 15 日</td></tr>
<tr><td colspan="3">监理单位复核意见</td><td colspan="5">经复核,主控项目检验点 100% 合格,一般项目逐项检验点的合格率100%,无不合格点。
工序质量等级评定为:优良

王辉(签字,加盖公章)
2013 年 9 月 15 日</td></tr>
</table>

3.1.2.2 模板制作及安装工序施工质量验收评定表填写

本工序施工质量验收评定检验项目、检验(测)方法及数量如表 5-23 所示,工序施工质量验收评定表如表 5-24 所示。

表5-23 模板制作及安装工序检验(测)方法及数量

<table>
<tr><th colspan="2">检验项目</th><th>检验方法</th><th>检验数量</th></tr>
<tr><td colspan="2">稳定性、刚度和强度</td><td>对照模板设计文件
及图纸检查</td><td>全部</td></tr>
<tr><td colspan="2">承重模板底面高程</td><td>仪器测量</td><td rowspan="7">模板面积在100 m^2 以内,不少于10个点;每增加100 m^2,检查点数增加不少于10个点</td></tr>
<tr><td rowspan="3">排架、梁、
板、柱、墙</td><td>结构断面尺寸</td><td>钢尺测量</td></tr>
<tr><td>轴线位置</td><td>仪器测量</td></tr>
<tr><td>垂直度</td><td>2 m靠尺量测、或仪器测量</td></tr>
<tr><td colspan="2">结构物边线与设计边线</td><td>钢尺测量</td></tr>
<tr><td colspan="2">预留孔、洞尺寸及位置</td><td>测量、查看图纸</td></tr>
<tr><td colspan="2"></td><td></td></tr>
<tr><td colspan="2">模板平整度、相邻两板面错台</td><td>2 m靠尺量测或拉线检查</td><td>模板面积在100 m^2 以内,不少于10个点;每增加100 m^2,检查点数增加不少于10个点</td></tr>
<tr><td colspan="2">局部平整度</td><td>按水平线(或垂直线)布置
检测点,2 m靠尺量测</td><td>模板面积在100 m^2 以上,不少于20个点。每增加100 m^2,检查点数增加不少于10个点</td></tr>
<tr><td colspan="2">板面缝隙</td><td>量测</td><td>100 m^2 以上,检查3~5个点。100 m^2 以内,检查1~3个点</td></tr>
<tr><td colspan="2">结构物水平断面内部尺寸</td><td>测量</td><td>100 m^2 以上,不少于10个点;100 m^2 以内,不少于5个点</td></tr>
<tr><td colspan="2">脱模剂涂刷</td><td>查阅产品质检证明,观察</td><td>全面</td></tr>
<tr><td colspan="2">模板外面</td><td>观察</td><td>全面</td></tr>
</table>

表 5-24　水利水电工程模板制作及安装工序施工质量验收评定表

<table>
<tr><td>单位工程名称</td><td>中县汝河治理水闸工程</td><td>工序名称</td><td>模板制作及安装</td></tr>
<tr><td>分部工程名称</td><td>闸室段</td><td>施工单位</td><td>山东大河水电工程建设有限公司</td></tr>
<tr><td>单元工程名称、部位</td><td>C30 混凝土闸墩(左 5 墩)</td><td>施工日期</td><td>2013 年 9 月 16 日</td></tr>
</table>

<table>
<tr><td colspan="2">项次</td><td colspan="2">检验项目</td><td>质量标准</td><td>检查(测)记录</td><td>合格数</td><td>合格率(%)</td></tr>
<tr><td rowspan="9">主控项目</td><td>1</td><td colspan="2">稳定性、刚度和强度</td><td>满足混凝土施工荷载要求,并符合模板设计要求</td><td>模板采用钢模板,现场全部检查,稳定性、刚度和强度满足基础施工要求,模板施工方案计算值均符合设计要求</td><td>全部</td><td>100</td></tr>
<tr><td>2</td><td colspan="2">承重模板底面高程</td><td>允许偏差 0 ~ +5 mm</td><td>/</td><td></td><td></td></tr>
<tr><td rowspan="3">3</td><td rowspan="3">排架、梁板、柱、墙</td><td>结构断面尺寸</td><td>允许偏差 ±10 mm</td><td>/</td><td></td><td></td></tr>
<tr><td>轴线位置</td><td>允许偏差 ±10 mm</td><td>/</td><td></td><td></td></tr>
<tr><td>垂直度</td><td>允许偏差 ±5 mm</td><td>/</td><td></td><td></td></tr>
<tr><td rowspan="2">4</td><td rowspan="2">结构物边线与设计边线</td><td>外露表面</td><td>内模板:允许偏差 -10 mm ~ 0; √外模板:允许偏差 0 ~ +10 mm</td><td>设计值为 8.65 m × 14.3 m,检测 26 个点:
8.653 ~ 8.659 m 共 13 个点
14.309 ~ 14.306 m 共 13 个点</td><td>26</td><td>100</td></tr>
<tr><td>隐蔽内面</td><td>允许偏差 15 mm</td><td>/</td><td></td><td></td></tr>
<tr><td rowspan="2">5</td><td rowspan="2">预留孔、洞尺寸及位置</td><td>孔、洞尺寸</td><td>允许偏差 -10 mm</td><td>/</td><td></td><td></td></tr>
<tr><td>孔、洞位置</td><td>允许偏差 ±10 mm</td><td>/</td><td></td><td></td></tr>
</table>

续表 5-24

项次		检验项目	质量标准		检查(测)记录	合格数	合格率(%)
一般项目	1	模板平整度、相邻两板面错台	外露表面	√钢模:允许偏差2 mm;木模:允许偏差3 mm、	检测26点,其中有3个点检测值大于允许偏差2 mm	23	88.5
			隐蔽内面	允许偏差5 mm	/		
	2	局部平整度	外露表面	√钢模:允许偏差3 mm;木模:允许偏差5 mm	检测36点,其中有3个点检测值大于允许偏差3 mm	33	91.7
			隐蔽内面	允许偏差10 mm	/		
	3	板面缝隙	外露表面	√钢模:允许偏差1 mm;木模:允许偏差2 mm	检测5点,实测值(mm):1,0.9,0.8,0.7,0.5	5	100
			隐蔽内面	允许偏差2 mm	/		
	4	结构物水平断面内部尺寸	允许偏差±20 mm		/		
	5	脱模剂涂刷	产品质量符合标准要求,涂刷均匀,无明显色差		查阅产品质检证明符合标准,现场观察脱模剂涂刷均匀,无明显色差	全部	100
	6	模板外观	表面光洁、无污物		现场观察,模板表面光洁、无污物	全部	100
施工单位自评意见		主控项目检验点100%合格,一般项目逐项检验点的合格率88.5%以上,且不合格点不集中分布。 工序质量等级评定为:合格 魏伟(签字,加盖公章) 2013年9月16日					
监理单位复核意见		经复核,主控项目检验点100%合格,一般项目逐项检验点的合格率88.5%以上,且不合格点不集中分布。 工序质量等级评定为:合格 王辉(签字,加盖公章) 2013年9月16日					

注:"—"表示检测值可小于设计值范围,"+"表示检测值可大于设计值范围。

3.1.2.3 钢筋制作及安装工序施工质量验收评定表填写

本工序施工质量验收评定检验项目、检验(测)方法及数量如表5-25所示，工序施工质量验收评定表如表5-26所示。本工序质量评定前要对进场钢筋逐批(炉号)进行检验，查验产品合格证、出厂检验报告和外观质量检查记录，并按相关规定抽取试样进行力学性能检验，形成试验报告，不符合标准规定的不应使用。

表5-25 钢筋制作及安装工序检验(测)方法及数量

<table>
<tr><th colspan="4">检验项目</th><th>检验方法</th><th>检验数量</th></tr>
<tr><td colspan="4">钢筋的数量、规格尺寸、安装位置</td><td>对照设计文件检查</td><td>全数</td></tr>
<tr><td colspan="4">钢筋接头的力学性能</td><td>对照仓号在结构上取样测试</td><td>焊接200个接头检查1组，机械连接500个接头检测1组</td></tr>
<tr><td colspan="4">焊接接头和焊缝外观</td><td>观察并记录</td><td>不少于10个点</td></tr>
<tr><td rowspan="10">钢筋连接</td><td colspan="3">点焊及电弧焊(所有检验项目)</td><td>观察、量测</td><td>每项不少于10个点</td></tr>
<tr><td colspan="3">对焊及熔槽焊(所有检验项目)</td><td>观察、量测</td><td>每项不少于10个点</td></tr>
<tr><td rowspan="3">绑扎连接</td><td colspan="2">缺扣、松扣</td><td>观察、量测</td><td rowspan="8">每项不少于10个点</td></tr>
<tr><td colspan="2">弯钩朝向正确</td><td>观察</td></tr>
<tr><td colspan="2">搭接长度</td><td>量测</td></tr>
<tr><td rowspan="5">机械连接</td><td rowspan="4">带肋钢筋冷挤压连接接头</td><td>压痕处套筒外形尺寸</td><td rowspan="5">观察并量测</td></tr>
<tr><td>挤压道次</td></tr>
<tr><td>接头弯折</td></tr>
<tr><td>裂缝检查</td></tr>
<tr><td colspan="2">直锥螺纹连接接头(所有检验项目)</td></tr>
<tr><td colspan="4">钢筋间距、保护层</td><td rowspan="7">观察、量测</td><td>不少于10个点</td></tr>
<tr><td colspan="4">钢筋长度方向</td><td>不少于5个点</td></tr>
<tr><td colspan="2" rowspan="2">同一排受力钢筋间距</td><td colspan="2">排架、梁、柱</td><td rowspan="3">不少于5个点</td></tr>
<tr><td colspan="2">板、墙</td></tr>
<tr><td colspan="4">双排钢筋，其排与排间距</td></tr>
<tr><td colspan="4">梁与柱中箍筋间距</td><td>不少于10个点</td></tr>
<tr><td colspan="4">保护层厚度</td><td>不少于5个点</td></tr>
</table>

表5-26 水利水电工程钢筋制作及安装工序施工质量验收评定表

单位工程名称	中县汝河治理水闸工程	工序名称	钢筋制作及安装
分部工程名称	闸室段	施工单位	山东大河水电工程建设有限公司
单元工程名称、部位	C30混凝土闸墩(左5墩)	施工日期	2013年9月17日2013年9月19日

项次	检验项目	质量标准	检查(测)记录	合格数	合格率(%)
主控项目 1	钢筋的数量、规格尺寸、安装位置	符合质量标准和设计的要求	对现场φ20@200的钢筋数量、规格尺寸、安装位置进行全数检查,全部符合水闸设计计算书要求	全部	100
主控项目 2	钢筋接头的力学性能	符合规范要求和国家及行业有关规定	取样检测1处,钢筋接头的力学性能符合《钢筋焊接及验收规程》(JGJ 18—2012)及《钢筋焊接接头试验方法标准》(JGJ 27—2001)要求	1	100
主控项目 3	焊接接头和焊缝外观	不允许有裂缝、脱焊点、漏焊点,表面平顺,没有明显的咬边、凹陷、气孔等,钢筋不应有明显烧伤	对现场钢筋焊接接头和焊缝外观检查10点,无裂缝、脱焊点、漏焊点出现,表面平顺,没有明显的咬边、凹陷、气孔等,钢筋无明显烧伤	10	100
主控项目 4	钢筋连接·点焊及电弧焊·帮条对焊接头中心	纵向偏移差不大于0.5d	/		
	钢筋连接·点焊及电弧焊·接头处钢筋轴线的曲折	≤4°	1°,3°,2°,4°,2° 3°,1°,2°,4°,2°	10	100
	钢筋连接·点焊及电弧焊·焊缝·长度	允许偏差-0.5d	d=20 mm,采用单面焊,设计值为10d。检测10个点(mm):200,198,196,195,202,205,203,200,201,201	10	100
	钢筋连接·点焊及电弧焊·焊缝·高度	允许偏差-0.05d(设计值为6 mm,钢筋直径20 mm)	检测10个点(mm):6.2,6.4,5.7,5.6,5.4 5.2,6.9,6.3,6.5,6.8	10	100
	钢筋连接·点焊及电弧焊·焊缝·表面气孔夹渣	在2d长度上数量不多于2个;气孔、夹渣的直径不大于3 mm	经检查12个点,无表面气孔、夹渣现象存在	12	100
	钢筋连接·对焊及熔槽焊·焊接接头根部未焊透深度·Φ25~40 mm钢筋	≤0.15d	/		
	钢筋连接·对焊及熔槽焊·焊接接头根部未焊透深度·Φ40~70 mm钢筋	≤0.10d	/		
	钢筋连接·对焊及熔槽焊·接头处钢筋中心线的位移	0.10d且不大于2 mm	/		
	钢筋连接·对焊及熔槽焊·焊缝表面(长为2d)和焊缝截面上蜂窝、气孔、非金属杂质	≤1.5d	/		
	钢筋连接·绑扎连接·缺扣、松扣	≤20%且不集中	/		
	钢筋连接·绑扎连接·弯钩朝向正确	符合设计图纸	/		
	钢筋连接·绑扎连接·搭接长度	允许偏差-0.05设计值	/		

续表 5-26

项次		检验项目			质量标准	检查(测)记录	合格数	合格率(%)
主控项目		机械连接	带肋钢筋冷挤压连接接头	压痕处套筒外形尺寸	挤压后套筒长度应为原套筒长度的 1.10~1.15 倍,或压痕处套筒的外径波动范围为原套筒外径的 0.8~0.9 倍	/		
				挤压道次	符合型式检验结果	/		
				接头弯折	≤4°	/		
				裂缝检查	挤压后肉眼观察无裂缝	/		
			直(锥)螺纹连接接头	丝头外观质量	保护良好,无锈蚀和油污,牙形饱满光滑	/		
				套头外观质量	无裂纹或其他肉眼可见缺陷	/		
				外露丝扣	无 1 扣以上完整丝扣外露	/		
				螺纹匹配	丝头螺纹与套筒螺纹满足连接要求,螺纹结合紧密,无明显松动,以及相应处理方法得当	/		
	5	钢筋间距、保护层			符合规范和设计要求(设计钢筋间距不小于 30 mm、保护层厚度 50 mm)	共检查 10 点,钢筋间距、保护层均符合规范《混凝土结构设计规范》(GB 50010—2010)和设计要求	10	100
一般项目	1	钢筋长度方向			局部偏差 ±1/2 净保护层厚(钢筋长度 15 m,净保护层厚 20 mm)	检测 5 个点(m):15.01,15.02,15.0,15.01,14.99	4	80.0
	2	同一排受力钢筋间距	排架、梁、柱		允许偏差 ±0.5d	/		
			板、墙		允许偏差 ±0.1 倍间距(设计间距 230 mm)	检测 5 个点(mm):250,235,240,210,220	5	100
	3	双排钢筋,其排与排间距			允许偏差 ±0.1 倍排距	/		
	4	梁与柱中箍筋间距			允许偏差 ±0.1 倍箍筋间距	/		
	5	保护层厚度			局部偏差 ±1/4 净保护层厚(保护层厚 50 mm)	检测 5 个点(mm):52.68,53.67,51.5,58.5,48.5	4	80.0
施工单位自评意见	主控项目检验点 100% 合格,一般项目逐项检验点的合格率80.0% 以上,且不合格点不集中分布。 工序质量等级评定为:合格 魏伟(签字,加盖公章) 2013 年 9 月 19 日							
监理单位复核意见	经复核,主控项目检验点 100% 合格,一般项目逐项检验点的合格率80.0% 以上,且不合格点不集中分布。 工序质量等级评定为:合格 王辉(签字,加盖公章) 2013 年 9 月 19 日							

3.1.2.4 预埋件制作及安装工序施工质量验收评定表填写

本工序施工质量验收评定检验项目、检验(测)方法及数量如表5-27所示,工序施工质量验收评定表如表5-28所示。

表5-27 预埋件制作及安装工序检验(测)方法及数量

检验项目			检验方法	检验数量
止水片、止水带	片(带)外观		观察	所有外露止水片(带)
	基座		观察	不少于5个点
	片(带)插入深度		检查、量测	不少于1个点
	沥青井(柱)		观察	检查3~5个点
	接头		检查	全数
	片(带)偏差		量测	检查3~5个点
	搭接长度	金属止水片		每个焊接处
		橡胶、PVC止水带		每个连接处
		金属止水片与PVC止水带接头栓接长度		每个连接带
	片(带)中心线与接缝中心线安装偏差			检查1~2个点
伸缩缝(填充材料)			观察	全部
排水系统	孔口装置		观察、量测	全部
	排水管通畅性		观察	
	排水孔倾斜度		量测	全数
	排水孔(管)位置			
	基岩排水孔			
冷却及灌浆管路	管路安装		通气、通水	所有接头
	管路出口		观察	全部
铁件	高程、方位、埋入深度及外露长度等		对照图纸现场观察、查阅施工记录、量测	
	铁件外观		观察	
	锚筋钻孔位置、钻孔底部的孔径、钻孔深度、钻孔的倾斜度相对设计轴线		量测	

表 5-28　水利水电工程预埋件制作及安装工序施工质量验收评定表

单位工程名称			中县汝河治理水闸工程		工序名称	预埋件制作安装		
分部工程名称			闸室段		施工单位	山东大河水电工程建设有限公司		
单元工程名称、部位			C30 混凝土闸墩(左 5 墩)		施工日期	2013 年 9 月 20 日至 2013 年 9 月 27 日		
项次			检验项目		质量标准	检查(测)记录	合格数	合格率(%)
止水片、止水带	主控项目	1	片(带)外观		表面平整,无浮皮、锈污、油渍、砂眼、钉孔、裂纹等	经现场对所有外漏止水片观察,表面平整,无浮皮、锈污、油渍、砂眼、钉孔、裂纹等	全部	100
		2	基座		符合设计要求(按基础面要求验收合格)	现场观察 5 处,基座挖槽、基础面处理及抗压强度均符合设计要求	5	100
		3	片(带)插入深度		符合设计要求	现场观测 1 处,符合设计要求	1	100
		4	沥青井(柱)		位置准确、牢固,上下层衔接好,电热元件及绝热材料埋设准确,沥青填塞密实	/		
		5	接头		符合工艺要求	经现场全面检查,符合工艺要求	全部	
	一般项目	1	片(带)偏差	宽	允许偏差 ±5 mm(设计值 380 mm)	现场检测(mm):382,380,383,378	4	100
				高	允许偏差 ±2 mm(设计值 38 mm)	现场检测(mm):39,37,35,38	3	75.0
				长	允许偏差 ±20 mm(设计值 1460 mm)	现场检测(mm):1467,1462,1473,1472	4	100
		2	搭接长度	金属止水片	≥20 mm,双面焊接	23,26,24,22,25,23,21	7	100
				橡胶、PVC 止水带	≥100 mm	/		
				金属止水片与 PVC 止水带接头栓接长度	≥350 mm(螺栓栓接法)	/		
		3	片(带)中心线与接缝中心线安装偏差		允许偏差 ±5 mm	检查 2 点,安装偏差分别为 2 mm、1 mm	2	100

续表 5-28

项次			检验项目	质量标准	检查(测)记录	合格数	合格率(%)
伸缩缝(填充材料)	主控项目	1	伸缩缝缝面	平整、顺直、干燥,外露铁件应割除,确保伸缩有效	现场全面检查,伸缩缝缝面平整、顺直、干燥,无外露铁件	全部	100
	一般项目	1	涂敷沥青料	涂刷均匀平整、与混凝土粘接紧密,无气泡及隆起现象	现场全面检查,涂刷均匀平整、无气泡及隆起现象	全部	100
		2	粘贴沥青油毛毡	铺设厚度均匀平整、牢固、搭接紧密	/		
		3	铺设预制油毡板或其他闭缝板	铺设厚度均匀平整、牢固、相邻块安装紧密平整无缝	/		
排水系统	主控项目	1	孔口装置	按设计要求加工、安装,并进行防锈处理,安装牢固,不应有渗水、漏水现象	/		
		2	排水管通畅性	通畅	/		
	一般项目	1	排水孔倾斜度	允许偏差4%	/		
		2	排水孔(管)位置	允许偏差100 mm	/		
		3	基岩排水孔 倾斜度 孔深不小于8 m	允许偏差1%	/		
			基岩排水孔 倾斜度 孔深小于8 m	允许偏差2%	/		
			基岩排水孔 深度	允许偏差±0.5%	/		
冷却及灌浆管路	主控项目	1	管路安装	安装牢固、可靠,接头不漏水、不漏气、无堵塞	/		
	一般项目	1	管路出口	露出模板外300~500 mm,妥善保护,有识别标志	/		

续表 5-28

<table>
<tr><th colspan="3">项次</th><th colspan="2">检验项目</th><th>质量标准</th><th>检查(测)记录</th><th>合格数</th><th>合格率(%)</th></tr>
<tr><td rowspan="7">铁件</td><td>主控项目</td><td>1</td><td colspan="2">高程、方位、埋入深度及外露长度等</td><td>符合设计要求</td><td>/</td><td></td><td></td></tr>
<tr><td rowspan="6">一般项目</td><td>1</td><td colspan="2">铁件外观</td><td>表面无锈皮、油污等</td><td>/</td><td></td><td></td></tr>
<tr><td rowspan="2">2</td><td rowspan="2">锚筋钻孔位置</td><td>梁、柱的锚筋</td><td>允许偏差 20 mm</td><td>/</td><td></td><td></td></tr>
<tr><td>钢筋网的锚筋</td><td>允许偏差 50 mm</td><td>/</td><td></td><td></td></tr>
<tr><td>3</td><td colspan="2">钻孔底部的孔径</td><td>锚筋直径 20 mm</td><td>/</td><td></td><td></td></tr>
<tr><td>4</td><td colspan="2">钻孔深度</td><td>符合设计要求</td><td>/</td><td></td><td></td></tr>
<tr><td>5</td><td colspan="2">钻孔的倾斜度相对设计轴线</td><td>允许偏差 5%（在全孔深度范围内）</td><td>/</td><td></td><td></td></tr>
<tr><td colspan="3">施工单位自评意见</td><td colspan="6">主控项目检验点 100% 合格，一般项目逐项检验点的合格率75.0% 以上，且不合格点不集中分布。
工序质量等级评定为：合格

魏伟（签字，加盖公章）
2013 年 9 月 27 日</td></tr>
<tr><td colspan="3">监理单位复核意见</td><td colspan="6">经复核，主控项目检验点 100% 合格，一般项目逐项检验点的合格率75.0% 以上，且不合格点不集中分布。
工序质量等级评定为：合格

王辉（签字，加盖公章）
2013 年 9 月 27 日</td></tr>
</table>

注：基座应按设计要求的尺寸挖槽，并按建基面要求清除浮渣、冲洗干净，按设计位置固定好止水片，经验收合格后方可浇筑混凝土。基座混凝土必须捣实，混凝土达 7 d 龄期后才能浇筑基础块混凝土。

3.1.2.5 混凝土浇筑工序施工质量验收评定表填写

本工序施工质量验收评定检验项目、检验(测)方法及数量如表5-29所示,工序施工质量验收评定表如表5-30所示。

表5-29 混凝土浇筑工序检验(测)方法及数量

检验项目	检验方法	检验数量
入仓混凝土料	观察	不少于入仓总次数的50%
平仓分层	观察、量测	全部
混凝土振捣	在混凝土浇筑过程中全部检查	
铺筑间歇时间	在混凝土浇筑过程中全部检查	
浇筑温度(指有温控要求的混凝土)	温度计测量	
混凝土养护	观察	
砂浆铺筑		
积水和泌水		
插筋、管路等埋设件以及模板的保护	观察、量测	
混凝土表面保护	观察	
脱模	观察或查阅施工记录	不少于脱模总次数的30%

表5-30 水利水电工程混凝土浇筑工序施工质量验收评定表

单位工程名称		中县汝河治理水闸工程		工序名称	混凝土浇筑	
分部工程名称		闸室段		施工单位	山东大河水电工程建设有限公司	
单元工程名称、部位		C30混凝土闸墩(左5墩)		施工日期	2013年9月28日至2013年10月12日	
项次		检验项目	质量标准	检查(测)记录	合格数	合格率(%)
主控项目	1	入仓混凝土料	无不合格料入仓。如有少量不合格料入仓,应及时处理至达到要求	经全部观察,无不合格料入仓,少量不合格料入仓及时处理已达到要求	全部	100
	2	平仓分层	厚度不大于振捣棒有效长度的90%,铺设均匀,分层清楚,无骨料集中现象	经全部量测,混凝土平仓厚度不大于振捣棒有效长度的90%,铺设均匀,分层清楚,无骨料集中现象	全部	100
	3	混凝土振捣	振捣器垂直插入下层5 cm,有次序,间距、留振时间合理,无漏振、无超振	经全部检查,振捣器垂直插入下层5 cm,有次序,间距、留振时间合理,无漏振、无超振	全部	100
	4	铺筑间歇时间	符合要求,无初凝现象	经全部检查,铺筑间歇时间小于90 min,符合要求,无初凝现象	全部	100
	5	浇筑温度(指有温控要求的混凝土)	满足设计要求	经全部量测,浇筑温度不大于设计温度34 ℃	全部	100
	6	混凝土养护	表面保持湿润;连续养护时间基本满足设计要求(连续养护时间不小于7 d)	混凝土表面均保持湿润,连续养护时间10 d	全部	100

续表 5-30

<table>
<tr><th colspan="2">项次</th><th>检验项目</th><th>质量标准</th><th>检查(测)记录</th><th>合格数</th><th>合格率</th></tr>
<tr><td rowspan="5">一般项目</td><td>1</td><td>砂浆铺筑</td><td>厚度宜为 2 ~ 3 cm,均匀平整,无漏铺</td><td>砂浆铺设厚度为 2 ~ 3 cm,全部均匀平整,无漏铺</td><td>全部</td><td>100</td></tr>
<tr><td>2</td><td>积水和泌水</td><td>无外部水流入,泌水排除及时</td><td>现场均无外部水流入</td><td>全部</td><td>100</td></tr>
<tr><td>3</td><td>插筋、管路等埋设件以及模板的保护</td><td>保护好,符合设计要求</td><td>模板的保护符合设计要求</td><td>全部</td><td>100</td></tr>
<tr><td>4</td><td>混凝土表面保护</td><td>保护时间、保温材料质量符合设计要求</td><td>经现场观察,混凝土表面保护时间、保温材料质量符合设计要求</td><td>全部</td><td>100</td></tr>
<tr><td>5</td><td>脱模</td><td>脱模时间符合施工技术规范或设计要求</td><td>经观察 10 次,9 次脱模时间符合《混凝土结构工程施工质量验收规范》(GB 50204—2011)要求</td><td>9</td><td>90.0</td></tr>
<tr><td colspan="2">施工单位自评意见</td><td colspan="5">主控项目检验点 100% 合格,一般项目逐项检验点的合格率90.0% 以上,且不合格点不集中分布。
工序质量等级评定为:优良
魏伟(签字,加盖公章)
2013 年 10 月 12 日</td></tr>
<tr><td colspan="2">监理单位复核意见</td><td colspan="5">经复核,主控项目检验点 100% 合格,一般项目逐项检验点的合格率90.0% 以上,且不合格点不集中分布。
工序质量等级评定为:优良
王辉(签字,加盖公章)
2013 年 10 月 12 日</td></tr>
</table>

3.1.2.6　混凝土外观质量检查工序施工质量验收评定表填写

本工序施工质量验收评定检验项目、检验(测)方法及数量如表 5-31 所示,工序施工质量验收评定表如表 5-32 所示。

表 5-31　混凝土外观质量检查工序检验(测)方法及数量

<table>
<tr><th>检验项目</th><th>检验方法</th><th>检验数量</th></tr>
<tr><td>表面平整度</td><td>使用 2 m 靠尺或专用工具检查</td><td>100 m² 以上的表面检查 6 ~ 10 个点;100 m² 以下的表面检查 3 ~ 5 个点</td></tr>
<tr><td>形体尺寸</td><td>钢尺测量</td><td>抽查 15%</td></tr>
<tr><td>重要部位缺损</td><td>观察、仪器检验</td><td rowspan="5">全部</td></tr>
<tr><td>麻面、蜂窝</td><td>观察</td></tr>
<tr><td>孔洞</td><td rowspan="3">观察、量测</td></tr>
<tr><td>错台、跑模、掉角</td></tr>
<tr><td>表面裂缝</td></tr>
</table>

表 5-32 水利水电工程混凝土外观质量检查工序施工质量验收评定表

<table>
<tr><td colspan="3">单位工程名称</td><td>中县汝河治理水闸工程</td><td>工序名称</td><td colspan="3">混凝土外观质量检查</td></tr>
<tr><td colspan="3">分部工程名称</td><td>闸室段</td><td>施工单位</td><td colspan="3">山东大河水电工程建设有限公司</td></tr>
<tr><td colspan="3">单元工程名称、部位</td><td>C30 混凝土闸墩(左 5 墩)</td><td>施工日期</td><td colspan="3">2013 年 10 月 13 日至 2013 年 10 月 21 日</td></tr>
<tr><td colspan="2">项次</td><td>检验项目</td><td>质量标准</td><td colspan="2">检查(测)记录</td><td>合格数</td><td>合格率(%)</td></tr>
<tr><td rowspan="3">主控项目</td><td>1</td><td>表面平整度</td><td>符合设计要求(表面平整度不大于 2 mm)</td><td colspan="2">检查 7 处,表面平整度均符合设计要求</td><td>7</td><td>100</td></tr>
<tr><td>2</td><td>形体尺寸</td><td>符合设计要求或允许偏差 ±20 mm(形体尺寸设计:14 000 mm×1 500 mm)</td><td colspan="2">检查 6 处,检测数据(mm):
14 009,14 010,14 002
1 507,1 509,1 503</td><td>6</td><td>100</td></tr>
<tr><td>3</td><td>重要部位缺损</td><td>不允许,应修复使其符合设计要求</td><td colspan="2">对全部重要部位进行检查,无缺损</td><td>全部</td><td>100</td></tr>
<tr><td rowspan="4">一般项目</td><td>1</td><td>麻面、蜂窝</td><td>麻面、蜂窝累计面积不超过 0.5%。经处理符合设计要求</td><td colspan="2">经全部检查,混凝土表面麻面、蜂窝累计面积不超过 0.5%。经处理均符合设计要求</td><td>全部</td><td>100</td></tr>
<tr><td>2</td><td>孔洞</td><td>单个面积不超过 0.01 m²,且深度不超过骨料最大粒径。经处理符合设计要求</td><td colspan="2">检查全部孔洞,单个面积均不超过 0.01 m²,且深度不超过骨料最大粒径的孔洞,经处理符合设计要求</td><td>全部</td><td>100</td></tr>
<tr><td>3</td><td>错台、跑模、掉角</td><td>经处理符合设计要求</td><td colspan="2">经检查 20 处,发现存在 2 处掉角现象,经处理基本符合设计要求</td><td>18</td><td>90.0</td></tr>
<tr><td>4</td><td>表面裂缝</td><td>短小、深度不大于钢筋保护层厚度的表面裂缝,经处理符合设计要求</td><td colspan="2">经检查,表面裂缝短小,深度小于钢筋保护层厚度,并对裂缝进行处理后符合设计要求</td><td>全部</td><td>100</td></tr>
<tr><td colspan="2">施工单位自评意见</td><td colspan="6">主控项目检验点 100% 合格,一般项目逐项检验点的合格率90.0% 以上,且不合格点不集中分布。
工序质量等级评定为:优良

魏伟(签字,加盖公章)
2013 年 10 月 21 日</td></tr>
<tr><td colspan="2">监理单位复核意见</td><td colspan="6">经复核,主控项目检验点 100% 合格,一般项目逐项检验点的合格率90.0% 以上,且不合格点不集中分布。
工序质量等级评定为:优良

王辉(签字,加盖公章)
2013 年 10 月 21 日</td></tr>
</table>

3.2　碾压混凝土单元工程及其施工工序施工质量验收评定表样表

3.2.1　单元工程施工质量验收评定表样表

碾压混凝土工程宜以一次连续填筑的段、块划分，每一段、块划分为一单元工程。评定表中单元工程量填写本单元工程混凝土浇筑量(m^3)。碾压混凝土工程的单元工程施工质量验收评定表样表如表5-33所示。

表5-33　水利水电工程碾压混凝土单元工程施工质量验收评定表

单位工程名称		单元工程量	
分部工程名称		施工单位	
单元工程名称、部位		施工日期	
项次	工序名称	工序质量验收评定等级	
1	△基础面及层面处理工序		
2	△模板制作及安装工序		
3	预埋件制作及安装工序		
4	△混凝土浇筑工序		
5	混凝土成缝工序		
6	混凝土外观质量检查工序		
施工单位自评意见	各工序施工质量全部合格，其中优良工序占____%，且主要工序达到____等级。 单元工程质量等级评定为： （签字，加盖公章） 年　月　日		
监理单位复核意见	经抽查并查验相关检验报告和检验资料，各工序施工质量全部合格，其中优良工序占____%，且主要工序达到____等级。 单元工程质量等级评定为： （签字，加盖公章） 年　月　日		

注：对重要隐蔽单元工程和关键部位单元工程的施工质量验收评定应有设计、建设等单位的代表签字，具体要求应满足SL 176—2007的规定。

3.2.2　碾压混凝土单元工程工序施工质量验收评定表样表

由表5-33可以看出，碾压混凝土工程的单元工程分为基础面及层面处理、模板制作安装、预埋件制作及安装、混凝土浇筑、混凝土成缝、混凝土外观质量检查6个工序施工，其中基础面及层面处理、模板制作安装、混凝土浇筑宜为主要工序。下面介绍各工序施工质量验收评定项目、检测方法和数量评定样表。

3.2.2.1 基础面、层面处理工序施工质量验收评定表样表

本工序施工质量验收评定检验项目、检验(测)方法及数量如表5-34所示，工序施工质量验收评定表如表5-35所示。

表5-34 基础面、层面处理工序检验(测)方法及数量

检验项目	检验方法	检验数量
岩基基础面	观察、查阅设计图纸或地质报告	全仓
软基基础面	观察、查阅测量断面图及设计图纸	
地表水和地下水	观察	
岩面清理		
施工层面凿毛		
施工层面清理		

表5-35 水利水电工程基础面、层面处理工序施工质量验收评定表

<table>
<tr><td colspan="4">单位工程名称</td><td colspan="2"></td><td>工序名称</td><td colspan="2"></td></tr>
<tr><td colspan="4">分部工程名称</td><td colspan="2"></td><td>施工单位</td><td colspan="2"></td></tr>
<tr><td colspan="4">单元工程名称、部位</td><td colspan="2"></td><td>施工日期</td><td colspan="2"></td></tr>
<tr><td colspan="2">项次</td><td colspan="3">检验项目</td><td>质量标准</td><td>检查(测)记录</td><td>合格数</td><td>合格率(%)</td></tr>
<tr><td rowspan="4">基础面</td><td rowspan="3">主控项目</td><td rowspan="2">1</td><td rowspan="2">基础面</td><td>岩基</td><td>符合设计要求</td><td></td><td></td><td></td></tr>
<tr><td>软基</td><td>预留保护层已挖除；基础面符合设计要求</td><td></td><td></td><td></td></tr>
<tr><td>2</td><td colspan="2">地表水和地下水</td><td>妥善引排或封堵</td><td></td><td></td><td></td></tr>
<tr><td>一般项目</td><td>1</td><td colspan="2">岩面清理</td><td>符合设计要求；清洗洁净、无积水、无积渣杂物</td><td></td><td></td><td></td></tr>
<tr><td rowspan="2">层面处理</td><td>主控项目</td><td>1</td><td colspan="2">施工层面凿毛</td><td>刷毛或冲毛，无乳皮、表面成毛面</td><td></td><td></td><td></td></tr>
<tr><td>一般项目</td><td>2</td><td colspan="2">施工层面清理</td><td>符合设计要求；清洗洁净、无积水、无积渣杂物</td><td></td><td></td><td></td></tr>
<tr><td colspan="3">施工单位自评意见</td><td colspan="6">主控项目检验点100%合格，一般项目逐项检验点的合格率____%，且不合格点不集中分布。
工序质量等级评定为：
(签字，加盖公章)
年 月 日</td></tr>
<tr><td colspan="3">监理单位复核意见</td><td colspan="6">经复核，主控项目检验点100%合格，一般项目逐项检验点的合格率____%，且不合格点不集中分布。
工序质量等级评定为：
(签字，加盖公章)
年 月 日</td></tr>
</table>

3.2.2.2 模板制作及安装工序施工质量验收评定表样表

本工序施工质量验收评定检验项目、检验(测)方法及数量如表5-36所示,工序施工质量验收评定表如表5-37所示。

表5-36 模板制作及安装工序检验(测)方法及数量

检验项目	检验方法	检验数量
稳定性、刚度和强度	对照文件和图纸检查	全部
结构物边线与设计边线	量测	不少于5个点
结构物水平断面内部尺寸		
承重模板标高		
模板平整度:相邻两板面错台	按照水平方向布点,2 m靠尺量测	模板面积在100 m^2以内,不少于10个点;100 m^2以上,不少于20个点
局部不平整度	2 m靠尺量测	不少于5个点
板面缝隙	量测	
模板外观	查阅图纸及目视检查	定型钢模板应抽查同一类型,同一规格模板的10%,且不少于3件,其他逐件检查
预留孔、洞尺寸边线	查阅图纸、测量	全数
预留孔、洞中心位置	查阅图纸、测量	全数
脱模剂	观察	全部

表5-37 水利水电工程模板制作及安装工序施工质量验收评定表

单位工程名称					工序名称		
分部工程名称					施工单位		
单元工程名称、部位					施工日期		
项次		检验项目		质量标准	检查(测)记录	合格数	合格率
主控项目	1	稳定性、刚度和强度		符合模板设计要求			
	2	结构物边线与设计边线		钢模:允许偏差10 mm 木模:允许偏差15 mm			
	3	结构物水平断面内部尺寸		允许偏差±20 mm			
	4	承重模板标高		允许偏差±5 mm			
一般项目	1	模板平整度:相邻两板面错台	外露表面	钢模:允许偏差2 mm 木模:允许偏差3 mm			
			隐蔽内面	允许偏差5 mm			
	2	局部不平整度	外露表面	钢模:允许偏差2 mm 木模:允许偏差5 mm			
			隐蔽内面	允许偏差10 mm			
	3	板面缝隙	外露表面	钢模:允许偏差1 mm 木模:允许偏差2 mm			
			隐蔽内面	允许偏差2 mm			
	4	模板外观		规格符合设计要求;表面光洁、无污物			
	5	预留孔、洞尺寸边线		钢模:允许偏差±10 mm 木模:允许偏差±15 mm			
	6	预留孔、洞中心位置		允许偏差±10 mm			
	7	脱模剂		质量符合标准要求,涂抹均匀			
施工单位自评意见	主控项目检验点100%合格,一般项目逐项检验点的合格率____%,且不合格点不集中分布。 工序质量等级评定为: (签字,加盖公章) 年 月 日						
监理单位复核意见	经复核,主控项目检验点100%合格,一般项目逐项检验点的合格率____%,且不合格点不集中分布。 工序质量等级评定为: (签字,加盖公章) 年 月 日						

3.2.2.3 预埋件制作及安装工序施工质量验收评定表样表

本工序施工质量验收评定检验项目、检验(测)方法及数量与评定表同普通混凝土预埋件制作及安装工序施工质量验收评定表5-27和表5-28所示,这里不再介绍。

3.2.2.4 碾压混凝土浇筑工序施工质量验收评定表样表

本工序施工质量验收评定检验项目、检验(测)方法及数量如表5-38所示,工序施工质量验收评定表如表5-39所示。

表5-38 碾压混凝土浇筑工序检验(测)方法及数量

<table>
<tr><th colspan="2">检验项目</th><th>检验方法</th><th>检验数量</th></tr>
<tr><td rowspan="9">混凝土铺筑碾压</td><td>碾压参数</td><td>查阅试验报告、施工记录</td><td>每班至少检查2次</td></tr>
<tr><td>运输、卸料、平仓和碾压</td><td>观察、记录间隔时间</td><td>全部</td></tr>
<tr><td>层间允许间隔时间</td><td>观察、记录间隔时间</td><td>全部</td></tr>
<tr><td>控制碾压厚度</td><td>使用插尺、直尺量测</td><td>每个仓号均检验2~3个点</td></tr>
<tr><td>混凝土压实密度</td><td>密度检测仪测试混
凝土岩芯试验(必要时)</td><td>每100~200 m² 碾压层测试
1次,每层至少有3个点</td></tr>
<tr><td>碾压条带边缘的处理</td><td>观察、量测</td><td>每个仓号均检测1~2个点</td></tr>
<tr><td>碾压搭接宽度</td><td rowspan="3">观察</td><td>每个仓号抽查1~2个点</td></tr>
<tr><td>碾压层表面</td><td rowspan="5">全部</td></tr>
<tr><td>混凝土养护</td></tr>
<tr><td rowspan="6">变态混凝土</td><td>灰浆拌制</td><td>查阅试验报告、施工
记录或比重计量测</td></tr>
<tr><td>灰浆铺洒</td><td>观察、记录间隔时间</td></tr>
<tr><td>振捣</td><td>浇筑过程中全部检查</td></tr>
<tr><td>与碾压混凝土振碾搭接宽度</td><td>观察</td><td>每个仓号抽查1~2个点</td></tr>
<tr><td>铺层厚度</td><td>量测</td><td rowspan="2">全部</td></tr>
<tr><td>施工层面</td><td>观察</td></tr>
</table>

表5-39 水利水电工程碾压混凝土浇筑工序施工质量验收评定表

单位工程名称				工序名称		
分部工程名称				施工单位		
单元工程名称、部位				施工日期		
项次		检验项目	质量标准	检查(测)记录	合格数	合格率
混凝土铺筑碾压 主控项目	1	碾压参数	应符合碾压试验确定的参数值			
	2	运输、卸料、平仓和碾压	符合设计要求,卸料高度不大于1.5 m;迎水面防渗范围平仓与碾压方向不允许与坝轴线垂直,摊铺至碾压间隔时间不宜超过2 h			
	3	层间允许间隔时间	符合允许间隔时间要求			
	4	控制碾压厚度	满足碾压试验参数要求			
	5	混凝土压实密度	符合规范或设计要求			
一般项目	1	碾压条带边缘的处理	搭接20~30 cm宽度与下一条同时碾压			
	2	碾压搭接宽度	条带间搭接10~20 cm;端头部位搭接不少于100 cm			
	3	碾压层表面	不允许出现骨料分离			
	4	混凝土养护	仓面保持湿润,养护时间符合要求,仓面养护到上层碾压混凝土铺筑为止			

续表 5-39

项次			检验项目	质量标准	检查(测)记录	合格数	合格率
变态混凝土	主控项目	1	灰浆拌制	由水泥与粉煤灰并掺用外加剂拌制,水胶比宜不大于碾压混凝土的水胶比,保持浆体均匀			
		2	灰浆铺洒	加浆量满足设计要求,铺洒方式符合设计及规范要求,间歇时间低于规定时间			
		3	振捣	符合规定要求,间隔时间符合规定标准			
	一般项目	1	与碾压混凝土振碾搭接宽度	应大于 20 cm			
		2	铺层厚度	符合设计要求			
		3	施工层面	无积水,不允许出现骨料分离;特殊地区施工时空气温度应满足施工层面需要			
施工单位自评意见			主控项目检验点 100% 合格,一般项目逐项检验点的合格率____%,且不合格点不集中分布。 工序质量等级评定为: (签字,加盖公章) 年 月 日				
监理单位复核意见			经复核,主控项目检验点 100% 合格,一般项目逐项检验点的合格率____%,且不合格点不集中分布。 工序质量等级评定为: (签字,加盖公章) 年 月 日				

3.2.2.5 混凝土成缝工序施工质量验收评定表样表

本工序施工质量验收评定检验项目、检验(测)方法及数量如表 5-40 所示,工序施工质量验收评定表如表 5-41 所示。

表 5-40 混凝土成缝工序检验(测)方法及数量

<table>
<tr><th>检验项目</th><th>检验方法</th><th>检验数量</th></tr>
<tr><td>缝面位置</td><td>观察、量测</td><td rowspan="5">全部</td></tr>
<tr><td>结构型式及填充材料</td><td>观察</td></tr>
<tr><td>有重复灌浆要求横缝</td><td>观察、量测</td></tr>
<tr><td>切缝工艺</td><td>量测</td></tr>
<tr><td>成缝面积</td><td>量测</td></tr>
</table>

表 5-41 水利水电工程碾压混凝土成缝工序施工质量验收评定表

<table>
<tr><td colspan="3">单位工程名称</td><td colspan="2"></td><td>工序名称</td><td colspan="2"></td></tr>
<tr><td colspan="3">分部工程名称</td><td colspan="2"></td><td>施工单位</td><td colspan="2"></td></tr>
<tr><td colspan="3">单元工程名称、部位</td><td colspan="2"></td><td>施工日期</td><td colspan="2"></td></tr>
<tr><td colspan="3">项次</td><td>检验项目</td><td>质量标准</td><td>检查(测)记录</td><td>合格数</td><td>合格率</td></tr>
<tr><td rowspan="5">碾压混凝土成缝</td><td rowspan="3">主控项目</td><td>1</td><td>缝面位置</td><td>应满足设计要求</td><td></td><td></td><td></td></tr>
<tr><td>2</td><td>结构型式及填充材料</td><td>应满足设计要求</td><td></td><td></td><td></td></tr>
<tr><td>3</td><td>有重复灌浆要求横缝</td><td>制作与安装应满足设计要求</td><td></td><td></td><td></td></tr>
<tr><td rowspan="2">一般项目</td><td>1</td><td>切缝工艺</td><td>应满足设计要求</td><td></td><td></td><td></td></tr>
<tr><td>2</td><td>成缝面积</td><td>满足设计要求</td><td></td><td></td><td></td></tr>
<tr><td colspan="3">施工单位自评意见</td><td colspan="5">主控项目检验点 100% 合格,一般项目逐项检验点的合格率____%,且不合格点不集中分布。
工序质量等级评定为:
(签字,加盖公章)
年 月 日</td></tr>
<tr><td colspan="3">监理单位复核意见</td><td colspan="5">经复核,主控项目检验点 100% 合格,一般项目逐项检验点的合格率____%,且不合格点不集中分布。
工序质量等级评定为:
(签字,加盖公章)
年 月 日</td></tr>
</table>

3.2.2.6 碾压混凝土外观质量检查工序施工质量验收评定表样表

本工序施工质量验收评定检验项目、检验(测)方法及数量与评定表同普通混凝土外观质量检查工序施工质量验收评定表 5-31 和表 5-32 所示,这里不再介绍。

混凝土工程其他单元工程(工序)施工质量验收评定项目、检测方法数量、评定样表不再一一介绍,其评定表填写及要求可参考本任务举例填写的普通混凝土单元(工序)质量评定表填写。

任务4 地基处理与基础工程单元(工序)质量评定

1 地基处理与基础工程单元工程的工序施工质量评定

地基处理与基础工程的一个单元工程往往划分为若干工序施工,不同工序施工质量评定项目、检验(测)方法、数量及质量标准不同,但单元工程的所有工序施工质量验收评定提交资料及工序质量评定标准相同。

1.1 工序施工质量验收评定应提交资料

(1)施工单位各班(组)的初检记录、施工队复检记录、施工单位专职质检员终检记录,工序中各施工质量检验项目的检验资料,施工中的见证取样检验及记录结果资料。

(2)监理单位对工序中施工质量检验项目的平行检测资料。

1.2 工序质量评定标准

1.2.1 合格标准

(1)主控项目,检验结果应全部符合《水利水电工程单元工程施工质量验收评定标准——地基处理与基础工程》(SL 633—2012)的要求,以下简称为 SL 633—2012。

(2)一般项目,应逐项有70%及以上的检验点合格,不合格点不应集中分布,且不合格点的质量不应超出有关规范或设计要求的限值。

(3)各项报验资料应符合 SL 633—2012 的要求。

1.2.2 优良标准

(1)主控项目,检验结果应全部符合 SL 633—2012 的要求。

(2)一般项目,应逐项有90%及以上的检验点合格,不合格点不应集中分布,且不合格点的质量不应超出有关规范或设计要求的限值。

(3)各项报验资料应符合 SL 633—2012 的要求。

2 地基处理与基础工程的单元工程施工质量验收评定

地基处理与基础工程的不同单元工程其划分方法不一样、工序划分也不一样,单元工程的质量评定方法及标准也不相同,但所有地基处理与基础工程的单元工程验收提交资料相同。

2.1 单元工程施工质量验收评定应提交资料

(1)施工单位应提交单元工程中所含工序(或检验项目)验收评定的检验资料,各项实体检验项目的检验记录资料,施工中的见证取样检验及记录结果资料。

(2)监理单位应提交对单元工程施工质量的平行检测资料。

2.2 单元工程质量评定标准

地基处理与基础单元工程施工质量验收评定,分以下几种情况进行:

(1)单元工程中没有孔(桩、槽)时,评定程序同土石方工程、混凝土工程单元工程评定,也就是说先按工序质量评定标准对工序施工质量验收评定,在工序验收评定合格的基础上进行单元工程评定,不同单元工程质量评定标准也有所不同。见本任务 3.1 举例。

(2)一个单元工程中包含一定数量的单孔(桩、槽)时,先按工序质量评定标准对单孔(桩、槽)的工序施工质量验收评定;然后对单孔(桩、槽)的施工质量验收评定,不同孔(桩、槽)评定标准不同;最后再进行单元工程的施工质量验收评定,不同单元工程质量评定标准也有所不同。见本任务3.2举例。

(3)未划分工序的单元工程中包含一定数量的单孔(桩、槽)时,先按工序质量评定标准对单孔(桩、槽)的施工质量验收评定,再进行单元工程的施工质量验收评定。见本任务3.3举例。

(4)未划分工序的单元工程没有孔(桩、槽)时,按检验项目直接验收评定,也就是直接按工序质量评定标准对单元工程的施工质量进行验收评定。见本任务3.4举例。

综上分析,地基处理与基础单元工程,在进行验收评定工作时要注意区分不同情况,采用相应的验收评定程序及评定标准。

3 地基处理与基础工程单元工程(工序)施工质量验收评定表及填写举例

工序质量评定表填写时,注意不同工序施工质量验收评定表中单位工程、分部工程、单元工程名称及部位填写要与单元工程施工质量验收评定表中填写一致。单元工程质量评定是在其包含的所有工序施工质量验收评定基础上进行的,也就是说只有单元工程包含的所有工序施工质量验收完成,且评定表填写完整后才能进行单元工程施工质量验收评定及其评定表填写。

本任务以典型常见的锚喷支护单元工程及其工序施工质量验收评定和钻孔灌注桩工程单桩、单元工程及其施工工序施工质量验收评定为例,讲解地基处理与基础工程施工质量验收评定表填写;以振冲法地基加固单元工程(工序)施工质量验收评定、强夯法地基加固单元工程(工序)施工质量验收评定为例,介绍地基处理与基础单元工程(工序)施工质量验收评定样表,工序施工评定项目、检测方法及数量和评定标准。

3.1 锚喷支护单元工程及其工序施工质量验收评定表填写

3.1.1 单元工程施工质量验收评定表

锚喷支护单元工程宜以每一施工区(段)划分为一个单元工程。评定表中单元工程量填写本单元锚喷支护的面积(m^2)和喷射混凝土的体积(m^3)。

锚杆支护单元工程施工质量验收评定标准如下:

(1)合格标准:工序施工质量验收评定全部合格;各项报验资料应符合SL 633—2012的要求。

(2)优良标准:工序施工质量验收评定全部合格,其中锚杆工序施工质量达到优良;各项报验资料应符合SL 633—2012的要求。

当只有一个工序时,工序施工质量即为单元工程质量,也就是直接按工序质量评定标准对单元工程的施工质量进行验收评定。

需要说明的是,由于喷锚支护工程有时是锚杆和喷混凝土单独使用,有时两者同时使用,单独使用时,该工序施工质量即为单元工程施工质量。

锚喷支护单元工程施工质量验收评定表填写如表5-42所示。

表 5-42　水利水电工程锚喷支护单元工程施工质量验收评定表

<table>
<tr><td>单位工程名称</td><td>中县汝河治理水闸工程</td><td>单元工程量</td><td>支护面积 594 m^2,混凝土体积 59.4 m^3,锚杆 264 根</td></tr>
<tr><td>分部工程名称</td><td>闸室段</td><td>施工单位</td><td>山东大河水电工程建设有限公司</td></tr>
<tr><td>单元工程名称、部位</td><td>锚喷支护(左岸)
0+100~0+140</td><td>施工日期</td><td>2013 年 11 月 18 日至 2013 年 12 月 12 日</td></tr>
<tr><td>项次</td><td colspan="2">工序名称</td><td>工序质量验收评定等级</td></tr>
<tr><td>1</td><td colspan="2">△锚杆工序</td><td>优良</td></tr>
<tr><td>2</td><td colspan="2">喷射混凝土</td><td>合格</td></tr>
<tr><td colspan="2" rowspan="3">单元工程效果
(或实体质量)检查</td><td>1</td><td>经拉拔试验,锚杆锚固牢固,混凝土喷射密实,无漏喷</td></tr>
<tr><td>2</td><td></td></tr>
<tr><td>3</td><td></td></tr>
<tr><td>施工单位
自评意见</td><td colspan="3">单元工程效果(或实体质量)检查符合质量要求,工序 100% 合格,其中主要工序锚杆工序达到优良。

单元工程质量等级评定为:优良

魏伟(签字,加盖公章)
2013 年 12 月 12 日</td></tr>
<tr><td>监理单位复核评定意见</td><td colspan="3">经进行单元工程效果(或实体质量)检查,符合质量要求,工序 100% 合格,其中优良工序占50%,主要工序达到优良。

单元工程质量等级评定为:优良

王辉(签字,加盖公章)
2013 年 12 月 12 日</td></tr>
</table>

注:对关键部位单元工程和重要隐蔽单元工程的施工质量验收评定应有设计、建设等单位的代表签字,具体要求应满足 SL 176—2007 规定。

3.1.2 锚杆支护单元工程工序施工质量验收评定表

由表5-42可以看出,锚杆支护工程的单元工程分为锚杆(包括钻孔)、喷射混凝土(包括钢筋网制安)2个工序,其中锚杆为主要工序。下面介绍各工序施工质量验收评定表的填写。

3.1.2.1 锚喷支护锚杆工序施工质量验收评定表填写

本工序施工质量验收评定检验项目、检验(测)方法及数量如表5-43所示,工序施工质量验收评定表如表5-44所示。

表5-43 锚喷支护锚杆工序检验(测)方法及数量

检验项目	检验方法	检验数量
锚杆材质和胶结材料性能	抽检,查看试验资料	按批抽查
孔深偏差	钢尺、测杆量测	抽查10%~15%
锚孔清理	观察检查	
锚杆抗拔力(或无损检测)	查看试验记录	每300根抽查3根
预应力锚杆张拉力	查看试验记录	
锚杆孔位偏差	钢尺、仪器量测	抽查10%~15%
锚杆钻孔方向偏差	罗盘仪、仪器量测	
锚杆钻孔孔径	钢尺量测	
锚杆长度偏差	钢尺量测	
锚杆孔注浆	现场检查	
施工记录	查看	抽查

表5-44 水利水电工程锚喷支护锚杆(包括钻孔)工序施工质量验收评定表

单位工程名称		中县汝河治理水闸工程	工序名称	锚喷支护锚杆	
分部工程名称		闸室段	施工单位	山东大河水电工程建设有限公司	
单元工程名称、部位		锚喷支护(左岸) 0+100~0+140	施工日期	2013年11月18日至2013年11月30日	

项次		检验项目	质量要求	检查(测)记录	合格数	合格率(%)
主控项目	1	锚杆材质和胶结材料性能	符合设计要求(φ20锚杆,M10砂浆)	锚杆用φ20,水泥用42.5硅酸盐水泥,抽查30根,砂浆强度等级符合设计,材质试验指标符合要求	30	100
	2	孔深偏差	≤50 mm(设计孔深280 cm)	抽查30孔,实测值278~282 cm	30	100
	3	锚孔清理	孔内无岩粉、无积水	抽查30孔,锚孔清理干净、无岩粉、无积水	30	100
	4	锚杆抗拔力(或无损检测)	符合设计和规范要求(锚杆抗拔力设计18 t)	抽检3根,抗拔力(t):24.5,29,33.5	3	100
	5	预应力锚杆张拉力	符合设计和规范要求	/		

续表 5-44

项次		检验项目	质量要求	检查(测)记录	合格数	合格率(%)
一般项目	1	锚杆孔位偏差	≤150 mm(预应力锚杆:≤200 mm)(设计值 145 cm)	抽查 30 孔,实测值 144~153 cm	30	100
	2	锚杆钻孔方向偏差	符合设计要求(预应力锚杆:≤3%)	抽查 30 孔,钻孔方向偏差符合设计	30	100
	3	锚杆钻孔孔径	符合设计要求(锚杆钻孔孔径设计值 20 cm)	抽查 30 孔,除 1 孔外,其余孔径均符合设计要求	29	96.7
	4	锚杆长度偏差	≤5 mm(锚杆长度设计值 10 m)	抽查 30 孔,实测值 9.996~10.001 m	30	100
	5	锚杆孔注浆	符合设计和规范要求	抽查 30 孔,注浆压力、注浆量及注浆时间符合设计和《锚杆喷射混凝土支护技术规范》(GB 50086—2001)要求	30	100
	6	施工记录	齐全、准确、清晰	经抽查,施工记录齐全、准确、清晰	全部	
施工单位自评意见	主控项目检验点 100% 合格,一般项目逐项检验点的合格率不低于90.0%,且不合格点不集中分布。 工序质量等级评定为:优良 魏伟(签字,加盖公章) 2013 年 11 月 30 日					
监理单位复核评定意见	经复核,主控项目检验点 100% 合格,一般项目逐项检验点的合格率不低于90.0%,且不合格点不集中分布。 工序质量等级评定为:优良 王辉(签字,加盖公章) 2013 年 11 月 30 日					

3.1.2.2　锚喷支护喷射混凝土工序施工质量验收评定表填写

本工序施工质量验收评定检验项目、检验(测)方法及数量如表 5-45 所示,工序施工质量验收评定表如表 5-46 所示。

表5-45　锚喷支护喷射混凝土工序检验(测)方法及数量

检验项目	检验方法	检验数量
喷混凝土性能	抽检,查看试验资料	不小于2组/100 m^3
喷层均匀性	现场取样	按规范要求抽查
喷层密实性	现场观察	全面检查
喷层厚度	针探、钻孔	按规范要求抽查
喷混凝土配合比	查看试验资料	每个作业班检查2次
受喷面清理	现场观察	全面检查
喷层表面整体性	观察检查	
喷层养护	观察,查施工记录	
钢筋(丝)网格间距偏差	钢尺量测	按批抽查
钢筋(丝)网安装	现场检查,钢尺量测	全面检查
施工记录	查看	全面检查

表5-46　水利水电工程锚喷支护喷射混凝土工序施工质量验收评定表

单位工程名称		中县汝河治理水闸工程	工序名称	锚喷支护喷射混凝土		
分部工程名称		闸室段	施工单位	山东大河水电工程建设有限公司		
单元工程名称、部位		锚喷支护(左岸) 0+100~0+140	施工日期	2013年12月1日至2013年12月12日		
项次		检验项目	质量要求	检查(测)记录	合格数	合格率(%)
主控项目	1	喷混凝土性能	符合设计要求(设计:f_c=20 MPa(抗压),f_t=1.5 MPa(抗拉),W_g=0.8 MPa(抗渗))	各试验2组6个数据:f_c为23.5,22 MPa;f_t为1.55,1.60 MPa;W_g为1.00,0.95 MPa	6	100
	2	喷层均匀性	个别处有夹层、包沙	现场取样5个,经检查无夹层、包沙,喷层均匀性良好	5	100
	3	喷层密实性	无滴水、个别点渗水	全面检查,未发现有渗水、滴水情况,喷层密实	全部	100
	4	喷层厚度	符合设计和规范要求(喷层厚度不得小于设计厚度,设计厚度12 cm)	检查两个断面共16个点,厚度为10.3~12.7 cm,其中3个点小于设计厚度	13	81.3

续表 5-46

项次		检验项目	质量要求	检查(测)记录	合格数	合格率(%)
一般项目	1	喷混凝土配合比	满足规范要求(干法喷射,水泥与砂石重量比:1:4~1:4.5,水灰比宜为0.4~0.45)	抽查2次,混凝土配合比均满足规范要求	2	100
	2	受喷面清理	符合设计及规范要求	拆除作业面障碍物,清除开挖面的浮石和墙脚的岩渣堆积物,受喷面清理符合设计及规范要求	全部	100
	3	喷层表面整体性	个别处有微细裂缝	全面检查,喷层整体性良好、个别处有微细裂缝	全部	100
	4	喷层养护	符合设计及规范要求	喷层养护时间、温度符合设计及规范要求	全部	100
	5	钢筋(丝)网格间距偏差	≤20 mm(纵横间距设计25 cm)	按批抽查10处(cm):25,25,26,25.5,25,24,23.5,23,22.5,23	8	80.0
	6	钢筋(丝)网安装	符合设计和规范要求(与壁面间距4 cm,允许偏差±1 cm)	全面检查,钢筋网安装符合设计和规范要求	全部	100
	7	施工记录	齐全、准确、清晰	全面检查,施工记录齐全、准确清晰	全部	100
施工单位自评意见		主控项目检验点100%合格,一般项目逐项检验点的合格率不低于80.0%,且不合格点不集中分布。 工序质量等级评定为:合格 魏伟(签字,加盖公章) 2013年12月12日				
监理单位复核评定意见		经复核,主控项目检验点100%合格,一般项目逐项检验点的合格率不低于80.0%,且不合格点不集中分布。 工序质量等级评定为:合格 王辉(签字,加盖公章) 2013年12月12日				

注:(1)喷射混凝土厚度要求:①喷射混凝土平均厚度不应小于设计厚度;②喷射混凝土厚度检查点数的80%及以上大于设计厚度;③喷射混凝土最小厚度不小于设计厚度的2/3。

(2)喷射混凝土养护要求:喷射混凝土终凝2 h后,喷水养护,养护时间7 d到14 d,其温度低于5 ℃时不得喷水养护。

3.2　钻孔灌注桩工程单桩、单元工程及其工序施工质量验收评定表填写

3.2.1　单元工程评定表

钻孔灌注桩工程单桩、单元工程宜按柱(墩)基础划分,每一柱(墩)下的灌注桩基础划分为一个单元工程。不同桩径的灌注桩不宜划分为同一单元。评定表中单元工程量填写本单元灌注桩孔总长度(m)和混凝土总量(m^3)。

钻孔灌注桩工程单桩、单元工程施工质量验收评定标准如下:

3.2.1.1 钻孔灌注桩单孔(桩)施工质量验收评定标准

(1)合格标准:工序施工质量验收评定全部合格。

(2)优良标准:工序施工质量验收评定全部合格,其中 2 个及以上工序达到优良,并且混凝土浇筑工序施工质量达到优良。

3.2.1.2 钻孔灌注桩单元工程施工质量验收评定标准

(1)合格标准:在单元工程实体质量检验符合设计要求的前提下,灌注桩 100% 合格,优良率小于 70%;各项报验资料应符合 SL 633—2012 的要求。

(2)优良标准:在单元工程实体质量检验符合设计要求的前提下,灌注桩 100% 合格,优良率不小于 70%;各项报验资料应符合 SL 633—2012 的要求。

钻孔灌注桩工程单桩、单元工程施工质量验收评定表填写如表 5-47 所示。

表 5-47 钻孔灌注桩工程单桩、单元工程施工质量验收评定表

<table>
<tr><td colspan="2">单位工程名称</td><td colspan="3">中县汝河治理水闸工程</td><td colspan="2">单元工程量</td><td colspan="5">桩长 160 m,混凝土总量 136 m^3,10 根桩</td></tr>
<tr><td colspan="2">分部工程名称</td><td colspan="3">地基与基础</td><td colspan="2">施工单位</td><td colspan="5">山东大河水电工程建设有限公司</td></tr>
<tr><td colspan="2">单元工程名称、部位</td><td colspan="3">灌注桩
0 + 100 ~ 0 + 140</td><td colspan="2">施工日期</td><td colspan="5">2013 年 4 月 20 日至 2013 年 5 月 7 日</td></tr>
<tr><td colspan="2">孔号</td><td>1</td><td>2</td><td>3</td><td>4</td><td>5</td><td>6</td><td>7</td><td>8</td><td>9</td><td>10</td></tr>
<tr><td rowspan="4">工序质量评定结果</td><td>1. 钻孔</td><td>优良</td><td>优良</td><td>优良</td><td>合格</td><td>优良</td><td>合格</td><td>优良</td><td>优良</td><td>优良</td><td>合格</td></tr>
<tr><td>2. 钢筋笼制安</td><td>合格</td><td>优良</td><td>合格</td><td>合格</td><td>合格</td><td>优良</td><td>合格</td><td>合格</td><td>优良</td><td>优良</td></tr>
<tr><td>3. △混凝土浇筑</td><td>优良</td><td>优良</td><td>优良</td><td>优良</td><td>优良</td><td>优良</td><td>合格</td><td>优良</td><td>优良</td><td>优良</td></tr>
<tr><td>其中:混凝土浇筑工序质量等级为优良</td><td>√</td><td>√</td><td>√</td><td>√</td><td>√</td><td>√</td><td></td><td>√</td><td>√</td><td>√</td></tr>
<tr><td rowspan="2">单孔(桩、槽)质量验收评定</td><td>施工单位自评意见</td><td>优良</td><td>优良</td><td>优良</td><td>合格</td><td>优良</td><td>优良</td><td>合格</td><td>优良</td><td>优良</td><td>优良</td></tr>
<tr><td>监理单位评定意见</td><td>优良</td><td>优良</td><td>优良</td><td>合格</td><td>优良</td><td>优良</td><td>合格</td><td>优良</td><td>优良</td><td>优良</td></tr>
<tr><td colspan="12">本单元工程内共有 <u>10</u> 孔(桩、槽),其中优良 <u>8</u> 孔(桩、槽),优良率<u>80%</u></td></tr>
<tr><td colspan="3" rowspan="3">单元工程效果
(或实体质量)检查</td><td>1</td><td colspan="8">经超声波检查,整桩完好,无断桩现象</td></tr>
<tr><td>2</td><td colspan="8"></td></tr>
<tr><td>3</td><td colspan="8"></td></tr>
<tr><td colspan="2">施工单位自评意见</td><td colspan="10">单元工程效果(或实体质量)检查符合质量要求, <u>10</u> 孔(桩、槽)100% 合格,其中优良孔占<u>80%</u>。
单元工程质量等级评定为:优良
魏伟(签字,加盖公章)
2013 年 5 月 7 日</td></tr>
<tr><td colspan="2">监理单位复核评定意见</td><td colspan="10">经进行单元工程效果(或实体质量)检查,符合质量要求, <u>10</u> 孔(桩、槽)100% 合格,其中优良孔占<u>80%</u>。
单元工程质量等级评定为:优良
王辉(签字,加盖公章)
2013 年 5 月 7 日</td></tr>
</table>

注:(1)对关键部位单元工程和重要隐蔽单元工程的施工质量验收评定应有设计、建设等单位的代表签字,具体要求应满足 SL 176—2007 规定。

(2)本表主要用于采用泥浆护壁钻孔施工方法的灌注桩。

3.2.2 钻孔灌注桩工程单桩、单元工程工序施工质量验收评定表

由表5-47可以看出，单孔灌注桩单桩施工工序宜分为：钻孔（包括清孔和检查）、钢筋笼制安、混凝土浇筑3个工序，其中混凝土浇筑为主要工序。下面介绍各工序施工质量验收评定表填写。

3.2.2.1 钻孔灌注桩工程单桩钻孔工序施工质量验收评定表填写

本工序施工质量验收评定检验项目、检验（测）方法及数量如表5-48所示，工序施工质量验收评定表如表5-49所示。

表5-48 钻孔灌注桩工程单桩钻孔工序检验（测）方法及数量

检验项目	检验方法	检验数量
孔位偏差	钢尺量测	逐桩
孔深	核定钻杆、钻具长度，或测绳量测	
孔底沉渣厚度	测锤或沉渣仪测定	
垂直度偏差	同径测斜工具或钻杆内小口径测斜仪或测井仪测定	
施工记录	查看	抽查
孔径偏差	测井仪测定或钻头量测	逐桩
孔内泥浆密度	比重秤量测	
孔内泥浆含砂率	含砂量测定仪量测	
孔内泥浆黏度	500 mL、700 mL漏斗量测	

表5-49 水利水电工程钻孔灌注桩工程单桩钻孔工序施工质量验收评定表

单位工程名称		中县汶河治理水闸工程	孔（桩）号及工序名称	1号桩钻孔灌注桩工程单桩钻孔		
分部工程名称		地基与基础	施工单位	山东大河水电工程建设有限公司		
单元工程名称、部位		灌注桩0+100~0+140	施工日期	2013年4月20日		
项次		检验项目	质量要求	检查（测）记录	合格数	合格率（%）
主控项目	1	孔位偏差	符合设计和规范要求（桩设计直径60 cm）	孔位偏差5 cm，小于1/6桩设计直径，符合设计和规范要求	1	100
	2	孔深	符合设计要求（设计孔深12 m）	实测孔深12.5 m，不小于设计孔深	1	100
	3	孔底沉渣厚度	端承桩不大于50 mm，摩擦桩不大于150 mm，摩擦端承桩、端承摩擦桩不大于100 mm	1号桩为摩擦桩，孔底沉渣厚度125 mm，满足质量要求	1	100
	4	垂直度偏差	<1%	0.5%	1	100
	5	施工记录	齐全、准确、清晰	抽查施工记录齐全、准确、清晰	全部	100

续表 5-49

<table>
<tr><th colspan="2">项次</th><th>检验项目</th><th>质量要求</th><th>检查(测)记录</th><th>合格数</th><th>合格率(%)</th></tr>
<tr><td rowspan="4">一般项目</td><td>1</td><td>孔径偏差</td><td>≤50 mm(设计孔径 65 cm)</td><td>实测 62 cm</td><td>1</td><td>100</td></tr>
<tr><td>2</td><td>孔内泥浆密度</td><td>≤1.25 g/cm³(黏土泥浆)
<1.15 g/cm³(膨润土泥浆)</td><td>黏土泥浆密度 1.23 g/cm³</td><td>1</td><td>100</td></tr>
<tr><td>3</td><td>孔内泥浆含砂率</td><td>≤8%(黏土泥浆)
<6%(膨润土泥浆)</td><td>黏土泥浆含砂率 7.8%</td><td>1</td><td>100</td></tr>
<tr><td>4</td><td>孔内泥浆黏度</td><td>≤28 s(黏土泥浆)
<22 s(膨润土泥浆)</td><td>黏土泥浆黏度 26 s</td><td>1</td><td>100</td></tr>
<tr><td colspan="2">施工单位自评意见</td><td colspan="5">主控项目检验点100%合格,一般项目逐项检验点的合格率为100%,无不合格点。
工序质量等级评定为:优良
魏伟(签字,加盖公章)
2013 年 4 月 20 日</td></tr>
<tr><td colspan="2">监理单位复核评定意见</td><td colspan="5">经复核,主控项目检验点100%合格,一般项目逐项检验点的合格率为100%,无不合格点。
工序质量等级评定为:优良
王辉(签字,加盖公章)
2013 年 4 月 20 日</td></tr>
</table>

注:孔位偏差规范要求单桩、条形桩基沿垂直轴线方向和群桩基础边桩的偏差小于1/6桩设计直径,其他部位桩的偏差小于1/4桩径。

3.2.2.2 钻孔灌注桩工程单桩钢筋笼制作安装工序施工质量验收评定表填写

本工序施工质量验收评定检验项目、检验(测)方法及数量如表5-50所示,工序施工质量验收评定表如表5-51所示。

表 5-50 钻孔灌注桩工程单桩钢筋笼制作安装工序检验(测)方法及数量

<table>
<tr><th>工序</th><th>检验项目</th><th>检验方法</th><th>检验数量</th></tr>
<tr><td rowspan="6">钢筋笼制安</td><td>主筋间距偏差</td><td>钢尺量测</td><td rowspan="2">逐桩</td></tr>
<tr><td>钢筋笼长度偏差</td><td>钢尺量测</td></tr>
<tr><td>施工记录</td><td>查看</td><td>抽查</td></tr>
<tr><td>箍筋间距或螺旋筋螺距偏差</td><td>钢尺量测</td><td rowspan="3">逐桩</td></tr>
<tr><td>钢筋笼直径偏差</td><td>钢尺量测</td></tr>
<tr><td>钢筋笼安放偏差</td><td>钢尺量测</td></tr>
</table>

表 5-51　水利水电工程钻孔灌注桩工程单桩钢筋笼制作安装工序施工质量验收评定表

<table>
<tr><td colspan="2">单位工程名称</td><td>中县汝河治理水闸工程</td><td>孔(桩)号及工序名称</td><td colspan="3">1 号桩钻孔灌注桩工程单桩钢筋笼制作安装</td></tr>
<tr><td colspan="2">分部工程名称</td><td>地基与基础</td><td>施工单位</td><td colspan="3">山东大河水电工程建设有限公司</td></tr>
<tr><td colspan="2">单元工程名称、部位</td><td>灌注桩 0+100~0+140</td><td>施工日期</td><td colspan="3">2013 年 4 月 22 日</td></tr>
<tr><td colspan="2">项次</td><td>检验项目</td><td>质量要求</td><td>检查(测)记录</td><td>合格数</td><td>合格率(%)</td></tr>
<tr><td rowspan="3">主控项目</td><td>1</td><td>主筋间距偏差</td><td>≤10 mm(主筋设计间距 100 mm)</td><td>实测 5 处(mm):90,95,96,98,100</td><td>5</td><td>100</td></tr>
<tr><td>2</td><td>钢筋笼长度偏差</td><td>≤100 mm(设计 11 m)</td><td>实测 11.05 m</td><td>1</td><td>100</td></tr>
<tr><td>3</td><td>施工记录</td><td>齐全、准确、清晰</td><td>施工记录齐全、准确、清晰</td><td>全部</td><td>100</td></tr>
<tr><td rowspan="3">一般项目</td><td>1</td><td>箍筋间距或螺旋筋螺距偏差</td><td>≤20 mm(箍筋设计间距 25 cm)</td><td>实测 5 处(cm):25,24,23,26,25</td><td>4</td><td>80.0</td></tr>
<tr><td>2</td><td>钢筋笼直径偏差</td><td>≤10 mm(钢筋笼设计直径 50 cm)</td><td>实测 5 处(cm):50,49,50,49.5,50</td><td>5</td><td>100</td></tr>
<tr><td>3</td><td>钢筋笼安放偏差</td><td>符合设计或规范要求</td><td>钢筋笼安放符合设计要求 5 mm 偏差</td><td>全部</td><td>100</td></tr>
<tr><td colspan="2">施工单位自评意见</td><td colspan="5">主控项目检验点 100% 合格,一般项目逐项检验点的合格率不低于80%,且不合格点不集中分布。
工序质量等级评定为:合格
魏伟(签字,加盖公章)
2013 年 4 月 22 日</td></tr>
<tr><td colspan="2">监理单位复核评定意见</td><td colspan="5">经复核,主控项目检验点 100% 合格,一般项目逐项检验点的合格率不低于80%,且不合格点不集中分布。
工序质量等级评定为:合格
王辉(签字,加盖公章)
2013 年 4 月 22 日</td></tr>
</table>

3.2.2.3　钻孔灌注桩工程单桩混凝土浇筑工序施工质量验收评定表填写

本工序施工质量验收评定检验项目、检验(测)方法及数量如表 5-52 所示,工序施工质量验收评定表如表 5-53 所示。

表5-52　钻孔灌注桩工程单桩混凝土浇筑工序检验(测)方法及数量

检验项目	检验方法	检验数量
导管埋深	测绳量测	逐桩
混凝土上升速度	测绳量测	
混凝土抗压强度等	室内试验	
施工记录	查看	抽查
混凝土坍落度	坍落度筒和钢尺量测	逐桩
混凝土扩散度	钢尺量测	
浇筑最终高度	水准仪量测,需扣除桩顶浮浆层	
充盈系数	检查实际灌注量	

表5-53　水利水电工程钻孔灌注桩工程单桩混凝土浇筑工序施工质量验收评定表

单位工程名称		中县汝河治理水闸工程	孔(桩)号及工序名称	1号桩钻孔灌注桩工程单桩混凝土浇筑		
分部工程名称		地基与基础	施工单位	山东大河水电工程建设有限公司		
单元工程名称、部位		灌注桩0+100~0+140	施工日期	2013年4月23日		
项次		检验项目	质量要求	检查(测)记录	合格数	合格率(%)
主控项目	1	导管埋深	≥1 m,且不大于6 m	2.3 m	1	100
	2	混凝土上升速度	≥2 m/h,或符合设计要求	2.8 m/h	1	100
	3	混凝土抗压强度等	符合设计要求(混凝土设计抗压强度C40)	试验1次,检测混凝土抗压强度45 MPa,符合设计要求	1	100
	4	施工记录	齐全、准确、清晰	施工记录齐全、准确、清晰	全部	100
一般项目	1	混凝土坍落度	18~22 cm	试验1次,检测18.9 cm	1	100
	2	混凝土扩散度	34~38 cm	试验1次,检测35.3 cm	1	100
	3	浇筑最终高度	符合设计要求(混凝土顶面高于设计标高0.5~0.6 m)	浇筑最终高度符合设计要求	1	100
	4	充盈系数	>1	1.5	1	100
施工单位自评意见		主控项目检验点100%合格,一般项目逐项检验点的合格率为100%,无不合格点。 工序质量等级评定为:优良 魏伟(签字,加盖公章) 2013年4月23日				
监理单位复核评定意见		经复核,主控项目检验点100%合格,一般项目逐项检验点的合格率为100%,无不合格点。 工序质量等级评定为:优良 王辉(签字,加盖公章) 2013年4月23日				

注:对于有些工序的检验项目,需要检验的点数较少,有些甚至只有1个,其合格的百分率按实际计算。如检验项目只有1个检验点,其合格时,该检验项目的合格率为100%;如其不合格,则该检验项目的合格率为0。

3.3 振冲法地基加固单元工程施工质量验收评定表样表

3.3.1 单元工程施工质量验收评定表

振冲法地基加固工程宜按一个独立基础、一个坝段或不同要求地基区(段)划分为一个单元工程。当按不同要求地基区(段)划分单元工程时,如果面积太大,单元内桩数较多,可根据实际情况划分为几个单元工程。评定表中单元工程量填写本单元钻孔总长度(m)和总孔数、抽检孔数。本单元工程为单桩不分工序,单元工程质量验收评定是在单桩质量验收评定合格后进行。

振冲法地基加固单元工程施工质量验收评定标准:

(1)合格标准:在单元工程效果检查符合设计要求的前提下,振冲桩100%合格,优良率小于70%;各项报验资料应符合SL 633—2012的要求。

(2)优良标准:在单元工程效果检查符合设计要求的前提下,振冲桩100%合格,优良率不小于70%;各项报验资料应符合SL 633—2012的要求。

振冲法地基加固单元工程施工质量验收评定表如表5-54所示。

表5-54 水利水电工程振冲法地基加固单元工程施工质量验收评定表

<table>
<tr><td>单位工程名称</td><td colspan="3"></td><td colspan="2">单元工程量</td><td colspan="5"></td></tr>
<tr><td>分部工程名称</td><td colspan="3"></td><td colspan="2">施工单位</td><td colspan="5"></td></tr>
<tr><td>单元工程名称、部位</td><td colspan="3"></td><td colspan="2">施工日期</td><td colspan="5">年 月 日至 年 月 日</td></tr>
<tr><td>孔号</td><td>1</td><td>2</td><td>3</td><td>4</td><td>5</td><td>6</td><td>7</td><td>8</td><td>9</td><td>…</td></tr>
<tr><td>单孔(桩、槽)质量验收评定等级</td><td></td><td></td><td></td><td></td><td></td><td></td><td></td><td></td><td></td><td></td></tr>
<tr><td colspan="11">本单元工程内共有________孔,其中优良________孔,优良率________%。</td></tr>
<tr><td rowspan="3">单元工程效果(或实体质量)检查</td><td>1</td><td colspan="9"></td></tr>
<tr><td>2</td><td colspan="9"></td></tr>
<tr><td>3</td><td colspan="9"></td></tr>
<tr><td>施工单位自评意见</td><td colspan="10">单元工程效果(或实体质量)检查符合________要求,________孔(桩、槽)100%合格,其中优良孔占________%。
单元工程质量等级评定为:
(签字,加盖公章)
年 月 日</td></tr>
<tr><td>监理单位复核评定意见</td><td colspan="10">经进行单元工程效果(或实体质量)检查,符合________要求,________孔(桩、槽)100%合格,其中优良孔占________%。
单元工程质量等级评定为:
(签字,加盖公章)
年 月 日</td></tr>
</table>

注:对关键部位单元工程和重要隐蔽单元工程的施工质量验收评定应有设计、建设等单位的代表签字,具体要求应满足SL176—2007规定。

3.3.2　振冲法地基加固工程单桩施工质量验收评定表

振冲法地基加固工程单桩质量验收评定标准按工序评定标准，单桩施工质量检验项目、检验（测）方法及数量如表5-55所示，施工质量验收评定表如表5-56所示。

表5-55　振冲法地基加固工程单桩施工质量验收检验（测）方法及数量

检验项目	检验方法	检验数量
填料质量	现场检查、试验	按规定的检验批抽检
填料数量	现场计量、施工记录	逐桩
有效加密电流	电流表读数、施工记录	
留振时间	现场检查、施工记录	
施工记录	查看	抽查
孔深	量测振冲器导杆	逐桩
造孔水压	压力表量测	
桩径偏差	钢尺量测	
填料水压	压力表量测	
加密段长度	现场检查	
桩中心位置偏差	钢尺量测	

表5-56　水利水电工程振冲法地基加固单桩施工质量验收评定表

单位工程名称				孔（桩、槽）号		
分部工程名称				施工单位		
单元工程名称、部位				施工日期	年　月　日至　年　月　日	
项次		检验项目	质量要求	检查（测）记录	合格数	合格率（%）
主控项目	1	填料质量	符合设计要求			
	2	填料数量	符合设计要求			
	3	有效加密电流	符合设计要求			
	4	留振时间	符合设计要求			
	5	施工记录	齐全、准确、清晰			

续表 5-56

<table>
<tr><th colspan="2">项次</th><th>检验项目</th><th>质量要求</th><th>检查(测)记录</th><th>合格数</th><th>合格率(%)</th></tr>
<tr><td rowspan="6">一般项目</td><td>1</td><td>孔深</td><td>符合设计要求</td><td></td><td></td><td></td></tr>
<tr><td>2</td><td>造孔水压</td><td>符合设计要求</td><td></td><td></td><td></td></tr>
<tr><td>3</td><td>桩径偏差</td><td>符合设计要求</td><td></td><td></td><td></td></tr>
<tr><td>4</td><td>填料水压</td><td>符合设计要求</td><td></td><td></td><td></td></tr>
<tr><td>5</td><td>加密段长度</td><td>符合设计要求</td><td></td><td></td><td></td></tr>
<tr><td>6</td><td>桩中心位置偏差</td><td>符合设计和规范要求</td><td></td><td></td><td></td></tr>
<tr><td colspan="2">施工单位自评意见</td><td colspan="5">主控项目检验点100%合格,一般项目逐项检验点的合格率不低于____%,且不合格点不集中分布。
工序质量等级评定为:
(签字,加盖公章)
年　月　日</td></tr>
<tr><td colspan="2">监理单位复核评定意见</td><td colspan="5">经复核,主控项目检验点100%合格,一般项目逐项检验点的合格率不低于____%,且不合格点不集中分布。
工序质量等级评定为:
(签字,加盖公章)
年　月　日</td></tr>
</table>

3.4　强夯法地基加固单元工程施工质量验收评定表样表

强夯法地基加固单元工程宜按1 000～2 000 m^2 加固面积划分为一个单元工程。单元工程量填写本单元地基加固的面积(m^2)。

强夯法地基加固单元工程不划分工序,单元工程施工质量验收评定按检验项目直接验收评定,也就是直接按工序质量评定标准对单元工程的施工质量进行验收评定。

强夯法地基加固单元工程施工质量验收评定检验项目、检验(测)方法及数量如表5-57所示,工序施工质量验收评定表如表5-58所示。

表5-57　强夯法地基加固单元工程施工质量验收检验(测)方法及数量

<table>
<tr><th>检验项目</th><th>检验方法</th><th>检验数量</th></tr>
<tr><td>锤底面积、锤重</td><td>查产品说明书、称重</td><td>全数</td></tr>
<tr><td>夯锤落距</td><td>钢索设标志</td><td>抽查</td></tr>
<tr><td>最后两击的平均夯沉量</td><td>水准仪量测</td><td>逐点</td></tr>
<tr><td>地基强度</td><td>原位测试,室内土工试验</td><td rowspan="2">按设计要求</td></tr>
<tr><td>地基承载力</td><td>原位测试</td></tr>
<tr><td>施工记录</td><td>查看</td><td>抽查</td></tr>
<tr><td>夯点的夯击次数</td><td>计数法</td><td rowspan="3">逐点</td></tr>
<tr><td>夯击遍数及顺序</td><td>计数法</td></tr>
<tr><td>夯点布置及夯点间距偏差</td><td>钢尺量测</td></tr>
<tr><td>夯击范围</td><td>钢尺量测</td><td rowspan="2">逐遍</td></tr>
<tr><td>前后两遍间歇时间</td><td>检查施工记录</td></tr>
</table>

表5-58 水利水电工程强夯法地基加固工程单元工程施工质量验收评定表

单位工程名称			单元工程量			
分部工程名称			施工单位			
单元工程名称、部位			施工日期	年 月 日至 年 月 日		
项次		检验项目	质量要求	检查(测)记录	合格数	合格率(%)
主控项目	1	锤底面积、锤重	符合设计要求、锤重误差为±100 kg			
	2	夯锤落距	符合设计要求,误差为±300 mm			
	3	最后两击的平均夯沉量	符合设计要求			
	4	地基强度	符合设计要求			
	5	地基承载力	符合设计要求			
	6	施工记录	齐全、准确、清晰			
一般项目	1	夯点的夯击次数	符合设计要求			
	2	夯击遍数及顺序	符合设计要求			
	3	夯点布置及夯点间距偏差	≤500 mm			
	4	夯击范围	符合设计要求			
	5	前后两遍间歇时间	符合设计要求			
单元工程效果(或实体质量)检查	1					
	2					
	3					
施工单位自评意见	单元工程效果(或实体质量)符合________要求,主控项目检验点100%合格,一般项目逐项检验点的合格率不低于________%,且不合格点不集中分布。 单元工程质量等级评定为: (签字,加盖公章) 年 月 日					
监理单位复核评定意见	经进行单元工程效果(或实体质量)检查,符合________要求,主控项目检验点100%合格,一般项目逐项检验点的合格率不低于________%,且不合格点不集中分布。 单元工程质量等级评定为: (签字,加盖公章) 年 月 日					

注:对关键部位单元工程和重要隐蔽单元工程的施工质量验收评定应有设计、建设等单位的代表签字,具体要求应满足SL 176—2007规定。

地基处理与基础工程其他单元(工序)质量评定可参考本任务介绍的单元(工序)评定标准、方法及评定表,在此不再一一介绍。

任务5 堤防工程单元(工序)质量评定

1 堤防工程单元工程的工序施工质量验收评定

堤防工程的单元工程按工序划分情况,分为划分工序单元工程和不划分工序单元工程两种。划分工序单元工程应先进行工序施工质量验收评定,在工序验收评定合格和施工项目实体质量检验合格的基础上,进行单元工程施工质量验收评定;不划分工序单元工程的施工质量验收评定,在单元工程中所包含的检验项目检验合格和施工项目实体质量检验合格的基础上,进行单元工程施工质量验收评定。

1.1 工序施工质量验收评定应提交资料

堤防工程单元工程的不同施工工序质量评定检验(测)方法及数量不同,但其单元工程的所有工序施工质量验收评定提交资料及工序质量评定标准相同。

(1)施工单位各班(组)的初检记录、施工队复检记录、施工单位专职质检员终检记录;工序中各施工质量检验项目的检验资料。

(2)监理单位对工序中施工质量检验项目的平行检测资料。

1.2 工序质量评定标准

划分工序的单元工程,其工序施工质量评定等级分为合格、优良两级,其标准如下。

1.2.1 合格标准

(1)主控项目,检验结果应全部符合《水利水电工程单元工程施工质量验收评定标准——堤防工程》(SL 634—2012)的要求,以下简称为SL 634—2012。

(2)一般项目,逐项应有70%及以上的检验点合格,且不合格点不应集中分布。

(3)各项报验资料应符合SL 634—2012的要求。

1.2.2 优良标准

(1)主控项目,检验结果应全部符合SL 634—2012的要求。

(2)一般项目,逐项应有90%及以上的检验点合格,且不合格点不应集中分布。

(3)各项报验资料应符合SL 634—2012的要求。

2 堤防工程的单元工程施工质量验收评定

堤防工程的不同单元工程其划分方法、工序划分不一样,但所有堤防工程的单元工程验收提交资料相同,单元工程质量评定标准也是相同的。

2.1 单元工程施工质量验收评定应提交资料

(1)施工单位应提交单元工程中所含工序(或检验项目)验收评定的检验资料。

(2)监理单位应提交对单元工程施工质量的平行检测资料。

2.2 划分工序单元工程质量评定标准

(1)合格标准:各工序施工质量验收评定应全部合格;各项报验资料应符合 SL 632—2012 的要求。

(2)优良标准:各工序施工质量验收评定应全部合格,其中优良工序应达到50%及以上,且主要工序应达到优良等级;各项报验资料应符合 SL 632—2012 的要求。

2.3 不划分工序单元工程施工质量评定标准

不划分工序单元工程施工质量评定等级分为合格、优良两级,其标准如下。

2.3.1 合格等级标准

(1)主控项目检验结果应全部符合本标准的要求。

(2)一般项目逐项应有70%及以上的检验点合格;对于河道疏浚工程,一般项目逐项应有90%及以上的检验点合格;且不合格点不应集中分布。

(3)各项报验资料应符合本标准要求。

2.3.2 优良等级标准

(1)主控项目检验结果应全部符合本标准的要求。

(2)一般项目逐项应有90%及以上的检验点合格;对于河道疏浚工程,一般项目逐项应有95%及以上的检验点合格;且不合格点不应集中分布。

(3)各项报验资料应符合本标准要求。

3 堤防工程单元工程(工序)施工质量验收评定表及填写举例

工序质量评定表填写时注意不同施工工序质量验收评定表中单位工程、分部工程、单元工程名称及部位填写要与单元工程施工质量验收评定表中填写一致。单元工程质量评定在其包含的所有施工工序评定基础上进行,也就是说只有单元工程包含的所有施工工序质量评定表填写完整后才能进行单元工程质量评定表填写。

本任务以典型常见的堤基清理单元工程(工序)和土料碾压筑堤单元工程(工序)施工质量验收评定为例,讲解堤防工程施工质量验收评定表填写;以毛石粗排护坡单元工程(工序)施工质量验收评定为例,介绍不分工序的堤防单元工程施工质量验收评定样表,工序施工评定项目、检测方法、数量及评定方法。

3.1 堤基清理单元工程及其工序施工质量验收评定表填写

3.1.1 单元工程施工质量验收评定表

堤基清理单元工程宜以沿堤轴线方向将施工段长100~500 m划分为一个单元工程,评定表中单元工程量要填写本单元工程量(m^2 或 m^3)。堤基清理单元工程施工质量验收评定表填写如表5-59所示。

表 5-59　水利水电工程堤基清理单元工程施工质量验收评定表

<table>
<tr><td colspan="2">单位工程名称</td><td>中县汝河治理堤身工程</td><td>单元工程量</td><td colspan="2">2 600 m²</td></tr>
<tr><td colspan="2">分部工程名称</td><td>堤基处理</td><td>施工单位</td><td colspan="2">山东大河水电工程建设有限公司</td></tr>
<tr><td colspan="2">单元工程名称、部位</td><td>3#单元，56K+150～56K+250</td><td>施工日期</td><td colspan="2">2012 年 9 月 12 日至 2012 年 9 月 15 日</td></tr>
<tr><td>项次</td><td colspan="3">工序名称</td><td colspan="2">工序质量验收评定等级</td></tr>
<tr><td>1</td><td colspan="3">基面清理</td><td colspan="2">优良</td></tr>
<tr><td>2</td><td colspan="3">△基面平整压实</td><td colspan="2">优良</td></tr>
<tr><td>施工单位自评意见</td><td colspan="5">各工序施工质量全部合格，其中优良工序占100%，主要工序达到优良等级。
单元工程质量等级评定为：优良
魏伟（签字，加盖公章）
2012 年 9 月 15 日</td></tr>
<tr><td>监理机构复核评定意见</td><td colspan="5">经抽检并查验相关检验报告和检验资料，各工序施工质量全部合格，其中优良工序占100%，主要工序达到优良等级。
单元工程质量等级评定为：优良
王辉（签字，加盖公章）
2012 年 9 月 15 日</td></tr>
</table>

注：重要隐蔽单元工程和关键部位单元工程质量验收评定应有设计、建设等单位的代表签字，具体要求应满足 SL 176—2007 规定。

3.1.2　堤基清理单元工程工序施工质量验收评定表

由表 5-59 可以看出，堤基清理单元工程分为基面清理和基面平整压实两个工序，其中基面平整压实工序为主要工序。下面介绍各工序施工质量验收评定表填写。

3.1.2.1　基面清理工序施工质量验收评定表填写

本工序施工质量验收评定检验项目、检验（测）方法及数量如表 5-60 所示，工序施工质量验收评定表如表 5-61 所示。

表 5-60　基面清理工序检验（测）方法及数量

检验项目	检验方法	检验数量
表层清理	观察	全面检查
堤基内坑、槽、沟、穴等处理	土工试验	每处、每层，每层超过 400 m² 时每 400 m² 取样 1 个
结合部处理	观察	全面检查
清理范围	量测	按施工段堤轴线长 20～50 m 量测 1 次

表5-61 水利水电工程基面清理工序施工质量验收评定表

单位工程名称	中县汝河治理堤身工程	工序名称	基面清理工序
分部工程名称	堤基处理	施工单位	山东大河水电工程建设有限公司
单元工程名称、部位	3[#]单元,56K+150~56K+250	施工日期	2012年9月12日

项次		检验项目	质量标准	检查(测)记录或备查资料名称	合格数	合格率(%)
主控项目	1	表层清理	堤基表层的淤泥、腐殖土、泥炭土、草皮、树根、建筑垃圾等应清理干净	表面无杂草、树根,建筑垃圾等清理干净	全部	100
	2	堤基内坑、槽、沟、穴等处理	按设计要求清理后回填、压实,并符合SL 634—2012第5.0.7条的要求(堤防为3级,黏性土新筑堤,合格标准见表5-62)	取样5处,实测:91%,92%,94%,93%,90%,根据表5-62可知符合规范要求	5	100
	3	结合部处理	清除结合部表面杂物,并将结合部挖成台阶状	全部检查,结合部清理无杂物,并挖成台阶状	全部	100
一般项目	1	清理范围	基面清理包括堤身、戗台、铺盖、盖重、堤岸防护工程的基面,其边界应在设计边线外0.3~0.5 m。老堤加高培厚的清理尚应包括堤坡及堤顶等(设计边线长100 m,宽25 m)	检测清理范围6处(m): 长100.5,100.3,100.4 宽25.5,25.3,25.5	6	100
施工单位自评意见		主控项目检验点100%合格,一般项目逐项检验点的合格率100%,无不合格点。 工序质量等级评定为:优良 魏伟(签字,加盖公章) 2012年9月13日				
监理机构复核评定意见		经复核,主控项目检验点100%合格,一般项目逐项检验点的合格率100%,无不合格点。 工序质量等级评定为:优良 王辉(签字,加盖公章) 2012年9月13日				

表 5-62 土料填筑压实度或相对密度合格标准

(SL 634—2012 第 5.0.7 条)

序号	上堤土料	堤防级别	压实度	相对密度	压实度或相对密度合格率(%)		
					新筑堤	老堤加高培厚	防渗体
1	黏性土	1 级	≥94	—	≥85	≥85	≥90
		2 级和高度超过 6 m 的 3 级堤防	≥92	—	≥85	≥85	≥90
		3 级以下及低于 6 m 的 3 级堤防	≥90	—	≥80	≥80	≥85
2	少黏性土	1 级	≥94	—	≥90	≥85	—
		2 级和高度超过 6 m 的 3 级堤防	≥92	—	≥90	≥85	—
		3 级以下及低于 6 m 的 3 级堤防	≥90	—	≥85	≥80	—
3	无黏性土	1 级	—	≥0.65	≥85	≥85	—
		2 级和高度超过 6 m 的 3 级堤防	—	≥0.65	≥85	≥85	—
		3 级以下及低于 6 m 的 3 级堤防	—	≥0.60	≥80	≥80	—

3.1.2.2 基面平整压实工序施工质量验收评定表填写

本工序检验(测)方法及数量如表 5-63 所示,工序施工质量验收评定表如表 5-64 所示。

表 5-63 基面平整压实工序检验(测)方法及数量

检验项目	检验方法	检验数量
堤基表面压实	土工试验	每 400 ~ 800 m^2 取样 1 个
基面平整	观察	全面检查

表 5-64 水利水电工程基面平整压实工序施工质量验收评定表

单位工程名称		中县汝河治理堤身工程	工序名称	基面平整压实		
分部工程名称		堤基处理	施工单位	山东大河水电工程建设有限公司		
单元工程名称、部位		3#单元,56K + 150 ~ 56K + 250	施工日期	2012 年 9 月 14 日		
项次		检验项目	质量标准	检查(测)记录或备查资料名称	合格数	合格率(%)
主控项目	1	堤基表面压实	堤基清理后应按堤身填筑要求压实,无松土、无弹簧土等,并符合 SL 634—2012 第 5.0.7 条的要求(堤防为 3 级,黏性土新筑堤,合格标准见表 5-62)	取样 5 处,实测:91%,93%,90%,92%,91%,根据表 5-62 可知符合规范要求	5	100

续表 5-64

<table>
<tr><td colspan="2">项次</td><td>检验项目</td><td>质量标准</td><td>检查(测)记录或备查资料名称</td><td>合格数</td><td>合格率(%)</td></tr>
<tr><td>一般项目</td><td>1</td><td>基面平整</td><td>基面应无明显凹凸</td><td>全面检查,基础面平整度符合设计要求</td><td>全部</td><td>100</td></tr>
<tr><td colspan="2">施工单位自评意见</td><td colspan="5">主控项目检验点100%合格,一般项目逐项检验点的合格率100%,无不合格点。
工序质量等级评定为:优良
魏伟(签字,加盖公章)
2012年9月15日</td></tr>
<tr><td colspan="2">监理机构复核评定意见</td><td colspan="5">经复核,主控项目检验点100%合格,一般项目逐项检验点的合格率100%,无不合格点。
工序质量等级评定为:优良
王辉(签字,加盖公章)
2012年9月15日</td></tr>
</table>

3.2 土料碾压筑堤单元工程及其施工工序施工质量验收评定表填写

3.2.1 单元工程施工质量验收评定表

土料碾压筑堤单元工程宜按施工的层、段来划分。新堤填筑宜按堤轴线施工段长100~500 m划分为一个单元工程;老堤加高培厚宜按填筑工程量500~2 000 m^2 划分为一个单元工程。土料碾压筑堤单元工程施工质量验收评定表填写如表5-65所示。

表5-65 水利水电工程土料碾压筑堤单元工程施工质量验收评定表

<table>
<tr><td colspan="2">单位工程名称</td><td>中县汝河治理堤身工程</td><td>单元工程量</td><td>750 m^3</td></tr>
<tr><td colspan="2">分部工程名称</td><td>堤身填筑工程</td><td>施工单位</td><td>山东大河水电工程建设有限公司</td></tr>
<tr><td colspan="2">单元工程名称、部位</td><td>3#单元,56K+150~56K+250
土方回填(左岸)第一层
▽72.3~▽72.6</td><td>施工日期</td><td>2012年10月5日至2012年10月6日</td></tr>
<tr><td>项次</td><td colspan="2">工序名称</td><td colspan="2">工序质量验收评定等级</td></tr>
<tr><td>1</td><td colspan="2">土料摊铺</td><td colspan="2">优良</td></tr>
<tr><td>2</td><td colspan="2">△土料碾压</td><td colspan="2">优良</td></tr>
</table>

续表 5-65

施工单位自评意见	各工序施工质量全部合格,其中优良工序占100%,主要工序达到优良等级。 单元工程质量等级评定为:优良 魏伟(签字,加盖公章) 2012年10月6日
监理机构复核评定意见	经抽检并查验相关检验报告和检验资料,各工序施工质量全部合格,其中优良工序占100%,主要工序达到优良等级。 单元工程质量等级评定为:优良 王辉(签字,加盖公章) 2012年10月6日

注:重要隐蔽单元工程和关键部位单元工程质量验收评定应有设计、建设等单位的代表签字,具体要求应满足SL 176—2007规定。

3.2.2 土料碾压筑堤单元工程工序施工质量验收评定表

由表5-65可以看出,土料碾压筑堤工程的单元工程分为土料摊铺和土料碾压两个工序,其中土料碾压工序为主要工序。下面介绍各工序施工质量验收评定项目、检测方法及数量和评定样表。

3.2.2.1 土料摊铺工序施工质量验收评定表填写

本工序施工质量验收评定检验项目、检验(测)方法及数量如表5-66所示,铺料厚度和土块限制直径如表5-67所示,工序施工质量验收评定表如表5-68所示。

表5-66 土料摊铺工序检验(测)方法及数量

检验项目	检验方法	检验数量
土块直径	观察、量测	全数检查
铺土厚度	量测	按作业面积每100~200 m^2 检测1个点
作业面分段长度		全数检查
铺填边线超宽值		按堤轴线方向每20~50 m检测1个点
		按堤轴线方向每20~30 m或按填筑面积每100~400 m^2 检测1个点

表 5-67 土料摊铺工序铺料厚度和土块限制直径表

（SL 634—2012 表 5.0.5-2）

压实功能类型	压实机具种类	铺料厚度（cm）	土块限制直径（cm）
轻型	人工夯、机械夯	15～20	≤5
	5～10 t 平碾	20～25	≤8
中型	12～15 t 平碾、斗容 2.5 m^3 铲运机、5～8 t 振动碾	25～30	≤10
重型	斗容大于 7 m^3 铲运机、10～16 t 振动碾、加载气胎碾	30～50	≤15

表 5-68 水利水电工程土料摊铺工序施工质量验收评定表

单位工程名称	中县汝河治理堤身工程	工序名称	土料摊铺
分部工程名称	堤身填筑工程	施工单位	山东大河水电工程建设有限公司
单元工程名称、部位	3[#]单元，56K+150～56K+250 土方回填（左岸）第一层 ▽72.3～▽72.6	施工日期	2012 年 10 月 5 日

项次		检验项目	质量标准	检查（测）记录或备查资料名称	合格数	合格率（%）
主控项目	1	土块直径	符合表 5.0.5-2 的要求（土块限制直径≤10 mm）	采用中型平碾，无坚硬土块，粒径 7～9 cm	全部	100
	2	铺土厚度	符合碾压试验或表 5.0.5-2 的要求；允许偏差为 -5.0～0 cm（铺料厚度 25 cm）	抽检 5 处（cm）：25，24，23，22，22	5	100
一般项目	1	作业面分段长度	人工作业不小于 50 m；机械作业不小于 100 m	全部检查，机械作业，作业面长 100 m	全部	100
	2	铺填边线超宽值	人工铺料大于 10 cm；机械铺料大于 30 cm	设计边线：长 100 m，宽 25 m。机械铺料，量测铺填范围 6 处（m）：长 100.5，100.6，100.8 宽 25.5，26，25.5	6	100
			防渗体：0～10 cm	/		
			包边盖顶：0～10 cm	/		
施工单位自评意见		主控项目检验点 100% 合格，一般项目逐项检验点的合格率100%，无不合格点。 工序质量等级评定为：优良 魏伟（签字，加盖公章） 2012 年 10 月 5 日				
监理机构复核评定意见		经复核，主控项目检验点 100% 合格，一般项目逐项检验点的合格率100%，无不合格点。 工序质量等级评定为：优良 王辉（签字，加盖公章） 2012 年 10 月 5 日				

3.2.2.2　土料碾压工序施工质量验收评定表填写

本工序施工质量验收评定检验项目、检验(测)方法及数量如表5-69所示,土料填筑压实度或相对密度合格标准如表5-62所示,工序施工质量验收评定表如表5-70所示。

表5-69　土料碾压工序检验(测)方法及数量

检验项目	检验方法	检验数量
压实度或相对密度	土工试验	每填筑100~200 m^3 取样1个,堤防加固按堤轴线方向每20~50 m取样1个
搭接碾压宽度	观察、量测	全数检查
碾压作业程序	检查	每台班2~3次

表5-70　水利水电工程土料碾压工序施工质量验收评定表

<table>
<tr><td colspan="3">单位工程名称</td><td>中县汝河治理堤身工程</td><td>工序名称</td><td colspan="2">土料碾压</td></tr>
<tr><td colspan="3">分部工程名称</td><td>堤身填筑工程</td><td>施工单位</td><td colspan="2">山东大河水电工程建设有限公司</td></tr>
<tr><td colspan="3">单元工程名称、部位</td><td>3#单元,56K+150~56K+250
土方回填(左岸)第一层
▽72.3~▽72.6</td><td>施工日期</td><td colspan="2">2012年10月6日</td></tr>
<tr><td colspan="2">项次</td><td>检验项目</td><td>质量标准</td><td>检查(测)记录或备查资料名称</td><td>合格数</td><td>合格率(%)</td></tr>
<tr><td>主控项目</td><td>1</td><td>压实度或相对密度</td><td>符合设计要求和SL 634—2012第5.0.7条的规定(堤防为3级,黏性土新筑堤,合格标准见表5-62)</td><td>取样8处,实测:95%~96%,根据表5-62可知符合规范要求</td><td>8</td><td>100</td></tr>
<tr><td rowspan="2">一般项目</td><td>1</td><td>搭接碾压宽度</td><td>平行堤轴线方向不小于0.5 m;垂直堤轴线方向不小于1.5 m</td><td>全面检查搭接碾压宽度:平行堤轴线方向0.52~0.53 m,垂直堤轴线方向1.52~1.58 m</td><td>全部</td><td>100</td></tr>
<tr><td>2</td><td>碾压作业程序</td><td>应符合《堤防施工规范》(SL 260—98)的规定</td><td>3台班,检查6次,碾压作业程序均符合规范要求</td><td>6</td><td>100</td></tr>
<tr><td>施工单位自评意见</td><td colspan="6">主控项目检验点100%合格,一般项目逐项检验点的合格率100%,无不合格点。
工序质量等级评定为:优良
魏伟(签字,加盖公章)
2012年10月6日</td></tr>
<tr><td>监理机构复核评定意见</td><td colspan="6">经复核,主控项目检验点100%合格,一般项目逐项检验点的合格率100%,无不合格点。
工序质量等级评定为:优良
王辉(签字,加盖公章)
2012年10月6日</td></tr>
</table>

3.3 毛石粗排护坡单元工程及其施工工序施工质量验收评定样表

3.3.1 单元工程划分

平顺护岸的护坡工程宜按施工段长60～100 m划分为一个单元工程，丁坝、垛的护坡工程宜按每个坝、垛划分为一个单元工程。填写本单元工程量(m^3)。

3.3.2 单元工程检验(测)方法及数量

单元工程检验(测)方法及数量(见表5-71)。

表5-71 单元工程检验(测)方法及数量

检验项目	检验方法	检验数量
护坡厚度	量测	每50～100 m^2 检测1处
坡面平整度	量测	每50～100 m^2 检测1处
石料块重	量测	沿护坡长度方向每20 m检查1 m^2
粗排质量	观察	全数检查

3.3.3 单元工程质量标准

本单元工程为不划分工序单元工程，其施工质量评定等级分为合格、优良两级，其评定标准见本任务中2.3中标准。

毛石粗排护坡单元工程施工质量验收评定样表如表5-72所示。

表5-72 水利水电工程毛石粗排护坡单元工程施工质量验收评定表

单位工程名称				单元工程量		
分部工程名称				施工单位		
单元工程名称、部位				施工日期		
项次		检验项目	质量标准	检查(测)记录或备查资料名称	合格数	合格率(%)
主控项目	1	护坡厚度	厚度小于50 cm，允许偏差为±5 cm；厚度大于50 cm，允许偏差为±10%			
一般项目	1	坡面平整度	坡度平顺，允许偏差为±10 cm			
	2	石料块重	符合设计要求			
	3	粗排质量	石块稳固、无松动			
施工单位自评意见	主控项目检验结果全部符合验收评定标准，一般项目逐项检验点的合格率为____%。 单元工程质量等级评定为： (签字，加盖公章) 年 月 日					
监理机构复核评定意见	经抽检并查验相关检验报告和检验资料，主控项目检验结果全部符合验收评定标准，一般项目逐项检验点的合格率为____%。 单元工程质量等级评定为： (签字，加盖公章) 年 月 日					

注：关键部位单元工程和重要隐蔽单元工程的施工质量验收评定应有设计、建设等单位的代表签字，具体要求应满足SL 176—2007规定。

任务 6　分部工程、单位工程、工程项目质量评定

本项目任务 2 至任务 5 讲述了土石方工程、混凝土工程、地基处理与基础工程及堤防工程的主要典型的单元（工序）质量评定表填写，在单元（工序）评定基础上，进行分部工程评定，然后进行单位工程评定，最终完成工程项目评定。本任务主要讲解分部工程、单位工程及工程项目施工质量验收评定表填写。

1　分部工程施工质量评定表

1.1　分部工程施工质量评定表填表基本规定

（1）分部工程施工质量评定表（见表 5-73）是水利水电工程（含堤防工程）分部工程施工质量评定表的统一格式。

（2）分部工程量，只填写本分部工程的主要工程量。

（3）单元工程类别按《水利水电单元工程施工质量验收评定标准》的单元工程类型填写，如岩土开挖、混凝土等。

（4）单元工程个数：指一般单元工程、重要隐蔽工程及关键部位的单元工程之和。

（5）合格个数：指单元工程质量达到合格及以上质量等级的总个数。

（6）重要隐蔽工程、工程关键部位：

①重要隐蔽工程。隐蔽工程一般是指基础工程、地基开挖、地基处理、地下防渗、地基排水、地下建筑物工程等，所有完工后被覆盖、而无法或很难再进行检查的工程。重要隐蔽工程是指主要建筑物中严重影响工程安全和使用功能的隐蔽工程。

②工程关键部位。指对工程安全或效益有显著影响的部位。重要隐蔽工程和工程关键部位，应在项目划分时确定。

（7）本表自表头到施工单位自评意见均由施工单位质检部门填写，并自评质量等级。评定人系指质检负责人。

（8）监理单位复核意见栏，由负责该分部工程质量控制的监理工程师填写，签字后交总监或总监代表审核签字并加盖公章。

（9）质量监督机构核定（核备）栏，大型水利水电枢纽工程主要建筑物的分部工程质量意见，在施工单位自评、监理单位复核后，由质量监督机构核定人填写并签字，交质量监督项目站负责人审查签字后，加盖公章。其他分部工程的施工质量意见，在施工单位自评、监理单位复核后，报质量监督机构核备（审核、备案）。质量监督机构核备的主要内容是：检查分部工程质量评定资料的真实性及其等级评定的准确性，如发现问题，应及时通知监理单位重新复核。

（10）评定水轮发电机组安装分部工程质量等级时，应将水轮机、发电机及调速器的型号填写在备注栏内。

1.2　分部工程质量评定标准

（1）合格标准：所含单元工程的质量全部合格。质量事故及质量缺陷已按要求处理，并经检验合格；原材料、中间产品及混凝土（砂浆）试件质量全部合格，金属结构及启闭机制造质量合格，机电产品质量合格。

(2)优良标准:所含单元工程质量全部合格,其中 70% 以上达到优良,重要隐蔽单元工程以及关键部位单元工程质量优良率达 90% 以上,且未发生过质量事故;中间产品质量全部合格,混凝土(砂浆)试件质量达到优良等级(当试件组数小于 30 时,试件质量合格),原材料质量、金属结构及启闭机制造质量合格,机电产品质量合格。

表 5-73　水利水电工程分部工程施工质量评定表

单位工程名称	中县汝河治理水闸工程	施工单位	山东大河水电工程建设有限公司
分部工程名称	闸室(土建)	施工日期	自 2013 年 5 月 17 日至 2013 年 12 月 28 日
分部工程量	混凝土 1.52 万 m^3	评定日期	2013 年 12 月 29 日

项次	单元工程种类	工程量	单元工程个数	合格个数	其中优良个数	备注
1	混凝土	15 200 m^3	85	23	62	
2	房建	1 400 m^2	35	10	25	闸房
3	混凝土构件安装	180 t	18	3	15	
4						
5						
6						
7						
8						
合计			138	36	102	优良率 73.9%
重要隐蔽单元工程、关键部位单元工程		600 m^3	4	4	4	关键部位单元工程

施工单位自评意见	监理机构复核意见	项目法人认定意见
本分部工程的单元工程质量全部合格。优良率为73.9%,重要隐蔽单元工程及关键部位单元工程 4 个,优良率为100%。原材料质量合格,中间产品质量合格,金属结构、启闭机制造质量 / ,机电产品质量 / 。质量事故及质量缺陷处理情况:已按要求处理。 分部工程质量等级:优良 质检部门评定人:魏伟 项目技术负责人:丁军 2013 年 12 月 29 日	复核意见:同意 分部工程质量等级:优良 监理工程师:赵磊 2013 年 12 月 29 日 总监或副总监:李山川 (盖公章) 2013 年 12 月 29 日	认定意见:同意 分部工程质量等级:优良 现场代表:魏红均 2013 年 12 月 29 日 技术负责人:王爱强 (盖公章) 2013 年 12 月 29 日

工程质量监督机构	核定(备)意见:同意 核定等级:优良　核定(备)人:张奎平　(签名)负责人:魏志 2013 年 12 月 30 日

注:分部工程验收的质量结论,由项目法人报质量监督机构核备。大型水利枢纽工程主要建筑物的分部工程验收的质量结论,由项目法人报质量监督机构核定。

2 单位工程施工质量评定表

2.1 单位工程施工质量评定表(见表5-74)填表基本规定

(1)本表是水利水电工程(含堤防工程)单位工程质量评定表的统一格式。

(2)单位工程量,只填写本单位工程的主要工程量。

(3)分部工程名称按项目划分时确定的名称填写,并在相应的质量等级栏内用"√"标明。主要分部工程是指对工程安全、功能或效益起控制作用的分部工程,应在项目划分时确定。主要分部工程名称前面应加"△"符号。

(4)表身各项由施工单位按照经项目法人、监理复核的质量结论填写。

(5)表尾填写:①施工单位评定人指施工单位质检处负责人,项目经理指该项目质量责任人。若本单位工程是分包单位施工,本表应由分包单位上述人员填写和自评,总包施工单位质检处负责人和项目经理审查、签字、加盖公章;②监理单位复核人,指负责本单位工程质量控制的监理工程师;③项目法人复核人,指负责本单位工程现场质量管理的工程师;④质量监督机构的核定人指负责本单位工程的质量监督员。机构负责人指项目站长或机构分管领导。

(6)关于原材料、中间产品、金属结构与启闭机、机电产品质量:对工程量大的工程,应计入分部工程进行质量评定,评定单位工程质量时,不再重复评定原材料、中间产品等质量。对工程量不大的工程则计入单位工程评定。

2.2 单位工程施工质量评定标准

(1)合格标准:所含分部工程质量全部合格;质量事故已按要求进行处理;工程外观质量得分率达到70%以上。单位工程施工质量检验与评定资料基本齐全;工程施工期及试运行期,单位工程观测资料分析结果符合国家和行业技术标准以及合同约定的标准要求。

(2)优良标准:所含分部工程质量全部合格,其中70%以上达到优良等级,主要分部工程质量全部优良,且施工中未发生过较大质量事故;质量事故已按要求进行处理;外观质量得分率达到85%以上;单位工程施工质量检验与评定资料齐全;工程施工期及试运行期,单位工程观测资料分析结果符合国家和行业技术标准以及合同约定的标准要求。

2.3 单位工程质量评定辅助文件表格填写基本规定

由表5-74可以看出,单位工程施工质量检验资料核查表、水利工程外观质量评定表是单位工程质量评定辅助文件,即单位工程质量评定是在单位工程施工质量检验资料核查、水利工程外观质量评定基础上进行的,下面介绍单位工程施工质量检验资料核查表及水工建筑物工程外观质量评定表填写基本规定。

2.3.1 单位工程施工质量检验资料核查表填表基本规定

(1)表5-75供单位工程施工质量检验资料核查时使用,在单位工程质量评定前填写。

表5-74 水利水电工程单位工程施工质量评定表

<table>
<tr><td colspan="2">工程项目名称</td><td colspan="2">中县汝河治理工程</td><td colspan="2">施工单位</td><td colspan="3">山东大河水电工程建设有限公司</td></tr>
<tr><td colspan="2">单位工程名称</td><td colspan="2">中县汝河治理水闸工程</td><td colspan="2">施工日期</td><td colspan="3">自2013年3月12日至
2014年8月27日</td></tr>
<tr><td colspan="2">单位工程量</td><td colspan="2">混凝土工程2.56万m^3</td><td colspan="2">评定日期</td><td colspan="3">2014年9月9日</td></tr>
<tr><td rowspan="2">序号</td><td rowspan="2">分部工程名称</td><td colspan="2">质量等级</td><td rowspan="2">序号</td><td rowspan="2" colspan="2">分部工程名称</td><td colspan="2">质量等级</td></tr>
<tr><td>合格</td><td>优良</td><td>合格</td><td>优良</td></tr>
<tr><td>1</td><td>上游联结段</td><td></td><td>√</td><td>8</td><td colspan="2"></td><td></td><td></td></tr>
<tr><td>2</td><td>地基与基础</td><td></td><td>√</td><td>9</td><td colspan="2"></td><td></td><td></td></tr>
<tr><td>3</td><td>△闸室(土建)</td><td></td><td>√</td><td>10</td><td colspan="2"></td><td></td><td></td></tr>
<tr><td>4</td><td>交通桥</td><td></td><td>√</td><td>11</td><td colspan="2"></td><td></td><td></td></tr>
<tr><td>5</td><td>消能防冲段</td><td></td><td>√</td><td>12</td><td colspan="2"></td><td></td><td></td></tr>
<tr><td>6</td><td>下游联结段</td><td></td><td>√</td><td>13</td><td colspan="2"></td><td></td><td></td></tr>
<tr><td>7</td><td>金属结构及启闭机安装</td><td>√</td><td></td><td>14</td><td colspan="2"></td><td></td><td></td></tr>
<tr><td colspan="9">分部工程共7个,全部合格,其中优良6个,优良率85.7%,主要分部工程优良率100%。</td></tr>
<tr><td colspan="2">外观质量</td><td colspan="7">应得119分,实得105.2分,得分率88.4%</td></tr>
<tr><td colspan="2">施工质量检验资料</td><td colspan="7">单位工程施工质量检验与评定资料齐全完整</td></tr>
<tr><td colspan="2">质量事故处理情况</td><td colspan="7">施工中未发生质量事故</td></tr>
<tr><td colspan="2">观测资料分析结论</td><td colspan="7">工程施工期及试运行期,单位工程观测资料分析结果符合国家和行业技术标准以及合同约定的标准要求</td></tr>
<tr><td colspan="2">施工单位自评等级:优良

评定人:魏伟

项目经理:陈大河

山东大河水电工程建设有限公司 教学专用 (盖公章) 汝河治理项目部
2014年9月9日</td><td colspan="2">监理机构复核等级:优良

复核人:赵磊

总监或副总监:李山川

中山川水电工程监理有限公司 教学专用 (盖公章) 汝河治理监理部
2014年9月9日</td><td colspan="3">项目法人认定等级:优良

认定人:魏红均

技术负责人:王发强

中县汝河治理工程建设管理处 教学专用 (盖公章) 4101210984657
2014年9月9日</td><td colspan="2">工程质量监督机构核定等级:优良

核定人:张金平

机构负责人:魏志

省质量安全监督站 教学专用 (盖公章)
2014年9月10日</td></tr>
</table>

表5-75 水利水电工程单位工程施工质量检验与评定资料核查表

<table>
<tr><td colspan="2">单位工程名称</td><td colspan="2" rowspan="2">中县汝河治理水闸工程</td><td>施工单位</td><td>山东大河水电工程建设有限公司</td></tr>
<tr><td colspan="2"></td><td>核查日期</td><td>2014年8月29日</td></tr>
<tr><td>项次</td><td colspan="2">项 目</td><td colspan="2">份数</td><td>核查情况</td></tr>
<tr><td>1</td><td rowspan="11">原材料</td><td>水泥出厂合格证、厂家试验报告</td><td colspan="2">28</td><td rowspan="11">1. 主要原材料出厂合格证及厂家试验资料齐全，但有一批地面砖无出厂合格证
2. 复验资料齐全，数量符合规范要求，复验统计资料完整</td></tr>
<tr><td>2</td><td>钢材出厂合格证、厂家试验报告</td><td colspan="2">8</td></tr>
<tr><td>3</td><td>外加剂出厂合格证及有关技术性能指标</td><td colspan="2">2</td></tr>
<tr><td>4</td><td>粉煤灰出厂合格证及技术性能指标</td><td colspan="2">/</td></tr>
<tr><td>5</td><td>防水材料出厂合格证、厂家试验报告</td><td colspan="2">2</td></tr>
<tr><td>6</td><td>止水带出厂合格证及技术性能试验报告</td><td colspan="2">1</td></tr>
<tr><td>7</td><td>土工布出厂合格证及技术性能试验报告</td><td colspan="2">/</td></tr>
<tr><td>8</td><td>装饰材料出厂合格证及技术性能试验报告</td><td colspan="2">3</td></tr>
<tr><td>9</td><td>水泥复验报告及统计资料</td><td colspan="2">18</td></tr>
<tr><td>10</td><td>钢材复验报告及统计资料</td><td colspan="2">8</td></tr>
<tr><td>11</td><td>其他原材料出厂合格证及技术性能试验资料</td><td colspan="2">12</td></tr>
<tr><td>12</td><td rowspan="6">中间产品</td><td>砂、石骨料试验资料</td><td colspan="2">38</td><td rowspan="6">1. 中间产品取样数量符合《评定标准》规定，统计方法正确，资料齐全
2. 有3组混凝土试件龄期超过28 d(实际龄期为31 d、38 d、49 d)</td></tr>
<tr><td>13</td><td>石料试验资料</td><td colspan="2">3</td></tr>
<tr><td>14</td><td>混凝土拌和物检查资料</td><td colspan="2">87</td></tr>
<tr><td>15</td><td>混凝土试件统计资料</td><td colspan="2">8</td></tr>
<tr><td>16</td><td>砂浆拌和物及试件统计资料</td><td colspan="2">10</td></tr>
<tr><td>17</td><td>混凝土预制件(块)检验资料</td><td colspan="2">5</td></tr>
<tr><td>18</td><td rowspan="10">金属结构及启闭机</td><td>拦污栅出厂合格证及有关技术文件</td><td colspan="2">6</td><td rowspan="10">1. 出厂合格证及技术文件齐全
2. 安装记录齐全、清晰
3. 焊接记录清楚，探伤报告齐全
4. 焊工资质复印材料齐全
5. 运行记录清晰、完整
6. 缺门式启闭机1.25倍额定负荷试验资料</td></tr>
<tr><td>19</td><td>闸门出厂合格证及有关技术文件</td><td colspan="2">8</td></tr>
<tr><td>20</td><td>启闭机出厂合格证及有关技术文件</td><td colspan="2">8</td></tr>
<tr><td>21</td><td>压力钢管生产许可证及有关技术文件</td><td colspan="2">/</td></tr>
<tr><td>22</td><td>闸门、拦污栅安装测量记录</td><td colspan="2">14</td></tr>
<tr><td>23</td><td>压力钢管安装测量记录</td><td colspan="2">/</td></tr>
<tr><td>24</td><td>启闭机安装测量记录</td><td colspan="2">8</td></tr>
<tr><td>25</td><td>焊接记录及探伤报告</td><td colspan="2">8</td></tr>
<tr><td>26</td><td>焊工资质证明材料(复印件)</td><td colspan="2">8</td></tr>
<tr><td>27</td><td>运行试验记录</td><td colspan="2">3</td></tr>
<tr><td>28</td><td rowspan="7">机电设备</td><td>产品出厂合格证、厂家提交的安装说明书及有关资料</td><td colspan="2">93</td><td rowspan="7">1. 产品出厂合格证及有关技术资料齐全，并已装订成册
2. 机组及设备安装测试记录齐全，已装订成册
3. 各项试验记录齐全</td></tr>
<tr><td>29</td><td>重大设备质量缺陷处理资料</td><td colspan="2">/</td></tr>
<tr><td>30</td><td>水轮发电机组安装测量记录</td><td colspan="2">/</td></tr>
<tr><td>31</td><td>升压变电设备安装测试记录</td><td colspan="2">3</td></tr>
<tr><td>32</td><td>电气设备安装测试记录</td><td colspan="2">3</td></tr>
<tr><td>33</td><td>焊缝探伤报告及焊工资质证明</td><td colspan="2">15</td></tr>
<tr><td>34</td><td>升压变电气设备检验测试报告</td><td colspan="2">33</td></tr>
</table>

续表 5-75

项次	项目		份数	核查情况
35	重要隐蔽工程施工记录	灌浆记录、图表	12	1. 灌浆记录清晰、齐全、准确,图表完整 2. 基础排水工程施工记录齐全、准确
36		造孔灌注桩施工记录、图表	2	
37		振冲桩振冲记录	/	
38		基础排水工程施工记录	3	
39		地下防渗墙施工记录	3	
40		主要建筑物地基开挖处理记录	4	
41		其他重要施工记录	2	
42	综合资料	质量事故调查及处理报告、重大缺陷处理检查记录	1	1. 综合资料齐全 2. 工序、单元工程资料均已按分部工程、单位工程装订成册
43		历次检查整改意见和处理结果	2	
44		设计变更批复文件、设计变更通知单	12	
45		工程试运行期观测资料	2	
46		工序、单元工程质量评定表	529	
47		分部工程质量评定表	7	
48		分部工程验收签证	7	
49		竣工图纸	256	

施工单位自查意见	监理单位复查意见
自查:基本齐全 质检部门负责人:张建材 填表人:魏伟 (盖公章) 2014年8月29日	复查:基本齐全 监理工程师:赵磊 监理单位: (盖公章) 2014年8月29日

(2)本表由施工单位内业技术人员负责逐项填写,并签字。施工单位质检部门负责人签字加盖公章,若本单位工程是由分包施工单位与总包单位共同完成,则各施工单位负责收集、整理、填写本单位所涉及的质量检验资料,并在填表人栏签字,由总包单位质检部门负责人审查后签字、盖公章。再交该单位工程监理工程师复查,填写复查意见、签字,加盖监理单位公章。

(3)核查情况栏内,主要应记录核查中发现的问题,并对资料齐备情况进行描述。

(4)核查应按照水利水电行业施工规范、评定标准和评定规程要求逐项进行。

(5)核查意见填写尺度解释:

齐全:指单位工程能按(4)所述要求,具有数量和内容完整的技术资料。

基本齐全:指单位工程的质量检验资料的类别或数量不够完善,但已有资料仍能反映其结构安全和使用功能符合设计要求者。

对达不到“基本齐全”要求的单位工程,尚不具备评定单位工程质量等级的条件。

2.3.2　水工建筑物工程外观质量评定表填表基本规定

(1)表5-76用于水工建筑物单位工程外观质量评定。表中各项质量标准,是在主体工程开工初期由项目法人组织监理、设计、施工等单位根据本工程特点(等级及使用情况等)和相关技术标准共同研究提出,报质量监督机构确认后执行。

(2)外观质量等级评定工作是在单位工程完工后,由项目法人(建设单位)组织,项目法人(建设单位)、监理、设计、施工及管理运行等单位组成外观质量评定组,进行现场检验评定。参加外观质量评定组的人员,必须具有工程师及以上技术职称。评定组人数不应少于5人,大型工程不宜少于7人。

(3)检测数量。全面检查后,抽测25%,且各项不少于10点。

(4)评定等级标准。测点中符合质量标准的点数占总测点数的百分率为100%时,评为一级。合格率为90.0%~99.9%时,评为二级。合格率为70.0%~89.9%时,评为三级。合格率小于70.0%时,评为四级。其下方的百分数为相应于所得标准分的百分数。各项评定得分=该项标准分×该项得分百分率,评定得分小数点后保留一位,并填写在相应级别栏内。

(5)表中第13项混凝土表面缺陷指混凝土表面的蜂窝、麻面、挂帘、裙边、小于3 cm的错台、局部凹凸及表面裂缝等。如无上述缺陷,该项得分率为100%,缺陷面积超过总面积5%者,该项得分为0。

(6)表中带括号的标准分为工作量大时的标准分。填表时,须将不执行的分数用“/”划掉。

(7)合计应得分是实际评定各项标准分之和,实得分是各项实际得分之和。得分率=(实得分/应得分)×100%,小数点后保留一位。

(8)表尾由各单位参加外观质量评定的人员签名(施工单位1人,如本工程由分包单位施工,则分包单位、总包单位各派1人参加。项目法人(建设)、监理、设计各1~2人,管理运行单位1人)。

(9)外观质量评定结论由项目法人报工程质量监督机构核定。

表 5-76　水利水电工程水工建筑物工程外观质量评定表

单位工程名称		中县汝河治理水闸工程	施工单位		山东大河水电工程建设有限公司		
主要工程量		混凝土 2.56 万 m^3	评定日期		2014 年 8 月 28 日		
项次	项目	标准分（分）	评定得分（分）				备注
			一级 100%	二级 90%	三级 70%	四级 0	
1	建筑物外部尺寸	12		10.8			
2	轮廓线顺直	10	10.0				
3	表面平整度	10		9.0			
4	立面垂直度	10		9.0			
5	大角方正	5			3.5		
6	曲面与平面联结平顺	9		8.1			
7	扭面与平面联结平顺	9	9.0				
8	马道及排水沟	3	/				
9	梯步	2	2.0				
10	栏杆	2			1.4		
11	扶梯	2		1.8			
12	闸坝灯饰	2		1.8			
13	混凝土表面无缺陷	10			7.0		
14	表面钢筋割除	2		1.8			
15	砌体勾缝　宽度均匀、平整	4		3.6			
16	砌体勾缝　竖、横缝平直	4		3.6			
17	浆砌卵石露头均匀、整齐	8		7.2			
18	变形缝	3			2.1		
19	启闭平台梁、柱、排架	5		4.5			
20	建筑物表面清洁、无附着物	10		9.0			
21	升压变电工程围墙（栏栅）、杆、架、塔、柱	5	/				
22	水工金属结构外表面	6	/				
23	电站盘柜	7	/				
24	电缆线路敷设	4(5)	/				
25	电站油、气、水管路	3(4)	/				
26	厂区道路及排水沟	4	/				
27	厂区绿化	8	/				
合计		应得119分，实得105.2分，得分率88.4%					

3　工程项目施工质量评定表填表说明

3.1　工程项目施工质量评定表（见表 5-77）填表的基本规定

（1）工程项目名称按批准的初步设计报告的项目名称填写。

表 5-77 水利水电工程工程项目施工质量评定表

工程项目名称	中县汝河治理工程	项目法人	张中发
工程等级	2 等，主要建筑物 3 级	设计单位	安徽淮河勘测设计研究有限公司
建设地点	河南中县	监理单位	河南山川水电工程监理有限公司
主要工程量	混凝土工程 2.66 万 m^3，土石方工程约 2.03 万 m^3，金结安装 216 t	施工单位	山东大河水电工程建设有限公司
开工、竣工日期	自 2012 年 9 月 9 日 至 2014 年 9 月 9 日	评定日期	2014 年 9 月 27 日

序号	单位工程名称	单元工程质量统计			分部工程质量统计			单位工程等级	备注
		个数（个）	其中优良（个）	优良率（%）	个数（个）	其中优良（个）	优良率（%）		
1	△中县汝河治理水闸工程	163	134	82.2	7	6	85.7	优良	加△者为主要单位工程
2	△中县汝河治理堤身工程	158	121	76.6	8	7	87.5	优良	
3	堤岸防护工程	102	72	70.6	2	2	100.0	优良	
4	管理设施工程	106	76	71.7	4	3	75.0	优良	
5									
6									
7									
8									
9									
10									
11									
单元工程、分部工程合计		529	403	301.1	21	18	348.2		

评定结果	本项目单位工程4 个，质量全部合格。其中优良工程4 个，优良率100%，主要单位工程优良率100%。
观测资料分析结论：	工程施工期及试运行期，各单位工程观测资料分析结果符合国家和行业技术标准以及合同约定的标准要求。

监理单位意见	项目法人意见	工程质量监督机构核定意见
工程项目质量等级：优良 总监理工程师：李山川 监理单位：（盖公章） 2014 年 9 月 28 日	工程项目质量等级：优良 法定代表人：张中发 项目法人（盖公章） 2014 年 9 月 27 日	工程项目质量等级：优良 负责人：魏志 质量监督机构（盖公章） 2014 年 9 月 28 日

(2)工程等级填写本工程项目等别、规模及主要建筑物级别。

(3)建设地点填写枢纽工程建设的具体地名,如省、县、乡。

(4)主要工程量填写2~3项数量最大及次大的工程量。有混凝土(包括钢筋混凝土)量、土石方填筑方量、砌石方量等主要项目时必须填写。

(5)项目法人(建设单位)填写全称。

(6)设计、施工、监理等单位名称应填写与项目法人签订合同时所用的全称。若一个工程项目是由多个施工(或多个设计、监理)单位承担任务时,表中只需填出承担主要任务的单位全称,并附页列出全部承担任务单位全称及各单位所完成的单位工程名称。若工程项目由一个施工单位总包、几个单位分包完成,表中只填总包单位全称,并附页列出分包单位全称及所完成的单位工程名称。

(7)开工日期填写主体工程开工的年份(4位数)及月份。竣工日期填写批准设计规定的内容全部完工的年份(4位数)及月份。

(8)评定日期填写工程项目质量等级评定的实际日期。

(9)主要建筑物指失事后将造成下游灾害或严重影响工程效益的建筑物,如堤坝、泄水建筑物、输水建筑物、电站厂房及泵站等。

(10)本表在工程项目批准设计规定的内容已全部完成,各单位工程已进行施工质量等级评定后,由项目总监填写,并进行工程项目质量评定,监理单位负责人签字加盖公章,若工程项目由多个监理单位监理时,各监理单位项目总监负责统计本单位监理的单位工程质量评定结果(含单元工程、分部工程质量统计)及主要工程量统计交项目法人;再由项目法人委托一个主要监理单位的项目总监汇总各单位统计资料,填写工程项目质量评定表,并签字、盖本监理单位公章;再交项目法人评定,项目法人的法定代表人签字,并盖公章,报质量监督机构核定质量等级,质量监督项目站长或质量监督机构委派的该项目负责人签字,并加盖公章。

3.2 工程项目施工质量评定标准

(1) 合格标准:单位工程质量全部合格;工程施工期及试运行期,各单位工程观测资料分析结果均符合国家和行业技术标准以及合同约定的标准要求。

(2) 优良标准:单位工程质量全部合格,其中70%以上单位工程质量优良等级,且主要单位工程质量全部优良;工程施工期及试运行期,各单位工程观测资料分析结果符合国家和行业技术标准以及合同约定的标准要求。

项目任务

1 选择题

(1)关于《水利水电工程施工质量验收评定表》(以下简称《评定表》)填写基本规定叙述错误的是(　　)。

A. 单元(工序)工程完工后,在规定时间内及时评定其质量等级,并按现场检验结果,客观真实地填写《评定表》

B. 手工填写《评定表》时应使用蓝色或黑色墨水钢笔,字迹应工整、清晰;若计算机打印,输入内容的字体应与表格固定内容不同,以示区别,结论及签字部分(包括日期)可以打印

C.《评定表》中数字要使用阿拉伯数字,合格率用百分数表示,小数点后保留1位,如果恰为整数,则小数点后以0表示

D. 手工填写《评定表》出现修改错误时,将错误部分用斜线划掉,再在右上方填写正确的文字或数字,禁止使用改正液、橡皮擦、刀片刮等不标准方法

(2)进行水利水电工程施工质量验收评定时,划分为下面的几个质量验收层次,验收顺序正确的是(　　)。

A. 单元(工序)工程验收、分部工程质量验收、单位工程质量验收、工程项目质量验收

B. 单元(工序)工程验收、单位工程质量验收、分部工程质量验收、工程项目质量验收

C. 工程项目质量验收、单位工程质量验收、分部工程质量验收、单元(工序)工程验收

D. 分项工程质量验收、分部工程质量验收、单位工程质量验收、检验批质量验收

(3)下面哪些是水利水电工程中的单位工程质量等级为优良的条件(　　)。

A. 分部工程质量全部合格,其中70%以上达到优良等级,主要分部工程质量全部优良

B. 没发生过较大质量事故,质量事故已按要求进行处理

C. 外观质量得分率达到70%以上,单位工程施工质量检验与评定资料齐全

D. 工程施工期及试运行期,单位工程观测资料分析结果符合国家和行业技术标准以及合同约定的标准要求

E. 工程施工期及试运行期,各单位工程观测资料分析结果符合国家和行业技术标准以及合同约定的标准要求

2 简答题

叙述土石方工程、混凝土工程、堤防工程单元工程的工序施工质量评定标准。

3 案例分析

某拦河闸其流域面积2 234 km^2,流域内耕地面积288万亩。拦河闸在正常高水位时,可蓄水2 230万m^3,可增加有效灌溉面积25万亩。施工单位是水利水电第一工程局,

监理单位是诚信监理有限公司。

回答以下问题:

(1)参加该拦河闸单位工程施工质量评定的单位有(　　)。

A. 施工单位　　B. 监理单位

C. 质量监督单位　　D. 项目法人

E. 设计单位

(2)该单位工程要想评定等级为优良,则主要分部工程的优良率为(　　)。

A. 70%以上　　B. 90%以上

C. 50%以上　　D. 100%

(3)本工程项目验收参加单位有(　　)。

A. 施工单位　　B. 监理单位

C. 建设单位　　D. 质量监督部门

E. 设计单位

根据该工程闸室土建分部工程质量评定表(如下表),回答问题:

分部工程施工质量评定表(评定部分)

单位工程名称		泄水闸工程	施工单位		水利水电第一工程局	
分部工程名称		拦河闸室土建	施工日期		2004年1月1日至2005年8月1日	
分部工程量		混凝土1 700 m^3	评定日期		2005年8月10日	
项次	单元工程种类	工程量	单元工程个数	合格个数	其中优良个数	备注
1	混凝土工程	3 529 m^3	12	12	10	
2	闸房房建	240 m^2	7	7	5	
3	混凝土构件安装	280 t	3	3	2	
合计			22	22	17	优良率__%
重要隐蔽单元工程、关键部位单元工程		173 m^3	3	3	3	
未发生过质量事故						
中间产品质量全部合格,混凝土(砂浆)试件质量合格(试件组数20),原材料质量合格。						

(4)水利工程中的分部工程质量等级为优良的应满足以下条件(　　)。

A. 单元工程全部合格,其中单元工程有50%及以上的达到优良

B. 单元工程全部合格,其中单元工程有70%及以上的达到优良

C. 主要(重要、隐蔽、关键)单元工程质量优良,没发生过较大质量事故

D. 主要(重要、隐蔽、关键)单元工程质量优良率达90%以上,且未发生过质量事故

E. 中间产品质量全部合格,混凝土(砂浆)试件质量合格(试件组数20),原材料质量合格

(5)本拦河闸闸室土建单元工程的优良率为(　　)%。

(6)拦河闸土建分部工程质量等级为(　　)。

A. 合格　　B. 一般

C. 优良　　D. 差

(7)下列单位中(　　)参加本分部工程施工质量验收。

A. 设计单位　　B. 施工单位

C. 监理单位　　D. 质量监督单位

E. 建设单位

(8)本分部工程施工质量验收参加人员为(　　)。

A. 施工项目技术负责人　　B. 总监理工程师

C. 法人现场代表　　D. 质量监督站负责人

E. 质检员

(9)下列关于普通混凝土单元工程质量评定时说法正确的是(　　)。

A. 评定项目为检查项目+检测项目

B. 监理单位的监理工程师负责评定

C. 施工单位的施工员负责评定

D. 单元工程质量评定标准为优良时要求优良工序达到70%及以上

E. 施工单位的质检员负责评定

项目6　房屋建筑工程质量验收文件整编

在建筑工程施工过程中，为了提高施工质量需要进行质量验收评价，在评价过程中形成的文件叫做房屋建筑工程质量验收文件。房屋建筑工程质量验收文件，是检验与评定施工质量的基础资料，也是进行工程维修和事故处理的重要凭证，是工程验收的备查资料和工程竣工验收后长期保存的档案文件。房屋建筑工程质量验收文件主要包括单位（子单位）工程、分部（子分部）工程、分项工程质量验收及检验批质量验收。

任务1　房屋建筑工程质量验收概述

1　房屋建筑工程项目划分

为加强建筑工程质量管理，及时纠正施工中出现的质量问题，确保工程质量，要对建筑工程施工质量进行验收。从符合施工的实际需要和控制工程质量出发，为了更好进行施工质量验收，就要对建筑工程进行质量验收项目划分。房屋建筑工程质量验收项目一般划分为单位（子单位）工程、分部（子分部）工程、分项工程和检验批四级，如图6-1所示。

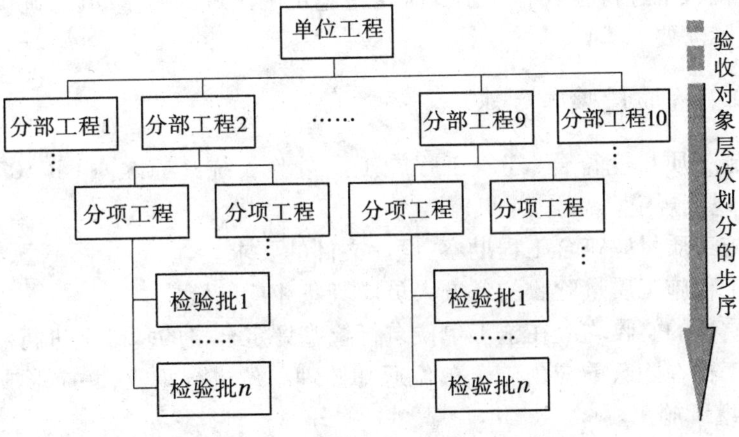

图6-1　房建建筑工程质量验收项目划分

1.1　单位工程

在房屋建筑工程中，一般是将具备独立施工条件并能形成独立使用功能的建筑物及构筑物划归为一个单位工程。对于规模较大的水利水电工程办公楼，可将其能形成独立使用功能的部分划分为一个子单位工程。

1.2 分部工程

房屋建筑工程分部工程的划分应根据专业性质、建筑部位确定。当分部工程规模较大或较复杂时,可按材料种类、施工特点、施工程序、专业系统及类别等划分为若干个子分部工程。

建筑工程分为地基与基础、主体结构、建筑装饰装修、建筑屋面、建筑给排水及采暖、建筑电气、智能建筑、通风与空调、电梯和节能十大分部工程。

1.3 分项工程

分项工程主要是按工程材料、施工工艺、主要工种、设备类别进行划分的,与分部工程相似。

根据《建筑工程施工质量验收统一标准》(GB 50300—2013),房屋建筑工程分部(子分部)工程、分项工程具体划分见本书附件1附表1-4。

1.4 检验批

所谓检验批是指按同一生产条件或按规定的方式汇总起来的供检验用的、由一定数量样本组成的检验体。水利水电房屋建筑工程检验批划分时,可根据施工及质量控制和专业验收需要按工程量、楼层、施工段、变形缝进行,具体原则如下:

(1)地基与基础分部工程中的分项工程一般划分为一个检验批,有地下层的基础工程可按不同地下层划分检验批。

(2)主体结构分项工程一般按施工段划分检验批;有时也按施工变形缝等划分检验批。对于工程量较少的分项工程可统一划分为一个检验批。

(3)安装工程一般按一个设计系统或设备组别划分为一个检验批。

房屋建筑工程检验批由于其质量基本均匀一致,因此可以作为检验的基础单位。分项工程划分成检验批进行验收有助于及时纠正施工中出现的质量问题,确保工程质量,也符合施工的实际需要。

2 房屋建筑工程质量验收要求

(1)工程施工质量应符合《建筑工程施工质量验收统一标准》(GB 50300—2013)和相关专业验收规范规定。

(2)工程施工质量应符合工程勘察、设计文件的要求。

(3)参加工程施工质量验收的各方人员应具备相应的资质。

(4)工程质量的验收均应在施工单位自行检查评定合格的基础上进行。

(5)隐蔽工程在隐蔽前应由施工单位通知监理单位进行验收,并应形成验收文件,验收合格后方可继续施工。

(6)对涉及结构安全、节能、环境保护和主要使用功能的试块、试件及材料,应在进场时或施工中按规定进行见证检验。

(7)检验批的质量应按主控项目和一般项目验收。

(8)对涉及结构安全、节能、环境保护和使用功能的重要分部工程应在验收前按规定进行抽样检验。

(9)承担见证取样检测及有关结构安全检测的单位应具有相应资质。

(10)工程的观感质量应由验收人员通过现场检查,并应共同确认。

3 房屋建筑工程验收程序和组织

图6-2为建筑单位工程质量验收程序图。从图上可以看出,房屋建筑工程质量验收从单位工程的最基本单位检验批开始。检验批是工程验收的最小单位,是分项工程、分部工程、单位工程质量验收的基础。所以,建筑工程质量验收从最小单位检验批开始,组成分项工程的所有检验批验收满足要求才能进行分项工程的验收,检验批及分项工程应由监理工程师(建设单位项目技术负责人)组织施工单位项目专业质量(技术)负责人等进行验收。

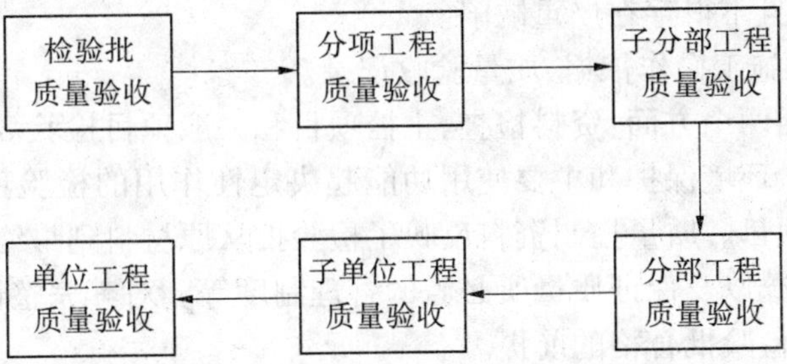

图6-2 建筑单位工程质量验收程序图

同理,组成子分部工程的所有分项工程验收满足要求才能进行子分部工程的验收,组成分部工程的所有子分部工程验收满足要求才能进行分部工程验收,分部(子分部)工程应由总监理工程师(建设单位项目负责人)组织施工单位项目负责人和技术、质量负责人等进行验收;地基与基础、主体结构分部工程的勘察、设计单位工程项目负责人和施工单位技术、质量部门负责人也应参加相关分部工程验收。

组成子单位工程的所有分部工程验收满足要求才能进行子单位工程的验收,组成单位工程的所有子单位工程验收满足要求才能进行单位工程验收。单位工程质量验收也称质量竣工验收,是建筑工程投入使用前的最后一次验收,也是最重要的一次验收,单位工程质量验收是在所有分部工程验收合格且具备单位工程质量验收要求基础上进行的。单位工程完工后,施工单位应自行组织有关人员进行检查评定,自检合格后,应报送监理单位进行工程预验收,通过后向建设单位提交工程竣工报告并填写《单位(子单位)工程质量竣工验收记录》。建设单位收到工程竣工报告后,应由建设单位(项目)负责人组织施工(含分包单位)、勘察、设计、监理等单位(项目)负责人进行单位(子单位)工程验收。

房屋建筑工程在单位(子单位)工程、分部(子分部)工程、分项工程和检验批质量验收过程中应满足要求及验收质量表格填写要求是本项目重点,从质量验收最小单位检验批开始,在本项目任务2、任务3中以围绕模拟的某一房屋建筑工程(运动员宿舍3幢建筑工程)为例介绍单位(子单位)工程、分部(子分部)工程、分项工程和检验批质量验收标准及质量验收记录表的填写。

任务2 工程检验批及分项工程质量验收

1 工程检验批质量验收记录

1.1 工程检验批质量验收标准

检验批质量验收合格应符合下列规定：

(1)主控项目的质量经抽样检验均应合格。

(2)一般项目的质量经抽样检验合格。当采用计数抽样时，合格点率应符合有关专业验收规范的规定，且不得存在严重缺陷。

(3)具有完整的施工操作依据、质量验收记录。

检验批验收包括两个方面：资料检查、主控项目和一般项目检验。主控项目是指建筑工程中对安全、节能、环境保护和主要使用功能起决定性作用的检验项目，一般项目是除主控项目外的检验项目。质量控制资料反映了检验批从原材料到最终验收的各施工工序的操作依据、检查情况以及保证质量所必需的管理制度等。对其完整性的检查，实际是对过程控制的确认，是检验批合格的前提。

检验批的合格与否主要取决于对主控项目和一般项目的检验结果。主控项目是对检验批的基本质量起决定性影响的检验项目，须从严要求，因此要求主控项目必须全部符合有关专业验收规范的规定，这意味着主控项目不允许有不符合要求的检验结果。对于一般项目，虽然允许存在一定数量的不合格点，但某些不合格点的指标与合格要求偏差较大或存在严重缺陷时，仍将影响使用功能或观感质量，对这些位置应进行维修处理。

1.2 工程检验批质量验收记录表填写要求

1.2.1 检验批表右上角编号规则

《建筑工程施工质量验收统一标准》(GB 50300—2013)规定检验批表的编号按11位编制，写在表的右上角。

11位编号规则为：

第1、第2位数字是十大分部工程中的代码(01~10)，第3、第4位数字是对应分部工程中子分部工程中的代码，第5、第6位数字是对应子分部工程中分项工程中的代码，第7、第8位数字是对应分项工程中的检验批代码，第9、10、11位是对应同一类检验批中检验批验收的顺序号。

1.2.2 表头部分填写

质量验收记录表的表头一般包括单位工程名称、分部工程名称、分项工程名称、验收部位、施工单位、分包单位等，具体填写要求如下：

(1)单位(子单位)工程名称应按合同文件上的单位工程名称填写，子单位工程标出该部分的位置。

(2)分部(子分部)工程名称应按验收规范划定的分部(子分部)名称填写。

(3)验收部位是指一个分项工程中的验收的那个检验批的抽样范围，要标注清楚，如二层①~⑮轴线砖砌体。

(4)施工单位、分包单位。应填写施工单位的全称,要求与合同上公章名称相一致;"项目经理"栏内应填写合同中指定的项目负责人。有分包单位时,应填写分包单位全称;分包单位的项目经理应是合同中指定的项目负责人。这些人员由填表人填写,无需本人签字,只是标明他是项目负责人。

(5)施工执行标准名称及编号。由于验收规范只列出验收的质量指标,其工艺只提出一个原则要求。只有按照不低于国家质量验收规范的企业标准来操作,才能保证国家验收规范的实施。填表时,只要将标准名称及编号填写上,就能在企业的标准系列中查到其详细情况,并要在施工现场有这项标准,工人在执行这项标准。

1.2.3 质量验收规范

"质量验收规范的规定"栏内,主要包括主控项目和一般项目两部分,一般在制表时已填写好,用来表明质量验收的具体要求。但由于表格地方较小,质量检验指标的全部内容往往难以填写,故而一般是将具体质量指标归纳、简化描述,或将题目及条文号填写上,以作为检查内容提示;对计数检验项目,一般将数据直接写出。

"主控项目"与"一般项目"的填写方法大致可分为以下几种:

(1)对定量项目直接填写检查的数据。

(2)对定性项目,当符合规范规定时,采用打"√"的方法标注;当不符合规范规定时,采用打"×"的方法标注。

(3)有混凝土、砂浆强度等级的检验批,按规定制取试件后,可填写试件编号;待试件试验报告出来后,对检验批进行判定,并在分项工程验收时进一步进行强度评定及验收。

(4)对既有定性又有定量的项目,各个子项目质量均符合规范规定时,采用打"√"来标注;否则采用打"×"来标注。无此项内容的打"/"来标注。

(5)对一般项目合格点有要求的项目,应是其中带有数据的定量项目;定性项目必须基本达到。定量项目中,每个项目必须有80%以上(混凝土保护层为90%)检测点的实测数值达到规范规定;其余20%按各专业施工质量验收规范规定,不能大于150%,钢结构为120%,就是说有数据的项目,除必须达到规定的数值外,其余可放宽的,最大放宽到150%。

1.2.4 施工单位检查评定记录

"施工单位检查评定记录"栏的填写,有数据的项目,将实际测量的数值填入格内,超过企业标准,而没有超过国家验收规范的数字用"○"将其圈住;对超过国家验收规范的用"△"圈住。

1.2.5 监理单位验收记录

监理人员应采用平行、旁站或巡回的方法进行监理,在施工过程中,对施工质量进行察看和测量,并参加施工单位的重要项目的检测。在检验批验收时,对主控项目、一般项目应逐项进行验收。对符合验收规范规定的项目,填写"合格"或"符合要求",对不符合验收规范的项目,暂不填写,待处理后再验收,但应做标记。

1.2.6 施工单位检验评定结果

施工单位自行检查评定合格后,应注明"主控项目全部合格,一般项目满足规范规定要求"。

专业工长(施工员)和施工班、组长栏目由本人签字,以示承担责任。专业质量检查员代表企业逐项检查评定合格,将表填写并写清楚结果,签字后,交监理工程师或建设单位项目专业技术负责人验收。

1.2.7 监理单位验收结论

一般由专业监理工程师或建设单位专业技术负责人填写。填写前,应按照施工质量验收规范的规定对“主控项目”和“一般项目”逐项抽查验收,独立得出验收结论。认为合格的,应签注“同意施工单位评定结果,验收合格”的结论。

如检验批中含有混凝土、砂浆试件强度验收等内容,应待试验报告出来后再作判定。

应注意的是,检验批施工完成,施工单位自检合格后,由项目质检员填写《检验批质量验收记录》,《检验批质量验收记录》必须依据《现场验收检查原始记录》填写,《检验批质量验收记录》作为检验批验收成果的凭据,但没有《现场验收检查原始记录》,则《检验批质量验收记录》视同作假。

2 分项工程质量验收记录

分项工程所包含的检验批均已完工,施工单位自检合格后,应填报《分项工程质量验收记录表》和《分项/分部工程施工报验表》。

2.1 分项工程质量验收标准

分项工程质量验收合格应符合下列规定:

(1)所含检验批的质量均应验收合格。

(2)所含检验批的质量验收记录应完整。

2.2 《分项工程质量验收记录表》填写要求

施工单位在填写《分项工程质量验收记录表》时,应注意以下几点:

(1)除填写表中基本参数外,首先应填写各检验批的名称、部位、区段等,注意要填写齐全。

(2)表中部“施工单位检查评定结果”栏,由施工单位质量检查员填写,可以打“√”或填写“符合要求,验收合格”。

(3)表中部右边“监理单位验收结论”栏,专业工程监理工程师应逐项审查,同意项填写“合格”或“符合要求”,如有不同意项应做标记但暂不填写,待处理后再验收;对不同意项,监理工程师应指出问题,明确处理意见和完成时间。

(4)表下部“检查结论”栏,由施工单位项目专业技术负责人填写,可填“合格”,然后交监理单位验收。

(5)表下部“验收结论”栏,由监理工程师填写,在确认各项验收合格后,填入“验收合格”。

3 分项工程质量验收记录表及其检验批质量验收记录表填写样例

分项工程质量验收记录表及其检验批质量验收记录表填写样例见表6-1~表6-11。

表6-1 模板分项工程质量验收记录

020101

工程名称	运动员宿舍3幢	结构类型	框架5层	检验批数	10
施工单位	河南建筑工程公司	项目负责人	李文	项目技术负责人	周全
分包单位	/	分包单位负责人	/	分包内容	/

序号	检验批部位、区段	施工单位检查评定结果	监理(建设)单位验收结论
1	二层模板安装	√	合格
2	二层模板拆除	√	
3	三层模板安装	√	
4	三层模板拆除	√	
5	四层模板安装	√	
6	四层模板拆除	√	
7	五层模板安装	√	
8	五层模板拆除	√	
9	屋面模板安装	√	
10	屋面模板拆除	√	

检查结论	合格 项目专业技术负责人:陈强 2013年05月25日	验收结论	同意验收 监理工程师:王晓 2013年05月25日

注:分项工程可由一个或若干个检验批组成,检验批应按楼层、变形缝或施工段划分成若干个数量。

表 6-2　模板安装工程检验批质量验收记录表

02010101002

单位(子单位)工程名称	运动员宿舍3幢		
分部(子分部)工程名称	混凝土结构子分部	验收部位	三层楼板
施工单位	河南建筑工程公司	项目负责人	李文
分包单位	/	项目负责人	/
施工执行标准名称及编号	XDQB2002-02模板安装与拆除施工工艺标准		

施工质量验收规范的规定				施工单位检验评定记录	监理建设单位验收记录
主控项目	1	模板支撑、立柱位置和垫板	第4.2.1条	√	符合要求
主控项目	2	避免隔离剂沾污	第4.2.2条	√	
一般项目	1	模板安装的一般要求	第4.2.3条	√	符合要求
一般项目	2	用作模板地坪、胎膜质量	第4.2.4条	√	
一般项目	3	模板起拱高度	第4.2.5条	√	

一般项目				允许偏差										
4	预埋件、预留孔允许偏差	预埋钢板中心线位置(mm)		3										
		预埋管预留孔中心线位置		3										
		插筋(mm)	中心线位置	5	5	4	2	5	2	4				
			外露长度	+10.0	0	9	4	6	2	9				
		预埋螺栓(mm)	中心线位置	2										
			外露长度	+10.0										
		预留洞(mm)	中心线位置	10	8	9	5	4	2	9				
			尺寸	+10.0	5	7	3	5	3	9				
5	模板安装允许偏差	轴线位移(mm)		5	4	3	2	2	4	4	⑤	3		
		底模上表面标高(mm)		±5	-4	4	3	3	2	1	△-7	4		
		截面内部尺寸(mm)	基础	±10										
			柱、墙、梁	-4,-5	2	1	2	3	4	2	-5	2	4	6
		层高垂直度(mm)	不大于5 m	6	4	3	3	2	5	⑥				
			大于5 m	8										
		相邻两板表面高低差(mm)		2	1	2	2	1	2	2	③	1		
		表面平整度(mm)		5	2	4	3	3	2	1	△7	2		

施工单位检查评定结果	专业工长(施工员)	林栋	施工班组长	张滨
	主控项目全部合格，一般项目满足施工规范要求。 项目专业质量检查员：卢强　　2013年2月20日			
监理单位验收结论	同意施工单位评定结果，验收合格。 专业监理工程师：王晓　　2013年2月20日			

注:①定性项目符合要求打√,反之打×;②定量项目加○表示超出企业标准,加△表示超出国家标准。

表6-3 模板拆除工程检验批质量验收记录表

02010102002

<table>
<tr><td colspan="4">单位(子单位)工程名称</td><td colspan="4">运动员宿舍3幢</td></tr>
<tr><td colspan="4">分部(子分部)工程名称</td><td colspan="2">混凝土结构子分部</td><td>验收部位</td><td>三层楼板</td></tr>
<tr><td colspan="3">施工单位</td><td colspan="3">河南建筑工程公司</td><td>项目负责人</td><td>李文</td></tr>
<tr><td colspan="3">分包单位</td><td colspan="3">/</td><td>项目负责人</td><td>/</td></tr>
<tr><td colspan="4">施工执行标准名称及编号</td><td colspan="4">XDQB2002－02模板安装与拆除施工工艺标准</td></tr>
<tr><td colspan="4">施工质量验收规范的规定</td><td colspan="3">施工单位检查评定记录</td><td>监理单位验收记录</td></tr>
<tr><td rowspan="3">主控项目</td><td>1</td><td>底模及其支架拆除时的混凝土强度</td><td>第4.3.1条</td><td colspan="3">√</td><td rowspan="3">符合要求</td></tr>
<tr><td>2</td><td>后张法预应力构件侧模和底模的拆模时间</td><td>第4.3.2条</td><td colspan="3">√</td></tr>
<tr><td>3</td><td>后浇带拆模和支顶</td><td>第4.3.3条</td><td colspan="3">√</td></tr>
<tr><td rowspan="2">一般项目</td><td>1</td><td>避免拆模损伤</td><td>第4.3.4条</td><td colspan="3">√</td><td rowspan="2">符合要求</td></tr>
<tr><td>2</td><td>模板拆除、堆放和清运</td><td>第4.3.5条</td><td colspan="3">√</td></tr>
<tr><td colspan="4" rowspan="2">施工单位检查评定结果</td><td>专业工长(施工员)</td><td>林栋</td><td>施工班组长</td><td>张滨</td></tr>
<tr><td colspan="4">主控项目全部合格,一般项目满足施工规范规定要求。
项目专业质量检查员:卢强 2013年2月20日</td></tr>
<tr><td colspan="4">监理(建设)单位验收结论</td><td colspan="4">同意施工单位评定结果,验收合格。
专业监理工程师:王晓 2013年2月20日</td></tr>
</table>

注:①定性项目符合要求打√,反之打×;②定量项目加○表示超出企业标准,加△表示超出国家标准。

表 6-4 钢筋分项工程质量验收记录

020102

<table>
<tr><td>工程名称</td><td>运动员宿舍 3 幢</td><td>结构类型</td><td>框架五层</td><td>检验批数</td><td>20</td></tr>
<tr><td>施工单位</td><td>河南建筑工程公司</td><td>项目负责人</td><td>李文</td><td>项目技术负责人</td><td>周全</td></tr>
<tr><td>分包单位</td><td>/</td><td>分包单位负责人</td><td>/</td><td>分包项目经理</td><td>/</td></tr>
</table>

<table>
<tr><td>序号</td><td>检验批部位、区段</td><td colspan="2">施工单位检查评定结果</td><td>监理单位验收结论</td></tr>
<tr><td>1</td><td>一层框架柱钢筋加工</td><td colspan="2">√</td><td rowspan="20">合格</td></tr>
<tr><td>2</td><td>一层框架柱钢筋安装</td><td colspan="2">√</td></tr>
<tr><td>3</td><td>二层梁板钢筋加工</td><td colspan="2">√</td></tr>
<tr><td>4</td><td>二层梁板钢筋安装</td><td colspan="2">√</td></tr>
<tr><td>5</td><td>二层框架柱钢筋加工</td><td colspan="2">√</td></tr>
<tr><td>6</td><td>二层框架柱钢筋安装</td><td colspan="2">√</td></tr>
<tr><td>7</td><td>三层梁板钢筋加工</td><td colspan="2">√</td></tr>
<tr><td>8</td><td>三层梁板钢筋安装</td><td colspan="2">√</td></tr>
<tr><td>9</td><td>三层框架柱钢筋加工</td><td colspan="2">√</td></tr>
<tr><td>10</td><td>三层框架柱钢筋安装</td><td colspan="2">√</td></tr>
<tr><td>11</td><td>四层梁板钢筋加工</td><td colspan="2">√</td></tr>
<tr><td>12</td><td>四层梁板钢筋安装</td><td colspan="2">√</td></tr>
<tr><td>13</td><td>四层框架柱钢筋加工</td><td colspan="2">√</td></tr>
<tr><td>14</td><td>四层框架柱钢筋安装</td><td colspan="2">√</td></tr>
<tr><td>15</td><td>五层梁板钢筋加工</td><td colspan="2">√</td></tr>
<tr><td>16</td><td>五层梁板钢筋安装</td><td colspan="2">√</td></tr>
<tr><td>17</td><td>五层框架柱钢筋加工</td><td colspan="2">√</td></tr>
<tr><td>18</td><td>五层框架柱钢筋安装</td><td colspan="2">√</td></tr>
<tr><td>19</td><td>屋面梁板钢筋加工</td><td colspan="2">√</td></tr>
<tr><td>20</td><td>屋面梁板钢筋安装</td><td colspan="2">√</td></tr>
<tr><td>检查结论</td><td colspan="2">合格

项目专业技术负责人：陈强
2013 年 5 月 25 日</td><td>验收结论</td><td>同意验收

监理工程师：王晓
2013 年 5 月 25 日</td></tr>
</table>

注：分项工程可由一个或若干个检验批组成，检验批应按楼层、变形缝或施工段划分成若干个数量。

表6-5 钢筋加工检验批质量验收记录表

02010201005

单位(子单位)工程名称	运动员宿舍3幢		
分部(子分部)工程名称	混凝土结构子分部	验收部位	五层框架柱
施工单位	河南建筑工程公司	项目负责人	李文
分包单位	/	项目负责人	/
施工执行标准名称及编号	XDQB2002－03钢筋加工与安装施工工艺标准		

施工质量验收规范的规定					施工单位检查评定记录										监理验收记录
主控项目	1	力学性能检验		第5.2.1条	√										符合要求
	2	抗震用钢筋强度实测值		第5.2.1条	√										
	3	化学成分等专项检验		第5.2.1条	√										
	4	受力钢筋的弯钩和弯折		第5.2.1条	√										
	5	箍筋弯钩形式		第5.2.1条	√										
一般项目	1	外观质量		第5.2.1条	√										符合要求
	2	钢筋调直		第5.2.1条	√										
	3	钢筋加工的形状、尺寸	受力钢筋顺长度方向全长的净尺寸	±10	⑩	－5	5	7	3	△-12	－8	－5	5	2	
			弯起钢筋的弯折位置	±20	－20	－8	10	15							
			箍筋内净尺寸	±5	⑤	－4	－3	2	5	△-7	－5	4	3	2	

施工单位检查评定结果	专业工长(施工员)	林栋	施工班组长	张滨
	主控项目全部合格,一般项目满足施工规范规定要求。 项目专业质量检查员:卢强 2013年2月20日			
监理单位验收结论	同意施工单位评定结果,验收合格。 专业监理工程师:王晓 2013年2月20日			

注:①定性项目符合要求打√,反之打×;②定量项目加○表示超出企业标准,加△表示超出国家标准。

表6-6　钢筋安装工程检验批质量验收记录表

02010202005

单位(子单位)工程名称	运动员宿舍3幢		
分部(子分部)工程名称	混凝土结构子分部	验收部位	五层框架柱
施工单位	河南建筑工程公司	项目负责人	李文
分包单位	/	项目负责人	/
施工执行标准名称及编号	XDQB2002-03钢筋加工与安装施工工艺标准		

施工质量验收规范的规定						施工单位检查评定记录										监理验收记录
主控项目	1	纵向受力钢筋的连接方式			第5.4.1条	√										符合要求
	2	机械连接和焊接接头的力学性能			第5.4.2条	√										
	3	受力钢筋的品种、级别、规格和数量			第5.5.1条	√										
一般项目	1	接头位置和数量			第5.4.3条	√										符合要求
	2	机械连接、焊接的外观质量			第5.4.4条	√										
	3	机械连接、焊接的接头面积百分率			第5.4.5条	√										
	4	绑扎搭接接头面积百分率和搭接长度			第5.4.6条	√										
	5	搭接长度范围内的箍筋			第5.4.7条	√										
	6 钢筋安装允许偏差	绑扎钢筋网	长、宽(mm)		±10	1	-5	-3	⑩	8	4	-1	8	△-15	-9	
			网眼尺寸(mm)		±20	5	9	7	4	6	2	6	4	△-22	11	
		绑扎钢筋骨架	长(mm)		±10	-1	⑩	4	6	7	3	5	8	△-15	11	
			宽、高(mm)		±5	-3	-4	3	2	4	2	1	5	△-7	5	
		受力钢筋	间距(mm)		±10	-5	-3	5	9	7	-4	5	-8	△-15	⑩	
			排距(mm)		±5	4	3	5	7							
			保护层厚度(mm)	基础	±10											
				柱、梁	±5	4	3	-2	5	-4	2	3	-2	△-7	2	
				板、墙、壳	±3	-1	-2	2	1	3	-3	2	-2	△-5	4	
		绑扎箍筋、横向钢筋间距(mm)			±20	9	-6	7	5	-9	8	4	-8	△-22	11	
		钢筋弯起点位置(mm)			20	-9	-5	8	3							
		预埋件	中心线位置(mm)		5											
			水平高差(mm)		+3，0											

施工单位检查评定结果	专业工长(施工员)	林栋	施工班组长	张滨
	主控项目全部合格，一般项目满足施工规范规定要求。 项目专业质量检查员：卢强　　2013年2月20日			
监理单位验收结论	同意施工单位评定结果，验收合格。 专业监理工程师：王晓 2013年2月20日			

注："钢筋安装允许偏差"中的受力钢筋保护层厚度的实测合格点率应在90%以上，方为合格。

表6-7 混凝土分项工程质量验收记录

020103

<table>
<tr><td>工程名称</td><td colspan="2">运动员宿舍3幢</td><td>结构类型</td><td>框架五层</td><td>检验批数</td><td>20</td></tr>
<tr><td>施工单位</td><td colspan="2">河南建筑工程公司</td><td>项目经理</td><td>李文</td><td>项目技术负责人</td><td>周全</td></tr>
<tr><td>分包单位</td><td colspan="2">/</td><td>分包单位负责人</td><td>/</td><td>分包项目经理</td><td>/</td></tr>
<tr><td>序号</td><td colspan="2">检验批部位、区段</td><td colspan="2">施工单位检查评定结果</td><td colspan="2">监理单位验收结论</td></tr>
<tr><td>1</td><td colspan="2">一层柱原材料及配合比设计</td><td colspan="2">√</td><td colspan="2" rowspan="20">合格</td></tr>
<tr><td>2</td><td colspan="2">一层柱混凝土施工检验批</td><td colspan="2">√</td></tr>
<tr><td>3</td><td colspan="2">二层梁板原材料及配合比设计</td><td colspan="2">√</td></tr>
<tr><td>4</td><td colspan="2">二层梁板混凝土施工检验批</td><td colspan="2">√</td></tr>
<tr><td>5</td><td colspan="2">二层柱原材料及配合比设计</td><td colspan="2">√</td></tr>
<tr><td>6</td><td colspan="2">二层柱混凝土施工检验批</td><td colspan="2">√</td></tr>
<tr><td>7</td><td colspan="2">三层梁板原材料及配合比设计</td><td colspan="2">√</td></tr>
<tr><td>8</td><td colspan="2">三层梁板混凝土施工检验批</td><td colspan="2">√</td></tr>
<tr><td>9</td><td colspan="2">三层柱原材料及配合比设计</td><td colspan="2">√</td></tr>
<tr><td>10</td><td colspan="2">三层柱混凝土施工检验批</td><td colspan="2">√</td></tr>
<tr><td>11</td><td colspan="2">四层梁板原材料及配合比设计</td><td colspan="2">√</td></tr>
<tr><td>12</td><td colspan="2">四层梁板混凝土施工检验批</td><td colspan="2">√</td></tr>
<tr><td>13</td><td colspan="2">四层柱原材料及配合比设计</td><td colspan="2">√</td></tr>
<tr><td>14</td><td colspan="2">四层柱混凝土施工检验批</td><td colspan="2">√</td></tr>
<tr><td>15</td><td colspan="2">五层梁板原材料及配合比设计</td><td colspan="2">√</td></tr>
<tr><td>16</td><td colspan="2">五层梁板混凝土施工检验批</td><td colspan="2">√</td></tr>
<tr><td>17</td><td colspan="2">五层柱原材料及配合比设计</td><td colspan="2">√</td></tr>
<tr><td>18</td><td colspan="2">五层柱混凝土施工检验批</td><td colspan="2">√</td></tr>
<tr><td>19</td><td colspan="2">屋面梁板原材料及配合比设计</td><td colspan="2">√</td></tr>
<tr><td>20</td><td colspan="2">屋面梁板混凝土施工检验批</td><td colspan="2">√</td></tr>
<tr><td>检查结论</td><td colspan="2">合格
项目专业技术负责人:陈强
2013年5月25日</td><td>验收结论</td><td colspan="3">同意验收
监理工程师:王晓
2013年5月25日</td></tr>
</table>

注:分项工程可由一个或若干个检验批组成,检验批应按楼层、变形缝或施工段划分成若干个数量。

表 6-8 混凝土原材料及配合比设计检验批质量验收记录表

02010301001

<table>
<tr><td colspan="4">单位(子单位)工程名称</td><td colspan="3">运动员宿舍3幢</td></tr>
<tr><td colspan="4">分部(子分部)工程名称</td><td>混凝土结构子分部</td><td>验收部位</td><td>一层框架柱</td></tr>
<tr><td colspan="3">施工单位</td><td colspan="2">河南建筑工程公司</td><td>项目负责人</td><td>李文</td></tr>
<tr><td colspan="3">分包单位</td><td colspan="2">/</td><td>项目负责人</td><td>/</td></tr>
<tr><td colspan="4">施工执行标准名称及编号</td><td colspan="3">XDQB2002－04 现浇混凝土施工工艺标准</td></tr>
<tr><td colspan="4">施工质量验收规范的规定</td><td colspan="2">施工单位检查评定记录</td><td>监理单位验收记录</td></tr>
<tr><td rowspan="4">主控项目</td><td>1</td><td>水泥进场检验</td><td>第7.2.1条</td><td colspan="2">水泥物理性能检验报告单
编号:2003168</td><td rowspan="4">符合要求</td></tr>
<tr><td>2</td><td>外加剂质量及应用</td><td>第7.2.2条</td><td colspan="2">/</td></tr>
<tr><td>3</td><td>混凝土中氯化物、碱的总含量控制</td><td>第7.2.3条</td><td colspan="2">√</td></tr>
<tr><td>4</td><td>配合比设计</td><td>第7.2.4条</td><td colspan="2">配合比设计报告单编号:2003688</td></tr>
<tr><td rowspan="5">一般项目</td><td>1</td><td>矿物掺合料质量及掺量</td><td>第7.2.5条</td><td colspan="2">√</td><td rowspan="5">符合要求</td></tr>
<tr><td>2</td><td>粗细骨料的质量</td><td>第7.2.6条</td><td colspan="2">砂、石检验报告单编号:2003688</td></tr>
<tr><td>3</td><td>拌制混凝土用水</td><td>第7.3.2条</td><td colspan="2">采用饮用水</td></tr>
<tr><td>4</td><td>开盘鉴定</td><td>第7.3.3条</td><td colspan="2">√</td></tr>
<tr><td>5</td><td>依砂、石含水率调整配合比</td><td>第7.2.1条</td><td colspan="2">√</td></tr>
<tr><td colspan="4" rowspan="2">施工单位检查评定结果</td><td>专业工长(施工员)</td><td>林栋</td><td>施工班组长　张滨</td></tr>
<tr><td colspan="3">主控项目全部合格,一般项目满足施工规范规定要求。
项目专业质量检查员:卢强　2013年2月20日</td></tr>
<tr><td colspan="4">监理单位验收结论</td><td colspan="3">同意验收
专业监理工程师:王晓　2013年2月20日</td></tr>
</table>

注:①定性项目符合要求打√,反之打×;②定量项目加○表示超出企业标准,加△表示超出国家标准。

表6-9 混凝土施工检验批质量验收记录表

02010302001

<table>
<tr><td colspan="3">单位(子单位)工程名称</td><td colspan="4">运动员宿舍3幢</td></tr>
<tr><td colspan="3">分部(子分部)工程名称</td><td colspan="2">混凝土结构子分部</td><td>验收部位</td><td>一层框架柱</td></tr>
<tr><td colspan="3">施工单位</td><td colspan="2">河南建筑工程公司</td><td>项目负责人</td><td>李文</td></tr>
<tr><td colspan="3">分包单位</td><td colspan="2">/</td><td>项目负责人</td><td>/</td></tr>
<tr><td colspan="3">施工执行标准名称及编号</td><td colspan="4">XDQB2002－04 现浇混凝土施工工艺标准</td></tr>
<tr><td colspan="4">施工质量验收规范的规定</td><td colspan="2">施工单位检查评定记录</td><td>监理单位验收记录</td></tr>
<tr><td rowspan="4">主控项目</td><td>1</td><td>混凝土强度等级及试件的取样和留置</td><td>第7.4.1条</td><td colspan="2">制作4组试块编号分别为：
0512－25－1，0512－25－1，
0512－25－1，0512－25－1</td><td rowspan="4">符合要求</td></tr>
<tr><td>2</td><td>混凝土抗渗及试件取样和留置</td><td>第7.4.2条</td><td colspan="2">/</td></tr>
<tr><td>3</td><td>原材料每盘称量的偏差</td><td>第7.4.3条</td><td colspan="2">√</td></tr>
<tr><td>4</td><td>初凝时间控制</td><td>第7.4.4条</td><td colspan="2">√</td></tr>
<tr><td rowspan="3">一般项目</td><td>1</td><td>施工缝的位置和处理</td><td>第7.4.5条</td><td colspan="2">不留置施工缝</td><td rowspan="3">符合要求</td></tr>
<tr><td>2</td><td>后浇带的位置和浇筑</td><td>第7.4.6条</td><td colspan="2">/</td></tr>
<tr><td>3</td><td>混凝土养护</td><td>第7.4.7条</td><td colspan="2">√</td></tr>
<tr><td colspan="3" rowspan="2">施工单位检查评定结果</td><td>专业工长(施工员)</td><td>林栋</td><td>施工班组长</td><td>张滨</td></tr>
<tr><td colspan="4">主控项目全部合格，一般项目满足施工规范规定要求。
项目专业质量检查员：卢力强 2013年2月20日</td></tr>
<tr><td colspan="3">监理(建设)单位验收结论</td><td colspan="4">同意施工单位评定结果，验收合格。
专业监理工程师：胡晓明 2013年2月20日</td></tr>
</table>

注：①定性项目符合要求打√，反之打×；②定量项目加○表示超出企业标准，加△表示超出国家标准。

表6-10　现浇结构分项工程质量验收记录

020105

工程名称	运动员宿舍3幢	结构类型	框架五层	检验批数	5
施工单位	河南建筑工程公司	项目负责人	李文	项目技术负责人	周全
分包单位	/	分包单位负责人	/	分包项目经理	/

序号	检验批部位、区段	施工单位检查评定结果	监理(建设)单位验收结论
1	一层现浇混凝土结构	√	合格
2	二层现浇混凝土结构	√	
3	三层现浇混凝土结构	√	
4	四层现浇混凝土结构	√	
5	五层现浇混凝土结构	√	

说明：

1. 全高垂直度偏差值(mm)：检查4点分别为7、9、14、7，平均为9.2，最大值为14，符合要求。
2. 全高标高偏差值(mm)：检查6点分别为+18、-20、-24、+20、-28、+15，符合要求。

检查结论	合格 项目专业技术负责人：陈强 2013年5月25日	验收结论	同意验收 监理工程师：王晓 2013年5月25日

注：分项工程可由一个或若干个检验批组成，检验批应按楼层、变形缝或施工段划分成若干个数量。

表6-11 现浇结构外观及尺寸偏差检验批质量验收记录表

02010501002

单位（子单位）工程名称	运动员宿舍3幢		
分部（子分部）工程名称	混凝土结构子分部	验收部位	二层楼板
施工单位	河南建筑工程公司	项目负责人	李文
分包单位	/	项目负责人	/
施工执行标准名称及编号	XDQB2002-04现浇混凝土施工工艺标准		

施工质量验收规范的规定						施工单位检查评定记录										监理验收记录
主控项目	1	外观质量			第8.2.1条	√										符合要求
主控项目	2	过大尺寸偏差处理及验收			第8.2.1条	√										
一般项目	1	外观质量一般缺陷			第8.2.1条	√										符合要求
	2	轴线位移	基础		15											
			独立基础		10											
			墙、柱、梁	√	8	⑧	5	4	4	2						
			剪力墙		5											
	3	垂直度（mm）	层高	≤5 m	8	5	2	7	4	3						
				>5 m	10											
			全高（H）		H/1000,且≤30											
	4	标高（mm）	层高		±10	⑩	4	8	5	4						
			全高		±30											
	5	截面尺寸			+8，-5	-1	3	2	2	△-7	2	3	-5	⑧	1	
	6	电梯井	进筒长宽对定位中心线		+25，0											
			井筒全高（H）垂直度		H/1000,且≤30											
	7	表面平整度（mm）			8	4	3	7	4	3	3	5	⑧	4	2	
	8	预埋设施中心线位置（mm）	预埋件		10											
			预埋螺栓		5											
			预埋管		5											
	9	预留洞中心线位置（mm）			15	8	5	5	2	9	5					

施工单位检查评定结果	专业工长（施工员）	林栋	施工班组长	张滨
	主控项目全部合格，一般项目满足施工规范规定要求。 项目专业质量检查员：卢强 2013年2月20日			
监理单位验收结论	同意验收。 专业监理工程师：王晓 2013年2月20日			

注：①定性项目符合要求打√，反之打×；②定量项目加○表示超出企业标准，加△表示超出国家标准。

任务3　分部(子分部)工程及单位(子单位)工程质量验收

1　分部(子分部)工程质量验收记录

1.1　分部(子分部)工程质量验收标准

分部(子分部)工程质量验收合格应符合下列规定:

(1)分部(子分部)工程所含分项工程的质量均应验收合格。

(2)质量控制资料应完整。

(3)有关安全、节能、环境保护和主要使用功能的抽样检验结果应符合相应规定。

(4)观感质量应符合要求。

1.2　分部(子分部)工程质量验收记录表填写要求

分部(子分部)工程完成后,施工单位应先组织自检。自检合格后,填写《___分部(子分部)工程质量验收记录表》,然后报请施工企业技术质量部门验收并签字。

施工单位在填写《___分部(子分部)工程质量验收记录表》(如表6-12、表6-13所示)时,应注意以下几点:

(1)表名前应填写分部(子分部)工程的名称,然后将"分部"、"子分部"两者划掉其一。

(2)工程名称、施工单位名称要填写全称,并与检验批、分项工程验收表的工程名称一致。在"结构类型"栏中,应填写设计文件提供的结构类型。

(3)有分包单位时填写分包单位名称,分包单位要写全称,与合同或图章一致。分包单位负责人及分包技术负责人,填写本项目的项目负责人及项目技术负责人。

(4)"分部工程"栏先由施工单位按顺序将分项工程名称填入,再将各分项工程检验批的实际数量填入。注意应与各分项工程验收表上的检验批数量相同,并要将各分项工程验收表附后。

(5)"施工单位检查评定"栏填写施工单位对各分项工程自行检查评定的结果,可按照各分项工程验收表填写,合格的分项工程打"√"或填写"符合要求"。填写之前,应核查各分项工程是否全部都通过了验收,有无遗漏。不符合要求,则打"×"。有"×"的项目不能交监理单位或建设单位验收,应返修合格后再提交验收。监理单位由总监理工程师组织审查,符合要求的在"验收意见"栏签注"验收合格"或"同意施工单位评定"。

(6)"质量控制资料验收"栏应按《单位(子单位)工程质量控制资料核查记录》来核查。各专业只需检查表内与本专业相关的那部分内容即可,而无需检查表内所列全部内容。

核查时,应对资料逐项核对检查,应核查下列几项:

①资料是否齐全,有无遗漏;

表6-12　主体结构分部工程质量验收记录

<table>
<tr><td>工程名称</td><td colspan="2">运动员宿舍3幢</td><td>结构类型</td><td>框架结构</td><td>层数</td><td>五层</td></tr>
<tr><td>施工单位</td><td colspan="2">河南建筑工程公司</td><td>项目负责人</td><td>李文</td><td>技术质量负责人</td><td>周全</td></tr>
<tr><td>分包单位</td><td colspan="2">/</td><td>分包单位负责人</td><td>/</td><td>分包内容</td><td>/</td></tr>
<tr><td>序号</td><td colspan="2">子分部工程名称</td><td>分项工程项数</td><td colspan="2">施工单位检查评定</td><td>验收意见</td></tr>
<tr><td>1</td><td colspan="2">混凝土结构子分部</td><td>4</td><td colspan="2">√</td><td rowspan="7">验收合格</td></tr>
<tr><td>2</td><td colspan="2">砌体结构子分部</td><td>1</td><td colspan="2">√</td></tr>
<tr><td></td><td colspan="2"></td><td></td><td colspan="2"></td></tr>
<tr><td></td><td colspan="2"></td><td></td><td colspan="2"></td></tr>
<tr><td></td><td colspan="2"></td><td></td><td colspan="2"></td></tr>
<tr><td></td><td colspan="2"></td><td></td><td colspan="2"></td></tr>
<tr><td></td><td colspan="2"></td><td></td><td colspan="2"></td></tr>
<tr><td colspan="3">质量控制资料</td><td colspan="3">√</td><td>验收合格</td></tr>
<tr><td colspan="3">安全和功能检验（检测）报告</td><td colspan="3">√</td><td>验收合格</td></tr>
<tr><td colspan="3">观感质量验收</td><td colspan="3">好</td><td>验收合格</td></tr>
<tr><td rowspan="5">验收单位</td><td colspan="2">分包单位</td><td colspan="3">项目经理：/</td><td>年　月　日</td></tr>
<tr><td colspan="2">施工单位</td><td colspan="3">项目经理：王强</td><td>2013年6月20日</td></tr>
<tr><td colspan="2">勘察单位</td><td colspan="3">项目负责人：王明</td><td>2013年6月20日</td></tr>
<tr><td colspan="2">设计单位</td><td colspan="3">项目负责人：陈林</td><td>2013年6月20日</td></tr>
<tr><td colspan="2">监理单位</td><td colspan="3">总监理工程师：郝海</td><td>2013年6月20日</td></tr>
</table>

注：①子分部工程全部验收完成，则分部工程也验收完成。②分部工程质量验收记录表可做可不做。

表 6-13　混凝土结构分部(子分部)工程质量验收记录

0201

工程名称	运动员宿舍3幢	结构类型	框架结构	层数	五层
施工单位	河南建筑工程公司	技术部门负责人	周全	质量部门负责人	王强
分包单位	/	分包单位负责人	/	分包技术负责人	/
序号	分项工程名称	检验批数	施工单位检查评定	验收意见	
1	模板	10	√	验收合格	
2	钢筋	20	√		
3	混凝土	20	√		
4	现浇结构外观及尺寸偏差	5	√		
质量控制资料			√	验收合格	
安全和功能检验(检测)报告			√	验收合格	
观感质量验收			好	验收合格	
验收单位	分包单位	项目经理：/		年　月　日	
	施工单位	项目经理：王强		2013年6月20日	
	勘察单位	项目负责人：王明		2013年6月20日	
	设计单位	项目负责人：陈林		2013年6月20日	
	监理单位	总监理工程师：郝海		2013年6月20日	

注：①子分部工程全部验收合格，则该分部工程合格。

②对于混凝土结构分部工程还要进行《混凝土结构子分部工程结构实体混凝土强度验收》及《混凝土结构子分部工程结构实体钢筋保护层厚度验收》并形成相应验收记录。

②资料的内容有无不合格项；

③资料横向是否相互协调一致，有无矛盾；

④资料的分类整理是否符合要求，案卷目录、份数页数及装订等有无缺漏；

⑤各项资料签字是否齐全。

当全部项目都通过验收，即可在“施工单位检查评定”栏内打“√”或标注“检查合格”，然后送监理单位或建设单位验收。监理单位总监理工程师组织审查，如认为符合要求，则在“验收意见”栏内签注“验收合格”意见。

(7)“安全和功能检验(检测)报告”栏应根据工程实际情况填写。

安全和功能检验，是指按规定或约定需要在竣工时进行抽样检测的项目。这些项目凡能在分部(子分部)工程验收时进行检测的，应在分部(子分部)工程验收时进行检测。

如果每个检测项目都通过审查，施工单位即可在检查评定栏内打“√”或标注“检查合格”，由项目经理送监理单位或建设单位验收。监理单位总监理工程师或建设单位项目技术负责人组织审查，认为符合要求后，在“验收意见”栏内签注“验收合格”意见。

(8)“观感质量验收”栏的填写应符合工程的实际情况。工程观感质量等级可分为“好”、“一般”和“差”三档。其中，“好”、“一般”均为合格；“差”为不合格，需要修理或返工。

总监理工程师或建设单位项目专业负责人组织对观感质量进行验收后，认为达到“好”或“一般”等级标准后，可在“分部(子分部)工程观感质量验收意见”栏内填写“验收合格”。评为“差”的项目，应由施工单位修理或返工。如确实无法修理，可经协商实行让步验收，并在验收表中注明。

关于“验收意见”栏由总监理工程师与各方协商，确认符合规定，取得一致意见后，按表中各栏分项填写。可在“验收意见”各栏填入“验收合格”。

(9)《分部(子分部)工程质量验收记录表》中，制表时已经列出了需要签字的参加工程建设的有关单位，各方参加验收的代表均应亲自签名。

施工方总承包单位由项目经理亲自签认；有分包单位的，分包单位应签认其分包的分部(子分部)工程，由分包项目经理亲自签认。

2 单位(子单位)工程质量验收记录

2.1 单位(子单位)工程质量验收标准

单位工程质量验收合格应符合下列规定：

(1)单位(子单位)工程所含分部(子分部)工程的质量应验收合格。

(2)质量控制资料应完整。

(3)单位(子单位)工程所含分部工程中有关安全、节能、环境保护和主要使用功能的检验资料应完整。

(4)主要使用功能的抽查结果应符合相关专业验收规范的规定。

(5)观感质量应符合要求。

2.2 单位(子单位)工程质量验收记录表填写要求

单位(子单位)工程验收是建筑工程项目最后一份验收资料,应由施工单位填写。进行单位(子单位)工程质量竣工验收时,施工单位应同时填报《单位(子单位)工程质量控制资料核查记录》、《单位(子单位)工程安全和功能检验资料核查及主要功能抽查记录》、《单位(子单位)工程观感质量检查记录》作为《单位(子单位)工程质量竣工验收记录》附表。如表 6-14 所示为单位(子单位)工程质量验收记录表。

2.2.1 表名及表头填写

(1)将表名中"单位"、"子单位"两者划掉其一。

(2)表头部分,按分部(子分部)表的表头要求填写。

2.2.2 验收内容

(1)"分部工程"栏,根据《分部工程质量验收记录》填写。由竣工验收组成员对所含分部工程共同逐项检查,如对表中内容有异议,应对工程实体进行检查或测试,核查并确认合格后,由监理单位在"验收记录"栏注明共验收几个分部,经验收符合标准及设计要求的几个分部,并在右侧"验收结论"栏,填入具体验收结论。

(2)"质量控制资料核查"栏,根据《单位(子单位)工程质量控制资料核查记录》核查结论填写。建设单位组织各方代表组成验收组成员,或委托监理工程师,按照《单位(子单位)工程质量控制资料核查记录》内容,对资料进行逐项核查。确认符合要求后,在《单位(子单位)工程质量控制资料核查记录》右侧"验收结论"栏,填入具体验收结论。

(3)"安全和主要使用功能核查及抽查结果"栏,根据《单位(子单位)工程安全和功能检验资料核查及主要功能抽查记录》的核查结论填写。对于分部工程验收时已进行了安全和功能检测的项目,单位工程验收时不再重复检测,但要核查以下内容:单位工程验收时按规定、约定或设计要求需要进行安全和功能抽查项目是否都进行检测,检测项目有无遗漏;抽测的程序、方法是否符合有关规定;抽测报告的结论是否达到设计要求及规范规定。

(4)"观感质量验收"栏,根据《单位(子单位)工程观感质量检查记录》检查结论填写。参加验收各方在建设单位主持下对观感质量抽查共同形成结论。如确认没有影响结构安全和功能的项目,符合或基本符合规范要求,应评价为"好"或"一般"。如果某项观感质量被评为"差",应进行修理。如果确难修理的只要不影响安全和使用功能的可采用协商解决方法进行验收,并在验收表上注明。

(5)"综合验收结论"栏,由参加验收各方共同协商,并由建设单位填写,主要对工程质量是否符合设计和规范要求及总体质量水平作出评价。

施工单位应在工程完工后,由项目经理组织有关人员对验收内容逐项进行查对,并将表格中应填写的内容进行填写,自检评定符合要求后,在验收记录栏内填写各有关项数,交建设单位组织验收。综合验收是指在前五项内容均验收符合要求后进行的验收,即按《单位(子单位)工程质量竣工验收记录》进行验收。验收时,在建设单位组织下,由建设单位相关专业人员及监理单位专业监理工程师和设计单位、施工单位相关人员分别核查验收有关项目,并由总监理工程师组织进行现场观感质量检查。经各项目审查符合要求时,由监理单位或建设单位在"验收结论"栏内填写"同意验收"的意见。各栏均同意验收且经各参加检验方共同同意商定后，由建设单位填写“综合验收结论”，可填写为“通过验收”。

(6)“参加验收单位”栏，勘察单位、设计单位、施工单位、监理单位、建设单位都同意验收时，其各单位的单位项目负责人要亲自签字，以示对工程质量的负责，并加盖单位公章、注明签字验收的年月日。

2.3 《单位(子单位)工程质量竣工验收记录》附表(见表6-15～表6-17)填写

(1)《单位(子单位)工程质量控制资料核查记录》表中每项资料包含内容，就是单位工程包含的有关分项工程中检验批主控项目、一般项目要求内容汇总。

(2)《单位(子单位)工程安全和功能检验资料核查及主要功能抽查记录》表中抽查项目是在核查资料的基础上，有参加验收各方人员确定，然后按有关专业工程施工质量验收标准进行检查。

(3)《单位(子单位)工程观感质量检查记录》表依据《建筑工程施工质量验收统一标准》(GB 50300—2013)规定填写。单位工程观感质量验收，分为“好”、“一般”、“差”三个等级，观感质量检查主要内容包括核实质量控制资料，检查检验批、分项、分部工程验收正确性，对在分项工程中不能检查项目进行检查，核查各分部工程验收后到单位工程竣工时之间，工程观感质量有无变化损坏等。

表 6-14　单位(子单位)工程质量竣工验收记录

<table>
<tr><td>工程名称</td><td>运动员宿舍 3 幢</td><td>结构类型</td><td>框架结构</td><td>层数/建筑面积</td><td colspan="2">五层</td></tr>
<tr><td>施工单位</td><td>河南建筑工程公司</td><td>技术负责人</td><td>李文</td><td>开工日期</td><td colspan="2">2013 年 1 月 20 日</td></tr>
<tr><td>项目经理</td><td>王强</td><td>项目技术负责人</td><td>周全</td><td>竣工日期</td><td colspan="2">2013 年 7 月 20 日</td></tr>
<tr><td>序号</td><td>项目</td><td colspan="3">验收记录</td><td colspan="2">验收结论</td></tr>
<tr><td>1</td><td>分部工程</td><td colspan="3">共 10 分部,经查符合标准及设计要求 10 分部</td><td colspan="2">所有分部工程验收合格</td></tr>
<tr><td>2</td><td>质量控制资料核查</td><td colspan="3">共 45 项,经审查符合要求 45 项。</td><td colspan="2">质量控制资料全部符合有关规定</td></tr>
<tr><td>3</td><td>安全和主要使用功能核查及抽查结果</td><td colspan="3">共核查 33 项,符合要求 33 项,共抽查 10 项,符合要求 10 项,经返工处理符合要求 0 项</td><td colspan="2">核查及抽查结果全部符合规定</td></tr>
<tr><td>4</td><td>观感质量验收</td><td colspan="3">共抽查 27 项,达到“好”和“一般”27 项,经返修处理符合要求 0 项</td><td colspan="2">好</td></tr>
<tr><td>5</td><td>综合验收结论</td><td colspan="5">通过验收</td></tr>
<tr><td rowspan="2">参加验收单位</td><td>建设单位</td><td>监理单位</td><td>施工单位</td><td>设计单位</td><td colspan="2">勘察单位</td></tr>
<tr><td>河南体育大学
(公章)
项目负责人
李旺
2013 年 7 月 20 日</td><td>河南工程监理有限公司
(公章)
总监理工程师
郝海
2013 年 7 月 20 日</td><td>河南建筑工程公司
(公章)
项目负责人
王强
2013 年 7 月 20 日</td><td>河南建筑设计有限公司
(公章)
项目负责人
陈林
2013 年 7 月 20 日</td><td colspan="2">河南勘察设计有限公司
(公章)
项目负责人
王明
2013 年 7 月 20 日</td></tr>
</table>

注:单位工程验收时,验收签字人员应由相应单位法人代表书面授权。

表6-15 单位(子单位)工程质量控制资料核查记录

工程名称			施工单位				
序号	项目	资料名称	份数	施工单位		监理单位	
				核查意见	核查人	核查意见	核查人
1	建筑与结构	图纸会审记录、设计变更通知单、工程洽商记录					
2		工程定位测量、放线记录					
3		原材料出厂合格证书及进场检验、试验报告					
4		施工试验报告及见证检测报告					
5		隐蔽工程验收记录					
6		施工记录					
7		地基、基础、主体结构检验及抽样检测资料					
8		分项、分部工程质量验收记录					
9		工程质量事故调查处理资料					
10		新技术论证、备案及施工记录					
1	给水排水与供暖	图纸会审记录、设计变更通知单、工程洽商记录					
2		原材料出厂合格证书及进场检验、试验报告					
3		管道、设备强度试验、严密性试验记录					
4		隐蔽工程验收记录					
5		系统清洗、灌水、通水、通球试验记录					
6		施工记录					
7		分项、分部工程质量验收记录					
8		新技术论证、备案及施工记录					
1	通风与空调	图纸会审记录、设计变更通知单、工程洽商记录					
2		原材料出厂合格证书及进场检验、试验报告					
3		制冷、空调、水管道强度试验、严密性试验记录					
4		隐蔽工程验收记录					
5		制冷设备运行调试记录					
6		通风、空调系统调试记录					
7		施工记录					
8		分项、分部工程质量验收记录					
9		新技术论证、备案及施工记录					

续表 6-15

工程名称				施工单位			
序号	项目	资料名称	份数	施工单位		监理单位	
				核查意见	核查人	核查意见	核查人
1	建筑电气	图纸会审记录、设计变更通知单、工程洽商记录					
2		原材料出厂合格证书及进场检验、试验报告					
3		设备调试记录					
4		接地、绝缘电阻测试记录					
5		隐蔽工程验收记录					
6		施工记录					
7		分项、分部工程质量验收记录					
8		新技术论证、备案及施工记录					
1	智能建筑	图纸会审记录、设计变更通知单、工程洽商记录					
2		原材料出厂合格证书及进场检验、试验报告					
3		隐蔽工程验收记录					
4		施工记录					
5		系统功能测定及设备调试记录					
6		系统技术、操作和维护手册					
7		系统管理、操作人员培训记录					
8		系统检测报告					
9		分项、分部工程质量验收记录					
10		新技术论证、备案及施工记录					
1	建筑节能	图纸会审记录、设计变更通知单、工程洽商记录					
2		原材料出厂合格证书及进场检验、试验报告					
3		隐蔽工程验收记录					
4		施工记录					
5		外墙、外窗节能检验报告					
6		设备系统节能检测报告					
7		分项、分部工程质量验收记录					
8		新技术论证、备案及施工记录					
1	电梯	图纸会审记录、设计变更通知单、工程洽商记录					
2		设备出厂合格证书及开箱检验记录					
3		隐蔽工程验收记录					
4		施工记录					
5		接地、绝缘电阻测试记录					
6		负荷试验、安全装置检查记录					
7		分项、分部工程质量验收记录					
8		新技术论证、备案及施工记录					
结论：							
施工单位项目负责人： 年 月 日				总监理工程师： 年 月 日			

表6-16 单位(子单位)工程安全和功能检验资料核查及主要功能抽查记录

工程名称			施工单位				
序号	项目	安全和功能检查项目	份数	施工单位		监理单位	
				核查意见	核查人	核查意见	核查人
1	建筑与结构	地基承载力检验报告					
2		桩基承载力检验报告					
3		混凝土强度试验报告					
4		砂浆强度试验报告					
5		主体结构尺寸、位置抽查记录					
6		建筑物垂直度、标高、全高测量记录					
7		屋面淋水或蓄水试验记录					
8		地下室渗漏水检测记录					
9		有防水要求的地面蓄水试验记录					
10		抽气(风)道检查记录					
11		外窗气密性、水密性、耐风压检测报告					
12		幕墙气密性、水密性、耐风压检测报告					
13		建筑物沉降观测测量记录					
14		节能、保温测试记录					
15		室内环境检测报告					
16		土壤氡气浓度检测报告					
1	给水排水与供暖	给水管道通水试验记录					
2		暖气管道、散热器压力试验记录					
3		卫生器具满水试验记录					
4		消防管道、燃气管压力试验记录					
5		排水干管通球试验记录					
6		锅炉试运行、安全阀及报警联动测试记录					
1	通风与空调	通风、空调系统试运行记录					
2		风量、温度测试记录					
3		空气能量回收装置测试记录					
4		洁净室洁净度测试记录					
5		制冷机组试运行调试记录					
1	建筑电气	建筑照明通电试运行记录					
2		灯具固定装置及悬吊装置的载荷强度试验记录					
3		绝缘电阻测试记录					
4		剩余电流动作保护器测试记录					
5		应急电源装置应急持续供电记录					
6		接地电阻测试记录					
7		接地故障回路阻抗测试记录					
1	建筑智能	系统试运行记录					
2		系统电源及接地检测报告					
3		系统接地检测报告					
1	建筑节能	外墙节能构造检查记录或热工性能检验报告					
2		设备系统节能性能检验记录					
1	电梯	运行记录					
2		安装装置检测报告					
结论:施工单位项目负责人: 年 月 日				总监理工程师: 年 月 日			

注:抽查项目由验收组协商确定。

表 6-17　单位(子单位)工程观感质量检查记录

工程名称			施工单位	
序号		项　目	抽查质量状况	质量评价
1	建筑与结构	主体结构外观	共检查　点,好　点,一般　点,差　点	
2		室外墙面	共检查　点,好　点,一般　点,差　点	
3		变形缝、雨水管	共检查　点,好　点,一般　点,差　点	
4		屋面	共检查　点,好　点,一般　点,差　点	
5		室内墙面	共检查　点,好　点,一般　点,差　点	
6		室内顶棚	共检查　点,好　点,一般　点,差　点	
7		室内地面	共检查　点,好　点,一般　点,差　点	
8		楼梯、踏步、护栏	共检查　点,好　点,一般　点,差　点	
9		门窗	共检查　点,好　点,一般　点,差　点	
10		雨罩、台阶、坡道、散水	共检查　点,好　点,一般　点,差　点	
1	给水排水与供暖	管道接口、坡度、支架	共检查　点,好　点,一般　点,差　点	
2		卫生器具、支架、阀门	共检查　点,好　点,一般　点,差　点	
3		检查口、扫除口、地漏	共检查　点,好　点,一般　点,差　点	
4		散热器、支架	共检查　点,好　点,一般　点,差　点	
1	通风与空调	风管、支架	共检查　点,好　点,一般　点,差　点	
2		风口、风阀	共检查　点,好　点,一般　点,差　点	
3		风机、空调设备	共检查　点,好　点,一般　点,差　点	
4		管道、阀门、支架	共检查　点,好　点,一般　点,差　点	
5		水泵、冷却塔	共检查　点,好　点,一般　点,差　点	
6		绝热	共检查　点,好　点,一般　点,差　点	
1	建筑电气	配电箱、盘、板、接线盒	共检查　点,好　点,一般　点,差　点	
2		设备器具、开关、插座	共检查　点,好　点,一般　点,差　点	
3		防雷、接地、防火	共检查　点,好　点,一般　点,差　点	
1	智能建筑	机房设备安装及布局	共检查　点,好　点,一般　点,差　点	
2		现场设备安装	共检查　点,好　点,一般　点,差　点	
1	电梯	运行、平层、开门	共检查　点,好　点,一般　点,差　点	
2		层门、信号系统	共检查　点,好　点,一般　点,差　点	
3		机房	共检查　点,好　点,一般　点,差　点	
观感质量综合评价				
结论： 施工单位项目负责人：　　　　　　　　总监理工程师： 年　月　日　　　　　　　　　　　　　年　月　日				

注：1. 对质量评价为差的项目应进行返修。

2. 观感质量检查的原始记录应作为本表附件。

项目任务

1 选择题

(1)房屋建筑工程质量验收的依据有(　　)。

A. 监理合同

B. 国家颁发的建筑安装工程施工质量验收规范

C. 施工承包合同

D. 设计合同

E. 国家颁发的各种设计规范

(2)以下有关房屋建筑工程验收表述(　　)是正确的。

A. 检验批的质量应按主控项目和一般项目验收

B. 对所有分部工程应进行抽样检测

C. 工程的观感质量应由监理人员通过现场检查确认

D. 房屋建筑工程施工应符合工程勘察、设计文件的要求

E. 工程质量的验收均应在建设单位自行检查评定的基础上进行

(3)以下有关房屋建筑工程质量验收的程序,正确的是(　　)。

A. 单位(子单位)工程验收应先由施工单位自验并向监理单位提交工程验收报告

B. 单位(子单位)工程验收由建设单位组织

C. 分部(子分部)工程验收由监理单位组织

D. 检验批及分项工程验收由监理工程师组织

E. 地基与基础、主体结构分部工程的勘察、设计单位工程项目负责人应参加相关分部工程验收

(4)分项工程质量验收合格规定有(　　)。

A. 观感质量验收应符合要求

B. 分项工程的质量验收记录应完整

C. 工程所含的检验批均应符合合格质量的规定

D. 主控项目和一般项目的质量经抽样检验合格

(5)某工程在进行某分项工程质量验收时填写的分项工程质量验收记录,做法错误的是(　　)。

A. 不同意验收的可暂不填写,待处理合格后再填写,但应做标记

B. 表头及检验批部位、区段、施工单位检查评定结果,由施工单位项目专业质检员填写

C. 施工单位的检查结论由施工单位的项目专业技术负责人检查后给出评价并签字

D. 检验批验收部分少数不合格可以进行分项工程质量验收

(6)进行工程质量验收时《建筑工程施工质量验收统一标准》将一个单位工程,划分

为下面的几个质量验收层次,顺序正确的是(　　)。

A. 检验批质量验收—分项工程质量验收—子分部工程质量验收—分部工程质量验收—单位工程质量验收

B. 分部工程质量验收—单位工程质量验收—分项工程质量验收—子分部工程质量验收—检验批质量验收

C. 检验批质量验收—分项工程质量验收—子分部工程质量验收—单位工程质量验收—分部工程质量验收

D. 分项工程质量验收—子分部工程质量验收—分部工程质量验收—单位工程质量验收—检验批质量验收

(7) 房建工程中下面(　　)不是分部(子分部)工程质量验收需要做的验收检查。

A. 质量控制资料　　B. 现场施工文明检查

C. 观感质量　　D. 安全和功能检验(检测)

2　简答题

(1) 建筑工程有哪几个分部工程? 其中土建工程包含哪几个分部? 建筑设备工程包含哪几个分部?

(2) 简述检验批表格填写有关规定。

(3) 简述单位工程、分部工程、分项工程及检验批验收标准。

项目7 工程验收文件及竣工图编制

工程在运行使用前或进行后续工程施工前必须进行验收,未经验收或验收不合格的工程不应交付使用或进行后续工程施工,验收文件是指建设工程项目验收活动中形成的文件。竣工图是指工程竣工验收后,真实反映建设工程项目施工结果的图样,是工程完成后的主要凭证材料和工程实务的真实写照,也是工程竣工验收必要条件和工程后续管理、维修、改建、扩建的依据,因此,无论是改建、扩建、修建的工程竣工后,都必须编制竣工图。工程验收文件及竣工图都是水利工程档案的重要组成部分。

任务1 工程验收文件及其编制

1 水利水电工程验收概述

工程验收是在施工质量检验与评定的基础上进行的,是对工程质量提出明确结论意见。为了使水利水电建设工程验收制度化、规范化,保证工程验收质量,水利部制定了《水利水电建设工程验收规程》(SL 223—2008)进一步加强水利水电建设工程验收管理。

依据《水利水电建设工程验收规程》,水利水电建设验收按验收主持单位可分为法人验收和政府验收。法人验收应包括分部工程验收、单位工程验收、水电站(泵站)中间机组启动验收、合同完工验收等;政府验收应包括阶段验收(如包括枢纽导(截)流验收、水库下闸蓄水验收、部分工程投入使用验收)、专项验收(如项目竣工环境保护验收、建设项目档案验收)、竣工验收等。政府验收应由验收主持单位组织成立的验收委员会负责;法人验收工作应由项目法人组织成立的验收工作组负责。验收委员会(工作组)由有关单位代表和有关专家组成。

当工程具备验收条件时,应及时组织验收,未经验收或验收不合格的工程不应交付使用或进行后续工程施工。验收的成果性文件是验收鉴定书,验收委员会(工作组)成员应在验收鉴定书上签字。对验收结论持有异议的,应将保留意见在验收鉴定书上明确记载并签字。

验收文件制备由项目法人统一组织,有关单位应按要求及时完成并提交。项目法人应对提交的验收文件进行完整性、规范性检查。验收文件分为应提供的文件和需备查的文件,有关单位应保证其提交文件的真实性并承担相应的责任。验收文件清单分别见表7-1和表7-2。分部工程验收、单位工程验收、合同完工验收是在质量评定满足要求基础上进行验收申请,最终形成验收鉴定书,其他不同类型验收也要先进行验收申请,最终形成验收鉴定书。本任务主要讲解竣工验收及其文件编制。

表 7-1　验收应提供的文件清单

序号	文件名称	分部工程验收	单位工程验收	合同工程完工验收	机组启动验收	阶段验收	技术性预验收	竣工验收	提供单位
1	工程建设管理工作报告		√	√	√	√	√	√	项目法人
2	工程建设大事记						√	√	项目法人
3	拟验工程清单、未完工程清单、未完工程的建设安排及完成时间		√	√	√	√	√	√	项目法人
4	技术预验收工作报告				☆	☆	√	√	专家组
5	验收鉴定书(初稿)				√	√	√	√	项目法人
6	度汛方案			☆	√	√	√	√	项目法人
7	工程调度运用方案					√	√	√	项目法人
8	工程建设监理工作报告		√	√	√	√	√	√	监理单位
9	工程设计工作报告		√	√	√	√	√	√	设计单位
10	工程施工管理工作报告		√	√	√	√	√	√	施工单位
11	运行管理工作报告						√	√	运行管理单位
12	工程质量和安全监督报告				√	√	√	√	质量和安全监督机构
13	竣工验收技术鉴定报告						☆	☆	技术鉴定单位
14	机组启动试运行计划文件		√	√	√	√	√	√	施工单位
15	机组试运行工作报告				√				施工单位
16	重大技术问题专题报告					☆	☆	☆	项目法人

注:符号“√”表示应提供,符号“☆”表示“宜提供”或“根据需要提供”。

表 7-2　验收应准备的备查档案文件清单

序号	文件名称	分部工程验收	单位工程验收	合同工程完工验收	机组启动验收	阶段验收	技术性预验收	竣工验收	提供单位
1	前期工作文件及批复文件		√	√	√	√	√	√	项目法人
2	主管部门批文		√	√	√	√	√		设计单位
3	招标投标文件		√	√	√	√	√	√	设计单位

续表 7-2

序号	文件名称	分部工程验收	单位工程验收	合同完工验收	机组启动验收	阶段验收	技术性预验收	竣工验收	提供单位
4	合同文件		√	√	√	√	√	√	项目法人
5	工程项目划分文件	√	√	√	√	√	√	√	项目法人
6	单元工程质量评定文件	√	√	√	√	√	√	√	项目法人
7	分部工程质量评定文件		√	☆	√		√	√	项目法人
8	单位工程质量评定文件		√	☆			√	√	项目法人
9	工程外观质量评定文件		√				√	√	项目法人
10	工程质量管理有关文件	√	√	√	√	√	√	√	参建单位
11	工程安全管理有关文件	√	√	√	√	√	√	√	参建单位
12	工程施工质量检验文件	√	√	√	√	√	√	√	施工单位
13	工程监理文件	√	√	√	√	√	√	√	监理单位
14	施工图纸设计文件		√	√	√	√	√	√	设计单位
15	工程设计变更文件	√	√	√	√	√	√	√	设计单位
16	竣工图纸		√	√		√	√	√	施工单位
17	征地移民有关文件		√			√	√	√	承担单位
18	重要会议记录	√	√	√	√	√	√	√	项目法人
19	质量缺陷备案表	√	√	√	√	√	√	√	监理机构
20	安全、质量事故文件	√	√	√	√	√	√	√	项目法人
21	阶段验收鉴定书						√	√	项目法人
22	竣工决算及审计文件						√	√	项目法人
23	工程建设中使用的技术标准	√	√	√	√	√	√	√	参建单位
24	工程建设标准强制性条文	√	√	√	√	√	√	√	参建单位
25	专项验收有关文件						√	√	项目法人
26	安全、技术鉴定报告					√	√	√	项目法人
27	其他档案文件	根据需要由有关单位提供							

注:符号"√"表示应提供,符号"☆"表示"宜提供"或"根据需要提供"。

2 竣工验收及其文件编制

竣工验收应在工程建设项目全部完成并满足一定运行条件后1年内进行。不能按期进行竣工验收的,经竣工验收主持单位同意,可以适当延长期限,但最长不应超过6个月。

2.1 竣工验收程序

(1)项目法人先组织进行竣工验收自查。项目法人组织工程竣工验收自查前,应提前10个工作日通知质量和安全监督机构,同时向法人验收监督管理机关报告。质量和安全监督机构应派人列席自查工作会议。项目法人应在完成竣工验收自查工作之日起10个工作日内,将自查的工程项目质量结论和相关文件报质量监督机构。竣工验收自查成果性文件是竣工验收自查工作报告,参加竣工验收自查的人员应在自查工作报告上签字。项目法人应自竣工验收自查工作报告通过之日起30个工作日内,将自查报告报法人验收监督管理机关。

(2)项目法人在自查满足要求基础上,提交竣工验收申请报告,竣工验收主持单位审查批复竣工验收申请报告,并按相关规定委托具有相应资质的工程质量检测单位对工程质量进行抽样检测,工程质量检测单位按合同要求及时提出质量检测报告并对检测结论负责,项目法人应自收到检测报告10个工作日内将检测报告报竣工验收主持单位。

(3)抽样检测满足质量、安全要求基础上进行竣工技术预验收,竣工技术预验收应由竣工验收主持单位组织的专家负责,并在各专业工作检查意见的基础上形成竣工技术预验收工作报告。

(4)召开竣工验收会议,印发竣工验收鉴定书,进行工程竣工验收。通过竣工验收会议,验收专家认为工程项目质量达到合格以上等级的,竣工验收的质量结论意见应为合格,形成竣工验收鉴定书。

2.2 验收单位

申请竣工验收前,项目法人应组织竣工验收自查。自查工作应由项目法人主持,勘测、设计、监理、施工、主要设备制造(供应)商以及运行管理单位等代表参加。

竣工技术预验收应由竣工验收主持单位组织的专家负责。工程参建单位代表应参加技术预验收,负责回答专家组提出的问题。竣工技术预验收专家组可下设专业工作组,并在各专业工作检查意见的基础上形成竣工技术预验收工作报告。

竣工验收委员会应由竣工验收主持单位、有关地方人民政府和部门、有关水行政主管部门和流域管理机构、质量和安全监督机构、运行管理单位的代表以及有关专家组成。工程投资方代表可参加竣工验收委员会。项目法人、勘测、设计、监理、施工和主要设备制造(供应)商等单位代表参加竣工验收,负责解答验收委员会提出的问题,并应作为被验收单位代表在验收鉴定书上签字。

2.3 竣工验收文件及其编制

根据竣工验收流程,在竣工验收过程中形成的文件主要有竣工验收自查工作报告、竣工验收申请报告、抽查质量检测报告、竣工技术预验收工作报告及竣工验收鉴定书。

2.3.1 竣工验收申请报告编写内容

竣工验收申请报告内容主要包括工程基本情况,竣工验收条件的检查结果,尾工情况及安排意见，验收准备工作情况，建议验收时间、地点和参加单位。

2.3.2 竣工验收鉴定书编写内容

竣工验收鉴定书包括封面与正文，其格式及内容组成见表7-3。

表7-3 竣工验收鉴定书格式

(a)封面

××××××工程竣工验收 鉴定书 ××××××工程竣工验收委员会 年　　月　　日

(b)正文

前言(包括验收依据、组织机构、验收过程等) 一、工程设计和完成情况 (一)工程名称及位置 (二)工程主要任务和作用 (三)工程设计主要内容 1. 工程立项、设计批复文件;2. 设计标准、规模及主要技术经济指标;3. 主要建设内容及建设工期;4. 工程投资及投资来源 (四)工程建设有关单位(可附表)

续表 7-3

(b)正文

(五)工程施工过程
1. 主要工程开工、完工时间;2. 重大设计变更;3. 重大技术问题及处理情况
(六)工程完成情况和完成的主要工程量
(七)征地补偿及移民安置迁建
(八)水土保持设施
(九)环境保护工程
二、工程验收及鉴定情况
(一)单位工程验收
(二)阶段验收
(三)专项验收
(四)竣工验收技术鉴定
三、历次验收及相关鉴定提出的主要问题的处理情况
四、工程质量
(一)工程质量监督
(二)工程项目划分
(三)工程质量抽检(如有时)
(四)工程质量评定
五、概算执行情况
(一)投资计划下达及资金到位
(二)投资完成及交付资产
(三)征地补偿和移民安置资金
(四)结余资金
(五)预计未完工程投资及预留费用
(六)竣工财务决算报告编制
(七)审计
六、工程尾工安排
七、工程运行管理情况
(一)管理机构、人员和经费情况
(二)工程移交
八、工程初期运行及效益
(一)初期运行管理
(二)初期运行效益
(三)初期运行检测资料分析
九、竣工技术预验收
十、意见和建议
十一、结论
十二、保留意见(应有本人签字)
十三、验收委员会成员和被验单位代表签字表
十四、附件:竣工技术预验收工作报告

竣工验收鉴定书数量应按验收委员会组成单位、工程主要参建单位各1份以及归档所需要份数确定。自鉴定书通过之日起30个工作日内,应由竣工验收主持单位发送有关单位。

关于竣工验收过程中形成的工程项目竣工验收自查工作报告、竣工验收主要工作报告及竣工技术预验收工作报告的编写不再一一介绍。

3 其他验收文件

竣工验收之前工程还要进行分部工程验收、单位工程验收、合同工程完工验收,还有阶段验收、部分工程投入使用验收及专项验收,竣工验收之后还要进行工程移交及遗留问题处理。这些验收活动过程中形成很多验收文件,如分部工程、单位工程、合同工程完工验收时施工单位都要向项目法人提交各自的验收申请报告及最终形成对应的验收鉴定书;阶段验收过程中形成阶段验收申请报告、阶段验收鉴定书、机组启动验收鉴定书、部分工程投入使用验收鉴定书、部分工程投入使用验收鉴定书;工程移交及遗留问题处理、工程交接过程中形成工程质量保修书、合同工程完工证书、工程质量保修责任终止证书及最终的竣工证书。关于这些验收文件内容的具体编制,不再一一介绍。

任务2 竣工图编制

竣工图是依据施工图改制而成的,但又不等同于施工图,竣工图类型主要有利用施工蓝图改绘的竣工图和重新绘制的竣工图,也有在硫酸纸图上修改晒制的竣工图。无论哪种类型的竣工图,都应该按一定要求进行编制。

1 竣工图编制要求

(1)所有要求编制竣工图的合同工程项目,在工程完工(或竣工)时必须编制竣工图。项目法人应负责编制项目总平面图和综合管线竣工图,施工单位(包括总包和分包单位)应以单位工程或专业为单位编制竣工图,监理单位负责审核。施工单位委托设计单位编制竣工图的,施工单位和监理单位负有审核和签证责任。

(2)竣工图必须按工程实际情况进行编制(包括设计变更、现场商洽、材料代用、质检记录及质量事故处理等均应在竣工图上反映),原则上应使用CAD绘制,应做到准确、完整、清晰、规范、修改到位,技术数据可靠,真实反映工程竣工验收时的实际情况,各项签字手续完备,并用红色印泥逐张加盖竣工图章。每套竣工图应附编制说明、鉴定意见及目录。

(3)凡按施工图施工没有变动的,由竣工图的编制单位在原施工图(须是新图)上加盖、签署“竣工图”章后,即可作为竣工图。

(4)凡在施工图中虽有一般性设计变更或材料代用等,但能将原施工图加以修改、补充即可反映工程实际情况,并符合技术图样杠改或划改要求的,可不重新绘制竣工图,由编制单位负责在原施工图上修改，并在每个修改部位注明修改的依据（设计变更通知单、监理通知单、商洽记录等文件编号），加盖、签署“竣工图”章后，即可作为竣工图。

（5）凡涉及结构形式改变、工艺改变、平面布置改变、项目改变及其他重大修改的，图面变更面积超过1/3的，不宜在原施工图上修改、补充内容，应重新绘制竣工图。重新绘制竣工图仍按原施工图编号，并在说明栏内注明变更依据，在图标栏内注明“竣工阶段”和绘制竣工图的时间、单位、责任人。

（6）同一建筑物、构筑物重复的标准图、通用图可不编入竣工图中，但必须在图纸目录中注明其图号及编制单位，并在竣工图编制说明中注明。

（7）对无原图的（新增加的图纸），应根据工程的施工实际情况和相应的规范进行编制，其图号可根据实际情况自行编制并在图号尾加注“竣”字，在新图图标内注明“竣工阶段”，加盖、签署“竣工图”标后，即可作为竣工图。

（8）引进工程的竣工图，应在外商提供的最终版施工图上按实际修改，经外商审核，加盖、签署“竣工图”章后，方可作为竣工图。

（9）对重新绘制的竣工图和无原图而按照工程的施工实际情况编制的竣工图，均应在每张竣工图的说明中陈述该张图的来历，即：本图是依据原施工图××（原图号）和×××设计变更通知及现场施工的实际情况（重新）编制而成。

（10）编制竣工图时，应包括编制相应的项目总平面图、综合管线图。

（11）竣工图按单位工程、装置或专业编制，并配有详细编制说明和目录。

（12）竣工图编制完毕后，编制单位应按单位工程或装置（专业）对每套竣工图均编写竣工图编制说明，叙述竣工图编制依据、编制原则及编制情况（包括修改内容、原因及提出单位）等。

（13）重大改建、扩建工程涉及原有工程项目变更时，应将相关项目的竣工图统一整理归档，并在原图案卷内增补必要的说明一起归档。

2　竣工图章（标）的使用

2.1　竣工图章（标）内容

（1）利用施工图改作的竣工图和二底图改绘的竣工图，要加盖竣工图章。竣工图章的尺寸为80 mm×60 mm，内容有“××××工程竣工图”字样，编制单位、编制人、技术负责人及编制日期，监理单位、审核人及编制日期（见图7-1）。

（2）重新绘制的竣工图应绘制竣工图标，见图7-2。竣工图标的尺寸为180 mm×48 mm，竣工图标内容可以参照竣工图图章的内容进行绘制，但要增加工程名称、图名、图号及注意保留原施工图工程号、原图编号等项目内容。监理单位应在竣工图标上方加盖并签署“竣工图确认章”（见图7-3）方可作为竣工图。

2.2　竣工图章（标）的位置

重新绘制的竣工图的竣工图标位置在图纸右下角，用施工图改绘的竣工图，将竣工图章加盖在原图签右上方，如果此处有内容，可在原图签附近空白处加盖，如原图签周围均

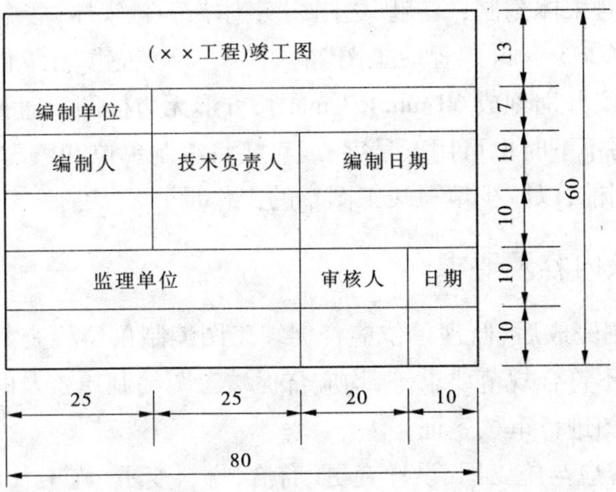

图7-1 竣工图章 (单位:mm)

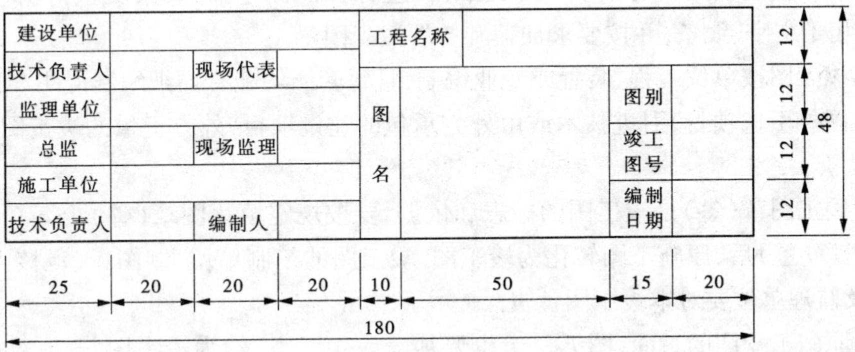

图7-2 竣工图标 (单位:mm)

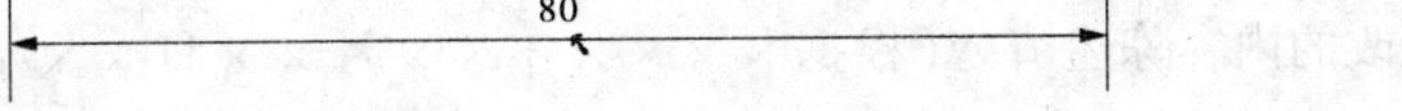

图7-3 竣工图确认章 (单位:mm)

有内容,可在正面找一内容比较少的适当的空白处或背面位置加盖。用二底图修改的竣工图,应将竣工图章盖在原图签右上方。

所有竣工图均应由编制单位使用不易褪色的红色印泥逐张加盖竣工图章,加盖的竣工图章不能覆盖图中的线条和文字。

2.3 竣工图章(标)刻制

竣工图章(标)刻制时,编制单位、编制人、审核人、技术负责人、编制日期、监理单位、总监均统一用小四号宋体刻制；“工程竣工图”字体为一号宋体，居右排列。

竣工图章中的“××××工程竣工图”的“××××”应填写单位工程名称；编制单位和监理单位名称建议分别刻成60 mm×7 mm长方形无边框图章直接加盖，其字体为小四号宋体，字数太多写不下时也可用五号字；或直接将编制单位和监理单位名称刻在竣工图章上，其字体字号同前，以减少填写竣工图章的工作量。

3　竣工图的审核内容及要求

(1)竣工图编制完成后，监理单位应督促竣工图编制单位检查其竣工图编制情况，发现不准确或短缺或不符合规范要求等，均应督促竣工图编制单位及时进行修改和补齐，并对符合要求的竣工图进行审核签证。

(2)竣工图内容应与施工图、设计变更、商洽、材料变更、施工及质检记录、技术交底、图纸会审内容相符合，反映工程竣工时的实际情况。

(3)竣工图应使用新的或干净的施工图，应保证图面整洁、线条文字清晰、纸张无破损，无不相干文字、线条；并按要求加盖和签署竣工图章。

(4)竣工图按单位工程、装置或专业编制，且每套图均配有详细编制说明和目录。

(5)国外引进项目、引进技术或由外方承包的建设项目，外方提供的竣工图应由外方签字确认。

(6)竣工图章(签)是竣工图的标志和依据，要按规定填写图章(签)上各项内容。加盖竣工图章(签)后，原施工图转化为竣工图，竣工图的编制单位、制图人、审核人、技术负责人以及监理单位要对本竣工图负责。

(7)原施工蓝图的封面、图纸目录也要加盖竣工图章，作为竣工图归档，并置于各专业图纸之前。重新绘制的竣工图的封面、图纸目录，不必绘制竣工图签。

4　竣工图编制方法

(1)利用在原施工图(必须是新蓝图或计算机直接绘制的，绝不允许使用拼接的图作为竣工图)上更改，在修改时，不能进行刮改或使用涂改液更改，也不能使用打补丁的方式修改，不得使用圆珠笔等易褪色的书写材料绘图及书写文字，必须使用绘图工具进行更改，注明修改依据文件的编号和条款号，并在标题栏上方或左边的文字说明中，将更改的依据、日期和更改的内容陈述清楚(根据××××年××月××日××字第×号设计变更通知的第×条，将××××更改为××××)，其文字的大小、字体应与原图一致，其竣工图的图号为在原图的图号末尾加注“竣”字。

修改施工图一般有如下几种方法：

①文字、数字更改一般用杠改；线条更改一般用划改；局部图形可以圈出更改部分，在原图空白处重新绘制。

②无法在图纸上表达清楚的，应在标题栏上方或左边用文字加以说明。

③图上各种引出说明应与图框平行，引出线不交叉，不遮盖其他线条。

④有关施工技术要求或材料明细表等文字有更改的，应在修改变更处进行杠改，当更改内容较多时，可采用注记说明。

⑤新增加的文字说明，应在其涉及的竣工图上作相应的添加和变更。

（2）须重新绘制的竣工图，在重新绘制时，必须以原施工图为基础，所有涉及该张图的变更情况（包括施工单位、设计、监理等提出并已实施的所有的变更情况）均应如实地修改到位，并在图纸的说明中将更改的依据、日期和更改的内容陈述清楚，即：根据×××年××月××日××字第×号设计变更通知的第×条，将××××更改为××××；同时对未发生变更的地方（包括说明）都必须如实地保留；对修改部位凡能在标题栏上方或左边的文字说明中能准确描述更改位置和内容的在图上可以不做标识，否则应在相应的修改部位作出必要的标识（用“☆”或“×”标识）；重新绘制的竣工图其图幅、比例和文字的大小以及字体应与原图一致，其图号也必须与原图的图号相同，只需在原图的图号末尾加注“竣”字，并在新图图标内注明“竣工阶段”和加盖竣工图章及签字。

5　竣工图编制举例

杠改法编制竣工图见图7-4，图纸空白处加画小图编制竣工图见图7-5，引线法编制竣工图见图7-6，叉改法编制竣工图见图7-7。

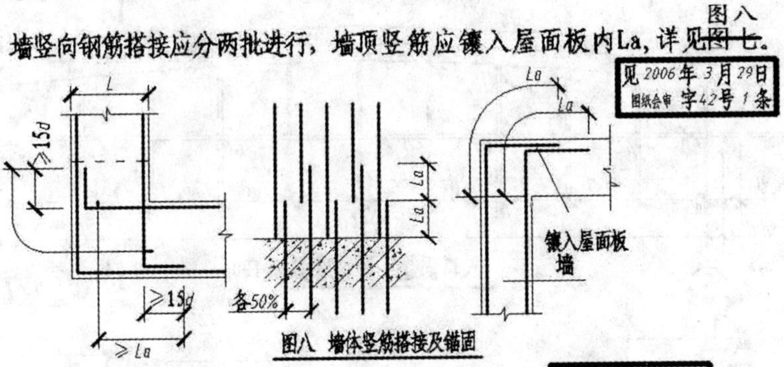

见2006年3月29日 设计变更 字52号2条

杠改法

砌块强度等级	砂浆强度等级	容重	备　注
MU7.5	M5	≤13 kN/m³	均采用混合砂浆砌筑
~~MU5~~ MU7.5	M5		
~~MU5~~ MU7.5	M5		
MU7.5	M5		

（a）

图7-4　杠改法编制竣工图

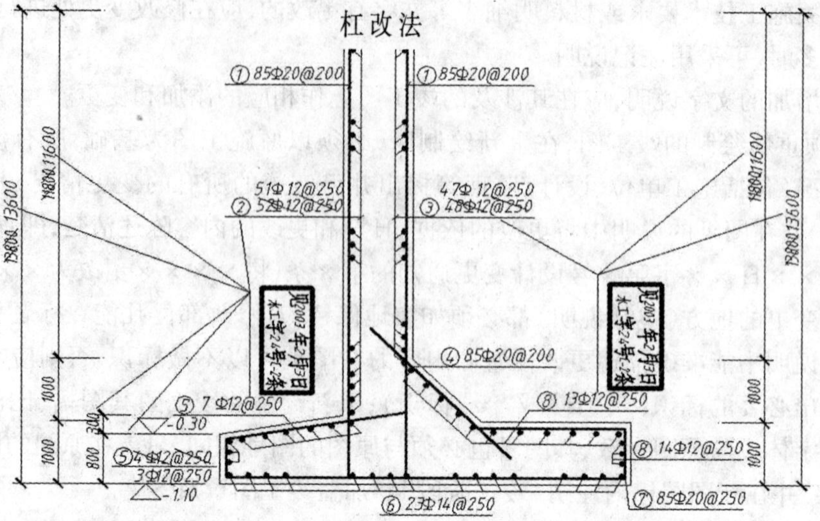

(b)

续图 7-4

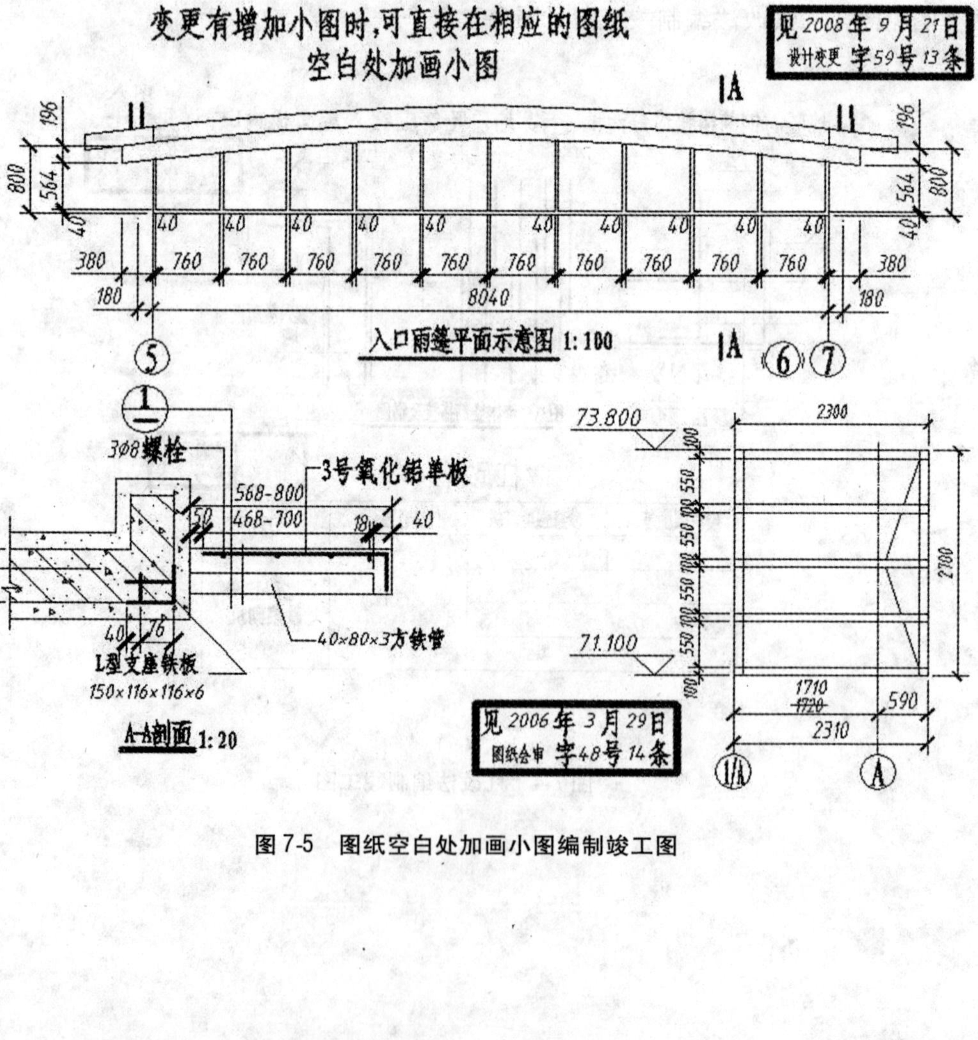

图 7-5　图纸空白处加画小图编制竣工图

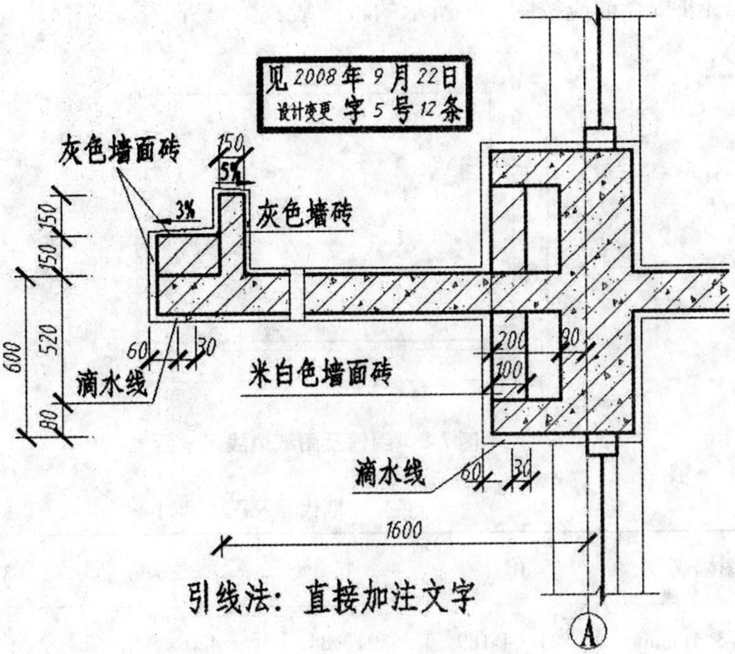

图 7-6　引线法编制竣工图

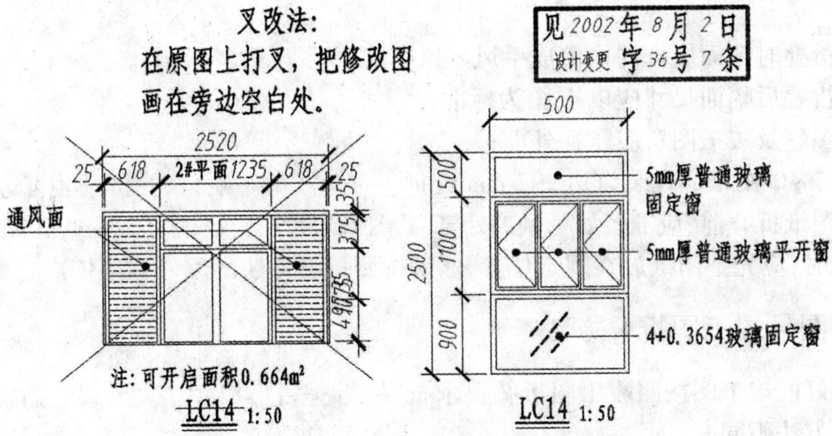

图 7-7　叉改法编制竣工图

6 竣工图折叠一般要求

(1)图纸折叠前应按图7-8所示的裁图线裁剪整齐,图纸幅面应符合表7-4的规定;

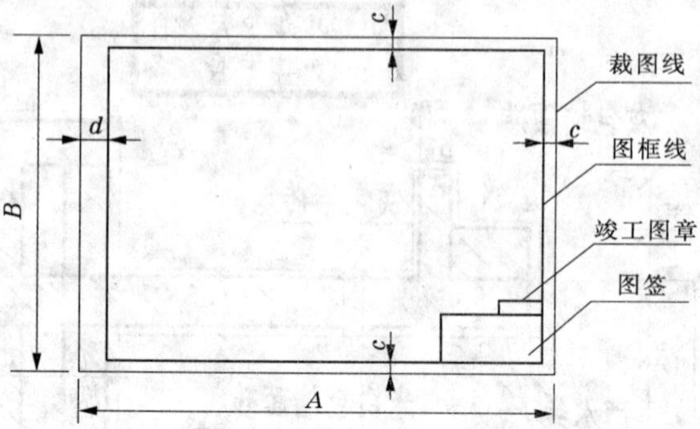

图7-8 图框及图纸边线尺寸示意

表7-4 图框代号及图幅尺寸

基本图幅代号	$0^{\#}$	$1^{\#}$	$2^{\#}$	$3^{\#}$	$4^{\#}$
B(mm)×A(mm)	841×1 189	594×841	420×594	297×420	297×210
c	10				
d	25				

(2)折叠时图面应折向内侧成手风琴风箱式;

(3)折叠后幅面尺寸应以$4^{\#}$图为标准;

(4)图签及竣工图章应露在外面;

(5)$3^{\#}$~$0^{\#}$图纸应在装订边297 mm处折一三角或剪一缺口,并折进装订边;

(6)图纸折叠前,应准备好一块略小于$4^{\#}$图纸尺寸(一般为292 mm×205 mm)的模板。折叠时,应先把图纸放在规定位置,然后按照折叠方法的编号顺序依次折叠。

7 不同图号竣工图折叠方法

编制好的竣工图按照竣工图折叠要求折叠,折叠后形成图7-9形式。图幅尺寸不同图纸折叠方法不同。

(1)$3^{\#}$图纸折叠见图7-9。

(2)$2^{\#}$图纸折叠见图7-10。

(3)$1^{\#}$图纸折叠见图7-11。

(4)$0^{\#}$图纸折叠见图7-12。

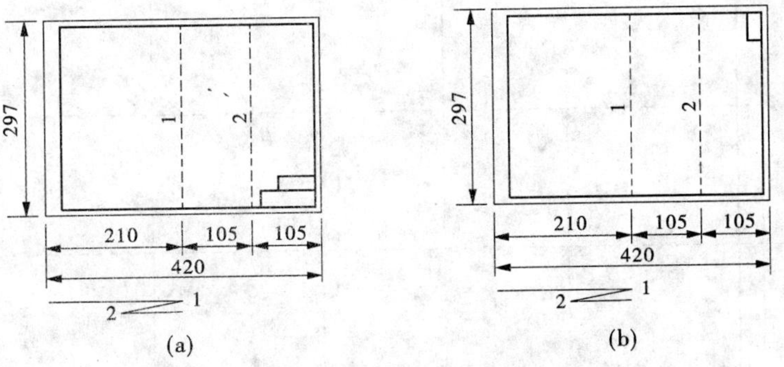

图 7-9　3#图纸折叠示意图

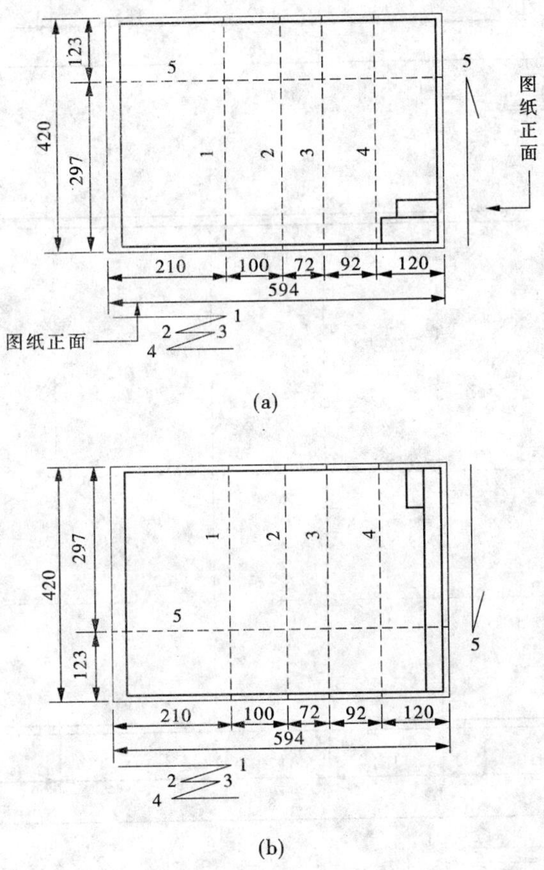

图 7-10　2#图纸折叠示意图

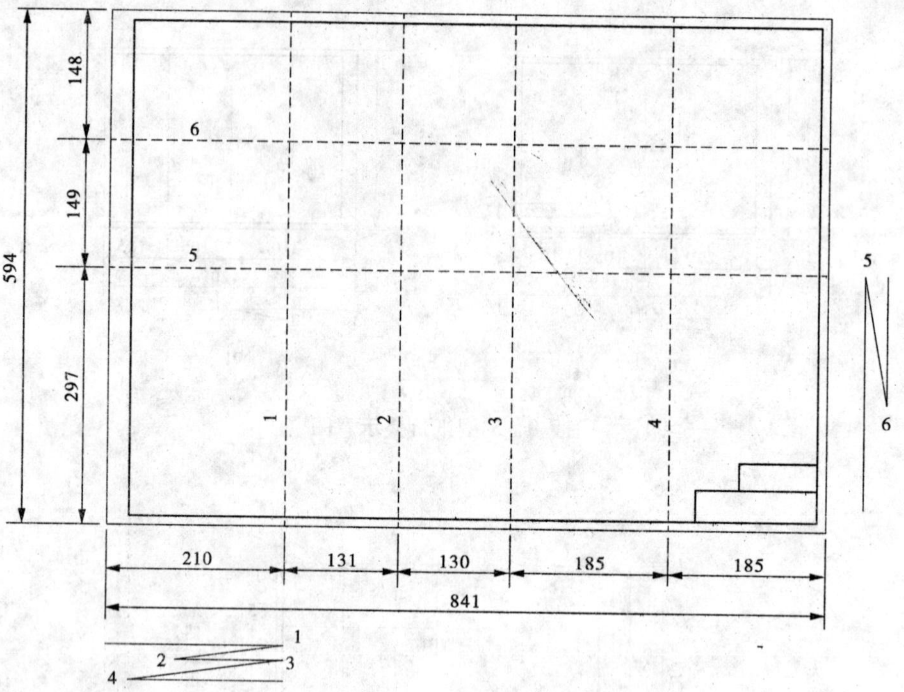

(a)

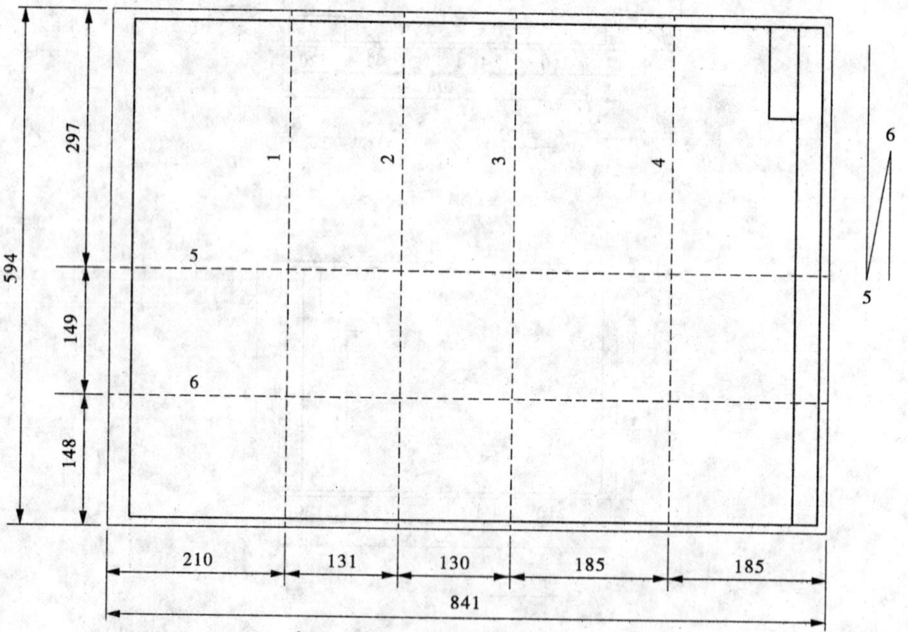

(b)

图 7-11　1#图纸折叠示意图

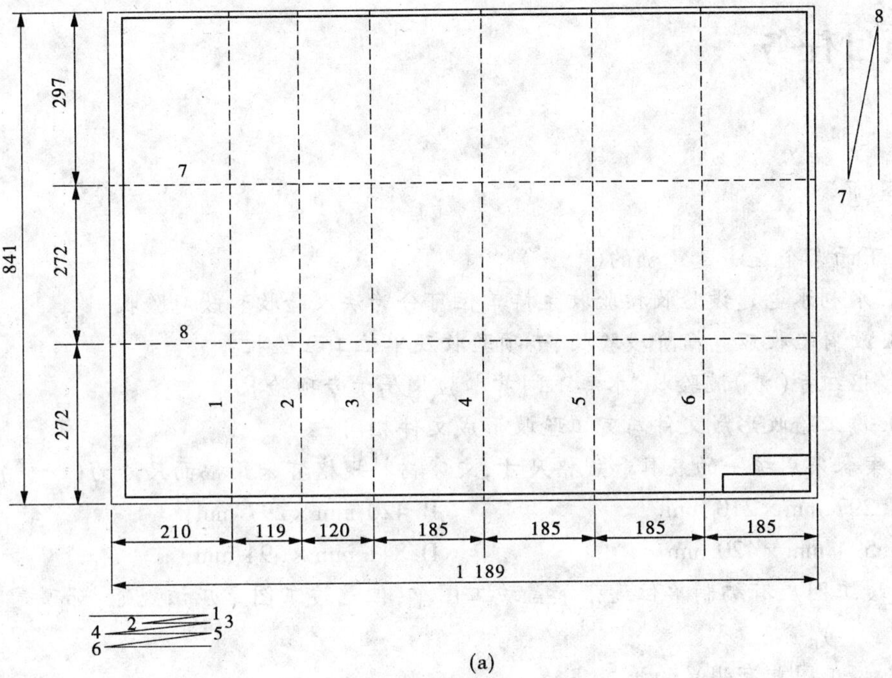

(a)

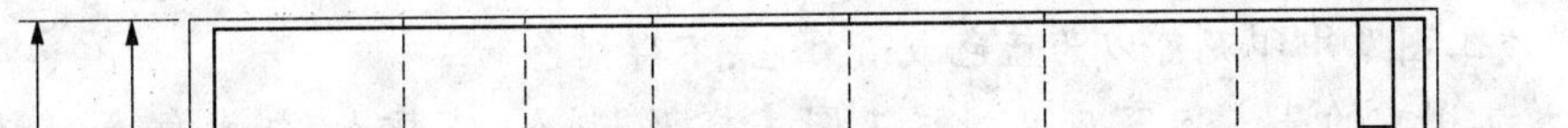

(b)

图7-12　0#图纸折叠示意图

项目任务

1 选择题

(1)下面哪个说法是正确的(　　)。

A.水利水电建设验收按验收主持单位可分为法人验收和政府验收

B.政府验收应包括阶段验收、专项验收及单位工程验收

C.枢纽导(截)流验收、水库下闸蓄水验收属于专项验收

D.竣工验收形成文件与完工验收形成文件相同

(2)案卷采用统一的装具和规格尺寸,文字材料规格宜采用幅面尺寸为(　　)。

A. 297 mm×210 mm　　B. 420 mm×297 mm

C. 594 mm×420 mm　　D. 841 mm×594 mm

(3)竣工图应有编制单位逐张加盖竣工图章,但是竣工图章应该规范,哪项是不符合要求的(　　)。

A.竣工图章有明显的竣工字样

B.竣工图章中的签名必须齐全

C.竣工图章应加在图签的空白处

D.竣工图章中印泥可以为蓝色或者红色,不得褪色

(4)竣工图章的基本内容应包括竣工图字样,编制人、审核人、技术负责人、编制日期、监理单位和(　　)。

A.编制单位　　B.现场监理、总监

C.城建档案馆　　D.质量监督站

2 简答题

(1)竣工验收过程中主要形成哪些文件?

(2)简述竣工图编制方法。

(3)简述竣工图折叠基本要求。

项目8 工程文件组卷与归档

工程文件组卷也称立卷,是指按照一定原则和方法,将有保存价值的文件分类整理成案卷的过程。工程案卷是由互有联系的若干文件组合而成的工程档案保管单位。工程文件归档是指建设项目的设计、施工、监理等单位在完成其工作任务后,将形成的文件整理立卷形成案卷后,按规定移交档案管理机构的过程。工程文件组卷与归档是工程竣工验收、结项决算的必要条件,组卷归档工作为新建、改建、续建工程提供参考、指导。

任务1 工程文件组卷

工程文件的载体有纸质载体、光盘载体两种;工程文件组卷归档的工程档案可采用纸质载体、微缩品载体和光盘载体三种形式。这里主要介绍采用纸质载体的工程文件组卷归档有关方法、要求。

1 工程文件组卷原则、要求

1.1 工程文件组卷原则

组卷要遵循科技文件材料的形成规律和成套性特点,保持案卷内科技文件材料的有机联系,分类科学,组卷合理,便于档案的保管和利用,符合档案管理要求。一个建设工程由多个单位工程组成时,工程文件应按单位工程组卷。

1.2 工程文件组卷一般要求

(1)案卷内科技文件材料内容必须准确反映生产、科研、基建、设备及其管理活动的真实情况;案卷内科技文件材料的载体和书写材料应符合耐久性要求。不能有热敏纸,不能有铅笔、圆珠笔、红墨水、纯蓝墨水、复写纸等书写的字迹。

(2)工程竣工后,应绘制竣工图。竣工图应反差明显、图面整洁、线条清晰、字迹清楚,能满足微缩和计算机扫描的要求,并按相关要求对竣工图进行组卷。

(3)工程文件如基建文件、监理文件、施工文件、水工建筑物质量评定文件及房建工程质量验收文件均应齐全、完整,并符合相关规定。文件材料和图纸应满足质量要求,否则应予以返工。

(4)工程文件组卷时,应按不同收集、整理单位及文件类别,按基建文件、监理文件、施工文件和竣工图分别进行组卷;施工文件还应按专业分类,以便于保管和利用。

(5)同一合同项目不同类目的文件材料应分别组卷;不同合同项目相同类目的文件材料应分别组卷,同一合同项目不同保管期限的文件材料原则上应分别组卷。

(6)同一问题一卷装不下,可按单位工程、分部工程组成多卷。

(7)案卷内不得有重份文件,件内不得有重页文件,但卷与卷之间相互有关联的文件,在归档过程中允许有一定数量的重复;不同载体的文件一般应分别组卷。

(8)字迹不清的重要文件,应进行复制(打印或手抄),并与原件一起立卷,复制件在前,原件在后。

(9)外文资料档案应保持原来的案卷及文件排列顺序、文号及装订形式,外文资料有中译文的,应一并立卷。

(10)外购设备中的随机文件单独组卷。引进项目中的成套文件材料不拆散组卷;底图以张为单位单独保存和管理。

2 工程文件组卷方法

工程文件组卷没有具体的统一方法,但不同工程组卷有其具体要求及方法。水利工程文件主要包括基建文件、监理文件、施工文件及质量评定文件、竣工图等,一般可按如下方法组卷:

(1)基建文件组卷。基建文件可按建设程序、专业、形成单位等组成一卷或多卷。可根据类别和数量的多少组成一卷或多卷,如工程决策立项文件卷,征地拆迁文件卷,勘察、测绘与设计文件卷,工程开工文件卷,商务文件卷,工程竣工验收与备案文件卷。同一类基建文件还可根据数量多少组成一卷或多卷。

(2)监理文件组卷。监理文件可按单位工程、分部工程、专业、阶段等组卷,监理文件可根据文件类别和数量多少组成一卷或多卷。

(3)施工文件组卷。可按单位工程、分部工程、专业、阶段等组卷;每一专业再按照文件类别顺序排列,并根据文件数量多少组成一卷或多卷。

对于专业化程度高,施工工艺复杂,通常由专业分包施工的单元工程应分别单独组卷。应单独组卷单元工程按照顺序排列,并根据文件数量的多少组成一卷或多卷。

(4)水工建筑物施工质量评定文件组卷。根据单位工程或专业进行分卷,每单位工程应组成一卷或多卷,如堤防工程、灌浆工程、土砌工程、混凝土面板堆石坝、浆砌石坝、发电厂房等,应分别组成一卷或多卷。

(5)房建工程施工质量验收文件组卷。房建工程施工质量验收文件应按文件的类别或专业进行分类组卷,有时也按单位工程进行组卷。并根据质量验收文件的多少组成一卷或多卷。

(6)竣工图可按单位工程、专业等组卷,并根据文件数量多少组成一卷或多卷。

(7)组卷时,案卷及卷内文件不重份,不同载体的文件一般应分别组卷。

(8)组成的卷案应美观、整齐。若卷内存在多类工程文件,同类文件可按自然形成的顺序和时间排序,不同类文件之间可按一定顺序进行排列。

3 卷内文件的排序

卷内文件排序是指通过对卷内文件进行认真分析、仔细研究,寻找出它们之间的主要联系,并按照其主要联系排序,从而固定每份文件在卷内文件中的位置。不同工程卷内文件排序不一样,同一工程卷内文件排序也不尽相同,科学技术档案案卷卷内文件排序一般应符合以下要求:

(1)案卷内管理性文件按问题、时间或重要程度排列。同一事项的请示与批复、同一文件的印本与定稿、主件与附件不能分开，并按批复在前、请示在后，印本在前、定稿在后，主件在前、附件在后的顺序排列。

(2)设计文件按凭证性材料、基础性材料、预可行性研究、可行性研究、招投标设计、施工图设计、设计修改等内容排列。

(3)施工文件按管理、依据；建筑、安装、材质与产品检验、施工试验、施工记录、检查验收，质量评定等内容排列。

①施工综合管理文件按文件类型、问题、时间排列。

②材质证明文件按材质类别、批次排列。

③试验检验、施工记录、质量检查、评定、验收文件按单位工程、分部(分项)工程、桩号、高程排列。

(4)设备文件按依据、开箱验收、随机图样、安装调试和运行维修等顺序排列，即：按开箱验收单→装箱单→合格证(产品质量证明书)→出厂检验文件→使用说明书→厂家图→安装调试记录的顺序排列。

(5)合同及决算类文件按立项、招标、投标、评标、中标、合同谈判、合同及审批、合同变更、合同索赔、工程量核定、概预算及审批、价差文件、奖励、造价分析、评估文件、统计报表、结算文件、审计文件、完(竣)工决算排列。

(6)设计变更、现场洽商、材料变更等有关变更类文件按类别、时间、文号排列。

(7)竣工图按专业、图号排列。

(8)文字材料和图纸材料原则上不能混装在一个装具内，如文件材料较少，需放在一个装具内时，文字材料和图纸材料必须混合装订，其中文字材料排前，图样材料排后。有译文的外文文件译文在前，原文在后。

例1：某重大水利水电枢纽工程施工文件案卷排列

(1)管理文件

首先按主题(问题)分类，如质量管理、进度管理、费用管理等，涉及几个方面的综合性文件资料，排在最后一类；其次，按文件资料产生的时间排列；然后再按重要程度排列。

(2)质量检查文件

首先就某一单元工程，按成果文件、中间性文件和原始文件依次分类排列；其次按重要文件和次要文件排列。

(3)工程验收文件

在质量检查文件整理的基础上，依次按类排列到相应的单位工程、分部工程、单元工程。

(4)材质证明与质量检验文件

首先针对某一材料按检验成果、检验原始记录、材质证明排列，再按材料种类、型号、批次排列。

(5)施工综合文件

排列顺序为：开工令，工程技术交底、图纸会审纪要，施工组织设计，施工大事记，施工记录等。

(6)合同及决算文件

排列顺序为：合同及变更，索赔文件，设计变更(按专业、部位、时间排序)，工程更改洽商函件(按专业、部位、时间排序),材料代用核定审批件(按品种、型号排序),工程量核定文件,竣工决算。

(7)竣(完)工验收文件

排列顺序为:验收签证书、鉴定书(签证),验收申请报告,设计报告,监理报告,施工报告,总公司项目管理报告。

(8)竣工图纸的编排

①按总体和局部的关系排列。即总体性、综合性的图在前,局部性的图居中,细部的、大样性的图排后。如按总体布置图→系统图→平面图→大样图等。②按合同项目工程的单位工程(分部工程、分项工程、单元工程)分专业立卷。

(9)图文混合材料

分两种情况处理。其一,对整个要编制的文件(对象)或整个保管单位的全面情况进行说明或指导的综合性材料,要排在图样的前面;其二,只是针对本卷内图样进行补充说明或局部性一般说明的,其文字文件排在图样的后面。

例2:某水电工程建设项目文件组卷方法

(1)征地拆迁文件、招标文件、投标文件及评标文件、承包合同、合同谈判、业主各部门形成或收到的非普发性的针对具体工程建设项目的工程各项管理文件和工程的阶段验收、竣工验收形成的文件、工程结算(决算)及工程审计报告等有关的工程文件,由业主相应部门按项目根据工程文件形成的阶段、性质、内容,分别按项目结合问题、年度、单项或单位工程、形成单位、保管期限等分别组卷。

(2)建设项目设计文件包括地质勘察资料、(预)可研、概算、施工图设计等由设计院或业主按项目、阶段、单位(分部)工程、专业分别组卷。

(3)建设项目施工阶段形成的施工文件,其中开工报告、施工组织设计、施工方案(措施)、施工计划及批复,施工月(季、年)报、施工日志、质量缺陷(问题)认定处理等及有关工程质量、进度、安全、水保环保等来往文件由施工单位按合同项目的单位工程或分部工程和专业及阶段结合问题、年度、保管期限等分别组卷。各项施工原始记录、原材料出厂证明、各种试验检验报告、单元工程验收及质量评定文件等,由施工单位按合同项目的单位工程或分部、单元工程结合专业、阶段及文件类型和桩号、高程分别组卷。

(4)建设项目监理工作形成的监理文件包括监理通知、开(停、复)工令、备忘录、有关会议纪要、施工质量检验分析、合同管理文件、计划进度管理文件、工程质量控制文件、工程技术管理文件、工程计量与支付文件、与业主及各参建单位的来往函件、监理月(季、年)报、监理日志,由监理单位按合同项目结合问题、文件类型、年度、保管期限等分别组卷;监理大纲、监理规划、监理细则、监理(总结)报告及其审核或批复意见由监理单位按监理合同项目结合专题及不同的专业组卷。

(5)建设项目安全监测、测量、水保环保、试验检测等中心形成的文件分别由各中心负责整理。其中月(季、年)报、日志分别由各中心按年度组卷;各种抽检原始记录、各种正式成果、报告及与业主和各参建单位的来往函件等分别由各中心按合同项目结合单位工程(含分部)、文件类型、问题及不同的专业、保管期限分别组卷。

(6)涉及工程变更的设计变更文件、工程联系单等由施工单位按单位工程、分部工程结合专业、年度组卷。

(7)竣工图由施工单位按单位工程、分部工程结合专业、装置等组卷。

(8)竣工验收文件由承办单位按单位工程结合专业、阶段、问题等组卷。

(9)设备、技术、工艺、专利及商检索赔文件应由承办单位按单位工程、专业、台(套)件结合保管期限等组卷,但同一型号的设备一次采购了多台(套),且随机文件相同的部分只归一个台(套),其他台套相同的部分可不编入,但必须在卷内备考表中注明;现场使用的译文及安装、调试形成的非标准图、竣工图、设计变更、试运行及维护中形成的文件,工程事故处理文件,由施工单位按台套或合同工程结合保管期限等组卷。

(10)工程建筑物照片按导流工程、混凝土坝、引水工程、发电厂房工程、升变压工程、机组设备安装、对外交通工程、场内公路、管理设施、施工临时工程、其他工程组卷;其他如工程签字仪式和发电庆典、各有关重要会议(经验交流会、技术鉴定会等)、上级领导参观检查指导、技术咨询、交流活动等,根据实际情况可分别组卷或将上述内容全部组在一起。

任务2 工程文件案卷建立

1 案卷组成与规格

每个案卷由封面、卷内目录、卷内文件、备考表组成,并按其顺序排列。工程文件组卷时,要求卷内文件、封面、卷内目录、备考表统一采用A4幅(297 mm×210 mm)尺寸,图纸分A0(841 mm×1 189 mm)、A1(594 mm×841 mm)、A2(420 mm×594 mm)、A3(297 mm×420 mm)、A4(297 mm×210 mm)幅面,大于A4幅面的图纸应折叠成A4幅面,小于A4幅面的文件要用A4白纸(297 mm×210 mm)衬托。

2 案卷封面编制

工程案卷封面主要由案卷题名、立卷单位、起止日期、保管期限、密级、档号组成,具体编制如下:

(1)案卷封面印制在卷盒的正表面,也可采用内封面形式。封面式样见图8-1,案卷封面样例见图8-2。

(2)案卷题名应简明、准确地揭示卷内科技文件材料的内容,案卷题名一般由立卷人拟写。题名基本结构为合同项目名称+单位工程+分部工程+单元工程+文件类名,其中,文件类名是同一类文件名称的总和,如原始记录、材质证明、隐蔽工程记录等;基本组成规则是:如果合同项目本身是一个单位工程(或分部工程),则题名中合同项目名称和相应的工程名称不再重复,如果工程项目的某类文件单独组成一卷,则题名中不必要出现单位工程及其以下的工程名称,依此类推。如西陵长江大桥钢箱梁制造竣工图、西陵长江大桥左岸锚锭施工测试检查记录。

(3)立卷单位应填写负责科技文件材料组卷的部门或项目负责部门。

(4)起止日期应填写案卷内科技文件材料形成的起止日期。

(5)保管期限应依据有关规定填写组卷时划定的保管期限,保管期限分为永久、长期、短期三种期限。永久是指工程档案需永久保存,长期是指工程档案的保存期限等于该工程的使用寿命,短期是指工程档案保存20年以下。同一案卷内有不同保管期限的文件,该案卷保管期限应从长。

(6)密级分为绝密、机密、秘密三种。同一案卷内有不同密级的文件,应以高密级为本卷密级。

(7)档号应填写全宗号、分类号(项目代号或目录号)、案卷号。全宗号由各单位根据本单位法人的变更情况自行设定,需向国家档案馆移交的档案,其全宗号另定;分类号是指按统一的分类规则划分本单位全部档案后所给定的类别号;项目代号是指科技档案所反映的产品、工程、课题、设备的代字或代号;目录号一般指分类目录号;案卷号是指科技档案按一定顺序排列后的流水号。档号由档案保管单位填写。

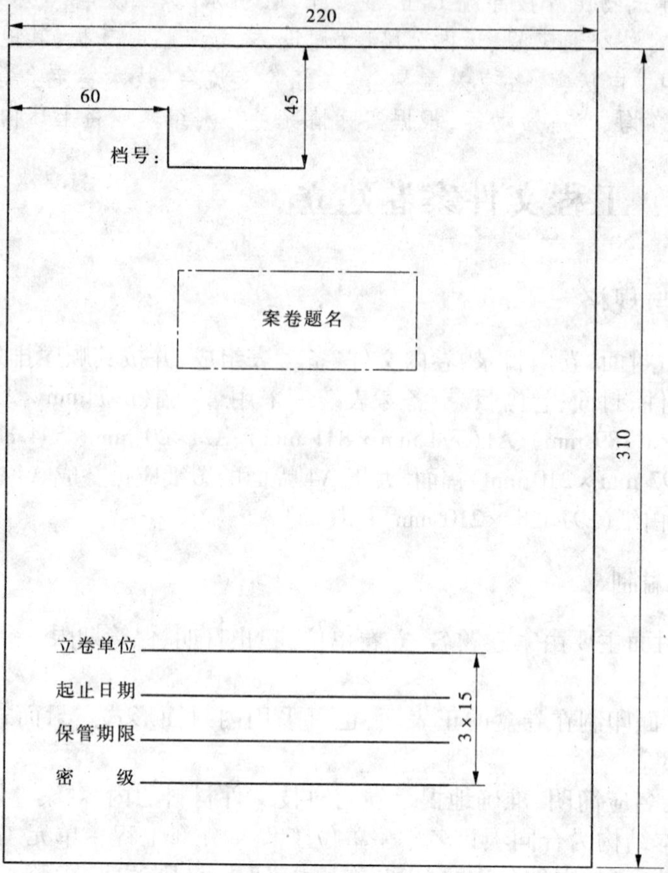

图 8-1　案卷封面样式　(单位:mm)

3　卷内目录编制

卷内目录是指揭示卷内文件内容与成分的一览表,其作用是便于查阅、统计卷内文件。卷内目录应与卷内文件内容相符,卷内目录放在卷内文件首页之前,卷内原文件目录或文件图纸目录不能代替卷内目录,卷内目录编制单位为案卷编制单位,卷内目录式样见图 8-3,样例见表 8-1。工程档案卷内目录一般包括序号、文件编号、责任者、文件题目、日期、页数及备注等。其编制要求如下:

(1)序号应用阿拉伯数字从 1 起依次标注卷内科技文件材料件数的顺序,一个文件一个号。卷内目录内序号与卷内文件排序一致，反映了卷内文件排序。

(2)文件编号应填写科技文件材料的文号或图样的图号、设备代号、项目代号等。

(3)责任者应填写科技文件材料的形成部门或主要责任者，有多个责任者时，选择两个主要责任者，其余用“等”代替。

(4)文件题目应填写科技文件材料的全称。无标题的文件应根据内容拟写文件题目。

(5)日期应填写科技文件材料的形成年月日。

(6)页数应填写文件总页数。

(7)备注应根据实际填写需注明情况。

档号：

案卷题名：中县汝河治理水闸工程闸室段主要施工物资文件编制

立卷单位　山东大河水电工程建设有限公司

起止日期　2013.3.12~2013.5.17

保管期限　长期

密　　级　秘密

图8-2　案卷封面样例

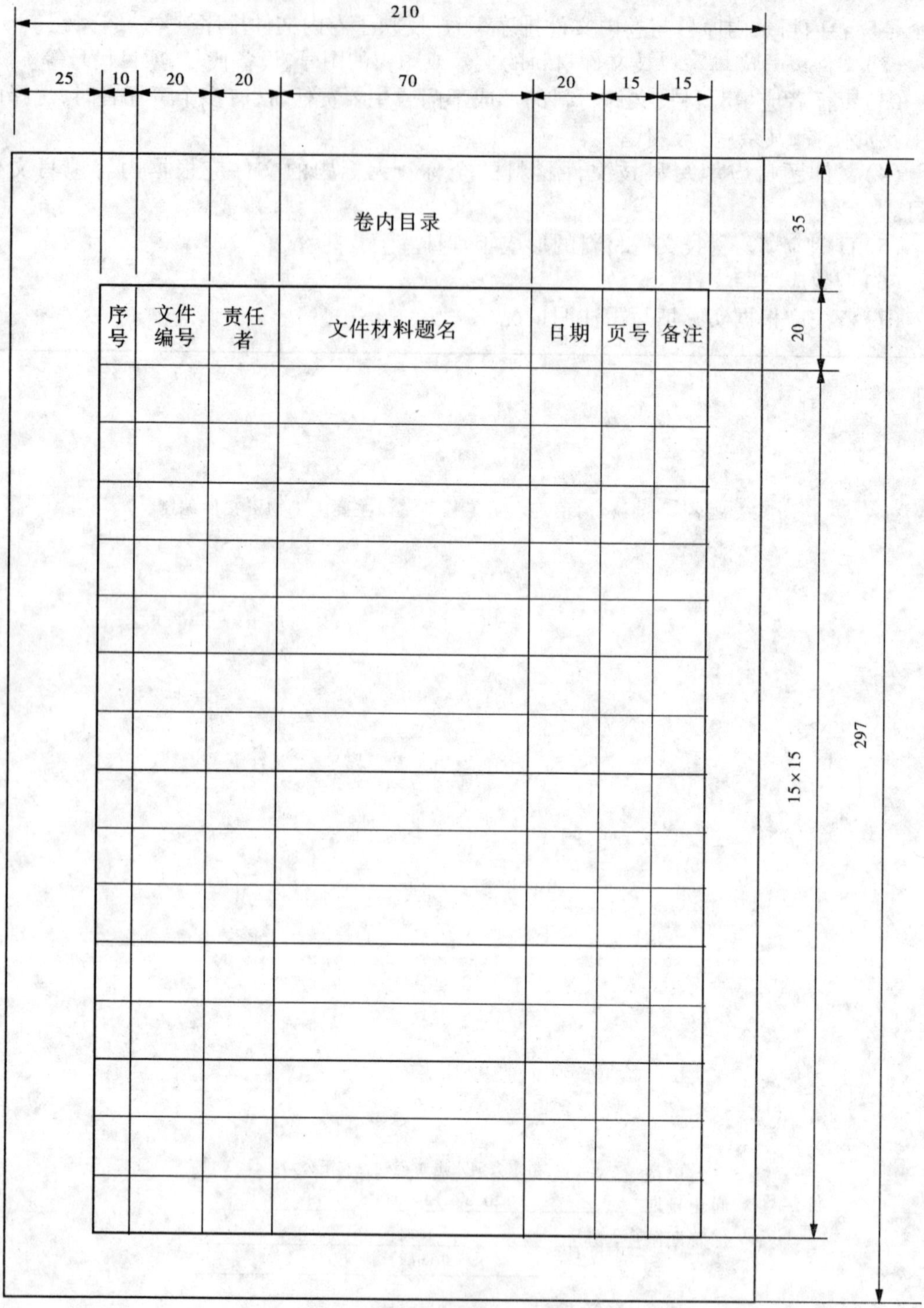

图 8-3　卷内目录式样　（单位：mm）

表8-1 卷内目录样例

序号	文件编号	责任者	文件题目	日期（年-月-日）	页数	备注
1		施工单位	钢材合格证、进场检验报告、见证取样记录及汇总表、试验委托单及检测试验报告	2013-03-12 ~ 2013-05-17	1 ~ 30	
2		施工单位	水泥合格证、进场检验报告、见证取样记录及汇总表、试验委托单及检测试验报告	2013-03-22 ~ 2013-05-10	31 ~ 61	
3		施工单位	碎(卵)石合格证、进场检验报告、见证取样记录及汇总表、试验委托单及检测试验报告	2013-04-12 ~ 2013-05-17	62 ~ 89	
4		施工单位	砂合格证、进场检验报告、见证取样记录及汇总表、试验委托单及检测试验报告	2013-04-18 ~ 2013-05-17	90 ~ 110	
5		施工单位	外加剂合格证、进场检验报告、见证取样记录及汇总表、试验委托单及检测报告	2013-04-10 ~ 2013-05-10	111 ~ 136	

4 备考表编制

卷内备考表是反映卷内文件状况的记录单，排列在卷内文件之后或直接印制在卷盒内底面，用于注明卷内文件与立卷状况，以备文件、档案人员和利用者日后查考。卷内备考表由本卷情况说明、立卷人、检查人、立卷及检查时间、互见号等内容组成卷内备考表样式见图8-4。各部分填写要求如下：

(1)卷内备考表说明包括案卷内科技文件材料的件数、页数以及在组卷和案卷提供使用过程中需要说明的问题。

(2)立卷人应由责任立卷人签名。

(3)立卷日期应填写完成立卷的日期。

(4)检查人应由案卷质量审核者签名。

(5)检查日期应填写审核的日期。

(6)互见号应填写反映同一内容而形式不同且另行保管的档案保管单位的档号。档号后应注明档案载体形式，具体填写方法见前面案卷封面编制中的要求。

卷内备考表

档号：

互见号： 说明   立卷人： 年　月　日 检查人： 年　月　日

图8-4　卷内备考表样式

5　页号编制

案卷中的有书写内容的卷内文件均应编写页号，页号的编写有以下要求：

(1)案卷内科技文件材料均以有书写内容的页面编写页号。每卷从阿拉伯数字1开始，用打号机或钢笔依次逐张连续标注页号，采用黑色、蓝色油墨或墨水。案卷封面、卷内目录和卷内备案表不编写页号。

(2)页号编写位置。单面书写的科技文件材料在其右下角编写页号;双面书写的科技文件材料,正面在其右下角、背面在其左下角编写页号。图样页号编写在右下角或标题栏外右上方。

(3)成套图样或印刷成册的科技文件材料,自成一卷的,不必重新编写页号;与其他科技文件材料组成一卷的,应排在卷内文件材料最后,将其作为一份文件填写卷内目录,不必重新编写页号,可在备注中注明总页数。

6　案卷装订

案卷可采用装订和不装订两种形式,案卷装订有以下要求:

(1)文字材料必须装订成册,文字材料可采用整卷装订与单份文件装订两种形式;图纸材料可装订成册,也可散装存放,但同一项目应统一要求。既有文字材料,又有图纸的案卷应装订。

(2)单份文件装订时,应在卷内每份文件首页右上方加盖、填写档号章。

(3)装订时要剔除金属物,装订线一侧根据案卷薄厚加垫草板纸。

(4)不装订的案卷,应在每份科技文件材料的右上角加盖档号章。

(5)案卷内不同幅面的科技文件材料要折叠为统一幅面,破损的要先修复。幅面一般采用国际标准 A4 型(297 mm×210 mm)或国家通用 16 开型(260 mm×185 mm)。图样折叠时标题栏露在右下角。

(6)外文文件应保持原来的案卷及文件排列顺序、文号和装订形式。

(7)装订时,须将封面、目录、备考表、封底与案卷一起装订。图纸散装在卷盒内时,需将案卷封面、目录、备考表三件用棉线在左上角装订在一起。

(8)案卷装订应采用线绳三孔左侧装订法,整齐、牢固,便于保管和利用。棉线装订结打在背面,装订线距左侧 20 mm,上下两孔分别距中孔 80 mm。

(9)水利工程文件组成的案卷不宜过厚,以利于装订,案卷厚度一般不超过 40 mm。

7　案卷目录编制

单位工程档案的总案卷数超过 20 卷时,应编制案卷目录。案卷目录为案卷的名册,在案卷经过系统化排列后,对其逐一编号登记成册。案卷目录的作用是固定案卷排列顺序,使立卷工作最终得以完成;案卷目录概括地介绍案卷的内容与成分,是文件与档案最基本的检索工具,同时也为档案工作各环节的展开奠定基础。案卷目录由序号、档号、案卷题名、总页数、保管期限、备注等内容组成(案卷目录样式见图 8-5),其各部分填写要求如下:

(1)序号:应填写等级案卷的流水顺序号;

(2)档号、案卷题名、保管期限填写方法见前面介绍;

(3)总页数:应填写案卷内全部文件的页数之和;

(4)备注:可根据管理需要填写案卷密级、互见号或存放位置等信息。

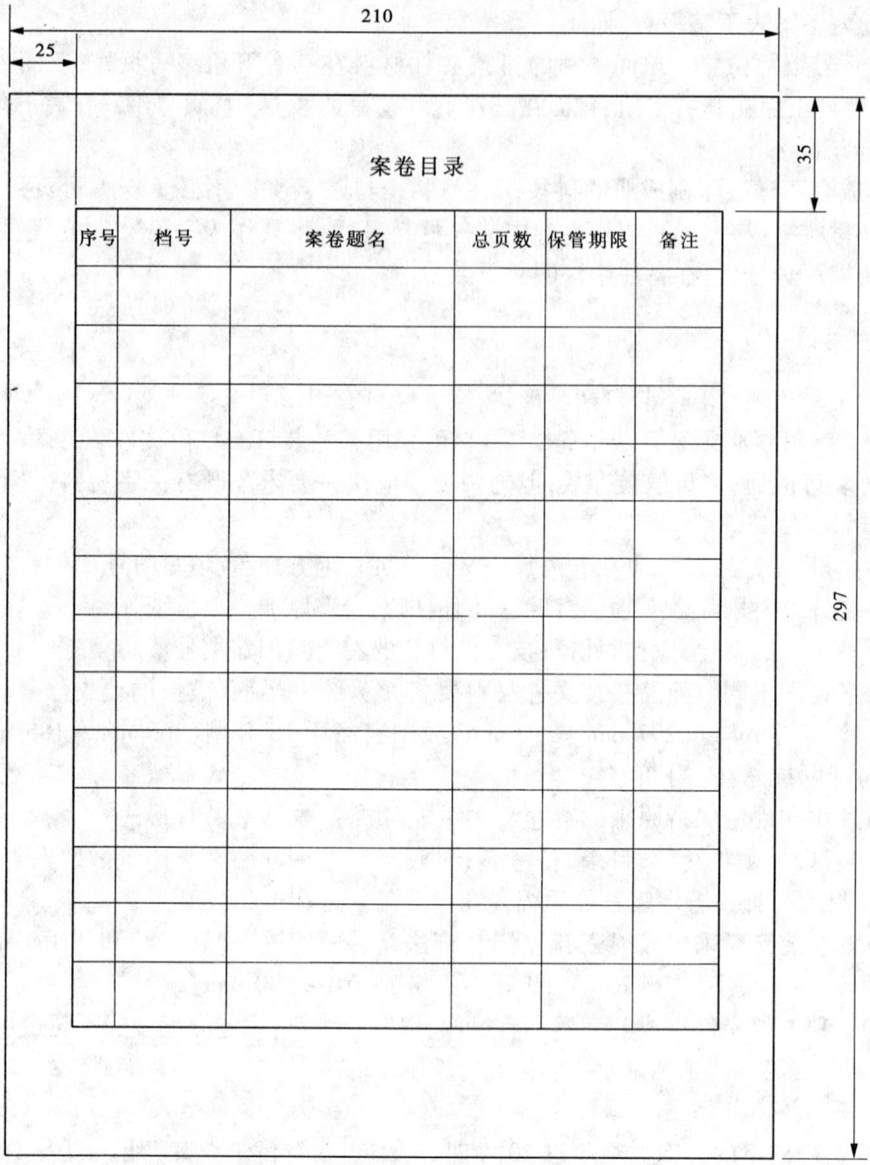

图 8-5　案卷目录样式　（单位：mm）

任务 3　工程案卷归档、验收与管理

1　工程案卷归档要求

工程案卷建立后，应完成档案的移交归档工作，移交归档的案卷从质量、时间及归档套数上要满足以下要求：

（1）归档文件应完整、成套、系统，应记述和反映建设项目的规划、设计、施工及竣工验收的全过程；真实记录和准确反映项目建设过程和竣工时的实际情况；图物相符，技术数据可靠，签字手续完备，文件质量应符合相关规定。

(2)归档的文件必须经过分类整理，并应组成符合要求的案卷。

(3)勘察、设计、监理单位在收齐工程文件并整理立卷后，建设单位应根据城建档案管理机构的要求对档案文件完整、准确、系统情况和案卷质量进行审查。审查合格后向建设单位移交。

(4)施工单位在项目竣工文件收集、编制和整理后，应依次由竣工文件的编制方、质监部门、监理部门对文件的完整、准确情况和案卷质量进行审查或三方会审，经建设单位确认并办理交接手续后，连同审查记录全部交建设单位档案管理机构。

(5)勘察、设计、施工、监理等单位向建设单位移交档案时，应编制档案案卷目录，并须填写工程档案交接单(见图8-6)。交接双方应认真核对目录与实物，并由经手人签字、加盖单位公章确认。

档 案 交 接 单

本单附有目录___张，包含工程档案资料____卷。

(其中永久__卷，长期__卷，短期__卷；
在永久卷中包含竣工图___张)

归档或移交单位（签章）：

经手人：　________　年　月　日

接收单位（签章）：

经手人：　________　年　月　日

图8-6 档案交接单

(6)外文文件应将题名、卷内章节目录译成中文，经翻译人、审校人签署的译文稿与原文一起归档。

(7)工程档案的归档时间，可由项目法人根据实际情况确定。可分阶段在单位工程或单项工程完工后向项目法人归档，也可在主体工程全部完工后向项目法人归档。整个项目的归档工作和项目法人向有关单位的档案移交工作，应在工程竣工验收后三个月内完成。有尾工的应在尾工完成后及时归档。

(8)项目法人可根据实际需要，确定不同文件材料的归档份数，但应满足以下要求：

①项目法人与运行管理单位应各保存1套较完整的工程档案材料(当二者为一个单位时，应异地保存1套)；

②工程涉及多家运行管理单位时,各运行管理单位则只保存与其管理范围有关的工程档案材料;

③当有关文件材料需由若干单位保存时,原件应由项目产权单位保存,其他单位保存复制件;

④流域控制性水利枢纽工程或大江、大河、大湖的重要堤防工程,项目法人应负责向流域机构档案馆移交1套完整的工程竣工图及工程竣工验收等相关文件材料。

⑤在水利水电建设项目建设过程中,所形成文件材料的归档范围和保管期限见附件5。

2 工程案卷验收规定

水利水电工程档案验收属于政府验收的专项验收,未通过档案验收或档案验收不合格的,不得进行或通过工程的竣工验收。

2.1 水利工程档案验收规定

《水利工程建设项目档案管理规定》(水办〔2005〕480号)中对水利工程档案验收有如下规定:

(1)水利工程档案验收是水利工程竣工验收的重要内容,应提前或与工程竣工验收同步进行。凡档案内容与质量达不到要求的水利工程,不得通过档案验收。

(2)各级水行政主管部门组织的水利工程竣工验收,应有档案人员作为验收委员参加。水利部组织的工程验收,由水利部办公厅档案部门派员参加;流域机构或省级水行政主管部门组织的工程验收,由相应的档案管理部门派员参加;其他单位组织的有关工程项目的验收,由组织工程验收单位的档案人员参加。

(3)大中型水利工程在竣工验收前要进行档案专项验收。其他工程的档案验收应与工程竣工验收同步进行。档案专项验收可分为初步验收和正式验收。初步验收可由工程竣工验收主持单位委托相关单位组织进行;正式验收应由工程竣工验收主持单位的档案业务主管部门负责。

(4)水利工程在进行档案专项验收前,项目法人应组织工程参建单位对工程档案的收集、整理、保管与归档情况进行自检,确认工程档案的内容与质量已达要求后,可向有关单位报送档案自检报告,并提出档案专项验收申请。

档案自检报告应包括工程概况,工程档案管理情况,文件材料的收集、整理、归档与保管情况,竣工图的编制与整编质量,工程档案完整、准确、系统、安全性的自我评价等内容。

(5)档案专项验收的主持单位在收到申请后,可委托有关单位对其工程档案进行验收前检查评定,对具备验收条件的项目,应成立档案专项验收组进行验收。档案专项验收组由验收主持单位、国家或地方档案行政管理部门、地方水行政管理部门及有关流域机构等单位组成。必要时,可聘请相关单位的档案专家作为验收组成员参加验收。

(6)档案专项验收工作的步骤、方法与内容如下:

①听取项目法人有关工程建设情况和档案收集、整理、归档、移交、管理与保管情况的自检报告;

②听取监理单位对项目档案整理情况的审核报告;

③对验收前已进行档案检查评定的水利工程,还应听取被委托单位的检查评定意见;

④查看现场(了解工程建设实际情况);

⑤根据水利工程建设规模,抽查各单位档案整理情况,抽查比例一般不得少于项目法人应保存档案数量的8%,其中竣工图不得少于一套竣工图总张数的10%,抽查档案总量应在200卷以上;

⑥验收组成员进行综合评议;

⑦形成档案专项验收意见,并向项目法人和所有会议代表反馈;

⑧验收主持单位以文件形式正式印发档案专项验收意见。

2.2 水利工程档案验收等级

档案验收依据《水利工程建设项目档案验收评分标准》,验收项目包括档案工作保障体系20分,应归档文件材料质量与移交归档70分(其中文件材料的系统性10分,文件材料的准确性24分,文件材料的完整性32分,归档与移交4分),档案接收后的管理10分,共三项满分100分。根据各项评分标准对项目档案管理及档案质量进行量化赋分。验收结果分为3个等级:总分达到或超过90分的,为优良;70~89.9分的,为合格;达不到70分或“应归档文件材料质量与移交归档”项达不到60分的,均为不合格。档案验收不合格的,不得进行项目竣工验收。

3 工程案卷管理规定

(1)各施工单位要按本办法制订各项管理细则,要根据本单位档案的数量,设置符合要求的专用档案库房和相应的档案设施,按有关标准严格保管档案,保证档案安全,防止档案的破损、霉变和散失,任何单位、个人不得伪造或擅自销毁档案。

(2)各施工单位要加强档案工作的日常管理,指挥部和监理部对各单位档案工作情况进行定期考核和不定期抽查,其考核结果作为评比奖励的依据和评定优质工程的条件之一。

(3)编制各种检索工具,最大限度地满足利用者的需要,采取多种形式主动服务,注重利用效果。

(4)在工程建设期间,对档案的综合管理和单项管理成绩突出的单位及个人可给予精神与物质奖励。凡未按规定要求提交竣工档案的单位,延缓工程验收,财务不予结算,限期改正,直至合格为止。

项目任务

1 选择题

(1)文件组卷时卷内文件的排列错误的是(　　)。

A. 不同合同项目相同类目的文件应分别组卷

B. 图纸按专业排列

C. 既有文字材料又有图纸的案卷,图纸材料排前、文字材料排后

D. 同专业图纸按图号顺序排列

(2)案卷装订中(　　)不符合规范要求。

A. 案卷可采用装订与不装订两种形式

B. 图纸材料必须装订

C. 装订应采用线绳三孔左侧装订法

D. 既有文字材料又有图纸的案卷应装订

(3)关于施工单位资料员在单独组卷文件归档时，下面说法正确是(　　)。

A. 文件应按分类、编号、提供单位归档保存

B. 案卷封面、卷内目录和卷内备考表不编写页码

C. 归档的文件必须齐全、完整、准确

D. 不同密级的材料不可保存在同一案卷内

E. 不同类的文件，可混合组卷

(4)工程文件在编制和组卷时，要按照一定的规则要求，下面做法正确的是(　　)。

A. 每一专业只能组成一卷

B. 文字文件一般不能和图纸文件混装在一个装具内

C. 同类材料按自然形成的顺序和时间排列

D. 单位工程档案的总卷数超过 40 卷时，应编制总目录

E. 不同专业可以混合组成一卷

(5)工程案卷厚度不能过厚，一般不能超过(　　)。

A. 20 mm　　B. 30 mm

C. 50 mm　　D. 40 mm

(6)编制卷内文件页号正确的有(　　)。

A. 卷内文件均按有书写内容的页面编号

B. 每卷单独编号页号从“1”开始

C. 单面书写的文件在右下角，双面书写的文件正面在右下角、背面在左下角

D. 折叠后的图纸一律在左下角

E. 每卷单独编号页号从“0”开始

(7)施工日志需要施工单位短期保存，则其保存时间为(　　)。

A. 建筑物正常使用寿命期　　B. 20 年以下

C. 20 年以上　　D. 10 年以下

2　案卷练习

根据项目 4 施工文件编制内容，对中县汝河治理水闸工程闸室段主要施工记录文件或施工试验文件组卷，编制案卷封面及卷内目录。

3　案例分析

李某刚应聘某单位施工资料员，当其到达单位后正好赶上某工程施工完毕，要进行文件组卷，其在整理文件过程中，看到有图纸文件、现场施工图片文件等，并且文件数量比较大，李某按照文件的形成时间把文件进行了组卷，按照案卷厚度不超规定进行了装订。

问题：

(1)施工单位工程文件组卷原则有(　　)。

A.组卷应按照单位(子单位)工程、分部工程系统来划分

B.每卷按工程文件类别排序,同类别按文件形成时间排序

C.组卷文件资料应包括监理文件资料

D.文字文件与图纸文件尽量混装在一个装具内

E.不同载体文件资料分开组卷

(2)随着科学技术的发展,可以作为工程档案文件的载体形式有(　　)。

A.纸质载体　　B.磁性载体　　C.微缩品载体

D.光盘载体　　E.电脑载体

(3)李某应参与施工生产管理,做好各类文件资料的及时收集、核查和(　　)。

A.借阅　　B.整理　　C.监督

D.保管　　E.传阅

项目9 水利工程文件的计算机管理

我国项目管理类软件的研究开始于20世纪70年代,发展开始大多是各个单位自行研制满足自己需求的软件。90年代初,在市场经济的带动下,出现了专门从事水利建筑类管理软件开发的企业,使项目管理软件开始走上了专业化、商业化的发展道路。

20世纪90年代以后,我国的水利建筑等行业的软件技术得到了突飞猛进的发展,目前研制有适用于不同项目的产品,如北京筑业新技术有限责任公司的"筑业工程资料软件"、中国建筑科学研究院的PKPM工程管理系统等。工程资料管理软件已经基本实现了工程施工与项目管理的数据共享,极大地方便了工程资料的整编工作。

工程资料管理软件系统是管理类软件中重要的一个模块,本书以北京筑业新技术有限责任公司的"筑业工程资料软件"为例介绍软件常用操作技巧,以水利工程为例介绍工程信息建立、表格填写、电子文件形成和导入导出及工程文件电子组卷。

任务1 水利工程文件管理软件简介

1 软件的特点及主要功能

"筑业工程资料软件"经过多年与施工现场使用者的合作日趋完善,大幅提高了施工现场文件管理的工作效率,是广大施工技术人员的必备工具。该软件有以下特点:

具备完善的工程文件数据库管理功能,可方便地查询、修改、统计汇总、组卷、打印。实现了表格数据录入简单、快捷的填写方式。可以设置软件登录和工程登录两级密码保护,保护用户工程信息。软件提供自动备份功能,即便工地用电环境恶劣造成工程文件损坏,也能找回最后一次正确工程进行恢复,最大限度减少损失。新建表格,工程信息、验收部位等信息自动填充,省去重复填充的烦恼。为表格提供大量填写范例,用户可以参照填写,即使没有做过资料整编的人员也可迅速掌握。一键分部分项汇总和一键报验,操作更简单。表格自动计算、自动填充等功能,使填表更快捷。软件可根据检验批一般项目和主控项目数据,自动判定检验批是否合格。可以多用户同时做项目,最后将几个工程文件合并成一个文件。可以同时打开多个工程,进行比较做表。做好的工程可以保存起来,下次做相同类型工程时,导入工程后同步工程信息即可。可以导入自定义模板,编辑模板。软件可以跨专业跨规范表格借用,一个工程中可以有多个规范的表格。

同时该软件有以下主要功能:

(1)自动填表:自动导入工程常用信息;可以在常用信息中进行编辑,直接修改常用信息的内容。

(2)自动计算:所有包含计算的表格,用户只需填写基础数据,软件自动计算,用户可以自行输入或修改计算公式。

(3)查找替换:超级方便的查找功能,工程通用信息统一替换。

(4)自动生成分部、分项表:根据检验批表格自动生成分部和分项表。

(5)工程表格相互导入:表格可以在不同工程之间相互导入、移动。

(6)自动编号:自动填写表格编号,对当前模板下已编号的表格,可以重新编号。

(7)排序:上下移动用来调整客户建立表格的顺序,左右移动可以改变表格的从属关系,随意移动可以把建好的表格随意拖动。

(8)导入、导出:方便地导入 Excel、Word、文本文件和批量导入文件夹,导出文本、Excel、PDF 文件。

(9)智能评定:软件根据国家标准或企业标准自动评定检验批质量验收表格的检测值等级,自动添加○和△,标记不合格点值。

(10)企业标准设置:用户可以修改检验批资料国家标准数据,形成企业标准,软件自动根据企业标准进行评定。

(11)表格套打:对于有特殊需要的客户,提供了表格套打功能。

(12)工程表格批量打印:表格填写完成后,可以批量打印整个工程表格,也可以按照编制日期进行分批打印,随意设置是否打印表格、打印表格张数、图章是否打印等。

(13)电子组卷:做完工程后,软件可对工程数据进行分类组卷。

(14)盖章、电子签名:根据当地规定的设置盖章,电子签名,可实现电子存档。

(15)数据自动保存:用户只需把数据填写完成,软件可自动保存所填的内容;还可以自动备份工程,也可人工备份确保数据的安全。

(16)画图:软件自带画图工具,可以插入不同版本的 CAD 软件,可以直接调入 CAD 画版,还可以截图。

(17)附件管理:工程中的所有附件可以进行统一管理。

(18)用户管理:有权限才能访问软件。

(19)回收站功能:表格删除可以轻松找回。

(20)在线服务:如果在线,可以进行在线服务,进行在线升级。

(21)规范自由切换:新版本资料可以同一个软件不同规范标准自由切换,大大方便客户随时调用不同规范的表格,不用同时打开两个程序。

(22)资料库查找:软件赠送了大量的资料、规程、图样、标准、施组、技术交底和安全交底,方便客户随时查看相关资料的电子版。

2 程序安装、运行环境和启动

把安装光盘放入光驱里,自动弹出安装界面,在安装界面中选择"工程资料管理软件",点击"筑业资料××版"后开始安装。

在安装过程中,只需按照提示点击"下一步"安装即可。

硬件环境要求:PC586 或以上,内存 64 MB 或以上,显卡应支持16 位或以上真彩色和

800×600 或 1 024×768 的显示模式；

软件环境要求：操作系统，中文 Windows98/ME/NT/2000/XP，同时兼容 Windows VISTA 和 Windows7 系统等。

3 软件常用操作方法

3.1 工程初始设置

软件安装完成后，在桌面上生成快捷方式"筑业水利工程资料管理软件"，双击图标，启动工程资料管理软件。

打开软件后自动弹出如图 9-1 所示新建工程向导的窗口，第一次使用只需要在"工程名称"栏输入即可，近期打开的文件为最近几次打开过的工程，在下面可以双击打开。

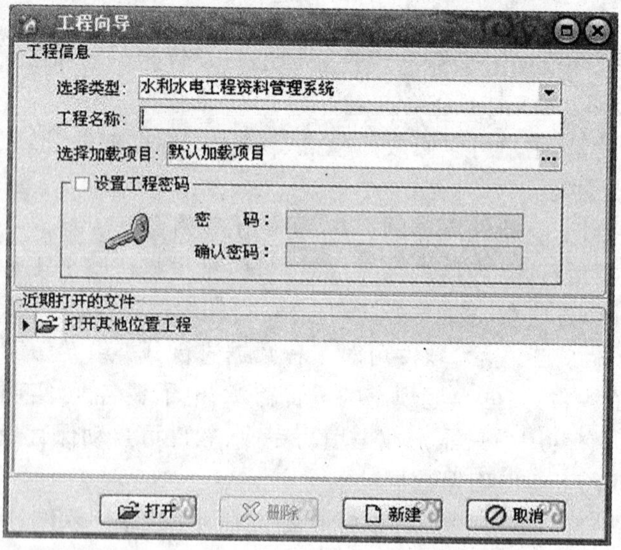

图 9-1　工程向导对话框

在"工程名称"位置输入新建工程的名称。然后点击"新建"按钮，然后会有初始化操作。

软件初始化操作完毕后弹出"设置－工程信息"窗口（见图 9-2），在页面中输入工程基本信息，包括工程名称、工程地址、建筑类型等。一份规范的工程文件，在填写工程基本信息时应注意工程信息必须填写正确、完整。在同一项中有多条内容时，可按回车键换行加入多条内容。

在填写工程信息退出后，若需要再次编辑可在"系统维护"菜单下"工程信息"项或点击工具栏中"信息"按钮对工程信息进行再次修改。"工程信息"修改完成后可点击"表格同步"按钮来更新表格中错误的工程信息。

"工程信息"中主要包括："工程基本信息"和"相关单位信息"，这些信息都是填写表格时所必需的，可在以后新建表格时将所填的信息自动导入表格中。因此，完整、规范地输入这些信息将会极大地提高填表效率。

在填完工程信息后进入编辑操作界面，如图 9-3 所示。

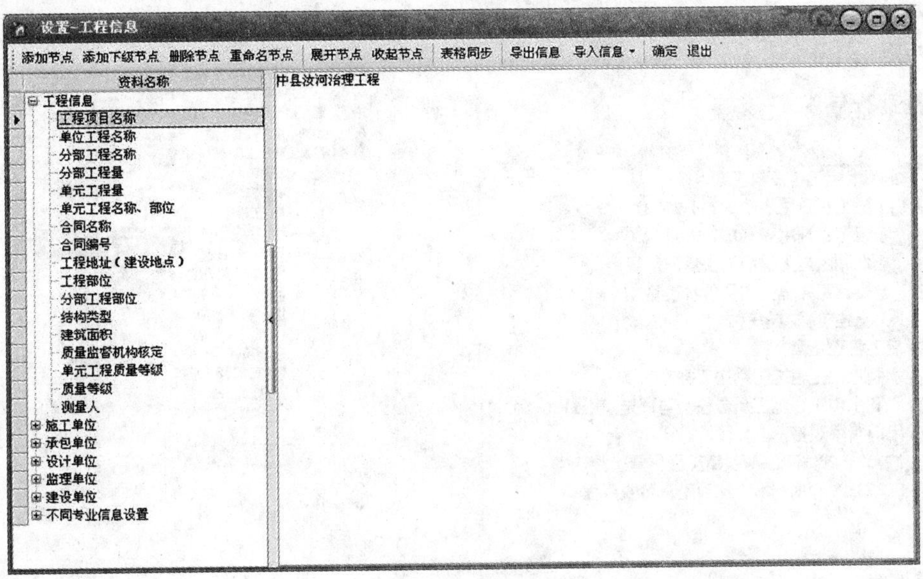

图9-2　设置工程信息

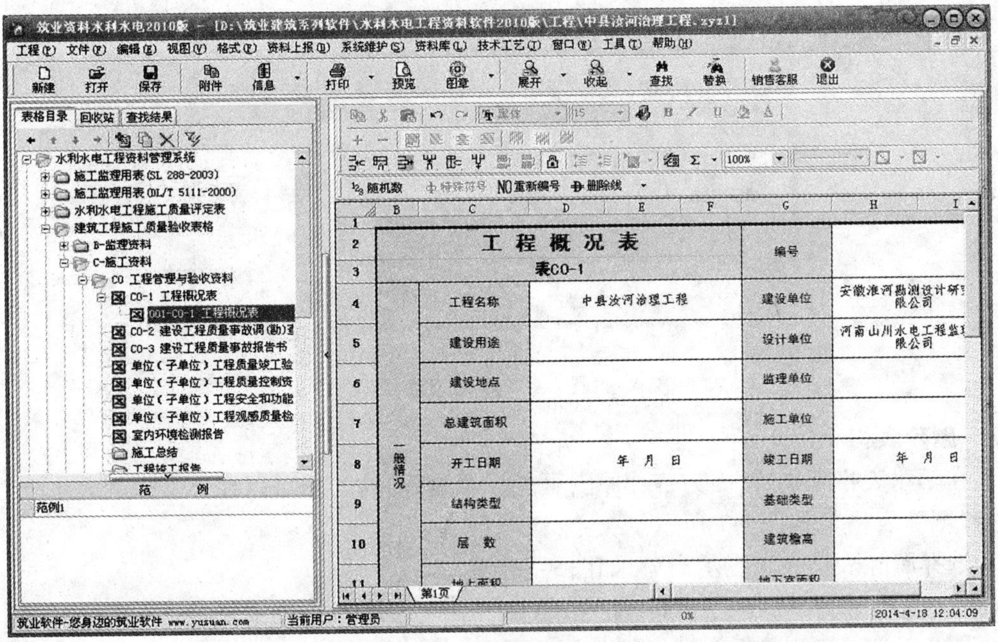

图9-3　操作系统主界面

图9-4是资料软件自带的表格模板目录，想要查找表格首先确认表格所属编制单位（基建文件、监理文件、施工文件等）找到相应的目录，然后展开该级目录进行查找。

3.2　新建表格

在模板目录中查找实际工程所需要的表格，右击鼠标选择“新建表格”或在所需的表格模板上双击即可新建表格，如图9-5所示。

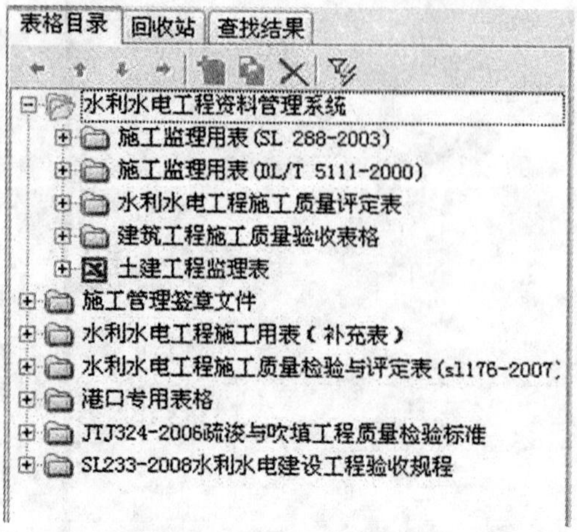

图 9-4　表格模板目录

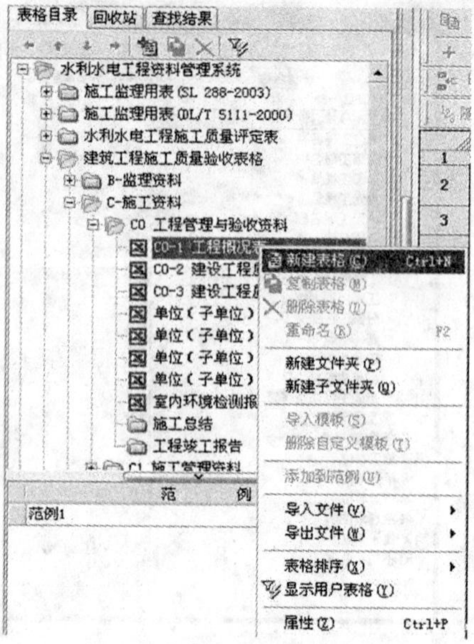

图 9-5　新建表格操作

在弹出"新建表格"窗口中修改已有的表格名称,如图 9-6 所示。

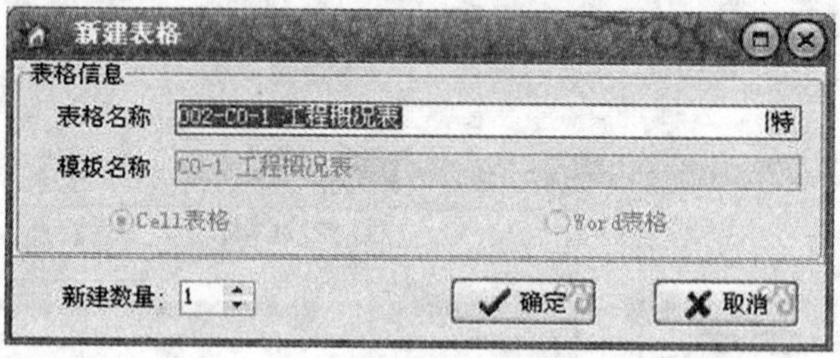

图 9-6　新建表格

3.3　删除表格

在新建表格完成后,因为各种原因可能需要删除,这时候可以在要删除的表格上右击选择"删除表格",如图 9-7 所示。

选择删除表格弹出提示窗口,如图 9-8 所示。

选择"是"则表格被删除到软件的"回收站"中,选择"否"则不删除。

图 9-9 是表格删除后寄存在软件回收站里的表格,在这里可以右击选择"清空回收站"、"还原表格"、"删除表格"等操作。软件回收站中的表格再次删除后将不可恢复。

3.4　填写表格

完成了新建表格的基本操作之后,接下来是如何填写表格。本软件提供了方便、快捷的多种表格填写功能,如自动导入表头信息、智能填充、自动评定、自动计算和汇总、自动生成统计表等。下面详细介绍填写表格的操作方法。

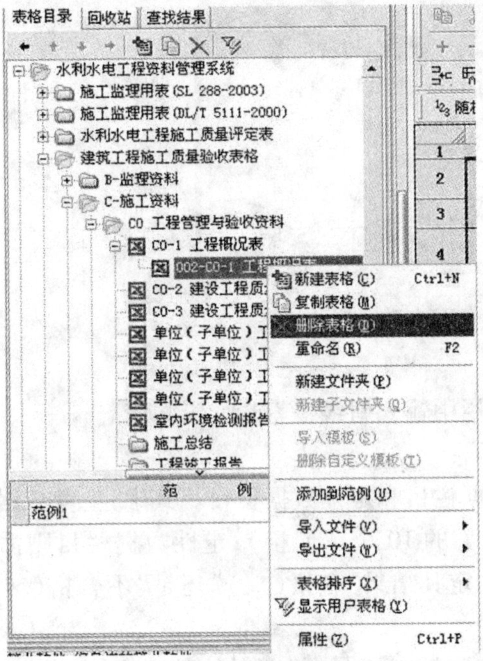

图 9-7　删除表格操作

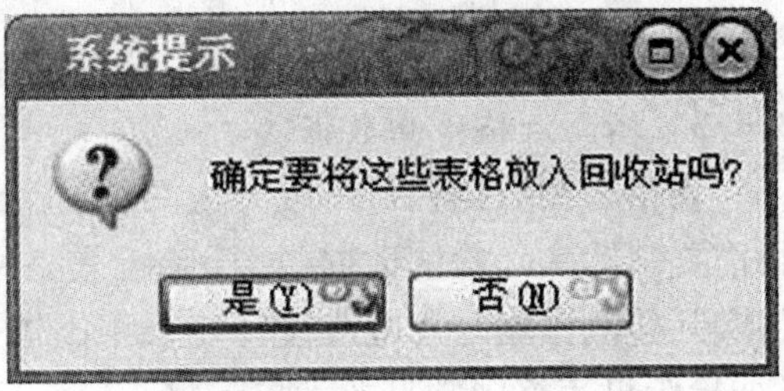

图 9-8　删除表格提示

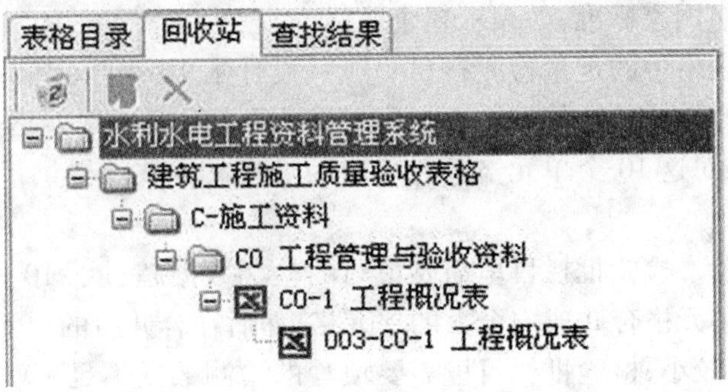

图 9-9　回收站

3.4.1　填写工程基本信息

新建表格后,软件自动将您所设置的基本信息和相关单位信息导入该表格中,如工程名称、分部(子分部)工程名称、施工单位等。

说明:如果表格中某个栏目的信息存在多种选择(如工程中存在两个分包单位),则左键双击该单元格,从弹出的对话框(见图 9-10)中进行编辑。

根据实际工程数据修改自动导入的表头信息,点击窗口中的"编辑"按钮进入编辑框输入实际数据,然后退出,再双击该单元格弹出多项选择。

3.4.2　填写检验批表格中的"施工执行标准名称及编号"

施工执行标准是指企业标准(或引用的推荐标准,但必须经企业认可为企业标准),企业标准应有名称及编号、编制人、批准人、批准时间、执行时间。检验批表格中的"施工执行标准名称及编号"栏目中应该输入施工单位的企业标准名称及编号。如果施工企业

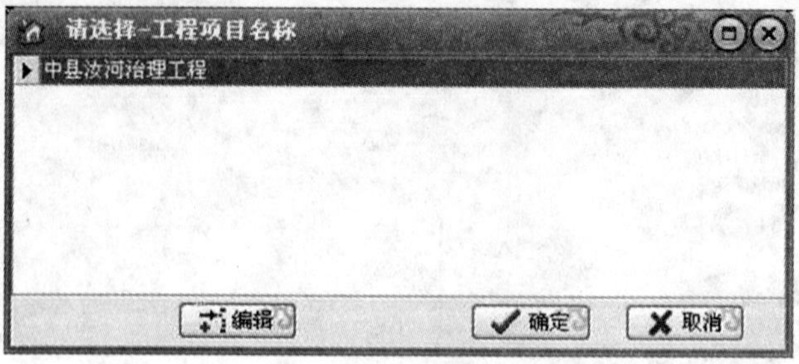

图 9-10　工程项目名称

没有自己的企业标准名称及编号，则可以在该栏中输入斜线“/”或画斜线。

3.4.3　填写表格检测数据

表格检测数据栏目一般分为两种：定量数据栏目和定性数据栏目。其中，定量数据栏目需要填写实际检测数据（如检验批表格中常见的 10 个单元格）；定性数据栏目则需要将实际检测数据与规范或设计要求相比较来判定其结果“合格（√）”还是“不合格（×）”（如检验批表格中常见的大单元格）。

表格检测数据栏目需要根据工程实际检测数据来填写，并应保持其真实性。对于表格所填写的检测数值，软件可智能检测该数值是否超标（如果该数值超标，将用△或○表示。其中：△表示超国家标准，○表示超企业标准）。

另外，检验批表格中的定量检测栏目一般只设计了 10 个单元格，而如果实际工程规模较大，这 10 个单元格不够；如果实际工程规模较小，这 10 个单元格又有多余。因此，应该根据实际需要来对这 10 个单元格进行相应的处理。本软件提供了功能强大的处理方法，具体如下：

当实际工程较大，检验批栏目里需要填写的检测数据超过了 10 个，这时需要先将表格中默认的 10 个单元格合并成一个大的单元格，然后在合并后的单元格中填写统计评定文字。当实际工程较小，检验批栏目里需要填写的检测数据不足 10 个，这时可先如实填写实际检测数据，然后将多余的几个单元格合并为一个单元格，并在合并后所生成的单元格中输入“/”或画斜线。

定性数据栏目则需要将实际检测数据与规范或设计要求相比较来判定其结果“合格（√）”还是“不合格（×）”，通常在检验批表格中表现为一个大单元格。

根据实际有可能不需要填写的情况，如钢筋加工检验批（GB 50204—2002）中主控项目“化学成分等专项检验”栏，规范中明确说明“当发现钢筋脆断、焊接性能不良或力学性能显著不正常等现象时，应对该批钢筋进行化学成分检验或其他专项检验”。也就是当钢筋加工性能正常的情况下，根本不需要进行该栏目所要求的检验。对此类栏目规范的处理是：不能空着不填，而应该输入“/”或画斜线来表示本工程不需要进行该项检验。

3.5　文件导入、导出

（1）导入 Excel 文件：选择要导入 Excel 文件的文件夹或模板，右击文件夹或模板点“导入文件”→“Excel 文件”项，弹出“读入 Excel 文件”窗口，如图 9-11、图 9-12 所示。

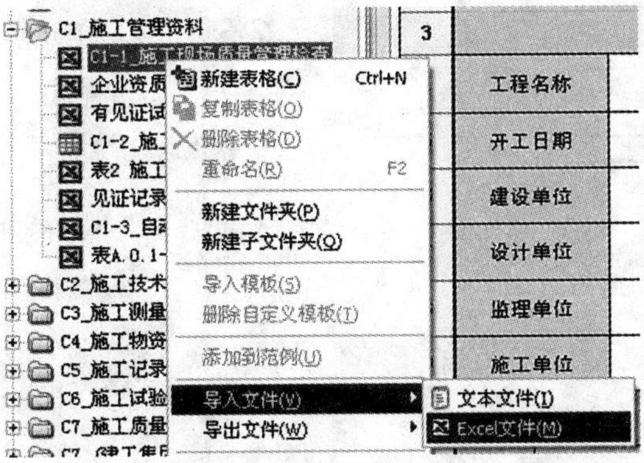

图9-11　导入 Excel 文件

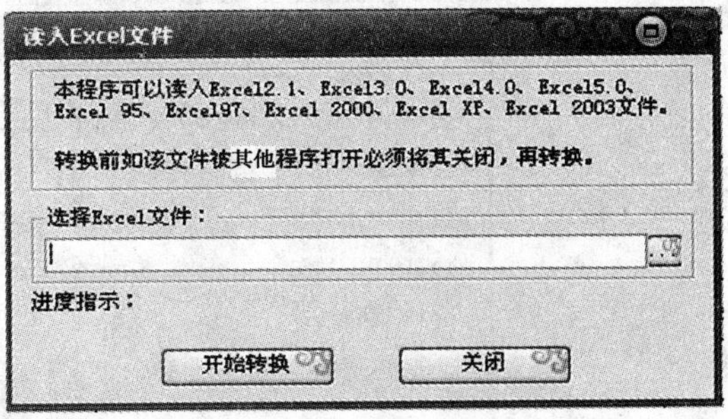

图9-12　读入 Excel 文件

在弹出的窗口中点击“…”按钮，弹出“选择 Excel 文件”窗口，如图9-13所示。

图9-13　选择 Excel 文件

在该窗口中选择所要导入的文件，点击“打开”返回“读入 Excel 文件”窗口，点击“开始转换”按钮将表格导入到当前目录下名为“导入表格”即可导入。

(2)导入文本文件：选择要导入文本文件的文件夹，右击文件夹“导入文件”→“文本文件”项，弹出如图9-14所示的窗口。

点击“…”按钮，在弹出窗口中选择所要导入的文件，点击“打开”返回“读入文本文件”窗口，然后根据所需的样式选择相应的文本显示样式及预览样式，点击“确定”即可导入。

案例：运行软件，输入工程的名称，然后点击“新建”按钮，软件初始化操作完毕后在“设置－工程信息”页面中输入工程基本信息，包括工程名称、工程地址、建筑类型等(见图9-15)。

点击查找按钮，输入要填写的表格名称“隐蔽工程检查记录”，点击“查找全部”(见图9-16)。

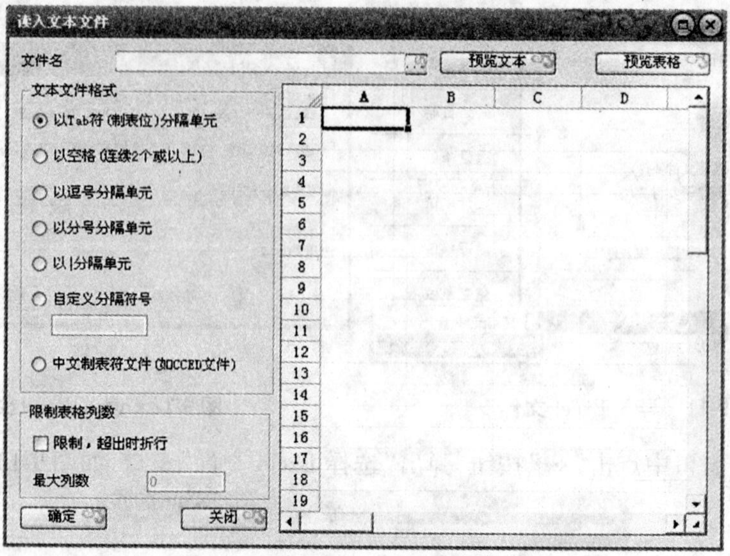

图 9-14　读入文本文件

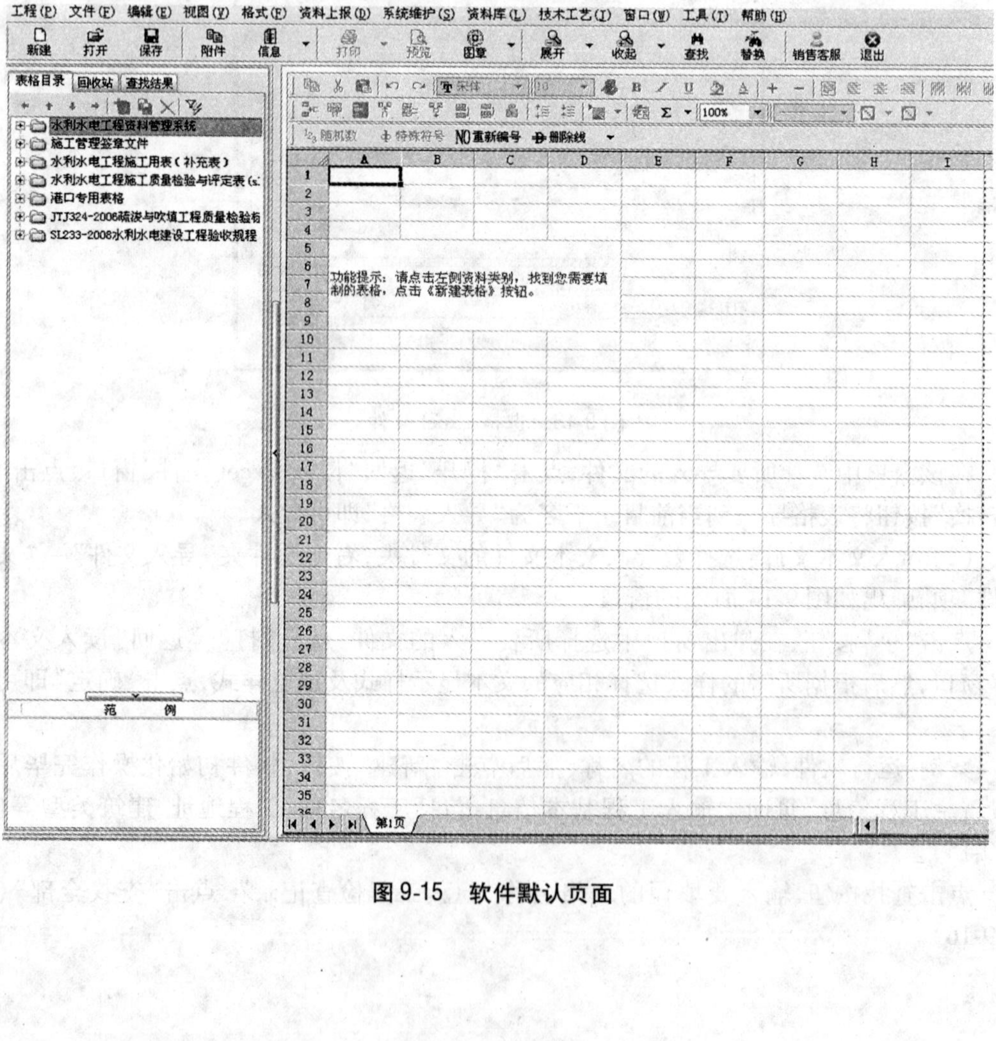

图 9-15　软件默认页面

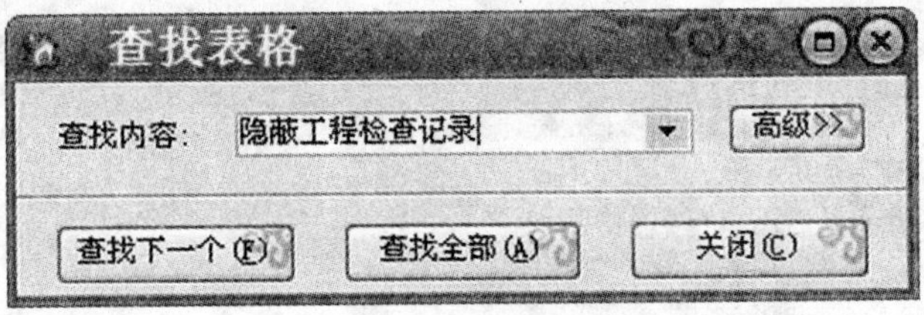

图9-16　查找表格

双击界面右侧的表格模板，选择“新建表格”，则弹出如图9-17所示的表格。

按照规范要求填写表格中的空白处，工程名称信息由于在设置基本资料时已经录入，因此在此自动生成，注意认真填写隐检项目、日期、部位、内容等信息，不需要填写的要输入“/”（见图9-17），填写完毕点击保存。

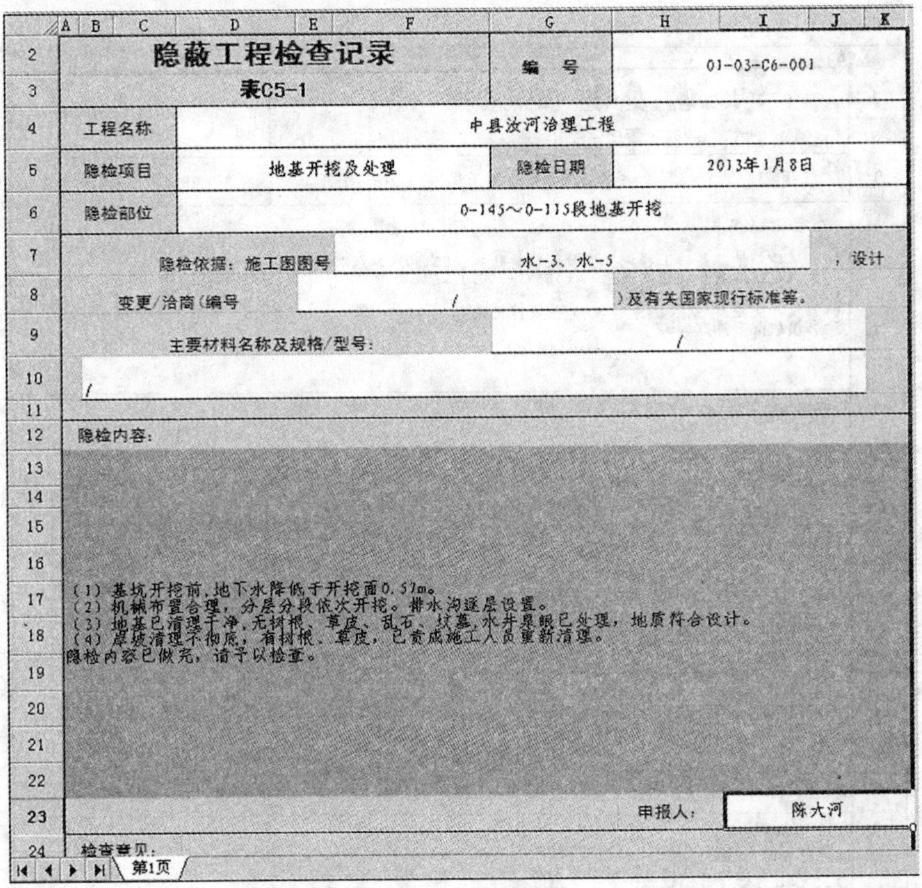

图9-17　隐蔽工程检查记录

填写表格时有时需要添加附图，下面以“地基处理记录”为例讲解如何添加图片。

首先查找表格，新建，在“处理部位”需要附图，点击该单元格，然后点击软件工具栏“编辑”→“插入图片”（见图9-18），选取导入图片文件或CAD中导入。设置图片样式为“调整图片填满整个单元格”，点击确定，即可将附图插入表格当中（见图9-19）。

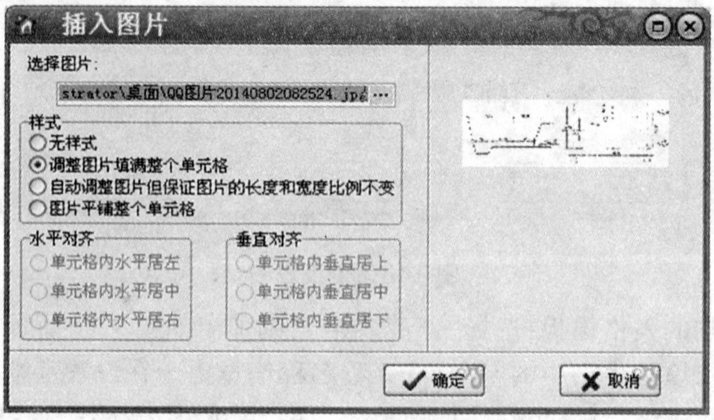

图 9-18　插入图片

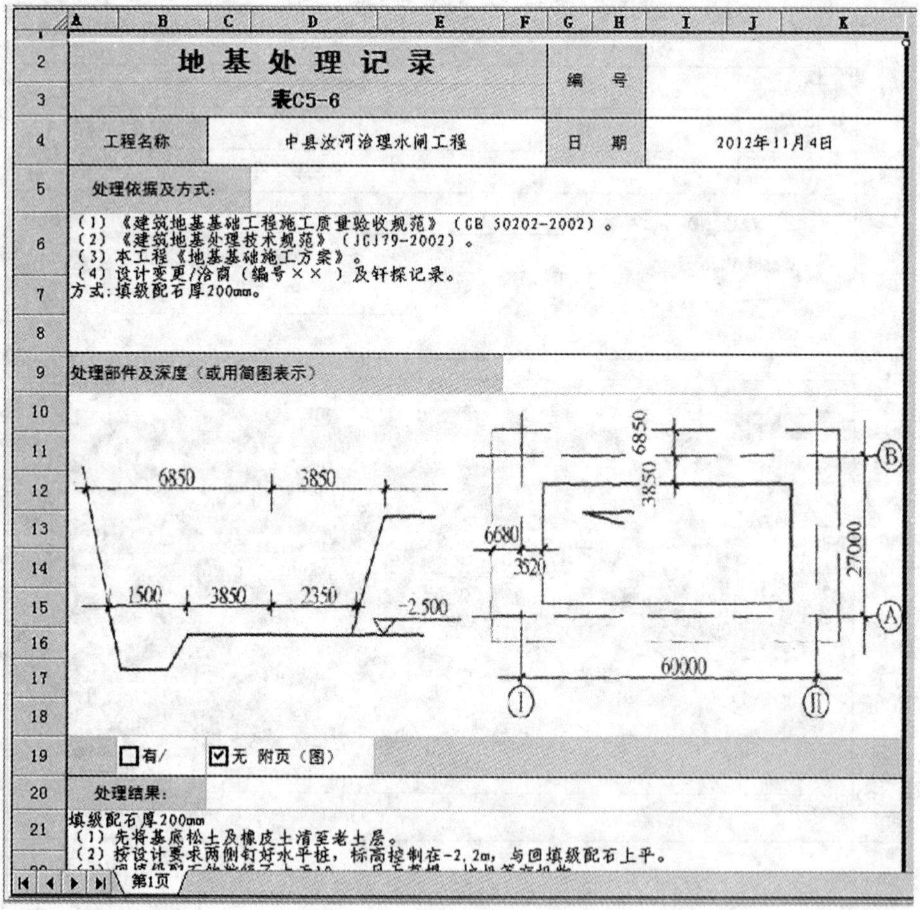

图 9-19　地基处理记录

任务2 工程文件电子组卷范例

所有表格填写完毕后,保存文件,点击"资料上报"菜单→"电子组卷"。弹出当前工程的技术文件组卷窗口,如图9-20所示。

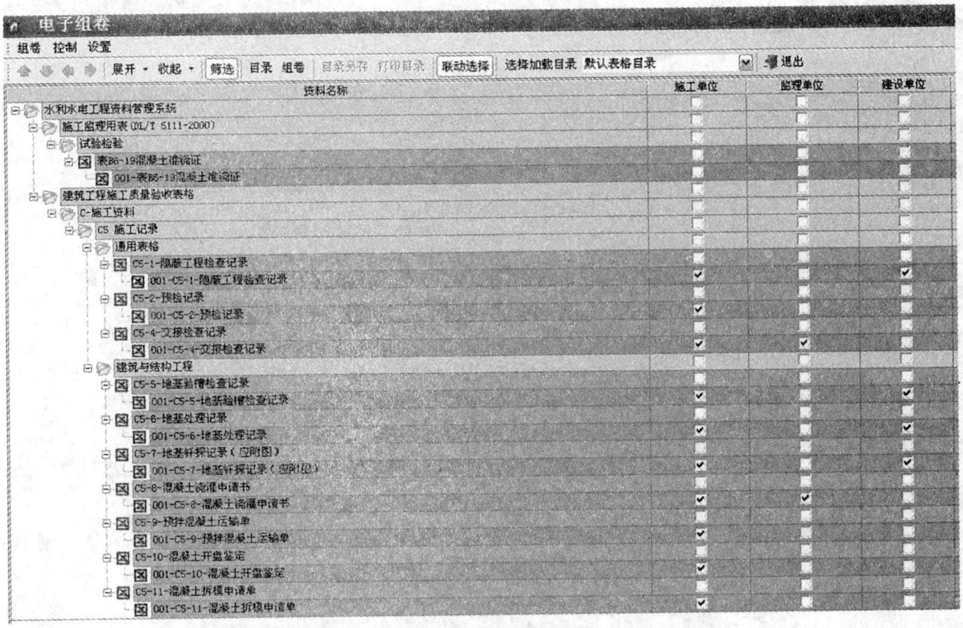

图9-20 电子组卷

找到表格在当前工程与组卷设置区域单位的对应关系,在所选表格对应的单位组卷类别上画"√",便可手动组入所属的单位卷中。然后点击工具栏中的"目录",选择组卷单位,点击确定(见图9-21),可以查看修改自动生成的目录内容(见图9-22),修改方法为直接点击需要修改的单元格输入文字。

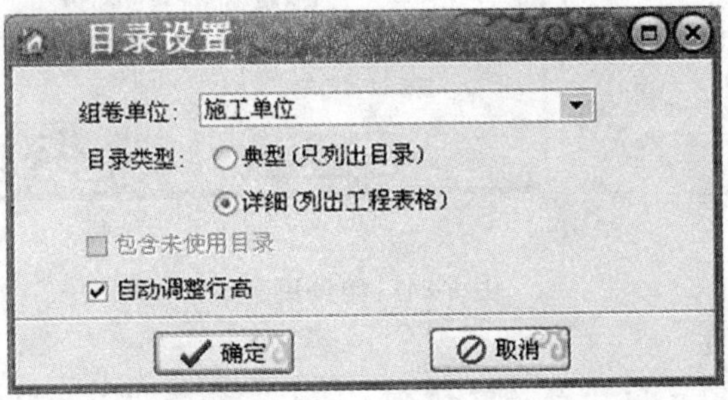

图9-21 目录设置

点击目录页面的"封面",可以进入案卷封面修改页(见图9-23),按照规范要求,对案卷封面进行修改完善,如填写案卷题名、编制单位、技术主管等信息。

工程资料卷内目录

工程名称	中县汝河治理水闸工程				
序号	工程资料题名	表格编号	编制日期	页次	备注
1	隐蔽工程检查记录	C6-1	2012-11-15	1	
2	预检记录	C6-2	2012-12-10	2	
3	交接检查记录	C6-4	2013-3-12	3	
4	地基验槽报验申请表	C6-5-1	2013-3-20	4	
5	地基验槽检查记录	C6-5-2	2013-3-22	5	
6	地基处理记录	C6-5-3	2013-4-1	6	
7	地基钎探记录（应附图）	C6-5-4	2013-4-3	7	
8	混凝土开盘鉴定	C6-6-1	2013-5-20	8	
9	预拌混凝土运输单	C6-6-2	2013-5-21	9	
10	混凝土浇灌申请书	C6-6-3	2013-5-23	10	
11	混凝土搅拌证	C6-6-4	2013-5-24	11	
12	混凝土拆模申请单	C6-6-5	2013-5-25	12	

图 9-22　生成目录

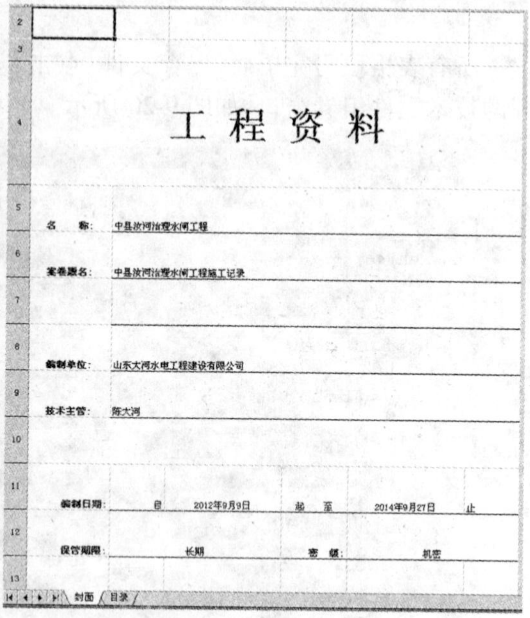

图 9-23　封面设置

修改完毕，点击“开始组卷”按钮，弹出如图 9-24 所示窗口。

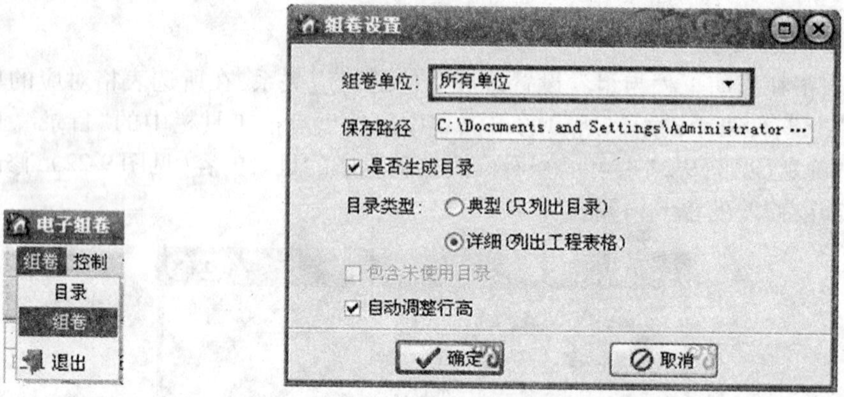

图 9-24　组卷设置

选择所要的组卷单位后，点击“确定”，自动在系统桌面上生成以单位工程名称命名的文件夹，在文件夹中直接用组卷浏览查看。如果需要打印文件表格，点击工具栏中“打印”即可随时打印出表格以供存档。

项目任务

1 选择题

(1)水利工程资料管理软件不具备下列(　　)功能。

A. 自动填表　　B. 自动计算

C. 自动打印　　D. 电子组卷

(2)点击删除表格后,表格被放入(　　)中。

A. 操作系统的回收站　　B. 软件的回收站

C. 彻底删除　　D. 系统文件夹

(3)水利工程资料管理软件不可以导入(　　)文件。

A. Excel　　B. 文本

C. AutoCAD　　D. 视频

(4)表格中不可以插入(　　)文件。

A. 图片　　B. AutoCAD

C. 剪贴画　　D. 动画

(5)使用工程资料管理软件的顺序(　　)。

A. 新建表格—填写表格—电子组卷

B. 填写表格—新建表格—电子组卷

C. 电子组卷—删除表格—填写表格

D. 新建表格—删除表格—填写表格

2 操作题

利用"筑业工程资料软件"制作填写工程监理资料并电子组卷。

附 件

附件1 工程项目划分表

附表1-1 水利水电枢纽工程项目划分表

工程类别	单位工程	分部工程	说明
一、拦河坝工程	（一）土质心（斜）墙土石坝	1. 坝基开挖与处理	
		△2. 坝基及坝肩防渗	视工程量可划分为数个分部工程
		△3. 防渗心（斜）墙	视工程量可划分为数个分部工程
		*4. 坝体填筑	视工程量可划分为数个分部工程
		5. 坝体排水	视工程量可划分为数个分部工程
		6. 坝脚排水棱体（或贴坡排水）	视工程量可划分为数个分部工程
		7. 上游坝面护坡	
		8. 下游坝面护坡	（1）含马道、梯步、排水沟 （2）如为混凝土面板（或预制块）和浆砌石护坡时，应含排水孔及反滤层
		9. 坝顶	含防浪墙、栏杆、路面、灯饰等
		10. 护岸及其他	
		11. 高边坡处理	视工程量可划分为数个分部工程，当工程量很大时，可单列为单位工程
		12. 观测设施	含监测仪器埋设、管理房等。单独招标时，可单列为单位工程
	（二）均质土坝	1. 坝基开挖与处理	
		△2. 坝基及坝肩防渗	视工程量可划分为数个分部工程
		*3. 坝体填筑	视工程量可划分为数个分部工程
		4. 坝体排水	视工程量可划分为数个分部工程
		5. 坝脚排水棱体（或贴坡排水）	视工程量可划分为数个分部工程
		6. 上游坝面护坡	

续附表1-1

工程类别	单位工程	分部工程	说明
一、拦河坝工程	(二)均质土坝	7. 下游坝面护坡	(1)含马道、梯步、排水沟 (2)如为混凝土面板(或预制块)和浆砌石护坡时,应含排水孔及反滤层
		8. 坝顶	含防浪墙、栏杆、路面、灯饰等
		9. 护岸及其他	
		10. 高边坡处理	视工程量可划分为数个分部工程
		11. 观测设施	含监测仪器埋设、管理房等。单独招标时,可单列为单位工程
	(三)混凝土面板堆石坝	1. 坝基开挖与处理	
		△2. 趾板及周边缝止水	视工程量可划分为数个分部工程
		△3. 坝基及坝肩防渗	视工程量可划分为数个分部工程
		△4. 混凝土面板及接缝止水	视工程量可划分为数个分部工程
		5. 垫层与过渡层	
		6. 堆石体	视工程量可划分为数个分部工程
		7. 上游铺盖和盖重	
		8. 下游坝面护坡	含马道、梯步、排水沟
		9. 坝顶	含防浪墙、栏杆、路面、灯饰等
		10. 护岸及其他	
		11. 高边坡处理	视工程量可划分为数个分部工程,当工程量很大时,可单列为单位工程
		12. 观测设施	含监测仪器埋设、管理房等。单独招标时,可单列为单位工程
	(四)沥青混凝土面板(心墙)堆石坝	1. 坝基开挖与处理	视工程量可划分为数个分部工程
		△2. 坝基及坝肩防渗	视工程量可划分为数个分部工程
		△3. 沥青混凝土面板(心墙)	视工程量可划分为数个分部工程
		*4. 坝体填筑	视工程量可划分为数个分部工程
		5. 坝体排水	
		6. 上游坝面护坡	沥青混凝土心墙土石坝有此分部
		7. 下游坝面护坡	含马道、梯步、排水沟
		8. 坝顶	含防浪墙、栏杆、路面、灯饰等
		9. 护岸及其他	
		10. 高边坡处理	视工程量可划分为数个分部工程,当工程量很大时,可单列为单位工程
		11. 观测设施	含监测仪器埋设、管理房等。单独招标时,可单列为单位工程

续附表 1-1

工程类别	单位工程	分部工程	说明
一、拦河坝工程	(五)复合土工膜斜(心)墙土石坝	1. 坝基开挖与处理	
		△2. 坝基及坝肩防渗	
		△3. 土工膜斜(心)墙	
		*4. 坝体填筑	视工程量可划分为数个分部工程
		5. 坝体排水	
		6. 上游坝面护坡	
		7. 下游坝面护坡	含马道、梯步、排水沟
		8. 坝顶	含防浪墙、栏杆、路面、灯饰
		9. 护岸及其他	
		10. 高边坡处理	视工程量可划分为数个分部工程
		11. 观测设施	含监测仪器埋设、管理房等。单独招标时,可单列为单位工程
	(六)混凝土(碾压混凝土)重力坝	1. 坝基开挖与处理	
		△2. 坝基及坝肩防渗与排水	
		3. 非溢流坝段	视工程量可划分为数个分部工程
		△4. 溢流坝段	视工程量可划分为数个分部工程
		*5. 引水坝段	
		6. 厂坝联结段	
		△7. 底孔(中孔)坝段	视工程量可划分为数个分部工程
		8. 坝体接缝灌浆	
		9. 廊道及坝内交通	含灯饰、路面、梯步、排水沟等。如为无灌浆(排水)廊道,本分部应为主要分部工程
		10. 坝顶	含路面、灯饰、栏杆等
		11. 消能防冲工程	视工程量可划分为数个分部工程
		12. 高边坡处理	视工程量可划分为数个分部工程,当工程量很大时,可单列为单位工程
		13. 金属结构及启闭机安装	视工程量可划分为数个分部工程
		14. 观测设施	含监测仪器埋设、管理房等。单独招标时,可单列为单位工程

续附表 1-1

工程类别	单位工程	分部工程	说明
一、拦河坝工程	（七）混凝土（碾压混凝土）拱坝	1. 坝基开挖与处理	
		△2. 坝基及坝肩防渗排水	视工程量可划分为数个分部工程
		3. 非溢流坝段	视工程量可划分为数个分部工程
		△4. 溢流坝段	
		△5. 底孔（中孔）坝段	
		6. 坝体接缝灌浆	视工程量可划分为数个分部工程
		7. 廊道	含梯步、排水沟、灯饰等。如为无灌浆（排水）廊道，本分部应为主要分部工程
		8. 消能防冲	视工程量可划分为数个分部工程
		9. 坝顶	含路面、栏杆、灯饰等
		△10. 推力墩（重力墩、翼坝）	
		11. 周边缝	仅限于有周边缝拱坝
		12. 铰座	仅限于铰拱坝
		13. 高边坡处理	视工程量可划分为数个分部工程
		14. 金属结构及启闭机安装	视工程量可划分为数个分部工程
		15. 观测设施	含监测仪器埋设、管理房等。单独招标时，可单列为单位工程
	（八）浆砌石重力坝	1. 坝基开挖与处理	
		△2. 坝基及坝肩防渗排水	视工程量可划分为数个分部工程
		3. 非溢流坝段	视工程量可划分为数个分部工程
		△4. 溢流坝段	
		*5. 引水坝段	
		6. 厂坝联结段	
		△7. 底孔（中孔）坝段	
		△8. 坝面（心墙）防渗	
		9. 廊道及坝内交通	含灯饰、路面、梯步、排水沟等。如为无灌浆（排水）廊道，本分部应为主要分部工程
		10. 坝顶	含路面、栏杆、灯饰等
		11. 消能防冲工程	视工程量可划分为数个分部工程
		12. 高边坡处理	视工程量可划分为数个分部工程
		13. 金属结构及启闭机安装	
		14. 观测设施	含监测仪器埋设、管理房等。单独招标时，可单列为单位工程

续附表 1-1

工程类别	单位工程	分部工程	说明
一、拦河坝工程	(九)浆砌石拱坝	1. 坝基开挖与处理	
		△2. 坝基及坝肩防渗排水	
		3. 非溢流坝段	视工程量可划分为数个分部工程
		△4. 溢流坝段	
		△5. 底孔(中孔)坝段	
		△6. 坝面防渗	
		7. 廊道	含灯饰、路面、梯步、排水沟等
		8. 消能防冲	
		9. 坝顶	含路面、栏杆、灯饰等
		△10. 推力墩(重力墩、翼坝)	视工程量可划分为数个分部工程
		11. 高边坡处理	视工程量可划分为数个分部工程
		12. 金属结构及启闭机安装	
		13. 观测设施	含监测仪器埋设、管理房等。单独招标时,可单列为单位工程
	(十)橡胶坝	1. 坝基开挖与处理	
		2. 基础底板	
		3. 边墩(岸墙)、中墩	
		4. 铺盖或截渗墙、上游翼墙及护坡	
		5. 消能防冲	
		△6. 坝袋安装	
		△7. 控制系统	含管路安装、水泵安装、空压机安装
		8. 安全与观测系统	含充水坝安全溢流设备安装、排气阀安装;充气坝安全阀安装、水封管(或U形管)安装;自动塌坝装置安装;坝袋内压力观测设施安装,上下游水位观测设施安装
		9. 管理房	房建按《建筑工程施工质量验收统一标准》(GB 50300—2001)附录B划分分项工程

续附表 1-1

工程类别	单位工程	分部工程	说明
二、泄洪工程	(一)溢洪道工程(含陡槽溢洪道、侧堰溢洪道、竖井溢洪道)	△1. 地基防渗及排水	
		2. 进水渠段	
		△3. 控制段	
		4. 泄槽段	
		5. 消能防冲段	视工程量可划分为数个分部工程
		6. 尾水段	
		7. 护坡及其他	
		8. 高边坡处理	视工程量可划分为数个分部工程
		9. 金属结构及启闭机安装	视工程量可划分为数个分部工程
	(二)泄洪隧洞(放空洞、排砂洞)	△1. 进水口或竖井(土建)	
		2. 有压洞身段	视工程量可划分为数个分部工程
		3. 无压洞身段	
		△4. 工作闸门段(土建)	
		5. 出口消能段	
		6. 尾水段	
		△7. 导流洞堵体段	
		8. 金属结构及启闭机安装	
三、枢纽工程中的引水工程	(一)坝体引水工程(含发电、灌溉、工业及生活取水口工程)	△1. 进水闸室段(土建)	
		2. 引水渠段	
		3. 厂坝联结段	
		4. 金属结构及启闭机安装	
	(二)引水隧洞及压力管道工程	△1. 进水闸室段(土建)	
		2. 洞身段	视工程量可划分为数个分部工程
		3. 调压井	
		△4. 压力管道段	
		5. 灌浆工程	含回填灌浆、固结灌浆、接缝灌浆
		6. 封堵体	长隧洞临时支洞
		7. 封堵闸	长隧洞永久支洞
		8. 金属结构及启闭机安装	

续附表 1-1

工程类别	单位工程	分部工程	说明
四、发电工程	(一)地面发电厂房工程	1. 进口段(指闸坝式)	土建,每台机组段为一分部工程
		2. 安装间	
		3. 主机段	
		4. 尾水段	
		5. 尾水渠	
		6. 副厂房、中控室	安装工作量大时,可单列控制盘柜安装分部工程。房建工程按《建筑工程施工质量验收统一标准》(GB 50300—2001)附录 B 划分分项工程
		△7. 水轮发电机组安装	以每台机组安装工程为一个分部工程
		8. 辅助设备安装	
		9. 电气设备安装	电气一次、电气二次可分列分部工程
		10. 通信系统	通信设备安装,单独招标时,可单列为单位工程
		11. 金属结构及启闭(起重)设备安装	拦污栅、进口及尾水闸门启闭机、桥式起重机可单列分部工程
		△12. 主厂房房建工程	按《建筑工程施工质量验收统一标准》(GB 50300—2001)附录 B 序号 2、3、4、5、6、8 划分分项工程
		13. 厂区交通、排水及绿化	含道路、建筑小品、亭台、花坛、场坪绿化、排水沟渠等
	(二)地下发电厂房工程	1. 安装间	土建,每台机组段为一分部工程
		2. 主机段	
		3. 尾水段	
		4. 尾水洞	
		5. 副厂房、中控室	在安装工作量大时,可单列控制盘柜安装分部工程。房建工程按《建筑工程施工质量验收统一标准》(GB 50300—2001)附录 B 划分分项工程
		6. 交通隧洞	视工程量可划分为数个分部工程
		7. 出线洞	
		8. 通风洞	
		△9. 水轮发电机组安装	每台机组为一个分部工程
		10. 辅助设备安装	
		11. 电气设备安装	电气一次、电气二次可分列分部工程
		12. 金属结构及启闭(起重)设备安装	尾水闸门启闭机、桥式起重机可单列分部工程
		13. 通信系统	通信设备安装,单独招标时,可单列为单位工程
		14. 砌体及装修工程	按《建筑工程施工质量验收统一标准》(GB 50300—2001)附录 B 序号 2、3、4、5、6、8 划分分项工程

续附表 1-1

工程类别	单位工程	分部工程	说明
四、发电工程	(三)坝内式发电厂房工程	△1. 进水口闸室段(土建)	
		2. 压力管道	
		3. 安装间	
		4. 主机段	土建,每台机组段为一分部工程
		5. 尾水段	
		6. 副厂房及中控室	在安装工作量大时,可单列控制盘柜安装分部工程。房建工程按《建筑工程施工质量验收统一标准》(GB 50300—2001)附录 B 划分分项工程
		△7. 水轮发电机组安装	每台机组为一个分部工程
		8. 辅助设备安装	
		9. 电气设备安装	电气一次、电气二次可分列分部工程
		10. 通信系统	通信设备安装,单独招标时,可单列为单位工程
		11. 交通廊道	含梯步、路面、灯饰工程。电梯按《建筑工程施工质量验收统一标准》(GB 50300—2001)附录 B 序号 9 划分分项工程
		12. 金属结构及启闭(起重)设备安装	视工程量可划分为数个分部工程
		13. 砌体及装修工程	按《建筑工程施工质量验收统一标准》(GB 50300—2001)附录 B 序号 2、3、4、5、6、8 划分分项工程
五、升压变电工程	地面升压变电站、地下升压变电站	1. 变电站(土建)	
		2. 开关站(土建)	
		3. 操作控制室	房建工程按《建筑工程施工质量验收统一标准》(GB 50300—2001)附录 B 划分分项工程
		△4. 主变压器安装	
		5. 其他电气设备安装	按设备类型划分
		6. 交通洞	仅限于地下升压站

续附表 1-1

工程类别	单位工程	分部工程	说明
六、水闸工程	泄洪闸、冲砂闸、进水闸	1. 上游联结段	
		2. 地基防渗及排水	
		△3. 闸室段(土建)	
		4. 消能防冲段	
		5. 下游联结段	
		6. 交通桥(工作桥)	含栏杆、灯饰等
		7. 金属结构及启闭机安装	视工程量可划分为数个分部工程
		8. 闸房	按《建筑工程施工质量验收统一标准》(GB 50300—2001)附录B划分分项工程
七、过鱼工程	(一)鱼闸工程	1. 上鱼室	
		2. 井或闸室	
		3. 下鱼室	
		4. 金属结构及启闭机安装	
	(二)鱼道工程	1. 进口段	
		2. 槽身段	
		3. 出口段	
		4. 金属结构及启闭机安装	
八、航运工程	(一)船闸工程	按交通部《船闸工程质量检验评定标准》(JTJ 288—93)表2.0.2-1、表2.0.2-2和表2.0.2-3划分分部工程和分项工程	
	(二)升船机工程	1. 上引航道及导航建筑物	按交通部《船闸工程质量检验评定标准》(JTJ 288—93)表2.0.2-1、表2.0.2-2和表2.0.2-3划分分项工程
		2. 上闸首	按交通部《船闸工程质量检验评定标准》(JTJ 288—93)表2.0.2-1、表2.0.2-2和表2.0.2-3划分分项工程

续附表 1-1

工程类别	单位工程	分部工程	说明
八、航运工程	(二)升船机工程	3. 升船机主体	含普通混凝土、混凝土预制构件制作、混凝土预制构件安装、钢构件安装、承船厢制作、承船厢安装、升船机制作、升船机安装、机电设备安装等
		4. 下闸首	按交通部《船闸工程质量检验评定标准》(JTJ 288—93)表 2.0.2－1、表 2.0.2－2 和表 2.0.2－3划分分项工程
		5. 下引航道	按交通部《船闸工程质量检验评定标准》(JTJ 288—93)表 2.0.2－1、表 2.0.2－2 和表 2.0.2－3划分分项工程
		6. 金属结构及启闭机安装	按交通部《船闸工程质量检验评定标准》(JTJ 288—93)表 2.0.2－1、表 2.0.2－2 和表 2.0.2－3划分分项工程
		7. 附属设施	按交通部《船闸工程质量检验评定标准》(JTJ 288—93)表 2.0.2－1、表 2.0.2－2 和表 2.0.2－3划分分项工程
九、交通工程	(一)永久性专用公路工程	按交通部《公路工程质量检验评定标准》(JTG F80/1～2—2004)进行项目划分	
	(二)永久性专用铁路工程	按铁道部发布的铁路工程有关规定进行项目划分	
十、管理设施	永久性辅助性生产房屋及生活用房按《建筑工程施工质量验收统一标准》(GB 50300—2001)附录 B 及附录 C 进行项目划分		

注:分部工程名称前加“△”者为主要分部工程。加“＊”者可定为主要分部工程,也可定为一般分部工程,视实际情况决定。

附表 1-2　堤防工程项目划分表

工程类别	单位工程	分部工程	说明
一、防洪堤（1、2、3、4 级堤防）	△（一）堤身工程	△1. 堤基处理	
		2. 堤基防渗	
		3. 堤身防渗	
		△4. 堤身填（浇、砌）筑工程	包括碾压式土堤填筑、土料吹填筑堤、混凝土防洪墙、砌石堤等
		5. 填塘固基	
		6. 压浸平台	
		7. 堤身防护	
		8. 堤脚防护	
		9. 小型穿堤建筑物	视工程量，以一个或同类数个小型穿堤建筑物为 1 个分部工程
	（二）堤岸防护	1. 护脚工程	
		△2. 护坡工程	
二、交叉联接建筑物（仅限于较大建筑物）	（一）涵洞	1. 地基与基础工程	
		2. 进口段	
		△3. 洞身	视工程量可划分为 1 个或数个分部工程
		4. 出口段	
	（二）水闸	1. 上游联结段	
		2. 地基与基础	
		△3. 闸室（土建）	
		4. 交通桥	
		5. 消能防冲段	
		6. 下游联结段	
		7. 金属结构及启闭机安装	
	（三）公路桥	按照《公路工程质量检验评定标准》（土建工程）（JTG F80/1—2004）附录 A 进行项目划分	
	（四）公路		
三、管理设施	（一）管理设施	△1. 观测设施	单独招标时，可单列为单位工程
		2. 生产生活设施	房建工程按《建筑工程施工质量验收统一标准》（GB 50300—2001）附录 B 划分分项工程
		3. 交通工程	公路按《公路工程质量检验评定标准》（JTG F80/1～2—2004）划分分项工程
		4. 通信工程	通信设备安装，单独招标时，可单列为单位工程

注：1. 单位工程名称前加“△”者为主要单位工程，分部工程名称前加“△”者为主要分部工程。

2. 交叉联接建筑物中的“较大建筑物”指该建筑物的工程量（投资）与防洪堤中所划分的其他单位工程的工程量（投资）接近的建筑物。

附表1-3 引水(渠道)工程项目划分表

工程类别	单位工程	分部工程	说明
一、引(输)水河(渠)道	(一)明渠、暗渠	1. 渠基开挖工程	以开挖为主。视工程量划分为数个分部工程
		2. 渠基填筑工程	以填筑为主。视工程量划分为数个分部工程
		△3. 渠道衬砌工程	视工程量划分为数个分部工程
		4. 渠顶工程	含路面、排水沟、绿化工程、桩号及界桩埋设等
		5. 高边坡处理	指渠顶以上边坡处理,视工程量划分为数个分部工程
		6. 小型渠系建筑物	以同类数座建筑物为一个分部工程
二、建筑物(*指1、2、3级建筑物)	(一)水闸	1. 上游引河段	视工程量划分为数个分部工程
		2. 上游联接段	
		3. 闸基开挖与处理	
		4. 地基防渗及排水	
		△5. 闸室段(土建)	
		6. 消能防冲段	
		7. 下游联接段	
		8. 下游引河段	视工程量划分为数个分部工程
		9. 桥梁工程	
		10. 金属结构及启闭机安装	
		11. 闸房	按《建筑工程施工质量验收统一标准》(GB 50300—2001)附录B划分分项工程
	(二)渡槽	1. 基础工程	
		2. 进出口段	
		△3. 支承结构	视工程量划分为数个分部工程
		△4. 槽身	视工程量划分为数个分部工程
	(三)隧洞	1. 进口段	
		2. 洞身 △1)洞身段	围岩软弱或裂隙发育时,按长度将洞身划分为数个分部工程,每个分部工程中有开挖单元及衬砌单元。洞身分部工程中对安全、功能或效益起控制作用的分部工程为主要分部工程
		2. 洞身 2)洞身开挖	围岩质地条件较好时,按施工顺序将洞身划分为数个洞身开挖分部工程和数个洞身衬砌分部工程。洞身衬砌分部工程中对安全、功能或效益起控制作用的分部工程为主要分部工程
		2. 洞身 △3)洞身衬砌	
		3. 隧洞固结灌浆	
		△4. 隧洞回填灌浆	
		5. 堵头段(或封堵闸)	临时支洞为堵头段,永久支洞为封堵闸
		6. 出口段	

续附表1-3

工程类别	单位工程	分部工程	说明
二、建筑物（＊指1、2、3级建筑物）	(四)倒虹吸工程	1. 进口段	含开挖、砌(浇)筑及回填工程
		△2. 管道段	含管床、管道安装、镇墩、支墩、阀井及设备安装等。视工程量可按管道长度划分为数个分部工程
		3. 出口段	含开挖、砌(浇)筑及回填工程
		4. 金属结构及启闭机安装	
	(五)涵洞	1. 基础与地基工程	
		2. 进口段	
		△3. 洞身	视工程量可划分为数个分部工程
		4. 出口段	
	(六)泵站	1. 引渠	视工程量划分为数个分部工程
		2. 前池及进水池	
		3. 地基与基础处理	
		4. 主机段(土建,电机层地面以下)	以每台机组为一个分部工程
		5. 检修间	按《建筑工程施工质量验收统一标准》(GB 50300—2001)附录B中划分分项工程
		6. 配电间	
		△7. 泵房房建工程(电机层地面至屋顶)	
		△8. 主机泵设备安装	以每台机组安装为一个分部工程
		9. 辅助设备安装	
		10. 金属结构及启闭机安装	视工程量可划分为数个分部工程
		11. 输水管道工程	视工程量可划分为数个分部工程
		12. 变电站	
		13. 出水池	
		14. 观测设施	
		15. 桥梁(检修桥、清污机桥等)	
	(七)公路桥涵(含引道)	按照《公路工程质量检验评定标准》(土建工程)(JTGF 80/1—2004)附录A进行项目划分	
	(八)铁路桥涵	按照铁道部发布的规定进行项目划分	
	(九)防冰设施(拦冰索、排冰闸等)	按设计及施工部署进行项目划分	
三、船闸工程	按交通部《船闸工程质量检验评定标准》(JTJ 288—93)表2.0.2－1、表2.0.2－2和表2.0.2－3划分分部工程和分项工程		
四、管理设施	管理处(站、点)的生产及生活用房	按《建筑工程施工质量验收统一标准》(GB 50300—2001)附录B及附录C进行项目划分。观测设施及通信设施单独招标时,单列为单位工程	

注:1. 分部工程名称前加"△"者为主要分部工程。

2. 建筑物级别按《灌溉与排水工程设计规范》(GB 50288—99)第2章规定执行。

3. ＊工程量较大的4级建筑物,也可划分为单位工程。

附表1-4 建筑工程分部(子分部)工程、分项工程划分

序号	分部工程	子分部工程	分项工程
1	地基与基础	土方工程	土方开挖,土方回填,场地平整
		基坑支护	排桩,重力式挡土墙,型钢水泥土搅拌墙,土钉墙与复合土钉墙,地下连续墙,沉井与沉箱,钢或混凝土支撑,锚杆,降水与排水
		地基处理	灰土地基、砂和砂石地基、土工合成材料地基,粉煤灰地基,强夯地基,注浆地基,预压地基,振冲地基,高压喷射注浆地基,水泥土搅拌桩地基,土和灰土挤密桩地基,水泥粉煤灰碎石桩地基,夯实水泥土桩地基,砂桩地基
		桩基础	先张法预应力管桩,混凝土预制桩,钢桩,混凝土灌注桩
		地下防水	防水混凝土,水泥砂浆防水层,卷材防水层,涂料防水层,塑料防水板防水层,金属板防水层,膨润土防水材料防水层;细部构造;锚喷支护,地下连续墙,盾构隧道,沉井,逆筑结构;渗排水、盲沟排水,隧道排水,坑道排水,塑料排水板排水;预注浆、后注浆,裂缝注浆
		混凝土基础	模板、钢筋、混凝土,后浇带混凝土,混凝土结构缝处理
		砌体基础	砖砌体,混凝土小型空心砌块砌体,石砌体,配筋砌体
		型钢、钢管混凝土基础	型钢、钢管焊接与螺栓连接,型钢、钢管与钢筋连接,浇筑混凝土
		钢结构基础	钢结构制作,钢结构安装,钢结构涂装
2	主体结构	混凝土结构	模板,钢筋,混凝土,预应力、现浇结构、装配式结构
		砌体结构	砖砌体,混凝土小型空心砌块砌体,石砌体,配筋砖砌体,填充墙砌体
		钢结构	钢结构焊接,紧固件连接,钢零部件加工,钢构件组装及预拼装,单层钢结构安装,多层及高层钢结构安装,空间格构钢结构制作,空间格构钢结构安装,压型金属板,防腐涂料涂装,防火涂料涂装、天沟安装、雨棚安装
		型钢、钢管混凝土结构	型钢、钢管现场拼装,柱脚锚固,构件安装,焊接、螺栓连接,钢筋骨架安装,型钢、钢管与钢筋连接,浇筑混凝土
		轻钢结构	钢结构制作,钢结构安装,墙面压型板,屋面压型板
		索膜结构	膜支撑构件制作,膜支撑构件安装,索安装,膜单元及附件制作,膜单元及附件安装
		铝合金结构	铝合金焊接,紧固件连接,铝合金零部件加工,铝合金构件组装,铝合金构件预拼装,单层及多层铝合金结构安装,空间格构铝合金结构安装,铝合金压型板,防腐处理,防火隔热
		木结构	方木和原木结构,胶合木结构,轻型木结构,木结构防护

续附表 1-4

序号	分部工程	子分部工程	分项工程
3	建筑装饰装修	地面	基层，整体面层，板块面层，地毯面层，地面防水，垫层及找平层
		抹灰	一般抹灰，保温墙体抹灰，装饰抹灰，清水砌体勾缝
		门窗	木门窗安装，金属门窗安装，塑料门窗安装，特种门安装，门窗玻璃安装
		吊顶	整体面层吊顶、板块面层吊顶、格栅吊顶
		轻质隔墙	板材隔墙，骨架隔墙，活动隔墙，玻璃隔墙
		饰面板	石材安装，瓷板安装，木板安装，金属板安装，塑料板安装、玻璃板安装
		饰面砖	外墙饰面砖粘贴，内墙饰面砖粘贴
		涂饰	水性涂料涂饰，溶剂型涂料涂饰，美术涂饰
		裱糊与软包	裱糊、软包
		外墙防水	砂浆防水层，涂膜防水层，防水透气膜防水层
		细部	橱柜制作与安装，窗帘盒和窗台板制作与安装，门窗套制作与安装，护栏和扶手制作与安装，花饰制作与安装
		金属幕墙	构件与组件加工制作，构架安装，金属幕墙安装
		石材与陶板幕墙	构件与组件加工制作，构架安装，石材与陶板幕墙安装
		玻璃幕墙	构件与组件加工制作，构架安装，玻璃幕墙安装
4	屋面工程	基层与保护	找平层，找坡层，隔汽层，隔离层，保护层
		保温与隔热	板状材料保温层，纤维材料保温层，喷涂硬泡聚氨酯保温层，现浇泡沫混凝土保温层，种植隔热层，架空隔热层，蓄水隔热层
		防水与密封	卷材防水层，涂膜防水层，复合防水层，接缝密封防水
		瓦面与板面	烧结瓦和混凝土瓦铺装，沥青瓦铺装，金属板铺装，玻璃采光顶铺装
		细部构造	檐口，檐沟和天沟，女儿墙和山墙，水落口，变形缝，伸出屋面管道，屋面出入口，反水过水孔，设施基座，屋脊，屋顶窗
5	建筑给水、排水及采暖	室内给水系统	给水管道及配件安装，给水设备安装，室内消火栓系统安装，消防喷淋系统安装，管道防腐，绝热
		室内排水系统	排水管道及配件安装，雨水管道及配件安装，防腐
		室内热水供应系统	管道及配件安装，辅助设备安装，防腐，绝热
		卫生器具安装	卫生器具安装，卫生器具给水配件安装，卫生器具排水管道安装
		室内采暖系统	管道及配件安装，辅助设备及散热器安装，金属辐射板安装，低温热水地板辐射采暖系统安装，系统水压试验及调试，防腐，绝热

续附表 1-4

序号	分部工程	子分部工程	分项工程
5	建筑给水、排水及采暖	室外给水管网	给水管道安装,消防水泵接合器及室外消火栓安装,管沟及井室
		室外排水管网	排水管道安装,排水管沟与井池
		室外供热管网	管道及配件安装,系统水压试验及调试,防腐,绝热
		建筑中水系统及游泳池系统	建筑中水系统管道及辅助设备安装,游泳池水系统安装
		供热锅炉及辅助设备安装	锅炉安装,辅助设备及管道安装,安全附件安装,烘炉、煮炉和试运行,换热站安装,防腐,绝热
		太阳能热水系统	预埋件及后置锚栓安装和封堵,基座、支架、散热器安装,接地装置安装,电线、电缆敷设,辅助设备及管道安装,防腐,绝热
6	通风与空调	送排风系统	风管与配件制作,部件制作,风管系统安装,空气处理设备安装,消声设备制作与安装,风管与设备防腐,风机安装,系统调试
		防排烟系统	风管与配件制作,部件制作,风管系统安装,防排烟风口、常闭正压风口与设备安装,风管与设备防腐,风机安装,系统调试
		除尘系统	风管与配件制作,部件制作,风管系统安装,除尘器与排污设备安装,风管与设备防腐,风机安装,系统调试
		空调风系统	风管与配件制作,部件制作,风管系统安装,空气处理设备安装,消声设备制作与安装,风管与设备防腐,风机安装,风管与设备绝热,系统调试
		净化空调系统	风管与配件制作,部件制作,风管系统安装,空气处理设备安装,消声设备制作与安装,风管与设备防腐,风机安装,风管与设备绝热,高效过滤器安装,系统调试
		制冷设备系统	制冷机组安装,制冷剂管道及配件安装,制冷附属设备安装,管道及设备的防腐与绝热,系统调试
		空调水系统	管道冷热(媒)水系统安装,冷却水系统安装,冷凝水系统安装,阀门及部件安装,冷却塔安装,水泵及附属设备安装,管道与设备的防腐与绝热,系统调试
		地源热泵系统	地埋管换热系统,地下水换热系统,地表水换热系统,建筑物内系统,整体运转、调试
7	建筑电气	室外电气	架空线路及杆上电气设备安装,变压器、箱式变电所安装,成套配电柜、控制柜(屏、台)和动力、照明配电箱(盘)及控制柜安装,电线、电缆导管和线槽敷设,电线、电缆穿管和线槽敷设,电缆头制作、导线连接和线路电气试验,建筑物外部装饰灯具、航空障碍标志灯安装,庭院路灯安装,建筑照明通电试运行,接地装置安装

续附表 1-4

序号	分部工程	子分部工程	分项工程
7	建筑电气	变配电室	变压器、箱式变电所安装，成套配电柜、控制柜(屏、台)和动力、照明配电箱(盘)安装，裸母线、封闭母线、插接式母线安装，电缆沟内和电缆竖井内电缆敷设，电缆头制作、导线连接和线路电气试验，接地装置安装，避雷引下线和变配电室接地干线敷设
		供电干线	裸母线、封闭母线、插接式母线安装，桥架安装和桥架内电缆敷设，电缆沟内和电缆竖井内电缆敷设，电线、电缆导管和线槽敷设，电线、电缆穿管和线槽敷线，电缆头制作、导线连接和线路电气试验
		电气动力	成套配电柜、控制柜(屏、台)和动力、照明配电箱(盘)及控制柜安装，低压电动机、电加热器及电动执行机构检查、接线，低压电气动力设备检测、试验和空载试运行，桥架安装和桥架内电缆敷设，电线、电缆导管和线槽敷设，电线、电缆穿管和线槽敷线，电缆头制作、导线连接和线路电气试验，插座、开关、风扇安装
		电气照明安装	成套配电柜、控制柜(屏、台)和动力、照明配电箱(盘)安装，电线、电缆导管和线槽敷设，电线、电缆导管和线槽敷线，槽板配线，钢索配线，电缆头制作、导线连接和线路电气试验，普通灯具安装，专用灯具安装，插座、开关、风扇安装，建筑照明通电试运行
		备用和不间断电源安装	成套配电柜、控制柜(屏、台)和动力、照明配电箱(盘)安装，柴油发电机组安装，不间断电源的其他功能单元安装，裸母线、封闭母线、插接式母线安装，电线、电缆导管和线槽敷设，电线、电缆导管和线槽敷线，电缆头制作、导线连接和线路电气试验，接地装置安装
		防雷及接地安装	接地装置安装，避雷引下线和变配电室接地干线敷设，建筑物等电位连接，接闪器安装
8	建筑智能化	通信网络系统	通信系统，卫星及有线电视系统，公共广播系统，视频会议系统
		计算机网络系统	信息平台及办公自动化应用软件，网络安全系统
		建筑设备监控系统	空调与通风系统，空气能量回收系统，室内空气质量控制系统，变配电系统，照明系统，给排水系统，热源和热交换系统，冷冻和冷却系统，电梯和自动扶梯系统，中央管理工作站与操作分站，子系统通信接口

续附表1-4

序号	分部工程	子分部工程	分项工程
8	建筑智能化	火灾报警及消防联动系统	火灾和可燃气体探测系统,火灾报警控制系统,消防联动系统
		会议系统与信息导航系统	会议系统、信息导航系统
		专业应用系统	专业应用系统
		安全防范系统	电视监控系统,入侵报警系统,巡更系统,出入口控制(门禁)系统,停车管理系统,智能卡应用系统
		综合布线系统	缆线敷设和终接,机柜、机架、配线架的安装,信息插座和光缆芯线终端的安装
		智能化集成系统	集成系统网络,实时数据库,信息安全,功能接口
		电源与接地	智能建筑电源,防雷及接地
		计算机机房工程	路由交换系统,服务器系统,空间环境,室内外空气能量交换系统,室内空调环境,视觉照明环境,电磁环境
		住宅(小区)智能化系统	火灾自动报警及消防联动系统,安全防范系统(含电视监控系统、入侵报警系统、巡更系统、门禁系统、楼宇对讲系统、住户对讲呼救系统、停车管理系统),物业管理系统(多表现场计量及与远程传输系统、建筑设备监控系统、公共广播系统、小区网络及信息服务系统、物业办公自动化系统),智能家庭信息平台
9	建筑节能	围护系统节能	墙体节能、幕墙节能、门窗节能、屋面节能、地面节能
		供暖空调设备及管网节能	供暖节能、通风与空调设备节能,空调与供暖系统冷热源节能,空调与供暖系统管网节能
		电气动力节能	配电节能、照明节能
		监控系统节能	监测系统节能、控制系统节能
		可再生能源	太阳能系统、地源热泵系统
10	电梯	电力驱动的曳引式或强制式电梯安装	设备进场验收,土建交接检验,驱动主机,导轨,门系统,轿厢,对重,安全部件,悬挂装置,随行电缆,补偿装置,电气装置,整机安装验收
		液压电梯安装	设备进场验收,土建交接检验,液压系统,导轨,门系统,轿厢,对重,安全部件,悬挂装置,随行电缆,电气装置,整机安装验收
		自动扶梯、自动人行道安装	设备进场验收,土建交接检验,整机安装验收

附件2 水利水电项目建议书格式

一、总论

1. 项目名称；
2. 承办单位概况（新建项目指筹建单位情况，技术改造项目指原企业情况）；
3. 拟建地点；
4. 建设内容与规模；
5. 建设年限；
6. 概算投资；
7. 效益分析。

二、市场预测

1. 水利水电供应、需求现状；
2. 水利水电供需预测；
3. 水利水电价格现状与预测。

三、水利水电资源开发利用条件

1. 流域及电网现状与开发利用规划；
2. 拟开发河段水利水电资源量、品质及开发利用的可能性；
3. 拟建项目在整个流域内或电网中所处的位置和作用。

四、水文和气象

1. 流域概况（工程所在流域地理状况、河道和水土保持状况）；
2. 气象特征；
3. 其他情况。

五、工程地质

1. 区域地质条件；
2. 水库区工程地质条件；
3. 坝址及枢纽主要建筑物工程地质条件；
4. 其他部分地质条件（排水线路、堤防和河道）。

六、工程任务与规模

（一）土建工程

1. 挡水泄水建筑物；

2. 水电站厂房及开关站。

(二)水利水电设备

1. 发电机组;
2. 电力接入系统方式及主接线;
3. 主要电力设备及辅助设备(列出含单价的清单表)。

七、工程选址及工程总体布置

1. 工程等级和设计标准;
2. 坝址选择;
3. 坝型与枢纽布置。

八、环境影响评价

1. 区域环境概况;
2. 工程对水体、水系、生物、水土流失影响分析;
3. 保护措施。

九、组织机构与人力资源配置

1. 组织机构设置(法人组建方案、管理机构方案、管理机构图);
2. 人力资源配置(生产作业班次、劳动定员数量及技能要求);
3. 员工培训。

十、项目实施进度

1. 建设工期;
2. 进度安排。

十一、投资估算及资金筹措

(一)投资估算

1. 建设投资估算(建筑工程费、设备购置安装费和库区淹没处理补偿费等);
2. 流动资金估算;
3. 投资估算表(总资金估算表、单项工程投资估算表)。

(二)资金筹措

1. 自筹资金;
2. 其他来源。

十二、效益分析

(一)经济效益

1. 销售收入估算(编制销售收入估算表);

2. 成本费用估算（编制总成本费用表和分项成本估算表）；

3. 利润与税收分析；

4. 投资回收期及投资利润率。

（二）社会效益

十三、结论

附件3 监理实施细则的主要内容

一、总则

1. 编制依据。包括施工合同文件、设计文件与图纸、监理规划、经监理机构批准的施工组织设计及技术措施(作业指导书),由生产厂家提供的有关材料、构配件和工程设备的使用技术说明,工程设备的安装、调试、检验等技术资料。

2. 适用范围。写明该监理实施细则适用的项目或专业。

3. 负责该项目或专业工程的监理人员及职责分工。

4. 适用工程范围内使用的全部技术标准、规程、规范的名称、文号。

5. 发包人为该项工程开工和正常进展应提供的必要条件。

二、开工审批内容和程序

1. 单位工程、分部工程开工审批程序和申请内容。

2. 混凝土浇筑开仓审批程序和申请内容。

三、质量控制的内容、措施和方法

1. 质量控制标准与方法。根据技术标准、设计要求、合同约定等,具体明确工程质量的质量标准、检验内容以及质量控制措施,明确质量控制点及旁站监理方案等。

2. 材料、构配件和工程设备质量控制。具体明确材料、构配件和工程设备的运输、储存管理要求,报验、签认程序,检验内容与标准。

3. 工程质量检测试验。根据工程施工实际需要,明确对承包人检测试验室配置与管理的要求,对检测试验的工作条件、技术条件、试验仪器设备、人员岗位资格与素质、工作程序与制度等方面的要求;明确监理机构检验的抽样方法或控制点的设置、试验方法、结果分析以及试验报告的管理。

4. 施工过程质量控制。明确施工过程质量控制要点、方法和程序。

5. 工程质量评定程序。根据规程、规范、标准、设计要求等,具体明确质量评定内容与标准,并写明引用文件的名称与章节。

6. 质量缺陷和质量事故处理程序。

四、进度控制的内容、措施和方法

1. 进度目标控制体系。该项工程的开工、完工时间,阶段目标或里程碑时间,关键节点时间。

2. 进度计划的表达方法。如横道图、柱状图、网络图(单代号、双代号、时标)、关联图、

"S"曲线、"香蕉"图等,应满足合同要求和控制需要。

3. 施工进度计划的申报。明确进度计划(包括总进度计划、单位工程进度计划、分部工程进度计划、年度计划、月计划等)的申报时间、内容、形式、份数等。

4. 施工进度计划的审批。明确进度计划审批的职责分工、工点、时间等。

5. 施工进度的过程控制。明确施工进度监督与检查的职责分工;拟定检查内容(包括形象进度、劳动效率、资源、环境因素等);明确进度偏差分析与预测的方法和手段(如采用的图表、计算机软件等);制定进度报告、进度计划修正与赶工措施的审批程序。

6. 停工与复工。明确停工与复工的程序。

7. 工期索赔。明确控制工期索赔的措施和方法。

五、投资控制的内容、措施和方法

1. 投资目标控制体系。投资控制的措施和方法,各年的投资使用计划。

2. 计量与支付。计量与支付的依据、范围和方法,计量申请与付款申请的内容及应提供的资料,计量与支付的申报、审批程序。

3. 实际投资额的统计与分析。

4. 控制费用索赔的措施和方法。

六、施工安全与环境保护控制的内容、措施和方法

1. 监理机构内部的施工安全保证体系。

2. 承包人应建立的施工安全保证体系。

3. 工程不安全因素分析与预控措施。

4. 环境保护的内容与措施。

七、合同管理主要内容

1. 工程变更管理。明确变更处理的监理工作内容与程序。

2. 索赔管理。明确索赔处理的监理工作内容与程序。

3. 违约管理。明确合同违约管理的监理工作内容与程序。

4. 工程担保。明确工程担保管理的监理工作内容。

5. 工程保险。明确工程保险管理的监理工作内容。

6. 工程分包。明确工程分包管理的监理工作内容与程序。

7. 争议的解决。明确合同双方争议的调解原则、方法与程序。

8. 清场与撤离。明确承包人清场与撤离的监理工作内容

八、其他根据项目或专业需要应包括的内容

附件4 水利水电工程施工质量验收评定表

第一部分 工程项目单位分部工程质量评定表(共17个表)

表0.1 工程项目施工质量评定表

表0.2 单位工程施工质量评定表

表0.2.1 单位工程施工质量检验资料核查表

表0.2.2 单位工程设计指标与实际指标登记复核表

表0.2.3 单位工程质量评定情况登记复核表

表0.2.4 单位工程质量检测情况登记复核表

表0.2.5 中间产品金属结构及启闭机制造等产品

表0.2.6 单位工程设计变更情况登记复核表

表0.2.7 重要隐蔽(关键部位)单元工程验收情况登记复核表

表0.2.8 单位工程质量问题和历次检查所提出整改意见的处理情况登记表

表0.2.9 水工建筑物工程外观质量评定表

表0.2.10 堤防工程外观质量评定表

表0.2.11 明(暗)渠工程外观质量评定表

表0.2.12 引水(渠道)建筑物工程外观质量评定表

表0.2.13 水利水电工程房屋建筑工程外观质量评定表

表0.3 分部工程施工质量评定表

表0.4 重要隐蔽(关键部位)单元工程质量等级签证表

第二部分 单元(工序)质量评定表(共435个表)

1 土石方工程(共50个表)

表1.1 土方开挖单元工程施工质量验收评定表

表1.1.1 表土及土质岸坡清理工序施工质量验收评定表

表1.1.2 软基或土质岸坡开挖工序施工质量验收评定表

表1.2 岩石岸坡开挖单元工程施工质量验收评定表

表1.2.1 岩石岸坡开挖工序施工质量验收评定表

表1.2.2 岩石岸坡开挖地质缺陷处理工序施工质量验收评定表

表1.3 岩石地基开挖单元工程施工质量验收评定表

表1.3.1 岩石地基开挖工序施工质量验收评定表

表1.3.2 岩石地基开挖地质缺陷处理工序施工质量验收评定表

表1.4 岩石洞室开挖单元工程施工质量验收评定表

表1.5　土质洞室开挖单元工程施工质量验收评定表

表1.6　土料填筑单元工程施工质量验收评定表

表1.6.1　土料填筑结合面处理工序施工质量验收评定表

表1.6.2　土料填筑卸料及铺填工序施工质量验收评定表

表1.6.3　土料填筑土料压实工序施工质量验收评定表

表1.6.4　土料填筑接缝处理工序施工质量验收评定表

表1.7　砂砾料填筑单元工程施工质量验收评定表

表1.7.1　砂砾料铺填工序施工质量验收评定表

表1.7.2　砂砾料压实工序施工质量验收评定表

表1.8　堆石料填筑单元工程施工质量验收评定表

表1.8.1　堆石料铺填工序施工质量验收评定表

表1.8.2　堆石料压实工序施工质量验收评定表

表1.9　反滤(过渡)料填筑单元工程施工质量验收评定表

表1.9.1　反滤(过渡)料铺填工序施工质量验收评定表

表1.9.2　反滤(过渡)料压实工序施工质量验收评定表

表1.10　垫层工程单元工程施工质量验收评定表

表1.10.1　垫层料铺填工序施工质量验收评定表

表1.10.2　垫层料压实工序施工质量验收评定表

表1.11　排水工程单元工程施工质量验收评定表

表1.12　干砌石单元工程施工质量验收评定表

表1.13　水泥砂浆砌石体单元工程施工质量验收评定表

表1.13.1　水泥砂浆砌石体层面处理工序施工质量验收评定表

表1.13.2　水泥砂浆砌石砌筑工序施工质量验收评定表

表1.13.3　水泥砂浆砌石体伸缩缝(填充材料)工序施工质量验收评定表

表1.14　混凝土砌石体单元工程施工质量验收评定表

表1.14.1　混凝土砌石体层面处理工序施工质量验收评定表

表1.14.2　混凝土砌石体砌筑工序施工质量验收评定表

表1.14.3　混凝土砌石体伸缩缝工序施工质量验收评定表

表1.15　水泥砂浆勾缝单元工程施工质量验收评定表

表1.16　土工织物滤层与排水单元工程施工质量验收评定表

表1.16.1　场地清理与垫层料铺设工序施工质量验收评定表

表1.16.2　织物备料工序施工质量验收评定表

表1.16.3　土工织物铺设工序施工质量验收评定表

表1.16.4　回填和表面防护工序施工质量验收评定表

表1.17　土工膜防渗单元工程施工质量验收评定表

表1.17.1　下垫层和支持层工序施工质量验收评定表

表1.17.2　土工膜备料工序施工质量验收评定表

表1.17.3　土工膜铺设工序施工质量验收评定表

表1.17.4　土工膜与刚性建筑物或周边连接处理工序施工质量验收评定表

表1.17.5　上垫层和防护层工序施工质量验收评定表

2　混凝土工程(共60个表)

表2.1　普通混凝土单元工程施工质量验收评定表

表2.1.1　基础面、施工缝工序施工质量验收评定表

表2.1.2　模板制作及安装工序施工质量验收评定表

表2.1.3　钢筋制作及安装工序施工质量验收评定表

表2.1.4　预埋件制作及安装工序施工质量验收评定表

表2.1.5　混凝土浇筑工序施工质量验收评定表

表2.1.6　混凝土外观质量检查工序施工质量验收评定表

表2.2　碾压混凝土单元工程施工质量验收评定表

表2.2.1　基础面、层面处理工序施工质量验收评定表

表2.2.2　模板制作及安装工序施工质量验收评定表

表2.2.3　预埋件制作及安装工序施工质量验收评定表

表2.2.4　碾压混凝土浇筑工序施工质量验收评定表

表2.2.5　混凝土成缝工序施工质量验收评定表

表2.2.6　碾压混凝土外观质量检查工序施工质量验收评定表

表2.3　混凝土面板单元工程施工质量验收评定表

表2.3.1　面板基面清理工序施工质量验收评定表

表2.3.2　模板(滑模)制作及安装工序施工质量验收评定表

表2.3.3　钢筋制作及安装工序施工质量验收评定表

表2.3.4　预埋件制作及安装工序施工质量验收评定表

表2.3.5　混凝土面板浇筑工序施工质量验收评定表

表2.3.6　混凝土面板外观质量检查工序施工质量验收评定表

表2.4　沥青混凝土心墙单元工程施工质量验收评定表

表2.4.1　基座结合面处理及沥青混凝土结合层面处理工序施工质量验收评定表

表2.4.2　模板制作及安装工序施工质量验收评定表

表2.4.3　沥青混凝土铺筑工序施工质量验收评定表

表2.5　沥青混凝土面板单元工程施工质量验收评定表

表2.5.1　沥青混凝土面板整平胶结层(含排水层)工序施工质量验收评定表

表2.5.2　防渗层工序施工质量验收评定表

表2.5.3　封闭层工序施工质量验收评定表

表 2.5.4　面板与刚性建筑物连接工序施工质量验收评定表

表 2.6　预应力混凝土单元工程施工质量验收评定表

表 2.6.1　基础面、施工缝工序施工质量验收评定表

表 2.6.2　模板制作及安装工序施工质量验收评定表

表 2.6.3　钢筋制作及安装工序施工质量验收评定表

表 2.6.4　预埋件制作与安装工序施工质量验收评定表

表 2.6.5　混凝土浇筑工序施工质量验收评定表

表 2.6.6　预应力筋孔道预留工序施工质量验收评定表

表 2.6.7　预应力筋制作及安装工序施工质量验收评定表

表 2.6.8　预应力筋张拉工序施工质量验收评定表

表 2.6.9　有黏结预应力筋灌浆工序施工质量验收评定表

表 2.6.10　预应力混凝土外观质量检查工序施工质量验收评定表

表 2.7　混凝土预制构件安装单元工程施工质量验收评定表

表 2.7.1　混凝土构件外观质量检查工序施工质量验收评定表

表 2.7.2　预制件吊装工序施工质量验收评定表

表 2.7.3　预制件接缝及接头处理工序施工质量验收评定表

表 2.8　混凝土坝坝体接缝灌浆单元工程施工质量验收评定表

表 2.8.1　灌浆前检查工序施工质量验收评定表

表 2.8.2　灌浆工序施工质量验收评定表

表 2.9　安全监测仪器设备安装埋设单元工程施工质量验收评定表

表 2.9.1　安全监测仪器设备检验工序施工质量验收评定表

表 2.9.2　安全监测仪器设备埋设工序施工质量验收评定表

表 2.9.3　观测电缆敷设工序施工质量验收评定表

表 2.10　观测孔(井)单元工程施工质量验收评定表

表 2.10.1　观测孔(井)造孔工序施工质量验收评定表

表 2.10.2　测压管制作与安装工序施工质量验收评定表

表 2.10.3　观测孔(井)率定工序施工质量验收评定表

表 2.11　外部变形观测设施安装(垂线法)单元工程施工质量验收评定表

表 2.12　外部变形观测设施安装(引张线法)单元工程施工质量验收评定表

表 2.13　外部变形观测设施安装(视准线法)单元工程施工质量验收评定表

表 2.14　外部变形观测设施安装(激光准直法)单元工程施工质量验收评定表

3　地基处理与基础工程(共 52 个表)

表 3.1　岩石地基帷幕灌浆单孔及单元工程施工质量验收评定表

表 3.1.1　岩石地基帷幕灌浆单孔钻孔工序施工质量验收评定表

表 3.1.2　岩石地基帷幕灌浆单孔灌浆工序施工质量验收评定表

表3.2 岩石地基固结灌浆单孔及单元工程施工质量验收评定表

表3.2.1 岩石地基固结灌浆单孔钻孔工序施工质量验收评定表

表3.2.2 岩石地基固结灌浆单孔灌浆工序施工质量验收评定表

表3.3 覆盖层循环钻灌法灌浆单孔及单元工程施工质量验收评定表

表3.3.1 覆盖层循环钻灌法灌浆单孔钻孔工序施工质量验收评定表

表3.3.2 覆盖层循环钻灌法灌浆单孔灌浆工序施工质量验收评定表

表3.4 覆盖层预埋花管法灌浆单孔及单元工程施工质量验收评定表

表3.4.1 覆盖层预埋花管法灌浆单孔钻孔工序施工质量验收评定表

表3.4.2 覆盖层预埋花管法灌浆单孔花管下设工序施工质量验收评定表

表3.4.3 覆盖层预埋花管法灌浆单孔灌浆工序施工质量验收评定表

表3.5 隧洞回填灌浆单孔及单元工程施工质量验收评定表

表3.5.1 隧洞回填灌浆单孔封堵与钻孔工序施工质量验收评定表

表3.5.2 隧洞回填灌浆单孔灌浆工序施工质量验收评定表

表3.6 钢衬接触灌浆单孔及单元工程施工质量验收评定表

表3.6.1 钢衬接触灌浆单孔钻孔工序施工质量验收评定表

表3.6.2 钢衬接触灌浆单孔灌浆工序施工质量验收评定表

表3.7 劈裂灌浆单孔及单元工程施工质量验收评定表

表3.7.1 劈裂灌浆单孔钻孔工序施工质量验收评定表

表3.7.2 劈裂灌浆单孔灌浆工序施工质量验收评定表

表3.8 混凝土防渗墙单元工程施工质量验收评定表

表3.8.1 混凝土防渗墙造孔工序施工质量验收评定表

表3.8.2 混凝土防渗墙清孔工序施工质量验收评定表

表3.8.3 混凝土防渗墙混凝土浇筑工序施工质量验收评定表

表3.9 高压喷射灌浆防渗墙单元工程施工质量验收评定表

表3.9.0 高压喷射灌浆防渗墙单孔施工质量验收评定表

表3.10 水泥土搅拌防渗墙单元工程施工质量验收评定表

表3.10.0 水泥土搅拌防渗墙单桩施工质量验收评定表

表3.11 地基排水孔排水单孔及单元工程施工质量验收评定表

表3.11.1 地基排水孔排水工程单孔钻孔工序施工质量验收评定表

表3.11.2 地基排水孔排水工程单孔孔内及孔口装置安装工序施工质量验收评定表

表3.11.3 地基排水孔排水工程单孔孔口测试工序施工质量验收评定表

表3.12 地基管(槽)网排水单元工程施工质量验收评定表

表3.12.1 地基管(槽)网排水工程铺设基面处理工序施工质量验收评定表

表3.12.2 地基管(槽)网排水工程管(槽)网铺设及保护工序施工质量验收评定表

表3.13 锚喷支护单元工程施工质量验收评定表

表 3.13.1　锚喷支护锚杆工序施工质量验收评定表
表 3.13.2　锚喷支护喷射混凝土工序施工质量验收评定表
表 3.14　预应力锚索加固单根及单元工程施工质量验收评定表
表 3.14.1　预应力锚索加固单根钻孔工序施工质量验收评定表
表 3.14.2　预应力锚索加固单根锚束制作安装工序施工质量验收评定表
表 3.14.3　预应力锚索加固单根外锚头制作工序施工质量验收评定表
表 3.14.4　预应力锚索加固单根锚索张拉锁定工序施工质量验收评定表
表 3.15　钻孔灌注桩工程单桩及单元工程施工质量验收评定表
表 3.15.1　钻孔灌注桩工程单桩钻孔工序施工质量验收评定表
表 3.15.2　钻孔灌注桩工程单桩钢筋笼制安工序施工质量验收评定表
表 3.15.3　钻孔灌注桩工程单桩混凝土浇筑工序施工质量验收评定表
表 3.16　振冲法地基加固单元工程施工质量验收评定表
表 3.16.0　振冲法地基加固工程单桩施工质量验收评定表
表 3.17　强夯法地基加固单元工程施工质量验收评定表

4　堤防工程(共 58 个表)

表 4.1　堤基清理单元工程施工质量验收评定表
表 4.1.1　基面清理工序施工质量验收评定表
表 4.1.2　基面平整压实工序施工质量验收评定表
表 4.2　土料碾压筑堤单元工程施工质量验收评定表
表 4.2.1　土料摊铺工序施工质量验收评定表
表 4.2.2　土料碾压工序施工质量验收评定表
表 4.3　土料吹填筑堤单元工程施工质量验收评定表
表 4.3.1　围堰修筑工序施工质量验收评定表
表 4.3.2　土料吹填工序施工质量验收评定表
表 4.4　堤身与建筑物结合部填筑单元工程
表 4.4.1　建筑物表面涂浆工序施工质量验收评定表
表 4.4.2　土料吹填工序施工质量验收评定表
表 4.5　防冲体护脚单元工程施工质量验收评定表
表 4.5.1-1　散抛石工序施工质量验收评定表
表 4.5.1-2　石笼防冲体制备工序施工质量验收评定表
表 4.5.1-3　预制防冲体制备工序施工质量验收评定表
表 4.5.1-4　土工袋(包)防冲体制备工序施工质量验收评定表
表 4.5.1-5　柴枕防冲体制备工序施工质量验收评定表
表 4.5.2　防冲体抛投工序施工质量验收评定表
表 4.6　沉排护脚单元工程施工质量验收评定表

表4.6.1 沉排锚定工序施工质量验收评定表
表4.6.2-1 旱地或冰上铺设铰链混凝土块沉排铺设工序施工质量验收评定表
表4.6.2-2 水下铰链混凝土块沉排铺设工序施工质量验收评定表
表4.6.2-3 旱地或冰上土工织物软体沉排铺设工序施工质量验收评定表
表4.6.2-4 水下土工织物软体沉排铺设工序施工质量验收评定表
表4.7 砂(石)垫层单元工程施工质量验收评定表
表4.8 土工织物铺设单元工程施工质量验收评定表
表4.9 毛石粗排护坡单元工程施工质量验收评定表
表4.10 石笼护坡单元工程施工质量验收评定表
表4.11 干砌石护坡单元工程施工质量验收评定表
表4.12 浆砌石护坡单元工程施工质量验收评定表
表4.12.1 基础面处理工序施工质量验收评定表
表4.12.2 水泥砂浆砌石体砌筑工序施工质量验收评定表
表4.12.3 浆砌石护坡外观质量检查工序施工质量验收评定表
表4.13 混凝土预制块护坡单元工程施工质量验收评定表
表4.13.1 基础面处理工序施工质量验收评定表
表4.13.2 模板制作及安装工序施工质量验收评定表
表4.13.3 钢筋制作及安装工序施工质量验收评定表
表4.13.4 混凝土浇筑工序施工质量验收评定表
表4.13.5 预制块护坡外观质量检查工序施工质量验收评定表
表4.14 现浇混凝土护坡单元工程施工质量验收评定表
表4.14.1 基础面处理工序施工质量验收评定表
表4.14.2 模板制作及安装工序施工质量验收评定表
表4.14.3 钢筋制作及安装工序施工质量验收评定表
表4.14.4 混凝土浇筑工序施工质量验收评定表
表4.14.5 现浇混凝土护坡外观质量检查工序施工质量验收评定表
表4.15 模袋混凝土护坡单元工程施工质量验收评定表
表4.15.1 基础面处理工序施工质量验收评定表
表4.15.2 混凝土浇筑工序施工质量验收评定表
表4.15.3 模袋混凝土护坡外观质量检查工序施工质量验收评定表
表4.16 灌砌石护坡单元工程施工质量验收评定表
表4.16.1 基础面处理工序施工质量验收评定表
表4.16.2 模板制作及安装工序施工质量验收评定表
表4.16.3 混凝土浇筑工序施工质量验收评定表
表4.16.4 灌砌石护坡外观质量检查工序施工质量验收评定表

表4.17 植草护坡单元工程施工质量验收评定表

表4.18 防浪护堤林单元工程施工质量验收评定表

表4.19 河道疏浚单元工程施工质量验收评定表

5 水工金属结构安装工程(共50个表)

表5.1 压力钢管单元工程安装质量验收评定表

表5.1.1 管节安装质量检查表

表5.1.2 焊缝外观质量检查表

表5.1.3 焊缝内部质量检查表

表5.1.4 表面防腐蚀质量检查表

表5.2 平面闸门埋件单元工程安装质量验收评定表

表5.2.1 平面闸门底槛安装质量检查表

表5.2.2 平面闸门门楣安装质量检查表

表5.2.3 平面闸门主轨安装质量检查表

表5.2.4 平面同门侧轨安装质量检查表

表5.2.5 平面闸门反轨安装质量检查表

表5.2.6 平面闸门止水板安装质量检查表

表5.2.7 平面闸门护角兼作侧轨安装质量检查表

表5.2.8 平面闸门胸墙安装质量检查表

表5.3 平面闸门门体单元工程安装质量验收评定表

表5.3.1 平面闸门门体安装质量检查表

表5.4 弧形闸门埋件单元工程安装质量验收评定表

表5.4.1 弧形闸门底槛安装质量检查表

表5.4.2 弧形闸门门楣安装质量检查表

表5.4.3 弧形闸门侧止水板安装质量检查表

表5.4.4 弧形闸门侧轮导板安装质量检查表

表5.4.5 弧形闸门铰座钢梁及其相关埋件安装质量检查表

表5.5 弧形闸门门体单元工程安装质量验收评定表

表5.5.1 弧形闸门门体安装质量检查表

表5.6 人字闸门埋件单元工程安装质量验收评定表

表5.6.1 人字闸门埋件安装质量检查表

表5.7 人字闸门门体单元工程安装质量验收评定表

表5.7.1 人字闸门门体安装质量检查表

表5.8 活动式拦污栅单元工程安装质量验收评定表

表5.8.1 活动式拦污栅安装质量检查表

表5.9 大车轨道单元工程安装质量验收评定表

表5.9.1 大车轨道安装质量检查表

表5.10 桥式启闭机单元工程安装质量验收评定表

表5.10.1 桥架和大车行走机构安装质量检查表

表5.10.2 小车行走机构安装质量检查表

表5.10.3 制动器安装质量检查表

表5.10.4 桥式启闭机试运行质量检查表

表5.11 门式启闭机单元工程安装质量验收评定表

表5.11.1 门式启闭机门腿安装质量检查表

表5.11.2 门式启闭机试运行质量检查表

表5.12 固定卷扬式启闭机单元工程安装质量验收评定表

表5.12.1 固定卷扬式启闭机安装位置质量检查表

表5.12.2 固定卷扬式启闭机试运行质量检查表

表5.13 螺杆式启闭机单元工程安装质量验收评定表

表5.13.1 螺杆式启闭机安装位置质量检查表

表5.13.2 螺杆式启闭机试运行质量检查表

表5.14 液压式启闭机单元工程安装质量验收评定表

表5.14.1 液压式启闭机机械系统机架安装质量检查表

表5.14.2 液压式启闭机机械系统钢梁与推力支座安装质量检查表

表5.14.3 液压式启闭机试运行质量检查表

6 水轮发电机组安装工程(共121个表)

表6.1 立式反击式水轮机安装工程

表6.1.1 尾水管里衬单元工程安装质量验收评定表

表6.1.2 转轮室、基础环、座环单元工程安装质量验收评定表

表6.1.3 蜗壳单元工程安装质量验收评定表

表6.1.4 机坑里衬及接力器基础单元工程安装质量验收评定表

表6.1.5 转轮装配单元工程安装质量验收评定表

表6.1.6 导水机构单元工程安装质量验收评定表

表6.1.7 接力器单元工程安装质量验收评定表

表6.1.8 转动部件单元工程安装质量验收评定表

表6.1.9 水导轴承及主轴密封单元工程安装质量验收评定表

表6.1.10 附件单元工程安装质量验收评定表

表6.2 贯流式水轮机安装工程

表6.2.1 尾水管单元工程安装质量验收评定表

表6.2.2 管形座单元工程安装质量验收评定表

表6.2.3 导水机构单元工程安装质量验收评定表

7 水力机械辅助设备系统安装工程

表7.1 空气压缩机与通风机安装工程

表7.1.1 空气压缩机单元工程安装质量验收评定表

表7.1.2 离心通风机单元工程安装质量验收评定表

表7.1.3 轴流通风机单元工程安装质量验收评定表

表7.2 泵装置与滤水器安装工程

表7.2.1 离心泵单元工程安装质量验收评定表

表7.2.2 水环式真空泵单元工程安装质量验收评定表

表7.2.3 深井泵单元工程安装质量验收评定表

表7.2.4 潜水泵单元工程安装质量验收评定表

表7.2.5 齿轮油泵单元工程安装质量验收评定表

表7.2.6 螺杆油泵单元工程安装质量验收评定表

表7.2.7 滤水器单元工程安装质量验收评定表

表7.3 水力监测装置与自动化元件装置安装工程

表7.3.1 水力监测仪表、非电量监测装置单元工程安装质量验收评定表

表7.3.2 自动化元件(装置)单元工程安装质量验收评定表

表7.4 水力机械系统管道安装工程

表7.4.1 管道制作单元工程安装质量验收评定表

表7.5 箱、罐及其他容器安装工程

表7.5.1 箱、罐及其他容器单元工程安装质量验收评定表

第三部分 质量检测与质量评定备查资料表(共11个表)

8 质量检测与质量评定备查资料表

表8.0.1 工程项目检测报告汇总季报表

表8.0.2 质量检测单位现场取样登记表

表8.0.3 质量(抽/自检)现场取样见证单

表8.0.4 质检室试验收样回执

表8.1.1 单元(工序)工程施工检验记录备查表

表8.1.2 单元(工序)工程监理平行检测记录备查表

表8.2.1 混凝土单元工程原材料检验备查表

表8.2.2 混凝土单元工程骨料检验备查表

表8.2.3 混凝土拌和物性能检验备查表

表8.2.4 硬化混凝土性能检验备查表

表8.2.5 沥青混凝土单元工程原材料检验备查表

附件5　水利工程建设项目文件材料归档范围与保管期限表

序号	归档文件	保管期限		
		项目法人	运行管理单位	流域机构档案馆
1	工程建设前期工作文件材料			
1.1	勘测设计任务书、报批文件及审批文件	永久	永久	
1.2	规划报告书、附件、附图、报批文件及审批文件	永久	永久	
1.3	项目建议书、附件、附图、报批文件及审批文件	永久	永久	
1.4	可行性研究报告书、附件、附图、报批文件及审批文件	永久	永久	
1.5	初步设计报告书、附件、附图、报批文件及审批文件	永久	永久	
1.6	各阶段的环境影响、水土保持、水资源评价等专项报告及批复文件	永久	永久	
1.7	各阶段的评估报告	永久	永久	
1.8	各阶段的鉴定、实验等专题报告	永久	永久	
1.9	招标设计文件	永久	永久	
1.10	技术设计文件	永久	永久	
1.11	施工图设计文件	长期	长期	
2	工程建设管理文件材料			
2.1	工程建设管理有关规章制度、办法	永久	永久	
2.2	开工报告及审批文件	永久	永久	
2.3	重要协调会议与有关专业会议的文件及相关材料	永久	永久	
2.4	工程建设大事记	永久	永久	永久
2.5	重大事件、事故声像材料	长期	长期	
2.6	有关工程建设管理及移民工作的各种合同、协议书	长期	长期	
2.7	合同谈判记录、纪要	长期	长期	
2.8	合同变更文件	长期	长期	
2.9	索赔与反索赔材料	长期		
2.10	工程建设管理涉及的有关法律事务往来文件	长期	长期	
2.11	移民征地申请、批准文件及红线图(包括土地使用证)、行政区域图、坐标图	永久	永久	

续表

序号	归档文件	保管期限		
		项目法人	运行管理单位	流域机构档案馆
2.12	移民拆迁规划、安置、补偿及实施方案和相关的批准文件	永久	永久	
2.13	各种专业会议记录	长期	*长期	
2.14	专业会议纪要	永久	*永久	*永久
2.15	有关领导的重要批示	永久	永久	
2.16	有关工程建设计划、实施计划和调整计划	长期		
2.17	重大设计变更及审批文件	永久	永久	永久
2.18	有关质量及安全生产事故处理文件材料	长期	长期	
2.19	有关招标技术设计、施工图设计及其审查文件材料	长期	长期	
2.20	有关投资、进度、质量、安全、合同等控制文件材料	长期		
2.21	招标文件、招标修改文件、招标补遗及答疑文件	长期		
2.22	投标书、资质资料、履约类保函、委托授权书和投标澄清文件、修正文件	永久		
2.23	开标、评标会议文件及中标通知书	长期		
2.24	环保、档案、防疫、消防、人防、水土保持等专项验收的请示、批复文件	永久	永久	
2.25	工程建设不同阶段产生的有关工程启用、移交的各种文件材料	永久	永久	*永久
2.26	出国考察报告及外国技术人员提供的有关文件材料	永久		
2.27	项目法人在工程建设管理方面与有关单位(含外商)的重要来往函电	永久		
3	施工文件材料			
3.1	工程技术要求、技术交底、图纸会审纪要	长期	长期	
3.2	施工计划、技术、工艺、安全措施等施工组织设计报批及审核文件	长期	长期	
3.3	建筑原材料出厂证明、质量鉴定、复验单及试验报告	长期	长期	
3.4	设备材料、零部件的出厂证明(合格证)、材料代用核定审批手续、技术核定单、业务联系单、备忘录等		长期	
3.5	设计变更通知、工程更改洽商单等	永久	永久	永久
3.6	施工定位(水准点、导线点、基准点、控制点等)测量、复核记录	永久	永久	
3.7	施工放样记录及有关材料	永久	永久	

续表

序号	归档文件	保管期限		
		项目法人	运行管理单位	流域机构档案馆
3.8	地质勘探和土(岩)试验报告	永久	长期	
3.9	基础处理、基础工程施工、桩基工程、地基验槽记录	永久	永久	
3.10	设备及管线焊接试验记录、报告,施工检验、探伤记录	永久	长期	
3.11	工程或设备与设施强度、密闭性试验记录、报告	长期	长期	
3.12	隐蔽工程验收记录	永久	长期	
3.13	记载工程或设备变化状态(测试、沉降、位移、变形等)的各种监测记录	永久	长期	
3.14	各类设备、电气、仪表的施工安装记录,质量检查、检验、评定材料	长期	长期	
3.15	网络、系统、管线等设备、设施的试运行、调试、测试、试验记录与报告	长期	长期	
3.16	管线清洗、试压、通水、通气、消毒等记录、报告	长期	长期	
3.17	管线标高、位置、坡度测量记录	长期	长期	
3.18	绝缘、接地电阻等性能测试、校核记录	永久	长期	
3.19	材料、设备明细表及检验、交接记录	长期	长期	
3.20	电器装置操作、联动实验记录	短期	长期	
3.21	工程质量检查自评材料	永久	长期	
3.22	施工技术总结,施工预、决算	长期	长期	
3.23	事故及缺陷处理报告等相关材料	长期	长期	
3.24	各阶段检查、验收报告和结论及相关文件材料	永久	永久	*永久
3.25	设备及管线施工中间交工验收记录及相关材料	永久	长期	
3.26	竣工图(含工程基础地质素描图)	永久	永久	永久
3.27	反映工程建设原貌及建设过程中重要阶段或事件的声像材料	永久	永久	永久
3.28	施工大事记	长期	长期	
3.29	施工记录及施工日记		长期	
4	监理文件材料			
4.1	监理合同协议,监理大纲,监理规划、细则及批复文件	长期		
4.2	设备材料审核文件	长期		
4.3	施工进度、延长工期、索赔及付款报审材料	长期		

续表

序号	归档文件	保管期限		
		项目法人	运行管理单位	流域机构档案馆
4.4	开(停、复、返)工令、许可证等	长期		
4.5	监理通知,协调会审纪要,监理工程师指令、指示,来往信函	长期		
4.6	工程材料监理检查、复检、实验记录、报告	长期		
4.7	监理日志、监理周(月、季、年)报、备忘录	长期		
4.8	各项控制、测量成果及复核文件	长期		
4.9	质量检测、抽查记录	长期		
4.10	施工质量检查分析评估、工程质量事故、施工安全事故等报告	长期	长期	
4.11	工程进度计划实施的分析、统计文件	长期		
4.12	变更价格审查、支付审批、索赔处理文件	长期		
4.13	单元工程检查及开工(开仓)签证,工程分部分项质量认证、评估	长期		
4.14	主要材料及工程投资计划、完成报表	长期		
4.15	设备采购市场调查、考察报告	长期		
4.16	设备制造的检验计划和检验要求、检验记录及试验、分包单位资格报审表	长期		
4.17	原材料、零配件等的质量证明文件和检验报告	长期		
4.18	会议纪要	长期	长期	
4.19	监理工程师通知单、监理工作联系单	长期		
4.20	有关设备质量事故处理及索赔文件	长期		
4.21	设备验收、交接文件,支付证书和设备制造结算审核文件	长期	长期	
4.22	设备采购、监造工作总结	长期	长期	
4.23	监理工作声像材料	长期	长期	
4.24	其他有关的重要来往文件	长期	长期	
5	工艺、设备材料(含国外引进设备材料)文件材料			
5.1	工艺说明、规程、路线、试验、技术总结		长期	
5.2	产品检验、包装、工装图、检测记录		长期	
5.3	采购工作中有关询价、报价、招投标、考察、购买合同等文件材料	长期		
5.4	设备、材料报关(商检、海关)、商业发票等材料	永久		
5.5	设备、材料检验、安装手册、操作使用说明书等随机文件		长期	
5.6	设备、材料出厂质量合格证明、装箱单、工具单,备品备件单等		短期	

续表

序号	归档文件	保管期限		
		项目法人	运行管理单位	流域机构档案馆
5.7	设备、材料开箱检验记录及索赔文件等材料	永久		
5.8	设备、材料的防腐、保护措施等文件材料		短期	
5.9	设备图纸、使用说明书、零部件目录		长期	
5.10	设备测试、验收记录		长期	
5.11	设备安装调试记录、测定数据、性能鉴定		长期	
6	科研项目文件材料			
6.1	开题报告、任务书、批准书	永久		
6.2	协议书、委托书、合同	永久		
6.3	研究方案、计划、调查研究报告	永久		
6.4	试验记录、图表、照片	永久		
6.5	实验分析、计算、整理数据	永久		
6.6	实验装置及特殊设备图纸、工艺技术规范说明书	永久		
6.7	实验装置操作规程、安全措施、事故分析	长期		
6.8	阶段报告、科研报告、技术鉴定	永久		
6.9	成果申报、鉴定、审批及推广应用材料	永久		
6.10	考察报告	永久		
7	生产技术准备、试生产文件材料			
7.1	技术准备计划		长期	
7.2	试生产管理、技术责任制等规定		长期	
7.3	开停车方案		长期	
7.4	设备试车、验收、运转、维护记录		长期	
7.5	安全操作规程、事故分析报告		长期	
7.6	运行记录		长期	
7.7	技术培训材料		长期	
7.8	产品技术参数、性能、图纸		长期	
7.9	工业卫生、劳动保护材料、环保、消防运行检测记录		长期	
8	财务、器材管理文件材料			
8.1	财务计划、投资、执行及统计文件	长期		
8.2	工程概算、预算、决算、审计文件及标底、合同价等说明材料	永久		

续表

序号	归档文件	保管期限		
		项目法人	运行管理单位	流域机构档案馆
8.3	主要器材、消耗材料的清单和使用情况记录	长期		
8.4	交付使用的固定资产、流动资产、无形资产、递延资产清册	永久	永久	
9	竣工验收文件材料			
9.1	工程验收申请报告及批复	永久	永久	永久
9.2	工程建设管理工作报告	永久	永久	永久
9.3	工程设计总结(设计工作报告)	永久	永久	永久
9.4	工程施工总结(施工管理工作报告)	永久	永久	永久
9.5	工程监理工作报告	永久	永久	永久
9.6	工程运行管理工作报告	永久	永久	永久
9.7	工程质量监督工作报告(含工程质量检测报告)	永久	永久	永久
9.8	工程建设声像材料	永久	永久	永久
9.9	工程审计文件、材料、决算报告	永久	永久	永久
9.10	环境保护、水土保持、消防、人防、档案等专项验收意见	永久	永久	永久
9.11	工程竣工验收鉴定书及验收委员签字表	永久	永久	永久
9.12	竣工验收会议其他重要文件材料及记载验收会议主要情况的声像材料	永久	永久	永久
9.13	项目评优报奖申报材料、批准文件及证书	永久	永久	永久

注:保管期限中有 * 的类项,表示相关单位只保存与本单位有关或较重要的相关文件材料。

参考文献

[1] 秦付良. 水利水电工程现场管理人员资料员一本通[M]. 北京:中国建材工业出版社,2008.

[2] 郑文新. 工程资料管理[M]. 上海:上海交通大学出版社,2007.

[3] 郭泽林. 资料员专业管理事务[M]. 北京:中国建材工业出版社,2009.

[4] 本书编委会. 建筑安全资料填写与组卷范例[M]. 北京:中国建材工业出版社,2008.

[5] 徐祯,赵鑫. 建筑工程资料管理[M]. 北京:机械工业出版社,2008.

[6] 水利部. 水利工程建设项目档案管理规定(水办〔2005〕480 号). 2005.

[7] 中华人民共和国水利部. SL 288—2003 水利工程建设项目施工监理规范[S]. 北京:中国水利水电出版社,2003.

[8] 中华人民共和国住房和城乡建设部. GB/T 50319—2013 建筑工程监理规范[S]. 北京:中国建材工业出版社,2013.

[9] 中华人民共和国住房和城乡建设部. GB/T 50082—2009 普通混凝土长期性和耐久性能试验方法标准[S]. 北京:中国建材工业出版社,2009.

[10] 中华人民共和国住房和城乡建设部. JGJ/T 98—2010 砌筑砂浆配合比设计规程[S]. 北京:中国建材工业出版社,2010.

[11] 中国建筑材料科学研究总院. GB 175—2007 通用硅酸盐水泥[S]. 北京:中国建材工业出版社,2007.

[12] 中华人民共和国住房和城乡建设部. JGJ 59—2011 建筑安全检查标准[S]. 北京:中国建材工业出版社,2011.

[13] 中华人民共和国水利部. SL 176—2007 水利水电工程施工质量检验与评定规程[S]. 北京:中国水利水电出版社,2007.

[14] 黑龙江省水利工程建设质量与安全监督中心站. 水利水电工程施工质量验收评定表及填表说明[M]. 北京:中国水利水电出版社,2013.

[15] 中水淮河工程有限责任公司. SL 223—2008 水利水电建设工程验收规程[S]. 北京:中国水利水电出版社,2008.

[16] SL 631 ~ 634—2012 水利水电工程单元工程施工质量验收评定标准[S]. 2012.

[17] 中华人民共和国住房和城乡建设部. GB 50300—2013 建筑工程施工质量验收统一标准[S]. 北京:中国建材工业出版社,2013.

[18]《水利水电科技档案管理手册》编写组. 水利水电科技档案管理手册[M]. 北京:中国水利水电出版社,2004.

[19] GB/T 10609.3—2009 技术用图复制图的折叠方法[S]. 2009.

[20] GB/T 11822—2008 科学技术档案案卷构成的一般要求[S]. 2008.

[21] 邹红烨. 水利水电工程施工质量验收评定表及填表说明[EB/OL]. 百度文库,2013.